电工电路

识图、布线、接线与维修

DIANGONG DIANLU

SHITU BUXIAN JIEXIAN YU WEIXIU

张振文 主编

化学工业出版社
·北京·

本书针对电工技术人员和初学者识读电路以及上岗工作的需要，介绍电路基本知识的基础上，精选常用到的经典电路，从电路组成、原理、布线和接线、故障检修多方面详细说明了：电子元器件及电子电路识图、常用低压电气部件的识图与低压变配电线路、照明线路、电动机控制线路、变压器、继电保护及配电线路、变频器及PLC控制电路与梯形图、机床与冰箱小家电等电器线路的识图与安装接线技巧、故障维修要领等内容。书中图文并茂，并配有二维码观看操作视频，读者可以全面学习电路基础知识和各项识图与布线、接线、维修技能。

全书可供现场电工技术人员、初学者学习，也可作为电工工具书，还可供相关院校师生参考。

图书在版编目（CIP）数据

电工电路识图、布线、接线与维修/张振文主编. —北京：化学工业出版社，2017.10（2024.3 重印）
ISBN 978-7-122-30520-6

Ⅰ. ①电…　Ⅱ. ①张…　Ⅲ. ①电路图-识图②电路-布线③电路-维修　Ⅳ. ①TM

中国版本图书馆 CIP 数据核字（2017）第 209891 号

责任编辑：刘丽宏
责任校对：边　涛　　　　装帧设计：刘丽华

出版发行：化学工业出版社（北京市东城区青年湖南街13号　邮政编码100011）
印　　刷：北京云浩印刷有限责任公司
装　　订：三河市振勇印装有限公司
850mm×1168mm　1/32　印张16½　字数474千字　2024年3月北京第1版第22次印刷

购书咨询：010-64518888　　售后服务：010-64518899
网　　址：http://www.cip.com.cn
凡购买本书，如有缺损质量问题，本社销售中心负责调换。

定　　价：68.00元

版权所有　违者必究

前言

电路图是电工的语言，能够看懂原理图，才能知道电路是怎么工作的；看懂布线图，才能顺利完成实际安装。因此，对于电工电子技术人员和初学者来说，看懂电路图是一项必备技能，也是走向职场的第一步，必须快速掌握电路图识读、接线布线技巧以及各项基础维修技能，才可能成为一名优秀的电工。

本书结合电工工作实际，介绍电路基本知识的基础上，精选常用到的经典电路，从电路组成、原理、布线和接线、故障检修多方面详细说明了：电子元器件及电子电路识图、常用低压电气部件与低压变配电线路、照明线路、电动机控制线路、变压器与配电线路、变频器与PLC控制电路及梯形图、机床与冰箱小家电等电器线路的识图与安装接线技巧、故障维修要领等内容。

全书内容特点如下。

❖ 既讲了电工入门必备的电路基础知识：什么是直流电路、复杂直流电路、单项交流电与三项交流电；又突出技能，说明电路识图技巧、电路及电气设备接线与检修技能；

❖ 全面涵盖电工应知应会各类型电工、电子电路以及电子元器件电路、照明及电气设备、电动机、变压器、继电保护的控制线路与维修；

❖ 配套视频资源：通过书中二维码扫描可以直观地学习电子元器件检测、线路装接、电动机线路与检修等各项要领。

本书由张振文主编，参加编写的还有张伯虎、曹振华、蔺书兰、赵书芬、曹祥、孔凡桂、张胤涵、王桂英、张校珩、张校铭、张伯龙、曹振宇、曹铮、张书敏、焦凤敏等。

由于水平所限，书中不足之处难免，恳请广大读者批评指正。

编者

目录

第1章 电工识图基础

第2章 电子元器件及电子电路识图

视频页码
89,92
103,111
114,118

视频
页码
130,140
151,154
159,161
167

第3章 常用低压电气部件识图与低压变配电线路

第 4 章 室内照明线路及线路配线

250,253
260,274

第5章 电动机接线、布线、调试与维修

276,280
283,288
291

视频
页码
295,301
306,311
313,316

视频
页码
351

• 电路控制器件识别、检测与应用

按钮开关的检测

保险在电检测2

保险在路检测1

带开关插座安装

倒顺开关的检测

电磁铁的检测

电子时间继电器的检测

断路器的检测1

断路器的检测2

多挡位凸轮控制器的检测

多联插座的安装

行程开关的检测

机械时间继电器的检测

接触器的检测1

接触器的检测2

接近开关的检测

热继电器的检测

认识电路板上的电子元器件

声光控开关的检测

万能转换开关的检测1

万能转换开关的检测2

中间继电器的检测

主令开关的检测

电工识图基础

1.1 电路基础

1.1.1 简单直流电路

在实际应用中，将电气元器件和用电设备按一定的方式连接在一起形成的各种电流通路称为电路。也就是电流流过的路径称为电路。

（1）电路的组成　任何一个完整的电路通常要由电源、负载和中间环节（导线和开关）三部分组成，如图1-1所示。

① 电源　电源是供给电能的装置，它把其他形式的能转换成电能。光电池、发电机、干电池或蓄电池等都是电源。如干电池或蓄电池能把化学能转换成电能，发电机能把机械能转换成电能，光电池能把太阳的光能转换成电能等。通常也把给居民住宅供电的电力变压器看成电源。

② 负载　负载也称用电设备或用电器，是将电能转换成其他形式能量的装置。电灯泡、电炉、电动机等都是负载。如电灯把电

能转换成光能，电动机把电能转换成机械能，电热器把电能转换成热能等。

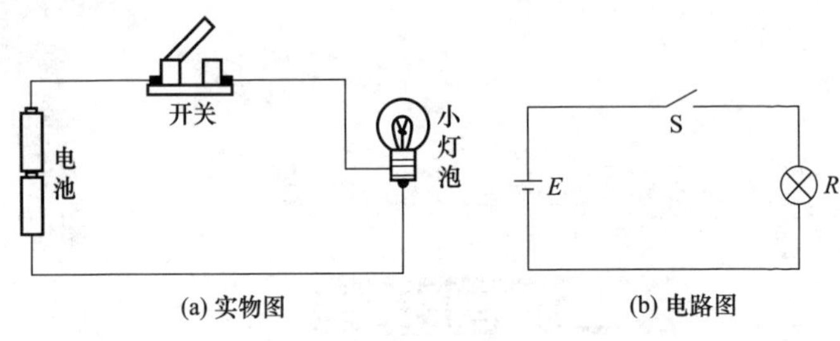

图1-1　简单电路

③ 中间环节　用导线把电源和负载连接起来，为了使电路可靠工作还用开关、熔断器等器件，对电路起控制和保护作用，这种导线、控制开关所构成电流通路的部分称为中间环节。

（2）电路图　图1-1（a）所示为电路的实物图，它虽然直观，但画起来很复杂，为了便于分析和研究电路，在电路图中，电气元器件都采用国家统一规定的图形符号来表示，电路图中部分常用的图形符号如图1-2所示。我们用统一规定的符号来表示电路，称为电路图，如图1-1（b）所示。

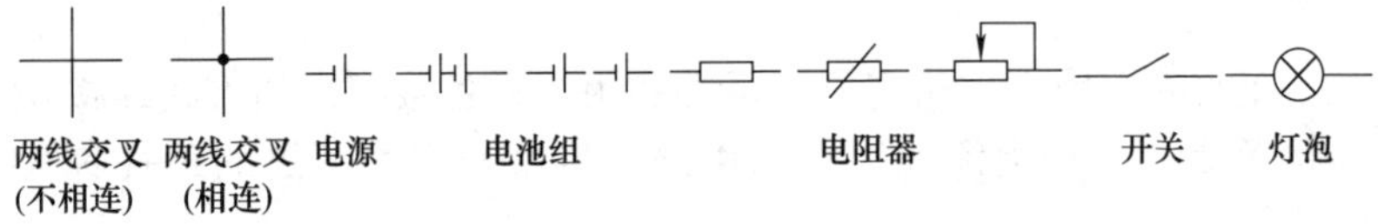

图1-2　常用的图形符号

（3）电路的工作状态

① 通路　通路是指正常工作状态下的闭合电路。此时，开关闭合，电路中有电流通过，负载能正常工作，此时，灯泡发光。

② 开路　又叫断路，是指电源与负载之间未接成闭合电路，即电路中有一处或多处是断开的。此时，电路中没有电流通过，灯泡不发光。开关处于断开状态时，电路断路是正常状态；但当开关处于闭合状态时，电路仍然开路，就属于故障状态，需要检修了。

③ 短路　短路是指电源不经过负载直接被导线相连的状态。

此时，电源提供的电流比正常通路时的电流大许多倍，严重时，会烧毁电源和短路内的电气设备。因此，电路中不允许无故短路，特别不允许电源短路。电路短路的保护装置是熔断器。

（4）电流

① 电流的形成　电荷的定向运动称为电流。在金属导体中，电流是电子在外电场作用下有规则地运动形成的。在某些液体或气体中，电流则是正离子或负离子在电场力作用下有规则地运动形成的。

电流可分为直流电流和交流电流两种。方向保持不变的电流称为直流电流，简称直流（简写作DC）。大小和方向均随时间变化的电流称为交变电流，简称交流（简写作AC）。

② 电流的方向　在不同的导电物质中，形成电流的运动电荷可以是正电荷，也可以是负电荷，甚至两者都有。习惯上规定以正电荷移动的方向为电流的方向。

在分析或计算电路时，若难以判断出电流的实际方向，可先假定电流的参考方向，然后列方程求解，当解出的电流为正值时，则电流的实际方向与参考方向一致，如图1-3（a）所示。反之，当电流为负值时，则电流的实际方向与参考方向相反，如图1-3（b）所示。

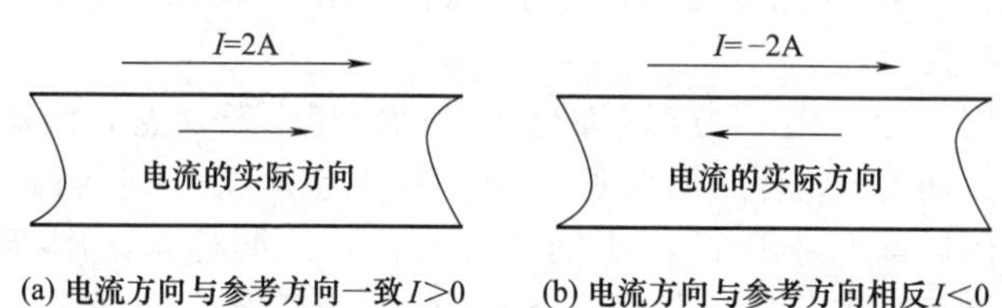

(a) 电流方向与参考方向一致 $I>0$　(b) 电流方向与参考方向相反 $I<0$

图1-3　电流的参考方向

③ 电流的大小　电流的大小取决于在一定时间内通过导体横截面的电荷量多少。在相同时间内通过导体横截面的电荷量越多，就表示流过该导体的电流越强，反之越弱。

通常规定电流的大小等于通过导体横截面的电荷量与通过这些电荷量所用的时间的比值。用公式表示为：

$$I=\frac{q}{t}$$

式中，q为通过导体横截面的电荷量，单位为库仑，用C表示；t为时间，单位为秒，用s表示；I为电流，单位为安培，简称安，用A表示。如果导体的横截面积上每秒有1C的电荷量通过，导体中的电流为1A。电流很小时，可使用较小的电流单位，如毫安（mA）或微安（μA）。

$$1\text{mA}=10^{-3}\text{A}\quad 1\mu\text{A}=10^{-6}\text{A}$$

（5）电压与电位

① 电压　水总是从高处向低处流，要形成水流，就必须使水流两端具有一定的水位差，也叫水压。那么，在电路里使金属导体中的自由电子做定向移动形成电流的条件是导体的两端具有电压。在电路中，任意两点之间的电位差称为该两点间的电压。

电场力把单位正电荷从电场中A点移动到B点所做的功称为A、B两点间的电压，用U_{AB}表示：

$$U_{AB}=\frac{W_{AB}}{q}$$

式中，U_{AB}为AB两点间的电压，单位为伏特，用符号V表示；W_{AB}为将单位正电荷从电场中A点移动到B点所做的功，单位为焦耳，用符号J表示；q为由A点移动到B点的电荷量，单位为库仑，用符号C表示。

我们规定：电场力把1库仑电量的正电荷从A点移到B点，如果所做的功为1焦耳，那么A、B两点间的电压就是1伏特。

在国际单位制中，电压的单位为伏特，简称伏，用符号V表示。电压的常用单位还有kV、mV、μV，其换算关系是：

$1\text{kV}=10^3\text{V}\qquad 1\text{V}=10^3\text{mV}\qquad 1\text{mV}=10^3\mu\text{V}$

② 电位　由于电压是对电路中某两点而言的，那么，电压就是两点间的电位差。在电路中，A、B两点间的电压等于A、B两点间的电位之差，即$U_{AB}=U_A-U_B$。

如果在电路中任选一点为参考点，那么电路中某点的电位就是该点到参考点之间的电压。显然，参考点的电位为零电位，通常选择大地或某公共点（如机器外壳）作为参考点，一个电路中只能选一个参考点。

（6）电动势　如果把电流比喻为“水流”，那么就像“抽水机”把低处的水抽到高处，电源把负极的正电荷运到正极，电动势就是表征电源运送电荷能力大小的物理量。

在图1-4中，A、B为电源的正、负极板，两极板上带有等量异号的电荷，在两极板间形成电场。负电荷沿着电路，由低电位端（负极）经过负载流向高电位端（正极），从而形成电流I。所以在电源外部电路中，电流总是从电源正极流出，最后流回电源负极；或者说从高电位流向低电位。负电荷由正极板移动至负极板后与正电荷中和，使两极板上的电荷量减少，从而两极板间的电场减弱，相应的电流也逐渐减小。为了在电路中保持持续的电流，在电源内部必须有一种非电场力，将正电荷从低电位端（负极板）逆电场力不断推向高电位端（正极板），这个外力是由电源提供的，因此称为电源力。电动势用于表征电源力的能力，在数值上定义为电源力将单位正电荷从电源的负极移动到正极所做的功。

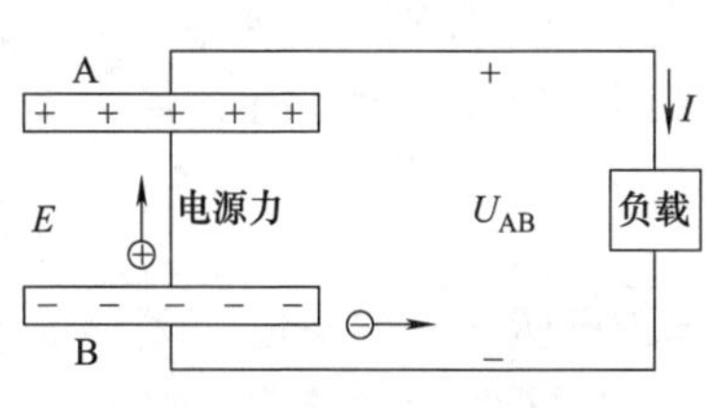

图1-4　电动势原理

电动势用符号E表示，单位是伏特（V），表达式为

$$E=\frac{W}{q}$$

式中　E ——电动势，V；

W——电源力所做的功，J；

q ——电荷量，C。

电动势在数值上就等于电源开路时正负两极之间的电压。电动势的方向：规定由电源的负极指向正极，即从低电位指向高电位。

（7）电阻

① 电阻的特性　当电流流过任何导体时都有阻碍作用，这种阻碍作用称为导体的电阻。金属导体存在电阻是因为大量自由电子在发生定向移动时要和原子发生碰撞，从而使自由电子的运动受阻，所以每个导体在一定的电压作用下只能产生一定的电流。导体

电阻用符号R表示，基本单位为欧姆（Ω），另外还有千欧（kΩ）、兆欧（MΩ）。它们的换算关系为：

$$1M\Omega=1000k\Omega，1k\Omega=1000\Omega$$

如果把同一导体的横截面变小、长度变长，则导体的电阻变大；反之，则电阻变小。同样规格尺寸不同材料的导体，导体的电阻率越大，导体的电阻越大；反之，则电阻越小。用公式表示为

$$R=\rho\frac{l}{S}$$

式中 R——电阻值，Ω；

ρ——导体的电阻率，Ω·m；

l——导体的长度，m；

S——导线横截面积，m^2。

不同的金属材料，有不同的电阻率。表1-1列出几种常用材料在20℃时的电阻率。从表中可知，除银以外，铜、铝等金属的电阻率很小，导电性能很好，适于制作导线；铁、铝、镍、铬等的合金电阻率较大，常用于制作各种电热器的电阻丝、金属膜电阻和绕线电阻，碳则可以用来制造电机的电刷、电弧炉的电极和碳膜电阻等。

表1-1 常用材料在20℃时的电阻率

材　料	电阻率/Ω·m	材　料	电阻率/Ω·m
银	1.6×10^{-8}	锰铜合金	4.4×10^{-7}
铜	1.7×10^{-8}	康铜	5.0×10^{-7}
铝	2.9×10^{-8}	镍铬合金	1.0×10^{-6}
钨	5.3×10^{-8}	碳	3.5×10^{-5}
铁	1.0×10^{-7}		

另外实验表明，当温度改变时，导体的电阻会随温度变化。纯金属的电阻都是有规律地随温度的升高而增大。当温度的变化范围不大时，电阻和温度之间的关系可用下式表示：

$$R_2=R_1[1+\alpha(t_2-t_1)]$$

式中 R_1——温度为t_1时的电阻；

R_2——温度为t_2时的电阻；

α——电阻的温度系数，℃$^{-1}$。

当$\alpha>0$时，叫做正温度系数，表示该导体的电阻随温度的升高而增大；当$\alpha<0$时，叫做负温度系数，表示该导体的电阻随温度的升高而减小。很多热敏电阻都具有这种特性。

实际中常常需要各种不同的电阻值，因而人们制成了许多种类型的电阻器。电阻值不能改变的电阻器称为固定电阻器，电阻值可以改变的称为可变电阻器。电阻器的主要物理特征是变电能为热能，也可说它是一个耗能元件，电流经过它就产生热能。电阻器在电路中通常起分压分流的作用。常用的定值电阻和可变电阻在电路中的符号如图1-5所示。

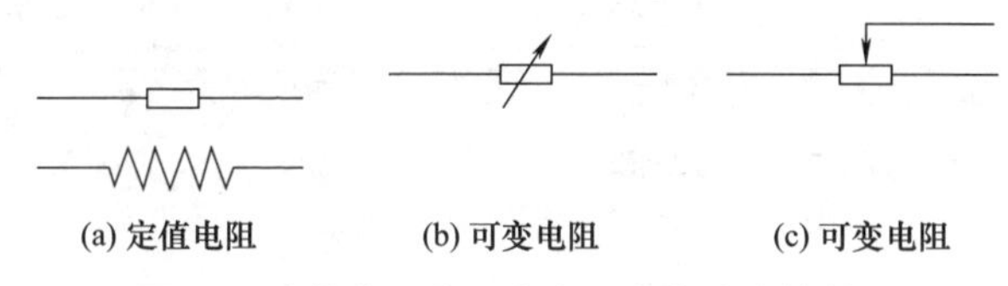

图1-5　定值电阻和可变电阻在电路中的符号

② 电阻的分类

a．通用电阻器　这类电阻器又称为普通电阻器，功率一般在0.1～10W之间，电阻器的阻值为100Ω～10MΩ，工作电压一般在1kV以下，可供一般电子设备使用。

b．精密电阻器　这类电阻器的精度一般可达0.1%～2%，箔式电阻器的精度较高，可达0.005%。电阻器的阻值为1Ω～1MΩ。精密电阻器主要用于精密测量仪器及计算机设备。

c．高阻电阻器　这类电阻器的阻值较高，一般在1×10^{-7}～1×10^{13}Ω之间，但它的额定功率很小，只限用于弱电流的检测仪器中。

d．功率型电阻器　这类电阻器的额定功率一般在300W以下，其限值较小（在几千欧以下），主要用于大功率的电路中。

e．高压电阻器　这类电阻器的工作电压为10～100kV，外形大多细而长，多用于高压设备中。

f．高频电阻器　这类电阻器固有的电感及电容很小，因而它的工作频率高达10MHz以上，主要用于无线电发射机及接收机。

常见电阻器的类别型号见表1-2。

表1-2　常见电阻器的类别型号

第一部分：主称		第二部分：材料		第三部分：特征			第四部分：序号
符号	意义	符号	意义	符号	电阻器	电位器	
R	电阻器	T	碳膜	1	普通	普通	对主称、材料相同，仅性能指标尺寸大小有区别，但基本不影响互换使用的产品，给同一序号；若性能指标、尺寸大小明显影响互换时，则在序号后面用大写字母作为区别代号
		H	合成膜	2	普通	普通	
W	电位器	S	有机实芯	3	超高频	—	
		N	无机实芯	4	高阻	—	
		J	金属膜	5	高温	—	
		Y	氧化膜	6	—	—	
		C	沉积膜	7	精密	精密	
		I	玻璃釉膜	8	高压	特殊函数	
		P	硼酸膜	9	特殊	特殊	
		U	硅酸膜	G	高功率	—	
		X	线绕	T	可调	—	
		M	压敏	W	—	微调	
		G	光敏	D	—	多圈	
		R	热敏	B	温度补偿用	—	
				C	温度测量用	—	
				P	旁热式	—	
				W	稳压式	—	
				Z	正温度系数	—	

③ 电阻器识读

a. 直标法　用阿拉伯数字和文字符号两者有规律的组合来表示标称阻值、额定功率、允许误差等级等。

例如：

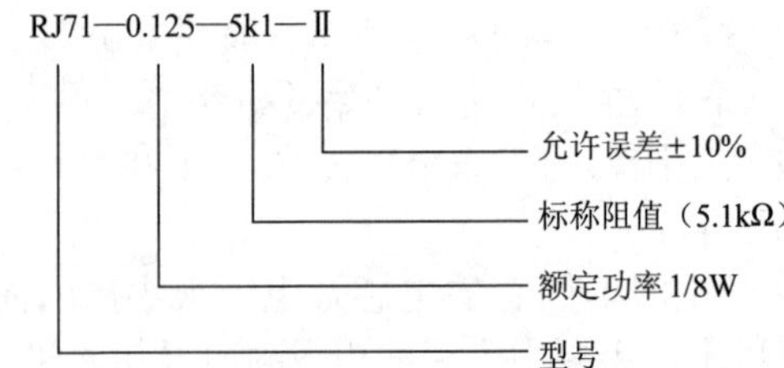

若是1R5则表示1.5Ω，2K7表示2.7kΩ，由标号可知，它是精密金属膜电阻器，额定功率为1/8W，标称阻值为5.1kΩ，允许误差为±10%。

文字符号与表示单位见表1-3。

表1-3　文字符号与表示单位

文字符号	R	K	M	G	T
表示单位	欧姆（Ω）	千欧姆（10^3Ω）	兆欧姆（10^6Ω）	千兆欧姆（10^9Ω）	兆兆欧姆（10^{12}Ω）

b．色标法　色标法是将电阻器的类别及主要技术参数的数值用颜色（色环或色点）标注在它的外表面上。色标电阻（色环电阻）器可分为三环、四环、五环三种标法。电阻器色环表示示意图见图1-6，其含义见表1-4。

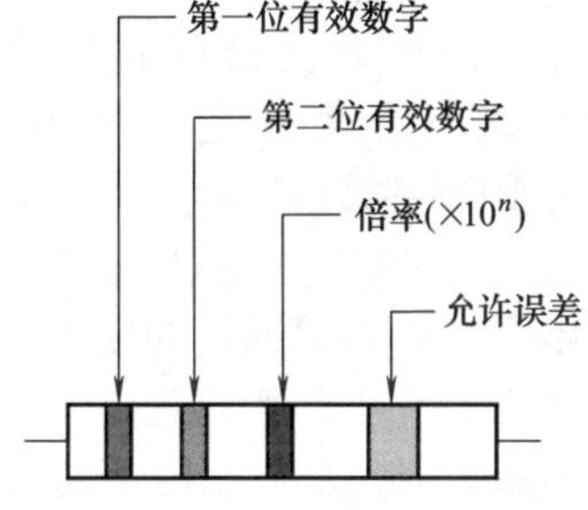

图1-6　电阻器的色环表示

表1-4　两位有效数字阻值的色环表示法含义

颜　色	第一位有效值	第二位有效值	倍　率	允许偏差
黑	0	0	10^0	
棕	1	1	10^1	
红	2	2	10^2	
橙	3	3	10^3	
黄	4	4	10^4	
绿	5	5	10^5	
蓝	6	6	10^6	
紫	7	7	10^7	
灰	8	8	10^8	
白	9	9	10^9	−20%～+50%
金			10^{-1}	±5%
银			10^{-2}	±10%
无色				±20%

三色环电阻器的色环表示标称电阻值（允许误差均为±20%）。例如，色环为棕黑红，表示$10\times10^2=1.0\text{k}\Omega\pm20\%$的电阻器。

四色环电阻器的色环表示标称值（两位有效数字）及精度。例如，色环为棕绿橙金表示$15\times10^3=15\text{k}\Omega\pm5\%$的电阻器。

五色环电阻器的色环表示标称值（三位有效数字）及精度。例如，色环为红紫绿黄棕表示$275\times10^4=2.75\text{M}\Omega\pm1\%$的电阻器。

一般四色环和五色环电阻器表示允许误差的色环的特点是该环离其他环的距离较远。较标准的表示应是表示允许误差的色环的宽度是其他色环的1.5～2倍。

快速记忆窍门：对于四道色环电阻，以第三道色环为主。如第三环为银色，则为0.1～0.99Ω；金色为1～9.9Ω；黑色为10～99Ω；棕色为100～990Ω；红色为1～99kΩ；橙色为10～99kΩ；黄色为100～990kΩ；绿色为1～9.9MΩ。对于五环电阻，则以第四环为主。规律与四色环电阻相同。但应注意的是，由于五环电阻为精密电阻，体积太小时，无法识别哪端是第一环，所以，对色环电阻阻值的识别须用万用表测出。

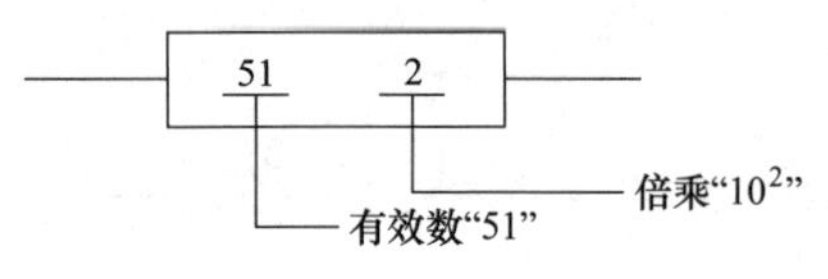

图1-7　数码表示法

④ 数码表示法　如图1-7所示。即用三位数字表示电阻值（常见于电位器、微调电位器及贴片电阻）。

识别时由左到右，第一位、第二位是有效数字，第三位是有效值的倍乘或0的个数，单位为Ω。

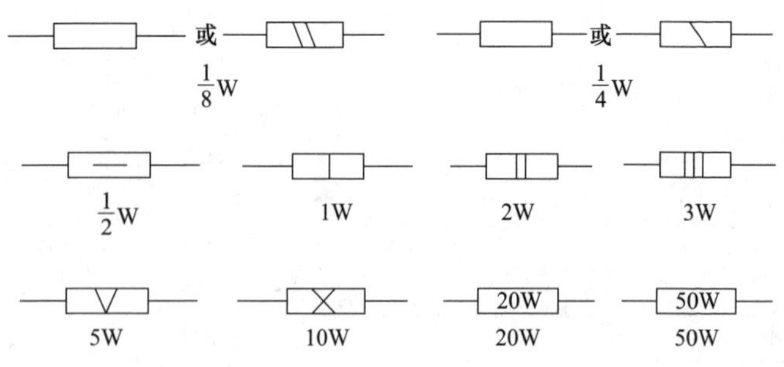

图1-8　电阻额定功率的标注方法

快速记忆法同色环电阻，即第三位数为1则为几点几欧；为2则为几点几千欧；为3则为几十几千欧；为4则为几百几十千欧；为5则为几点几兆欧。

⑤ 额定功率　额定功率是指在特定环境温度范围内所允许承受的最大功率。在该功率限度以内，电阻器可以正常工作而不会改变其性能，也不会损坏。电阻额定功率的标注方法如图1-8所示。

1.1.2 欧姆定律与电阻串并联

（1）部分电路的欧姆定律　如图1-9所示为一段不含电源的电阻电路，又称部分电路。通过实验用万用表测量图1-9所示的电压U、电流I和电阻R，可以知道：电路中的电流，与电阻两端的电压U成正比，与电阻R成反比。这个规律叫作部分电路的欧姆定律，可以用公式表示为：

$$I=\frac{U}{R}$$

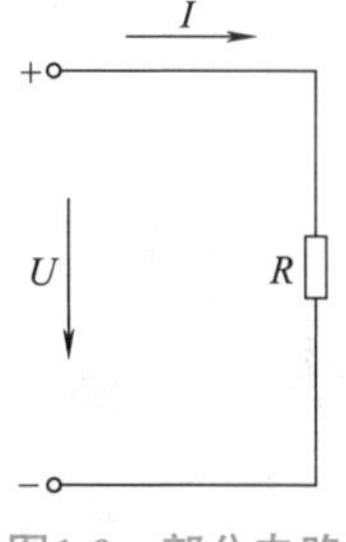

图1-9　部分电路

式中，I为电路中的电流强度，A；U为电阻两端的电压，V；R为电阻，Ω。

电流与电压间的正比关系，可以用伏安特性曲线来表示。伏安特性曲线是以电压U为横坐标，以电流I为纵坐标画出的关系曲线。电阻元件的伏安特性曲线如图1-10（a）所示，伏安特性曲线是直线时，称为线性电阻；线性电阻组成的电路叫线性电路。欧姆定律只适用于线性电路。

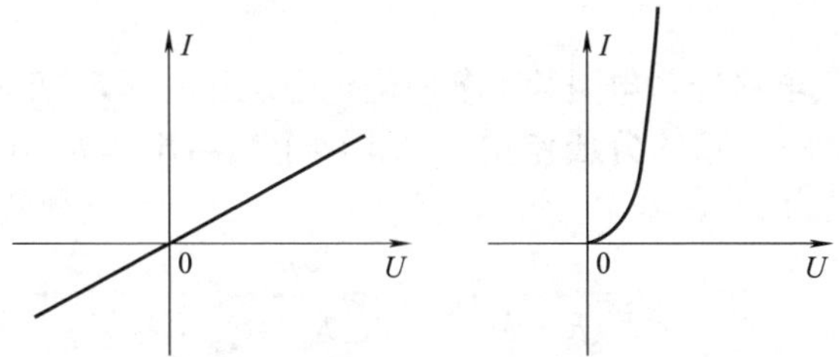

图1-10　伏安特性曲线

如果不是直线，则称为非线性电阻。如一些晶体二极管的等效电阻就属于非线性电阻，如图1-10（b）中伏安特性曲线所示。

（2）全电路欧姆定律　全电路是指由电源和负载组成的闭合电路，如图1-11所示。电路中电源的电动势为E；电源内部具有电阻r，称为电源的内电阻；电路中的外电阻为R。通常把虚框内电源内部的电路叫做内电路，虚框外电源外部的电路叫做外电路。当开关S闭合时，通过实验得知，在全电路中的电流，与电源电动势E成正比，与外电路电阻和内电阻之和（$R+r$）成反比，这个规律称为全电路欧姆定律，用公式表示为：

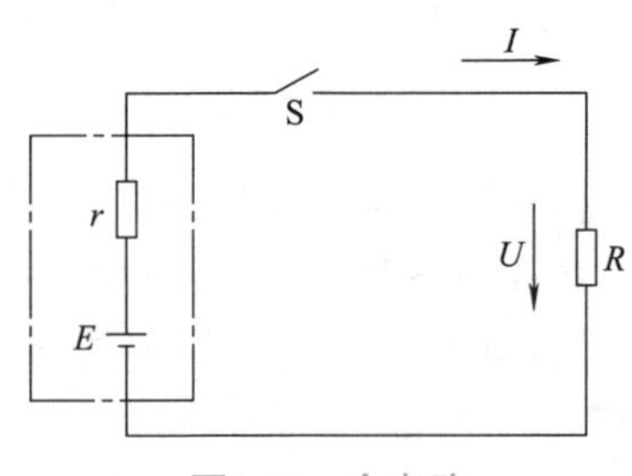

图1-11　全电路

$$I=\frac{E}{R+r}$$

式中，I为闭合电路的电流，A；E为电源电动势，V；r为电源内阻，Ω；R为负载电阻，Ω。

（3）电阻的串联电路　把两个或两个以上的电阻依次相连，组成一条无分支电路，叫作电阻的串联，如图1-12所示。

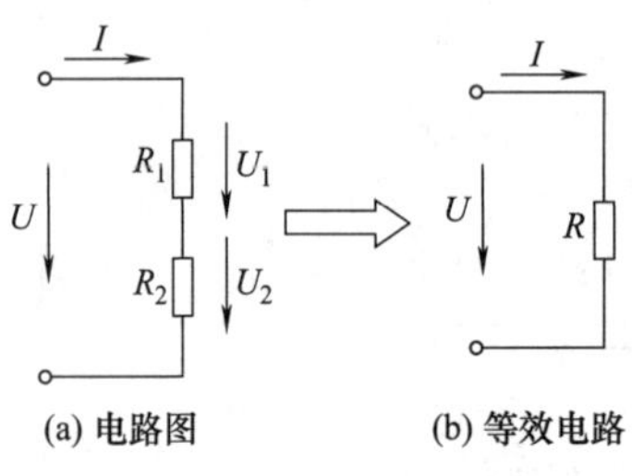

图1-12　电阻的串联

电阻串联电路的特点：

① 流过每个电阻的电流都相等，即$I=I_1=I_2$。

② 串联电路两端的总电压等于各电阻两端电压之和，即$U=U_1+U_2$。

③ 串联电路的总电阻等于各串联电阻之和，即$R=R_1+R_2$。

电阻串联电路的分压作用：如果两个电阻R_1和R_2串联，它们的分压公式为：

$$U_1=\frac{R_1}{R_1+R_2}U \quad U_2=\frac{R_2}{R_1+R_2}U$$

在工程上，常利用串联电阻的分压作用来使同一电源能供给不同的电压；在总电压一定的情况下，串联电阻可以限制电路电流。

（4）电阻的并联电路　两个或两个以上电阻并接在电路中相同的两点之间，承受同一电压，叫做电阻的并联，如图1-13所示。

电阻并联电路的特点：

① 并联电路中各电阻两端的电压相等，均等于电路两端的电压，即$U=U_1=U_2$。

② 并联电路中的总电阻的倒数等于各并联电阻的倒数之和，即$\frac{1}{R}=\frac{1}{R_1}+\frac{1}{R_2}$。

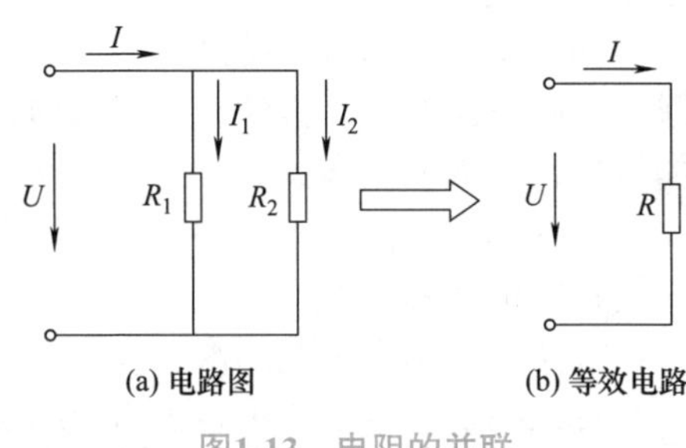

图1-13　电阻的并联

③ 并联电路的总电流等于流过各电阻的电流之和，即$I=I_1+I_2$。

电阻并联电路的分流作用：如果两个电阻R_1和R_2并联，它们的分流公式为：

$$I_1=\frac{R_2}{R_1+R_2}I \quad I_2=\frac{R_1}{R_1+R_2}I$$

在实际电路中，凡是额定工作电压相同的负载都采用并联的工作方式，这样每个负载都是一个可独立控制的回路，任一负载的正常闭合或断开都不影响其他负载的正常工作。

（5）电阻的混联电路　在电路中，既有电阻串联又有电阻并联的电路，称为混联电路，如图1-14所示。

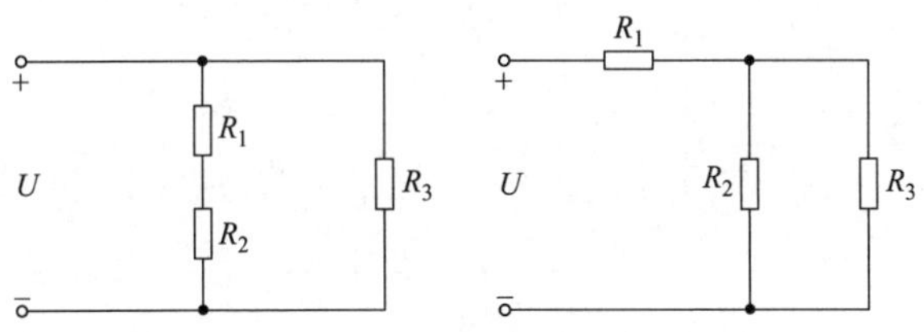

图1-14　电阻的混联电路

在电阻混联电路中，已知电路总电压，若求解各电阻上的电压和电流，其步骤一般是：

① 求出这些电阻的等效电阻。

② 应用欧姆定律求出总电流。

③ 应用电流分流公式和电压分压公式，分别求出各电阻上的电压和电流。

（6）电阻混联电路的分析　在电阻混联电路中，可以按照串联、并联电路的计算方法，一步一步地将电路简化，从而得出最终的结果。采取如下步骤。

① 对电路进行等效变换，将原始电路简化成容易看清串、并联关系的电路图。

方法一：利用电流的流向及电流的分合，画出等效电路图；

方法二：利用电路中各等电位点分析电路，画出等效电路图。

② 先计算串联、并联支路的等效电阻，再计算电路总的等效电阻。

③ 由电路的总的等效电阻和电路的端电压计算电路的总电流。

④ 根据电阻串联的分压关系和电阻并联的分流关系，逐步推算出各部分的电压和电流。

如图1-15所示，将较复杂的电路化为简单的电路。

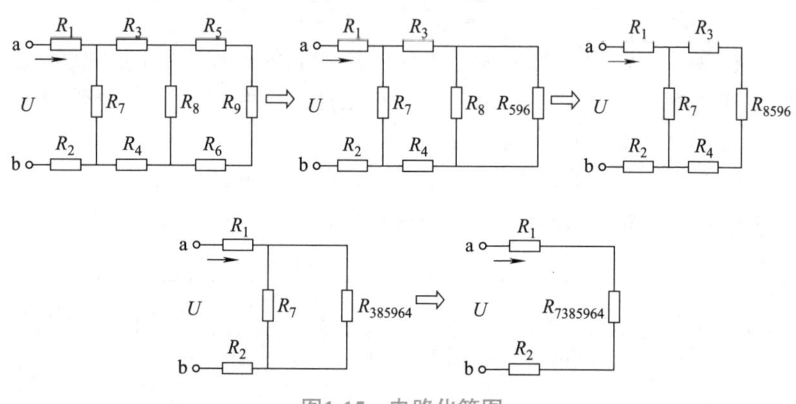

图1-15　电路化简图

1.1.3　复杂直流电路

1.1.3.1　复杂电路的几个概念

（1）支路　由一个或几个元件首尾相接构成的无分支电路。如

图1-16中的AF支路、BE支路和CD支路。

（2）节点　三条或三条以上支路的交点。图1-16中的电路只有两个节点，即B点和E点。

（3）回路　电路中任意的闭合电路。图1-16所示的电路中可找到三个不同的回路，它们是ABEFA、BCDEB和ABCDEFA。

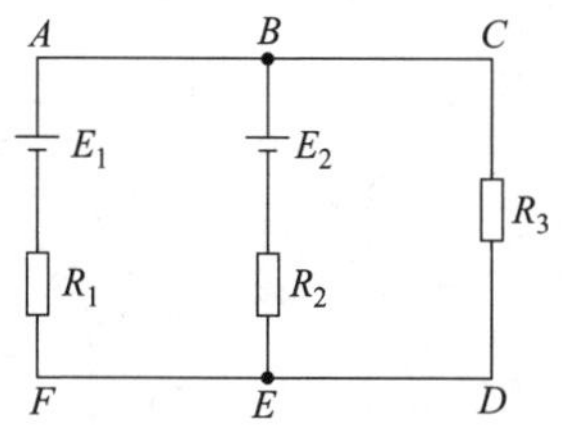

图1-16　复杂电路

（4）网孔　网孔是内部不包含支路的回路，如图1-16所示的电路中网孔只有两个，它们是ABEFA、BCDEB。

1.1.3.2　基尔霍夫定律

无法用串、并联关系进行简化的电路称为复杂电路。复杂电路不能直接用欧姆定律来求解，它的分析和计算可用基尔霍夫定律和欧姆定律。

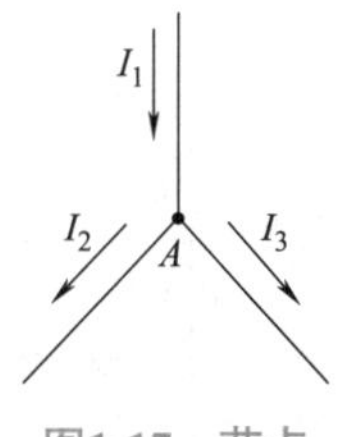

图1-17　节点电流示意图

（1）基尔霍夫电流定律　基尔霍夫电流定律又叫节点电流定律。内容：电路中任意一个节点上，流入节点的电流之和，等于流出节点的电流之和。

如，对于图1-17中的节点A，有$I_1=I_2+I_3$或$I_1+(-I_2)+(-I_3)=0$。

如果我们规定流入节点的电流为正，流出节点的电流为负，则基尔霍夫电流定律可写成

$$\sum I=0$$

即在任一节点上，各支路电流的代数和永远等于零。

对于图1-16中电路的B节点来说，也可得到一个节点电流关系式，不过写出来就会发现，它和A点的节点电流关系式一样。所以电路中若有n个节点，则只能列出n−1个独立的节点电流方程。

【注意】 在分析与计算复杂电路时，往往事先不知道每一支路中电流的实际方向，这时可以任意假定各个支路中电流的方向，称为参考方向，并且标在电路图上。若计算结果中，某一支路中的电流为正值，表明原来假定的电流方向与实际的电流方向一致；若某一支路的电流为负值，表明原来假定的电流方向与实际的电流方向相反。

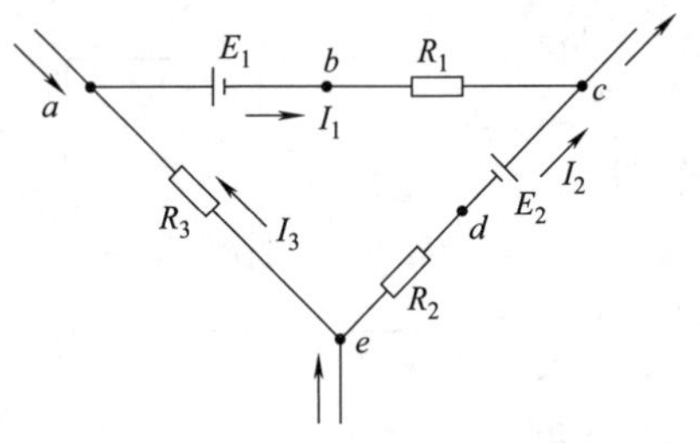

图1-18 复杂电路的一部分

（2）基尔霍夫电压定律

基尔霍夫电压定律又叫回路电压定律。内容：从一点出发绕回路一周回到该点各段电压（电压降）的代数和等于零。即：$\sum U=0$。

如图1-18所示的电路，若各支路电流如图所示，回路绕行方向为顺时针方向，则有：$U_{ab}+U_{bc}+U_{cd}+U_{de}+U_{ea}=0$

即：$E_1+I_1R_1+E_2-I_2R_2+I_3R_3=0$

1.1.3.3 戴维南定理

在分析电路时，我们常将电路称为网络。具有两个出线端钮与外部相连的网络被称为二端网络。若二端网络是线性电路（电压和电流成正比的电路称为线性电路）且内部含有电源，则称该网络为线性有源二端网络，如图1-19所示。

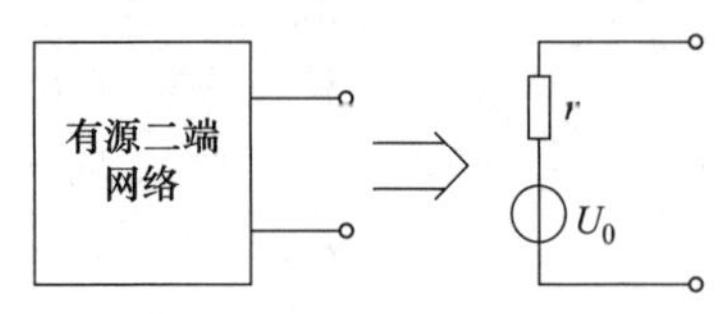

图1-19 线性有源二端网络

一个线性有源二端网络，一般都可以等效为一个理想电压源和一个等效电阻的串联形式。

戴维南定理的内容：指电压源电动势的大小就等于该二端网络的开路电压，等效电阻的大小就等于该二端网络内部电源不作用时的输入电阻。

所谓开路电压，也就是二端网络两端钮间什么都不接时的电压U_0。计算内电阻时要先假定电源不作用，所谓内部电源不作用，也就是内部理想电压源被视作短路，电流源视作开路，此时网络的等效电阻即为等效电源的内电阻r。

1.1.3.4 叠加原理

在线性电路中，任一支路中的电流，都可以看成是由该电路中各电源（电压源或电流源）分别单独作用时在此支路中所产生的电流的代数和。这就是叠加原理。

如图1-20所示的电路中，U_{S1}和U_{S2}是两只恒压源，它们共同作用在三个支路中所形成的电流分别为I_1、I_2和I_3。根据叠加原理，图（a）就等于图（b）和图（c）的叠加，即：

$$I_1=I'_1+I''_1 \quad I_2=I'_2+I''_2 \quad I_3=I'_3+I''_3$$

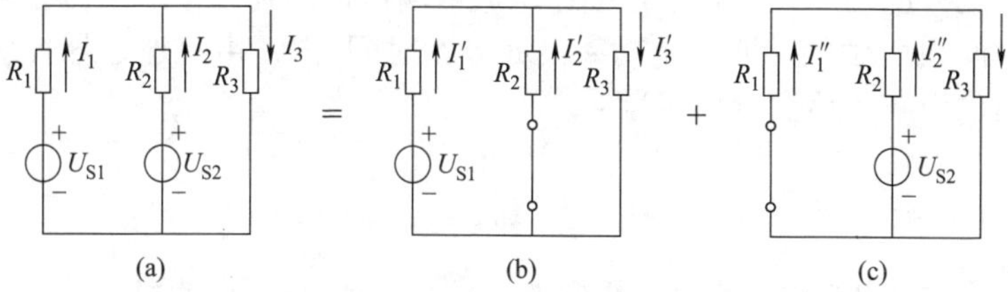

图1-20　叠加原理

用叠加原理来分析复杂直流电路，就是把多个电源的复杂直流电路化为几个单电源电路来分析计算。在分析计算时要注意几个问题：

① 叠加原理仅适用于由线性电阻和电源组成的线性电路。

② 所谓电路中只有一个电源单独作用，就是假定其他电源去掉，即理想电压源（又称为恒压源）视作短接，理想电流源（又称为恒流源，为电路提供恒定电流的电源）视作开路。

③ 叠加原理只适用于线性电路中的电压和电流的叠加，而不能用于电路中的功率叠加。

1.1.3.5　电功与电功率

（1）电功　电流通过负载时，将电能转变为另一种其他不同形式的能量，如电流通过电炉时，电炉会发热，电流通过电灯时，电灯会发光（当然也要发热）。这些能量的转换现象都是电流做功的表现。因此，在电场力作用下电荷定向移动形成的电流所做的功，称为电功，也称为电能。

前面曾经讲过，如果a、b两点间的电压为U，则将电量为q的电荷从a点移到b点时电场力所做的功为：$W=U\times q$

因为　$$I=\frac{q}{t} \quad q=It$$

所以　$$W=UIt=I^2Rt=\frac{U^2}{R}t$$

式中，电压单位为V，电流单位为A，电阻单位为Ω，时间单位为s，则电功单位为J。

在实际应用中，电功还有一个常用单位是kW·h。

（2）电功率　电功率是描述电流做功快慢的物理量。电流在单位时间内所做的功叫做电功率。如果在时间t内，电流通过导体所做的功为W，那么电功率为：

$$P=\frac{W}{t}$$

式中，P为电功率；W为电能；t为电流做功所用的时间，s。

在国际单位制中电功率的单位是瓦特，简称瓦，符号是W。如果在1s时间内，电流通过导体所做的功为1J，电功率就是1W。电功率的常用单位还有千瓦（kW）和毫瓦（mW），它们之间的关系为：

$$1\mathrm{kW}=10^3\mathrm{W} \qquad 1\mathrm{W}=10^3\mathrm{mW}$$

对于纯电阻电路，电功率的公式为：

$$P=UI=I^2R=\frac{U^2}{R}$$

1.1.3.6　电压源和电流源

在电路中，负载从电源取得电压或电流。一个电源对于负载而言，既可看成是一个电压提供者，也可看成是一个电流提供者。所以，一个电源可以用两种不同的等效电路来表示：一种是以电压的形式表示，称为电压源；另一种是以电流的形式表示，称为电流源。

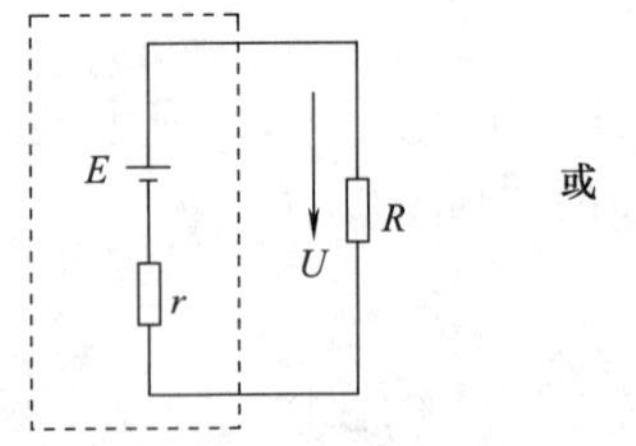

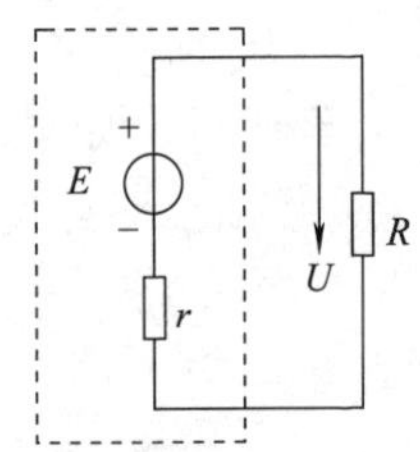

图1-21　电压源

（1）电压源　任何一个实际的电源，例如电池、发动机等，都可以用恒定电动势E和内阻r串联的电路来表示，叫作电压源。如图1-21中的虚拟框内表示电压源。

电压源是以输出电压的形式向负载供电的，输出电压的大小为：

$$U=E-Ir$$

当内阻$r=0$时，不管负载变动时输出电流I如何变化，电源始终输出恒定电压，即$U=E$。把内阻$r=0$的电压源叫做理想电压源，符号如图1-22所示。应该指出的是，由于电源总是有内阻的，所以理想电压源实际是不存在的。

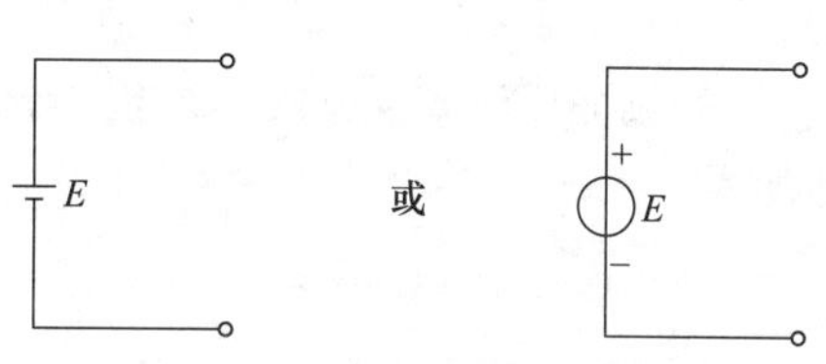

图1-22　理想电压源

（2）电流源　电源除用等效电压源来表示外，还可用等效电流源来表示：

$$I_s=I_0+I$$

式中　I_s——电源的短路电流，A，大小为$\frac{E}{r}$；

I_0——电源内阻r上的电流，A，大小为$\frac{U}{r}$；

I——电源向负载提供的电流，A。

根据上式可画出图1-23所示电路，因此，电源也可认为是以输送电流的形式向负载供电的。电流源符号如图1-23虚线框中所示。

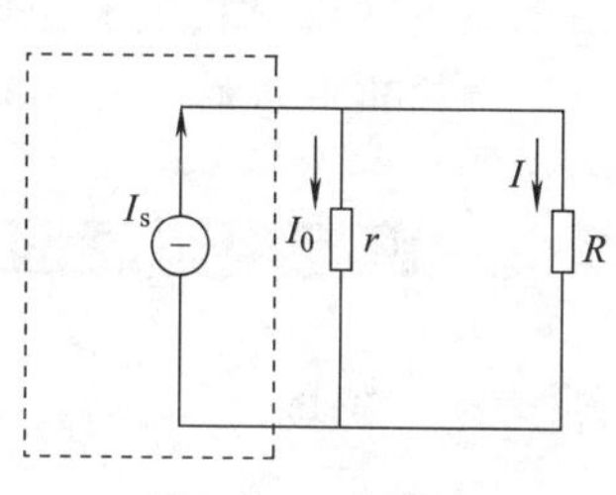

图1-23　电流源

当内阻$r=\infty$时，不管负载的变化引起端电压如何变化，电源始终输出恒定电流，即$I=I_s$。把内阻$r=\infty$的电流源叫做理想电流源，符号如图1-24所示。

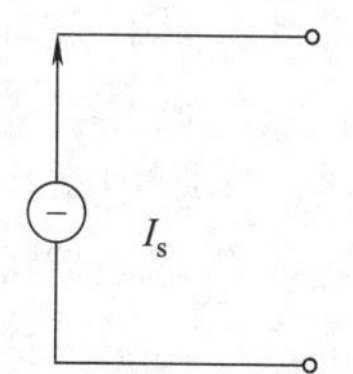

图1-24　理想电流源

（3）电压源与电流源的等效变换　电压源和电流源对于电源外部的负载电阻而言是等效的，可以相互变换。

电压源与电流源之间的关系由下式决定：

$$I_s=\frac{E}{r}\text{或}E=I_s r$$

电压源可以通过$I_s=\frac{E}{r}$转化为等效电流源，内阻r数值不变，改为并联；反之，电流源可以通过$E=I_s r$转化为等效电压源，内阻r数值不变，改为串联。如图1-25所示。

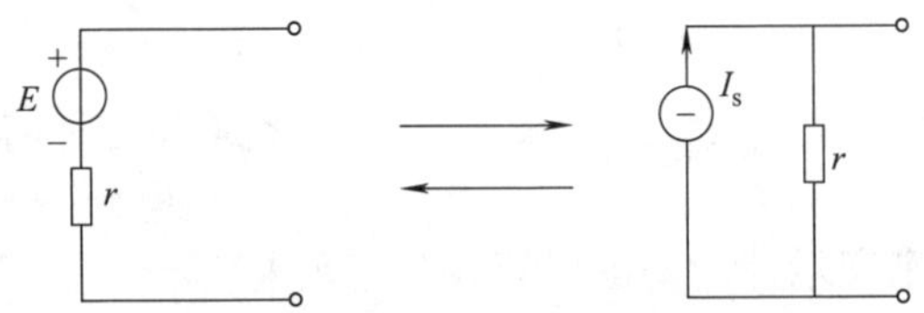

图1-25　电压源与电流源等效变换

【提示】两种电源的互换只对外电路等效，两种电源内部并不等效；理想电压源与理想电流源不能进行等效互换；作为电源的电压源与电流源，它们的E和I_s的方向是一致的，即电压源的正极与电流源输出电流的一端相对应。

1.2　磁与电磁感应

1.2.1　磁场

（1）磁场和磁感线　我们把物体吸引铁、钴、镍等物质的性质称为磁性。具有磁性的物体称为磁体，磁体分为天然磁体（磁铁矿石）和人造磁体（铁的合金制成）。人造磁体根据需要可以制成各种形状。实验中常用的磁体有条形、蹄形和针形等。

磁体两端磁性最强的区域称为磁极。任何磁体都具有两个磁极。小磁针由于受到地球磁场的作用，在静止时总是一端指向北一端指向南，指北的一端叫北极，用N表示；指南的一端叫南极，用

S表示。

两个磁体靠近时会产生相互作用力：同性磁极之间互相排斥，异性磁极之间互相吸引。磁极之间的相互作用力不是在磁极直接接触时才发生，而是通过两磁极之间的空间传递的。传递磁场力的空间称为磁场。磁场是由磁体产生的，有磁体才有磁场。

磁体的周围有磁场，磁体之间的相互作用是通过磁场发生的。把小磁针放在磁场中的某一点，小磁针在磁场力的作用下发生转动，静止时不再指向南北方向。在磁场中的不同点，小磁针静止时指的方向不相同。因为磁场具有方向性。我们规定，在磁场中的任一点，小磁针北极受力的方向，亦即小磁针静止时北极所指的方向，就是那一点的磁场方向。

（2）电流周围的磁场

① 通电直导线周围的磁场　通电直导线周围的磁场方向，是在与导线垂直的平面上且以导线为圆心的同心圆。磁场方向与电流方向之间的关系可用安培定则来判断（或叫右手螺旋定则）。如图1-26所示。

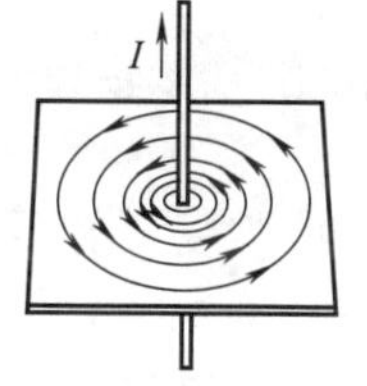

(a) 磁感线分布

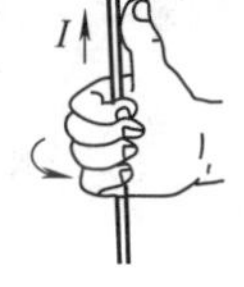

(b) 安培定则

图1-26　直线电流的磁场

安培定则：用右手握住导线，让伸直的大拇指所指的方向跟电流的方向一致，那么弯曲的四指所指的方向就是磁力线的环绕方向。

② 环形电流的磁场　环形电流磁场的磁感线是一些围绕环形导线的闭合曲线。在环形导线的中心轴线上，磁感线和环形导线的平面垂直。环形电流的方向跟它的磁感线方向之间的关系，也可以用安培定则来判断。如图1-27所示。

安培定则：让右手弯曲的四指和环形电流的方向一致，那么伸直的大拇指所指的方向就是环形导线中心轴线上磁力线的方向。

③ 通电螺线管的磁场　通电螺线管通电以后产生的磁场与条形磁铁的磁场相似，改变电流方向，它的两极就对调。通电螺线管的电流方向跟它的磁感线方向之间的关系，也可以用安培定则来判断。如图1-28所示。

安培定则：用右手握住螺线管，让弯曲的四指所指的方向跟电流的方向一致，那么大拇指所指的方向就是螺线管内部磁力线的方向，也就是说，大拇指指向通电螺线管的北极。

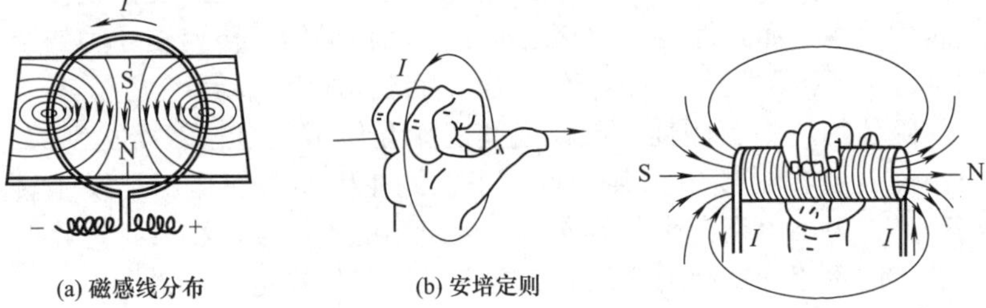

图1-27　环形电流的磁场　　图1-28　通电螺线管的磁场

1.2.2 磁场的基本物理量

（1）磁感应强度　前面介绍了磁体和电流产生的磁场，由磁感线可见，磁场既有大小，又有方向。为了表示磁场的强弱和方向，引入磁感应强度的概念。

如图1-29所示，把一段通电导线垂直地放入磁场中，实验表明：导线长度L一定时，电流I越大，导线受到的磁场力F也越大；电流一定时，导线长度L越长，导线受到的磁场力F也越大。在磁场中确定的点，不论I和L如何变化，比值$F/(IL)$始终保持不变，是一个恒量。在磁场中不同的地方，这个比值可以是不同的。这个比值越大的地方，那里的磁场越强。因此可以用这个比值来表示磁场的强弱。

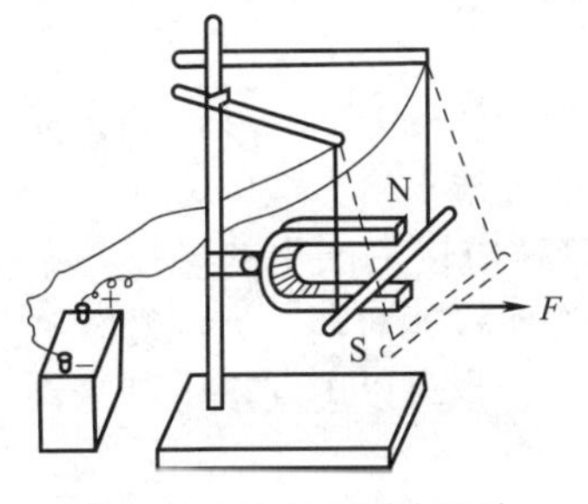

图1-29　磁感应强度实验

在磁场中垂直于磁场方向的通电导线，所受到的磁场力F与电流I和导线长度L的乘积IL的比值叫做通电导线所在处的磁感应强度。磁感应强度用B表示，那么

$$B=\frac{F}{IL}$$

磁感应强度是矢量，大小如上式

所示，它的方向就是该点的磁场方向。它的单位由F、I和L的单位决定，在国际单位制中，磁感应强度的单位称为特斯拉（T）。

磁感应强度B可以用高斯计来测量。用磁感线的疏密程度也可以形象地表示磁感应强度的大小。在磁感应强度大的地方磁感线密集，在磁感应强度小的地方磁感线稀疏。

根据通电导体在磁场中受到电磁力的作用，定义了磁感应强度。把磁感应强度的定义式变形，就得到磁场对通电导体的作用力公式

$$F=BIL$$

由上式可见，导体在磁场中受到的磁场力与磁感应强度、导体中电流的大小以及导体的长度成正比。磁场力的大小由上式来计算，磁场力的方向可以用左手定则来判断。如图1-30所示。

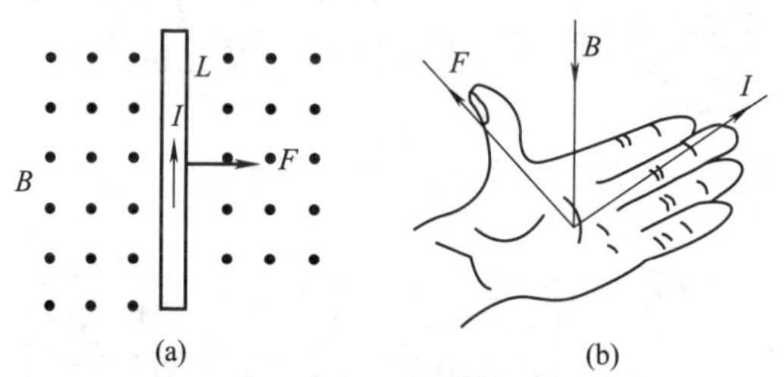

图1-30　左手定则

左手定则：伸出左手，使大拇指跟其余四个手指垂直并且在一个平面内，让磁感线垂直进入手心，四指指向电流方向，则大拇指所指的方向就是通电导线在磁场中受力的方向。

处于磁场中的通电导体，当导体与磁场方向垂直时受到的磁场力最大；当导体与磁场方向平行时受到的磁场力最小为零，即通电导体不受力；当导体与磁场方向成α角时（如图1-31所示），所受到的磁场力为

$$F=BIL\sin\alpha$$

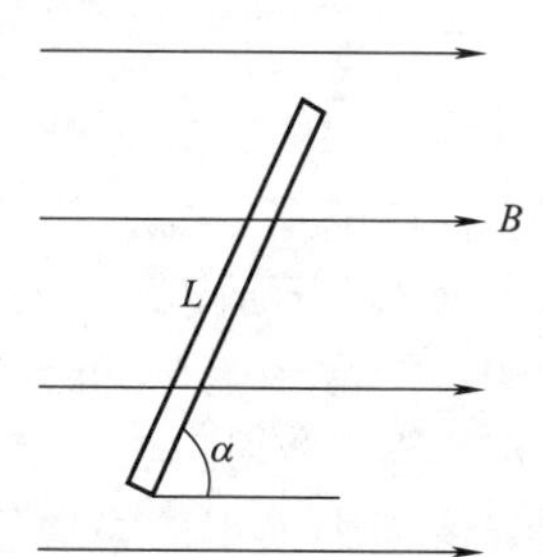

图1-31　导体与磁场方向成α角

（2）磁通　在匀强磁场中，假设

有一个与磁场方向垂直的平面，磁场的磁感应强度为B，平面的面积为S，磁感应强度B与面积S的乘积，称为通过该面积的磁通量（简称磁通），用Φ表示磁通，那么

$$\Phi=BS$$

在国际单位制中，磁通的单位称为韦［伯］（Wb）。

将磁通定义式变为

$$B=\frac{\Phi}{S}$$

可见，磁感应强度在数值上可以看成与磁场方向相垂直的单位面积所通过的磁通，因此磁感应强度又称为磁通密度，用Wb/m^2作单位。

（3）磁导率　如图1-32所示，在一个空心线圈中通入电流I，在线圈的下部放一些铁钉，观察吸引铁钉的数量；当通入电流不变，在线圈中插入一铁棒，再观察吸引铁钉的数量，发现明显增多。这一现象说明：同一线圈通过同一电流，磁场中的导磁物质不同（空气和铁），则其产生的磁场强弱不同。

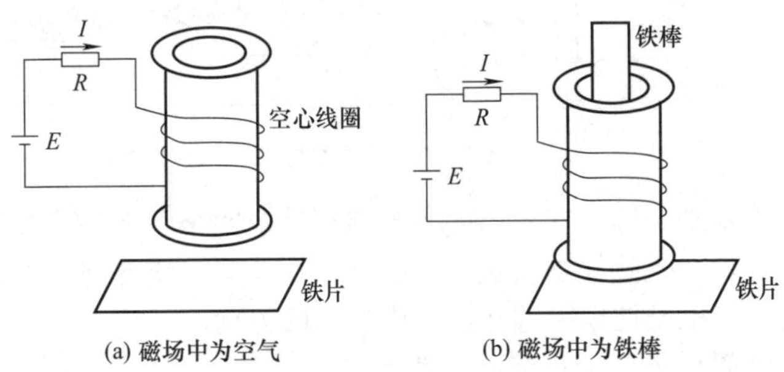

图1-32　磁导率实验

在通电空心线圈中放入铁、钴、镍等，线圈中的磁感应强度将大大增强；若放入铜、铝等，则线圈中的磁感应强度几乎不变。这说明，线圈中磁场的强弱与磁场内媒介质的导磁性质有关。磁导率μ就是一个用来表示磁场媒质导磁性能的物理量，也就是衡量物质导磁能力大小的物理量。导磁物质的μ越人，其导磁性能越好，产生的附加磁场越强；μ越小，导磁性能越差，产生的附加磁场

越弱。

不同的媒介质有不同的磁导率。磁导率的单位为亨/米（H/m）。真空中的磁导率用μ_0表示，为一常数，即

$$\mu_0=4\pi\times10^{-7}\ (\text{H/m})$$

（4）磁场强度　当通电线圈的匝数和电流不变时，线圈中的磁场强弱与线圈中的导磁物质有关。这就使磁场的计算比较复杂，为了使磁场的计算简单，引入了磁场强度这个物理量来表示磁场的性质。其定义为：磁场中某点的磁感应强度B与同一点的磁导率μ的比值称为该点的磁场强度，磁场强度用H来表示，公式表示为

$$H=B/\mu\text{或}B=\mu H$$

磁场强度的单位是安/米（A/m）。磁场强度是矢量，其方向与该点的电磁感应强度的方向相同。这样磁场中各点的磁场强度的大小只与电流的大小和导体的形状有关，而与媒介质的性质无关。

穿过闭合回路的磁通量发生变化，闭合回路中就有电流产生，这就是电磁感应现象。由电磁感应现象产生的电流称为感应电流。

① 感应电流的方向——右手定则　当闭合电路的一部分导体做切割磁感线的运动时，感应电流的方向用右手定则来判定。伸开右手，使大拇指与其余四指垂直并且在一个平面内，让磁感线垂直进入手心，大拇指指向导体运动的方向，这时四指所指的方向就是感应电流的方向。如图1-33所示。

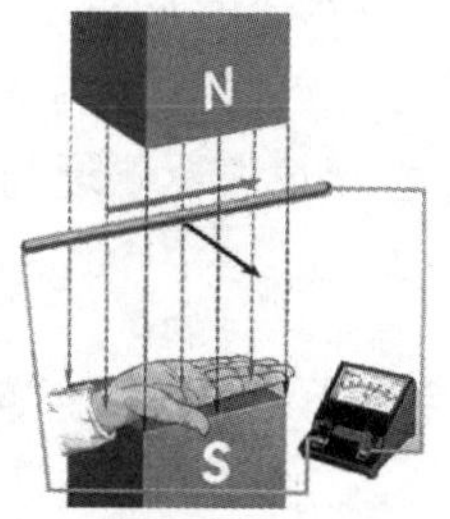

图1-33　右手定则

② 感应电动势的计算　上述实验中，闭合回路中均产生感应电流，则回路中必然存在电动势，在电磁感应现象中产生的电动势称为感应电动势。不管外电路是否闭合，只要穿过电路的磁通发生变化，电路中就有感应电动势产生。如果外电路是闭合的就会有感应电流；如果外电路是断开的就没有感应电流，但仍然有感应电动势。下面学习感应电动势的计算方法。

a．切割磁感线产生感应电动势　如图1-34所示，当处在匀强磁场B中的直导线L以速度v垂直于磁场方向做切割磁感线的运动时，导线中便产生感应电动势，其表达式为

$$E=BLv$$

式中 E——导体中的感应电动势，V；

B——磁感应强度，T；

L——磁场中导体的有效长度，m；

v——导体运动的速度，m/s。

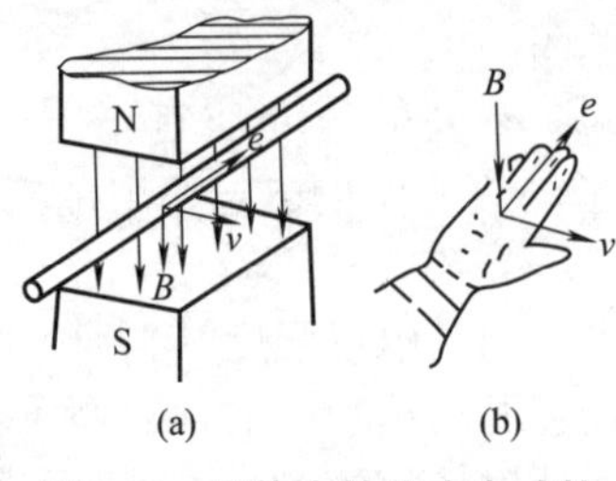

图1-34 导体中的感应电动势

b. 法拉第电磁感应定律 当穿过线圈的磁通量发生变化时，产生的感应电动势用法拉第电磁感应定律来计算。线圈中感应电动势的大小与穿过线圈的磁通的变化率成正比。用公式表示为

$$E=\Delta\Phi/\Delta t$$

式中 $\Delta\Phi$——穿过线圈的磁通的变化量，Wb；

Δt——时间变化量，s；

E——线圈中的感应电动势，V。

如果线圈有N匝，每匝线圈内的磁通变化都相同，则产生的感应电动势为

$$E=N（\Delta\Phi/\Delta t）$$

公式变形为

$$E=N（\Phi_2-\Phi_1）/\Delta t=（N\Phi_2-N\Phi_1）/\Delta t$$

$N\Phi$表示磁通与线圈匝数的乘积，叫做磁链，用Ψ表示，即

$$\Psi=N\Phi$$

1.3 正弦交流电路

1.3.1 正弦交流电路基本知识

1.3.1.1 交流电的基本概念

常用电源分为直流电源和交流电源两种。蓄电池、干电池、直流发电机以及交流电经整流器转换成直流的设备都是直流电源。直流电源的特点是输出端子标有极性+、-（正负）符号，也就是说直流电源有方向性，而且直流电源的电压、电流是恒定的，不随时

间改变。

所谓交流电即指输出电压、电流的大小、方向每时每刻都在改变的电源。其电压、电流称为交流电压、交流电流。

常用交流电源上按正弦规律变化，在电工理论中叫正弦交流电。应用交流电的电路也叫交流电路。交流电路和直流电路在实际应用和理论分析方面有很大的不同，这是因为交流电路中，作为负荷不只是电阻，而又引进电容、电感这样的电抗元件，因此交流电路发生了很多复杂电工学现象。

为什么常用电是交流电呢？这完全是由交流电的性质决定的：交流电容易产生、容易变换，既便于传输又便于应用。

我国电力标准为频率是50Hz的正弦交流电，在世界范围内频率是60Hz的正弦交流电也被广泛应用，50Hz和60Hz的正弦交流电统称为工频电。在一些特殊领域，如航空、船舶、军事设备也常用400Hz作为系统工频电。

1.3.1.2 正弦交流电表示方法

① 数学表达式$e=E_m\sin(\omega t+\varphi)$，$i=I_m\sin(\omega t+\varphi)$。

② 图形表示如图1-35所示。

③ 矢量表示如图1-36所示。

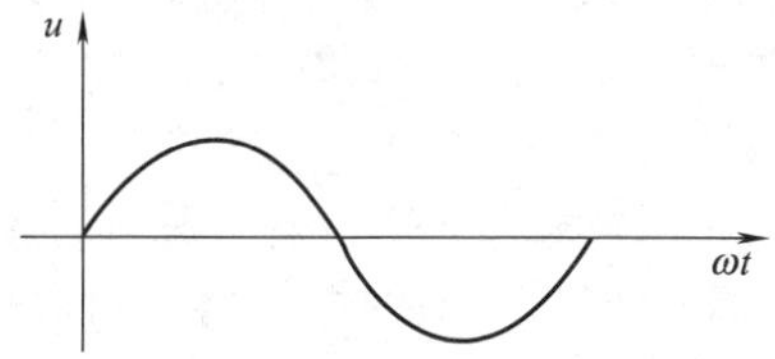

图1-35 正弦交流电波形图表示法

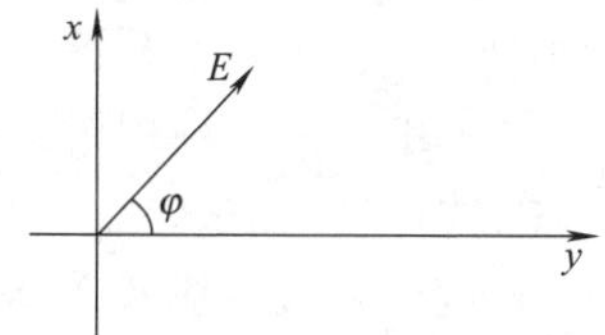

图1-36 正弦交流电矢量表示法

1.3.1.3 正弦交流电的基本物理量

（1）幅值

① 瞬时值（u、i） 交流电在某一瞬时对应的幅度值称为瞬时值，用小写的英文字母u、i表示。数学表达式即为瞬时表达式：$u=U_m\sin\omega t$，$i=I_m\sin\omega t$。

② 最大值（U_m、I_m） 交流电最大值是变化过程中最大的瞬时值，用大写字母U_m、I_m表示，有时也称为振幅或峰值。

③ 有效值（U、I） 若交流电和直流电通过相同阻值电阻，如果时间相同，产生的热量也相同，则把这个直流电的电压或电流的大小定义为这个交流电的有效值，用大写英文字母U、I表示。

④ 平均值（U_p、I_p） 正弦交流电在正半周（0 ～ π），将所有瞬值平均，其大小称为平均值，用大写英文字母U_p、I_p表示。最大值、有效值、平均值三个量存在着数学转换关系。转换公式为：

$$E=\frac{E_m}{\sqrt{2}}=0.707E_m \quad U=\frac{U_m}{\sqrt{2}}=0.707U_m \quad I=\frac{I_m}{\sqrt{2}}=0.707I_m$$

（2）正弦交流电的周期、频率、角频率

① 周期（T） 交流电的一个完整波形所经过的时间称为周期。用T表示，基本单位为s（秒）。50Hz交流电周期为0.02s。

② 频率（f） 单位时间内波形重复变化的次数叫频率。也可以说在每秒钟时间间隔内，波形变化的次数为频率。

50Hz交流电，即每秒时间间隔内出现50个完整波形。频率用f表示，单位为赫兹（Hz）。频率和周期互为倒数关系：

$$F=1/T \qquad T=1/f$$

③ 角频率（ω） 表示正弦交流电每秒变化的角度，用弧度值表示。角频率用ω来表示，单位为（rad/s）。角频率与频率关系：$\omega=2\pi f$。

（3）相位角、初相角、相位差

① 相位角 正弦交流电某一瞬时值必须对应某一瞬时时刻，这一时刻用角度（弧度）表示，即为该瞬时值的相位角，用$\pi t+\varphi$来表示。

② 初相角 即$\omega t=0$时的相位角，用φ来表示。

③ 相位差 相位差是两个同频率的正弦交流电的初相角之差，用$\varphi_1-\varphi_2$来表示。相位差是相对比较产生的，单一交流电进行研究时可以认为是0，可是，几个交流电一起研究，只能设定其中任意一个为0，其他交流电相对比则产生初相角、相位差。

例：$u=U_m\sin（\omega t+\varphi_u）$ $i=I_m\sin（\omega T+\varphi_i）$

则相位差$\varphi=(\omega t+\varphi_u)-(\omega t+\varphi_i)=\varphi_u-\varphi_i$

通过公式得到的结论如图1-37所示。

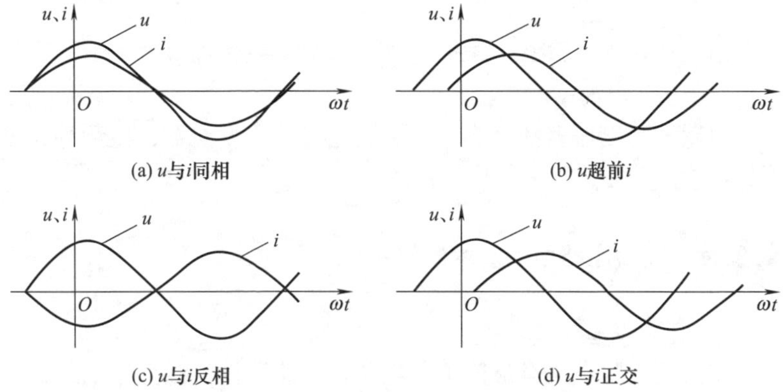

图1-37 同频率相位差

$\varphi=0$，u与i同相。

$\varphi>0$，u超前i，或i滞后u。

$\varphi=\pm\pi$，u与i反相。

$\varphi=\pm\dfrac{\pi}{2}$，$u$与$i$正交。

1.3.1.4 交流电电功率

（1）有效功率（$P=UI\cos\varphi$） 表示被用电负载真正吸收的功率。$\cos\varphi$叫做功率因数，它的大小完全由电器设备具体电参数来决定。当$\cos\varphi=1$时，有效功率最大，负载从电源吸收功率能力最大，说明电路负载呈电阻性。如果$\cos\varphi<1$，则说明电路中具有一部分感性或容性负载。电气系统电路尽量调正负载，加接适当电容使$\cos\varphi$尽量接近1。

（2）无功功率（$Q=UI\sin\varphi$） 无功功率Q表示交流电路中，电磁能量转换能力；不能简单地理解为无用功率。

（3）视在功率 视在功率表示交流电源能对负载（用电器）提供功率的额定能力。

视在功率S的单位为：V · A（伏安）、kV · A（千伏安）。上述三种功率存在着数学对应关系：

$$S=\sqrt{P^2+Q^2}$$

1.3.1.5 电容

电容的种类、命名、主要参数、性能检测等详见第2章。

1.3.1.6 电感与变压器

电感器与变压器的分类、命名、型号、主要参数、检测等详见第2章。

1.3.2 交流电路中的基本电路

1.3.2.1 纯电阻电路

交流纯电阻电路是最简单的电路，电路分析类似直流电路。

（1）电压与电流关系　假设，一初相为零交流电压$U_R=U_m\sin\omega t$，加于电阻元件R的两端，如图1-38所示，则电路中必有相对应电流i_R。根据欧姆定律，电压、电流关系为：

$$I=\frac{U}{R}$$

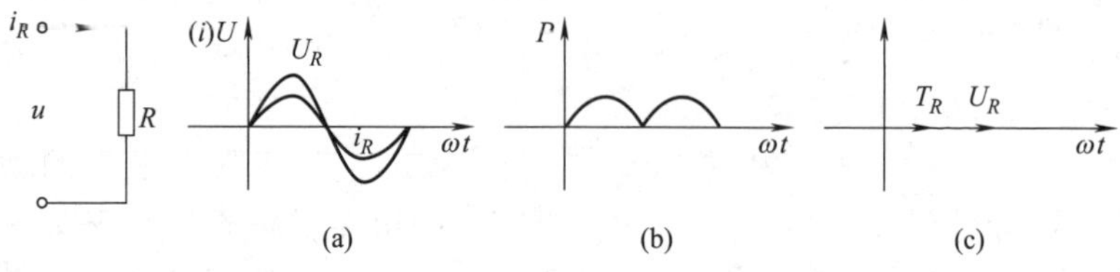

图1-38　交流纯电阻电路波形图

从图1-38可见，加在电阻上的电压和电阻产生的电流相位一致。

（2）功率

① 瞬时功率。公式为$P=U_mI_m\sin^2\omega t=\frac{P_m（1-\cos^2\omega t）}{2}$。

② 瞬时功率波形图如图1-38（b）所示，从图可见，交流正负半波功率相等，即电阻上发出热量相等。

③ 有效功率（平均功率）。公式为$P=\frac{U^2}{R}=I^2R=UI$。

1.3.2.2 纯电感电路

（1）交流纯电感电路的电流电压关系，如图1-39所示。

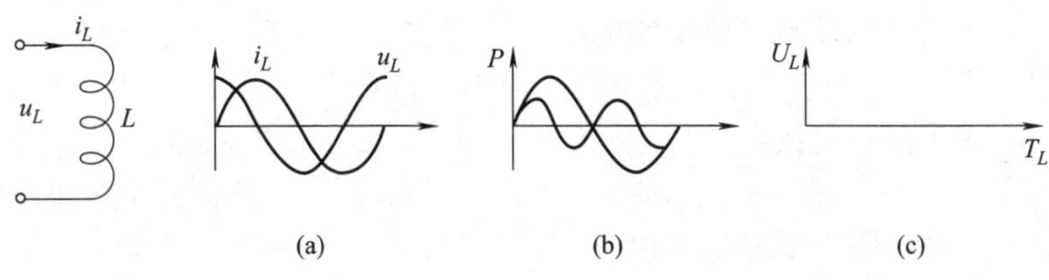

图1-39　交流纯电感电路波形图

设流过电感电路中的电流为i_L，初相为0。即$i_L=I_m\sin\omega t$，则电压为$u_L=U_m\sin(\omega t+90°)$，如图1-39（a）所示。可见电感电路有以下特点：

① 电压超前电流90°（反时针为超前），超前90°意味着电压最大幅值出现，较电流出现最大幅值提前90°。

② $U_L=\omega LI$，表明电压和电流的关系。

$\omega L=X_L$，叫电感抗，单位为欧姆（Ω），式中L为电感的量值。可见角频率ω提高，则X_L也提高。这说明交流电流通过电感时，电感产生的阻力和角频（ω）成正比，也就是交流电频率越高，电感的阻力作用越大。很显然当$\omega t=0$时（直流电），$X_L=0$。因此电感对直流电不产生阻力。

③ 电流电压矢量图，如图1-39（c）所示。

（2）功率

① 瞬时功率。公式$P_L=U_LI_L=U_mI_m\sin\omega t\cdot\sin(\omega t+90°)=U_mI_m\sin^2\omega t$。

② 波形图如图1-39（b）所示。从图形或从表达式中可见：功率波形在电流变化2π时间中，功率波形出现二次正功率和二次负功率。正功率意味电感吸收电源功率，而负功率则表示电感向电源返送功率；正、负功率相等说明能量是守恒的。功率返送意味着电感不吸收功率。但返送过程中，电流要在传输线的电阻上白白浪费功率，这是提高线路功率因数的关键所在。

③ 有用功率$P=0$。有用功率为0，意味着电感只把电源的能量转换成磁能储存π/4时间，又把磁能转化成电能返还给电源。

④ 无功功率。公式为$Q=\dfrac{U_L^2}{X_L}$。

无功功率反映电感电路的工作过程实质，不能简单地理解成无用功率；无功功率恰恰反映电感对电源的吸收与返送能力。电动机、变压器正是依存这种电磁转换而工作的。当然，电机工作更不能理解成不消耗功率的永动机，电机带动负荷后，负荷将呈纯电阻形式而吸收绝大部分功率。

Q的单位用V · A、kV · A、乏（var）、千乏（kvar）表示。

1.3.2.3 纯电容电路

（1）电容上电压与电流的关系，如图1-40所示。

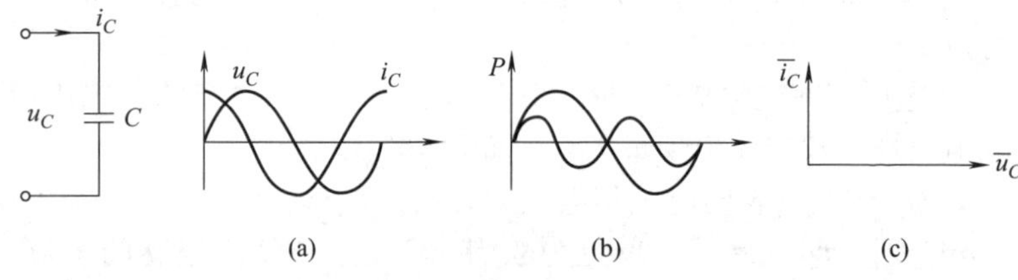

图1-40 交流纯电容电路波形图

设电源电压u_C=$U_m\sin\omega t$（初相为0），则流过电容C的电流i_C=$I_m\sin(\omega t+90°)$，如图1-40（a）。可见电容电路有以下特点：

① 电压与电流的关系式为：

$$I_m=\frac{U_m}{\dfrac{1}{\omega C}}=\frac{U_m}{X_C}$$

② 波形图如图1-40（a），矢量图如图1-40（c）。可见纯电容电路电流超前90°（可理解为电流先出现），流过电容的电流受到1/（ωC）的阻力，把1/（ωC）（X_C）叫做容抗。电容对电流阻力和容量C及频率（f）成反比。这意味着当f一定时，电容容量越大阻力X_C越小。如果电容一定时，频率升高则电容阻力X_C也变小。显然ωC=0时（直流）为X_C无穷大，表示直流不能通过电容，这就是电容隔离直流的道理。

电容中的电流和电阻、电感电路形成的过程在原理上是截然不同的。电阻中的电流是在电压作用下，克服物质中电子阻力形成的；电感中的电流是电能转化成磁能往返形成的；而电容中的电流是电源电压交替变化存储电荷、充放电形成的。而不能理解成电子穿透电容形成电流。

（2）电容上的交流电功率

① 瞬时功率$P_C=U_CI_C\sin\omega t$。

参看图1-40（b）可知，交流电容电路和电感相似，在电压一周期内，出现二次正功率和二次负功率。

② 有功功率$P_C=0$。

③ 无功功率$Q_C=U_CI_C=I^2X_C=U_C$，单位为V·A、kV·A、乏（var）、千乏（kvar）。

无功功率体现电容存储和释放电荷能力，即充放电能力。

1.3.2.4 RLC电路

1.3.2.4.1 RLC串联电路

RLC串联电路如图1-41所示。分析复合电路用矢量合成法最直观，三元件的i为同一个电流。

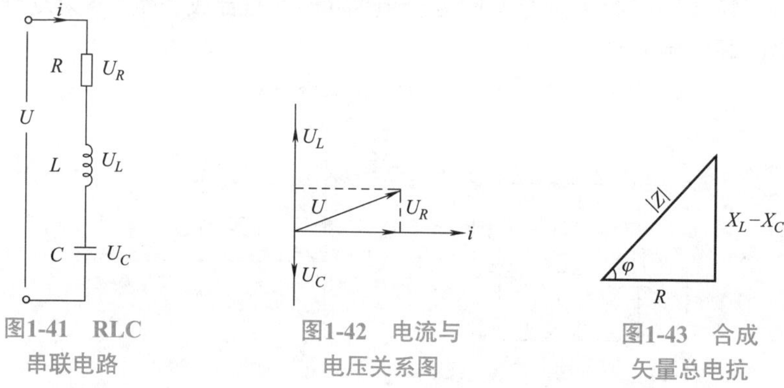

图1-41 RLC串联电路

图1-42 电流与电压关系图

图1-43 合成矢量总电抗

（1）电流与电压关系，如图1-42所示。因为串联电路中电流i同时流入三个元件，故选i方向为参考方向，i的初相为0。

① 电阻R上电压与I同相，画在（x轴正轴）同一条线上。

② 电感上电压U_L超前电流90°画在y轴正轴上。

③ 电容上电压U_C滞后电流90°画在y轴负轴上。将U_L+U_C（在y轴作相减抵消）。

④ 再作$(U_L+U_C)+U_R$，矢量加法为几何加法，以U_L+U_C和U_R各一边作矩形，则对角线为电压U合成矢量。

其中U与i夹角为电抗角。

当$\varphi>0$时，合成U电压超前于电流φ角，电路呈感性电路。

当$\varphi<0$时，合成电压矢量滞后电流φ角，电路呈容性电路。

同理我们也可得知，复合电路三元件的阻抗关系，即阻抗三角形关系，如图1-43所示。Z为合成的矢量总电抗。

（2）复合电路的功率

① 复合电路的瞬时功率为：

$$P=U_mI_m=UI\cos\varphi-UI\cos(\omega t+\varphi)$$

② 复合电路的有功功率，$P=UI\cos\varphi=I^2R$。

从公式中可以看出，只有在电阻上消耗的功率为有功功率。

③ 无功功率$Q=UI\sin\varphi$。

1.3.2.4.2　RLC并联复合电路（图1-44）

设$u=U_m\sin\omega t$，$I=U/Z$，Z为并联复合阻抗，它们的矢量图如图1-45所示。

经作图，画矢量得并联复合电路电流I的合成矢量。φ为复合电流和电压夹角。

此时$\varphi>0$电容呈感性，$\varphi<0$电容呈容性。

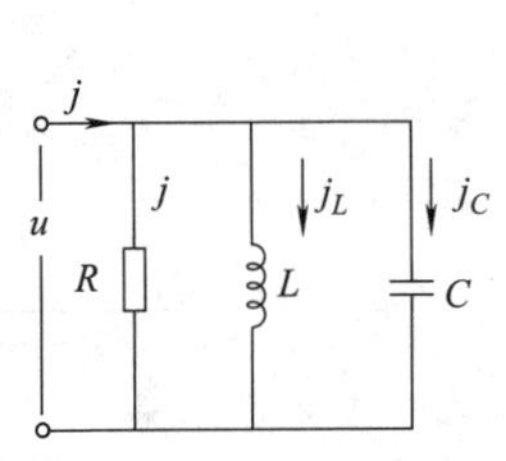

图1-44　RLC并联复合电路

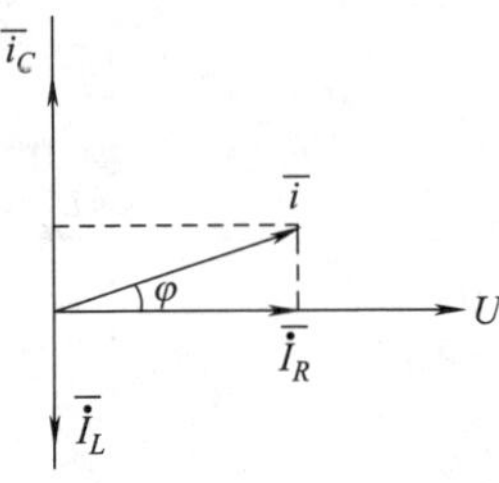

图1-45　矢量图

【提示】 在RLC串联电路中，当感抗大于容抗时电路呈感性；在RLC并联电路中，当感抗大于容抗时，电路呈容性。

1.3.3　单相交流电与三相交流电

1.3.3.1　三相交流发电机发电原理

（1）模型结构　图1-46所示为三相交流电发电机原理图。AX、BY、CZ为嵌在发电机定子槽中的3 个结构相同的线圈，3 个线圈安装的几何位置相差120°。A、B、C为线圈始端，X、Y、Z为线圈尾端。图中心的磁铁为旋转磁场。

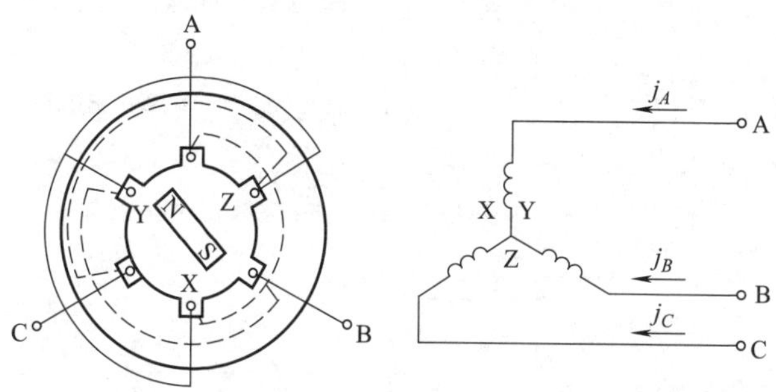

图1-46　三相交流电模型结构

（2）发电原理　磁性转子的磁力线通过定子铁芯构成闭合磁路。当磁性转子旋转时磁力线也跟着旋转，此时3 个线圈依次切割磁力线，3个线圈依次产生感应电动势。当磁性转子匀速转动时，线圈将产生正弦交流电电动势。又由于3个线圈原几何位置相差120°，很显然3个线圈产生电动势最大幅度也逐次相差120°，由于3个线圈的结构相同，产生的正弦交流电的频率、幅值也完全相同。

1.3.3.2　三相交流电表示方式

（1）波形图　三相交流电波形如图1-47（a）所示。

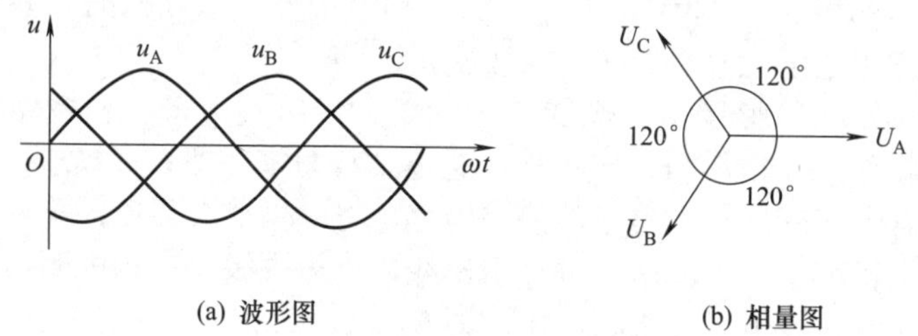

(a) 波形图　　(b) 相量图

图1-47　三相交流电表示方式

（2）表达式　$u_A=U_m\sin\omega t$，$u_B=U_m\sin(\omega t-120°)$，$u_C=U_m\sin(\omega t+120°)$。

（3）相量图　如图1-47（b）所示。

1.3.3.3 三相电源实用连接法

三相电源包括三相交流发电机和三相变压器，实际应用中有两种接法。

（1）星形接法（也叫Y接法） 接线原理如图1-48所示。图中AN、BN、CN分别代表发电机或变压器的三个绕组，A、B、C为引出端子（俗称火线），N为中性线（俗称零线或接地线）。

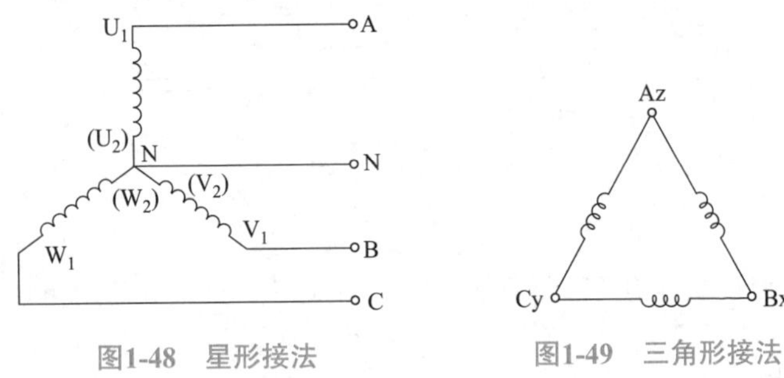

图1-48 星形接法

图1-49 三角形接法

其中U_{AB}、U_{BC}、U_{CA}为线电压（电动势）；U_{AN}、U_{BN}、U_{CN}为相电压（电动势），表示电动势时用e表示。

图中，共引出端子4个，即A、B、C、N，这种供电方式也叫三相四线制供电。

例如，我国低压供电系统，入户三相四线制380V（线电压），很显然相电压为220V。也就是说三相电源做星形连接时，线电压等于三相电压$\sqrt{3}$倍，即$U_{线}=\sqrt{3}\,U_{相}$。

（2）三角形接法 接线原理如图1-49所示。将三相绕组首尾依次相连，三角形闭合成环路，总电动势为零，即$U_A+U_B+U_C=0$。如果有一相接反，则总电动势不为零，将产生很大环流，可导致烧坏发电机或变压器。从三端点引出线，称为火线。三相电源做三角形连接时，线电压等于相电压，即$U_{线}=U_{相}$。

1.3.3.4 三相对称负载的星形、三角形连接

（1）三相对称负载的星形连接 将三相负载分别接在三相电源的相线和中线之间的接法称为三相对称负载的星形（Y）连接，如图1-50所示。图中Z_U、Z_V、Z_W为各相负载的阻抗，N′为负载的中性点。

一般规定：

① 每相负载两端的电压称为负载的相电压，流过每相负载的电流称为负载的相电流。

② 流过相线的电流称为线电流，相线与相线之间的电压称为线电压。

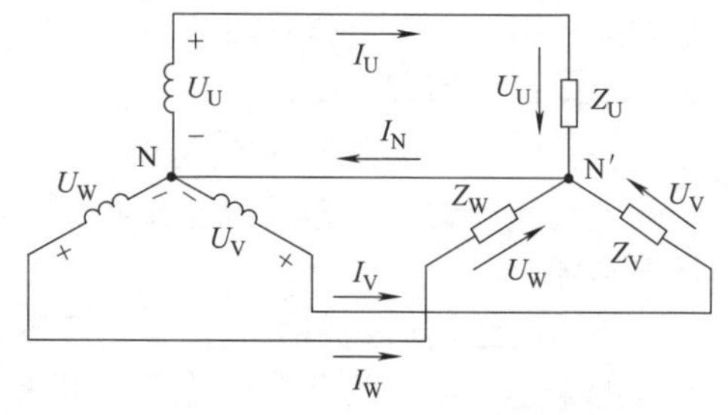

图1-50　三相对称负载的星形连接

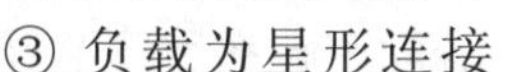

③ 负载为星形连接时，负载相电压的参考方向规定为自相线指向负载中性点连接N′，分别用U_U、U_V、U_W表示。相电流的参考方向与相电压的参考方向一致。线电流的参考方向为电源端指向负载端。中线电流的参考方向规定为由负载中点指向电源中点。

由图1-50可知，如忽略输电线上的电压损失时，负载端的相电压就等于电源的相电压；负载端的线电压就等于电源的线电压。因此，$U_{线}=\sqrt{3}\,U_{相}$，且线电压的相位超前对应的相电压30°，$I_{线}=I_{相}$。

（2）三相对称负载的三角形连接

把三相负载分别接在三相电源的每两根端线之间，就称为三相对称负载的三角形（△）连接。三角形连接时的电压、电流参考方向如图1-51所示。

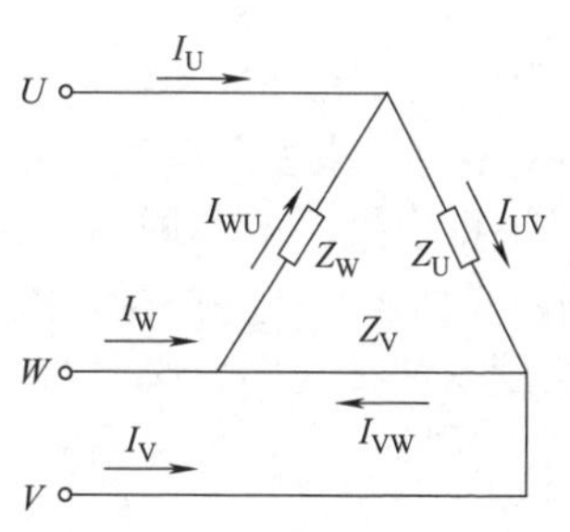

图1-51　三相对称负载的三角形连接

在三角形连接中，由于各相负载是接在两根相线之间，因此，负载的相电压就是线电压，即$U_{线}=U_{相}$，$I_{线}=\sqrt{3}\,I_{相}$，且线电流的相位滞后对应的相电流30°。

1.4　电气图及常用电气符号

1.4.1　电气图的基本结构

电气图由电路、技术说明和标题栏三部分组成。电路分为主电路和辅助电路，主电路是电源向负载输送电能的部分，辅助电路是对主电路进行控制、保护、监测、指示等的电路。

（1）电路　电路是电流的通路，是为了某种需要由某些电气设备或电气元件按一定方式组合起来的。把这种电路画在图纸上，就是电路图。

电路的结构形式和所能完成的任务是多种多样的，就构成电路的目的来说一般有两个：一是进行电能的传输、分配与转换；二是进行信息的传递和处理。

电力系统的作用是实现电能的传输、分配和转换，其中包括电源、负载和中间环节。发电机是电源，是供应电能的设备，在发电厂内把其能量转换为电能。如图1-52所示。

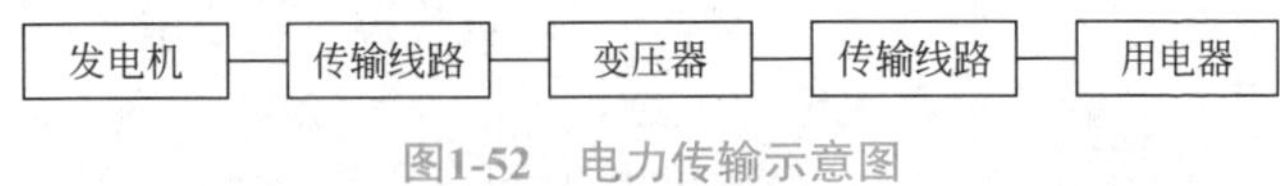

图1-52　电力传输示意图

电灯、电动机、电磁炉等都是负载，是使用电能的设备，它们分别把电能转换为光能、机械能、热能等。变压器和电线是中间环节，起传输和分配电能的作用。

电路是电气图的主要构成部分，由于电气元件的外形和结构有很多种，因此必须使用国标的图形符号和文字符号来表示电气元件的不同种类、规格以及安装方式。此外，根据电气图的不同用途，要绘制成不同形式的图。有的绘制原理图，以便了解电路的工作过程及特点。对于比较复杂的电路，还要绘制安装接线图。必要时，还要绘制分开表示的接线图（俗称展开接线图）、平面布置图等，以供生产部门和用户使用。

（2）技术说明

① 文字说明和元件表　电气图中的文字说明和元件明细表等称为技术说明，文字说明是为了注明电路的某些要点及安装要求，一般写在电路图的右上方，元件明细表主要用来列出电路中元件的名称、符号、规格和数量等。元件明细表一般以表格形式写在标题栏的上方，其中的序号自下而上编排。

② 标题栏　标题栏画在电路图的右下角，主要注有工程名称、图名，设计人、制图人、审核人、批准人的签名。标题栏是电

气图的重要技术档案，栏目中签名人对图中的技术内容是负有责任的。

1.4.2 常用电气符号的应用

电气符号包括图形符号、文字符号、项目代号和回路标号等，它们相互关联、互为补充，以图形和文字的形式从不同角度为电气图提供了各种信息。在绘制电气图时，所有电气设备和电气元件都应使用国家标准符号，当没有国家标准符号时，可采用行业符号。

1.4.2.1 图形符号

图形符号通常用于图样或其他文件以表示一个设备（如电动机）或概念（如接地）的图形、标记或字符。正确地、熟练地理解、绘制和识别各种电气图形符号是电气制图与识图的基本功。

（1）图形符号的概念 图形符号通常由符号要素、一般符号和限定符号组成。

① 符号要素 符号要素是一种具有确定意义的简单图形，通常表示电气元件的轮廓或外壳。它必须同其他图形符号组合，以构成表示一个设备或概念的完整符号，如接触器的动合主触点的符号［如图1-53（a)]，就由接触器的触点功能符号［如图1-53（b)]和动合触点（常开）符号［如图1-53（c)］组合而成。符号要素不能单独使用，而通过不同形式组合后，即能构成多种不同的图形符号。

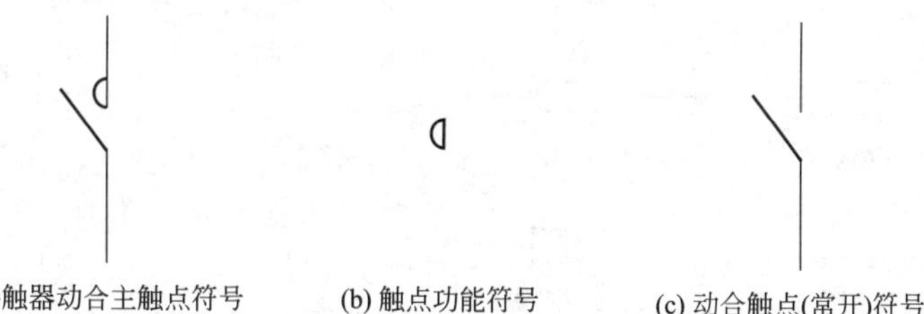

图1-53 接触器动合主触点符号组成

② 一般符号 一般符号用以表示某一类产品或此类产品特征的一种简单符号。一般符号可直接应用，也可加上限定符号使用。

如“○”为电动机的一般符号，“-□-”为接触器或继电器线圈的一般符号。图1-54所示为一些常用元器件的一般符号。

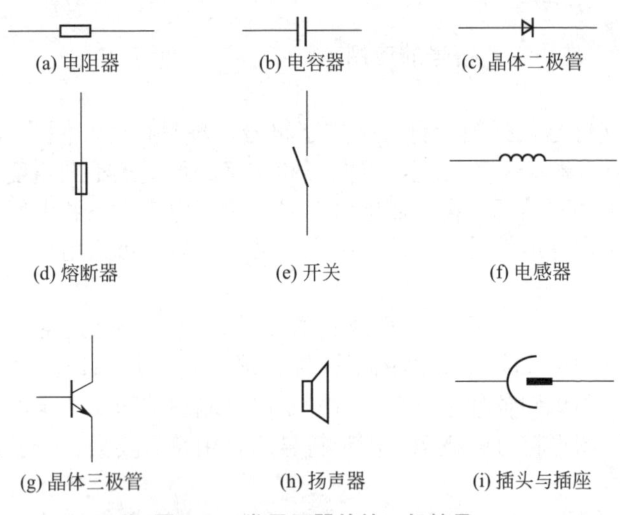

图1-54　常用元器件的一般符号

③ 限定符号　限定符号是指用来提供附加信息的一种加在其他图形符号上的符号，它可以表示电量的种类、可变性、力和运动的方向、（流量与信号）流动方向等。限定符号一般不能单独使用，但一般符号有时也可用作限定符号。由于限定符号的应用，图形符号更具有多样性。例如，在电阻器一般符号的基础上，分别加上不同的限定符号，则可得到可变电阻器、滑动变阻器、压敏（U）电阻器、热敏（θ）电阻器、光敏电阻器、碳堆电阻器、功率为1W的电阻器等，如图1-55所示。

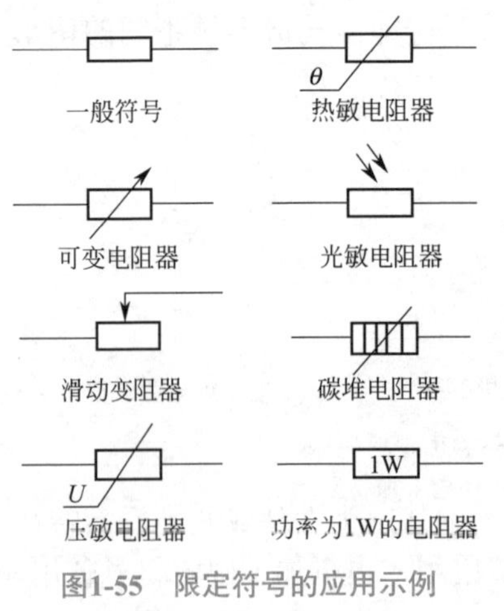

图1-55　限定符号的应用示例

④ 方框符号　电气图形符号还有一种方框符号，用以表

示设备、元件间的组合及其功能。它既不给出设备或元件的细节，也不反映它们之间的任何关系，是一种简单的图形符号，通常只用于系统图或框图。方框符号的外形轮廓一般为正方形，如图1-56所示。

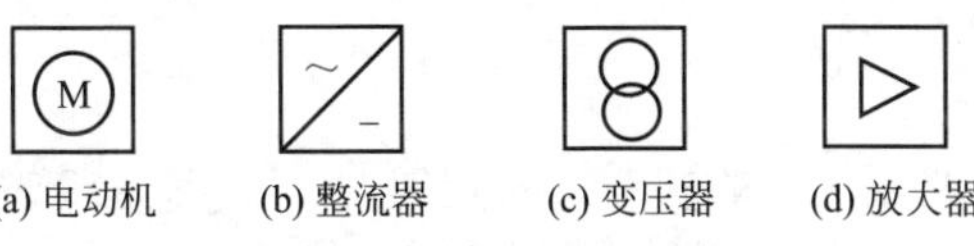

图1-56　方框符号的应用图例

（2）图形符号的构成　实际用于电气图中的图形符号，通常由一般符号、限定符号、符号要素等组成，图形符号的构成方式有很多种，最基本和最常用的有以下几种：

① 一般符号+限定符号　在图1-57中，表示开关的一般符号［图（a)］，分别与接触器功能符号［图（b)］、断路器功能符号［图（c)］、隔离器功能符号［图（d)］、负荷开关功能符号［图（e)］这几个限定符号组成接触器符号［图（f)］、断路器符号［图（g)］、隔离开关符号［图（h)］、负荷开关符号［图（i)］。

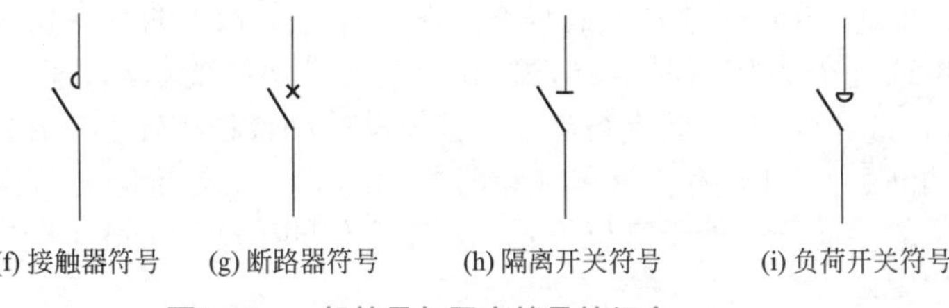

图1-57　一般符号与限定符号的组合

② 符号要素+一般符号　在图1-58中，屏蔽同轴电缆图形符号［图（a)］，由表示屏蔽的符号要素［图（b)］与同轴电缆的一般符号［图（c)］组成。

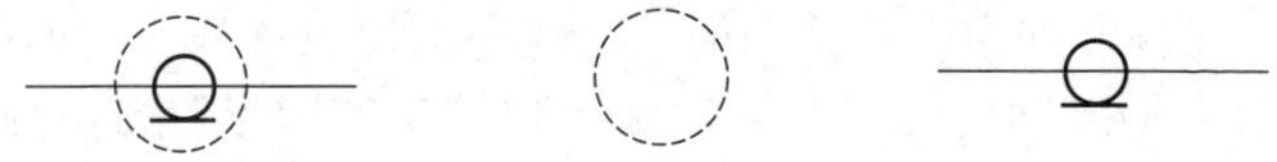

(a) 屏蔽同轴电缆图形符号　(b) 屏蔽的符号要素　(c) 同轴电缆的一般符号

图1-58　符号要素与一般符号的组合

③ 符号要素+一般符号+限定符号　在图1-59中的图（a）是表示自动增益控制放大器的图形符号，它由表示功能单元的符号要素［图（b）］与表示放大器的一般符号［图（c）］、表示自动控制的限定符号［图（d）］及文字符号dB（作为限定符号）构成。

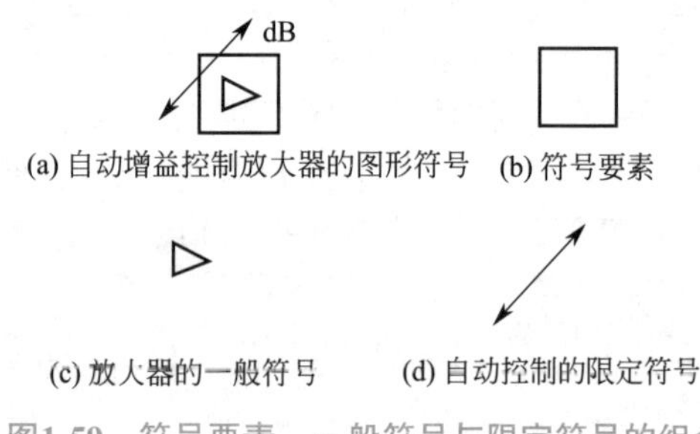

(a) 自动增益控制放大器的图形符号　(b) 符号要素

(c) 放大器的一般符号　(d) 自动控制的限定符号

图1-59　符号要素、一般符号与限定符号的组合

以上是图形符号的基本构成方式，在这些构成方式的基础上加上其他符号即可构成电气图常用图形符号。

（3）图形符号的使用规则

① 图形符号表示的状态　图形符号所表示的状态均是在未得电或无外力作用时电气设备和电气元件所处的状态。例如，继电器、接触器的线圈未得电，其被驱动的动合触点处于断开位置，而动断触点处于闭合位置；断路器和隔离开关处于断开位置；带零位的手动开关处于零位位置，不带零位的手动开关处于图中规定的位置。

事故、备用、报警等开关应表示在设备正常使用时的位置，如在特定位置时，应在图上有说明。

机械开关或触点的工作状态与工作条件或工作位置有关，它们的对应关系在图形符号附近加以说明，以利识图时能较清楚地了解开关和触点在什么条件下动作，进而了解电路的原理和功能。按开关或触点类型的不同，采用不同的表示方法。

a．对非电或非人工操作的开关或触点，可用文字、坐标图形或操作器件的简单符号来说明这类开关的工作状态。

用文字说明：在各组触点的符号旁用字母或数字标注，以表明其运行方式，然后在适当位置用文字来注释字母或数字所代表的运行方式，如图1-60中文字说明置于图的右侧。采用这种方式时，要注意作注释的字母或数字代号应与该开关或触点的端子代号相区别，注释的位置也应避免引起误解。图1-60中的11-12、13-14、15-16、17-18为端子代号。

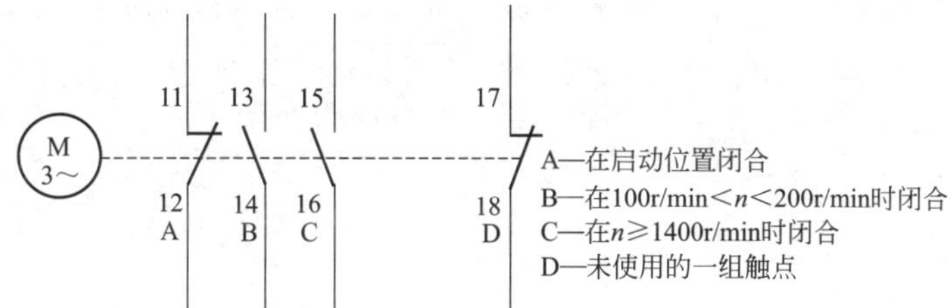

图1-60　开关或触点运行方式用文字说明

用坐标图形表示：其横坐标表示改变运行方式的条件，纵坐标表示触点的工作状态。如图1-61（a）所示，其横坐标表示转轮的位置（也可表示温度、速度、时间、角度），其纵坐标上“0”表示触点断开，“1”表示触点闭合。

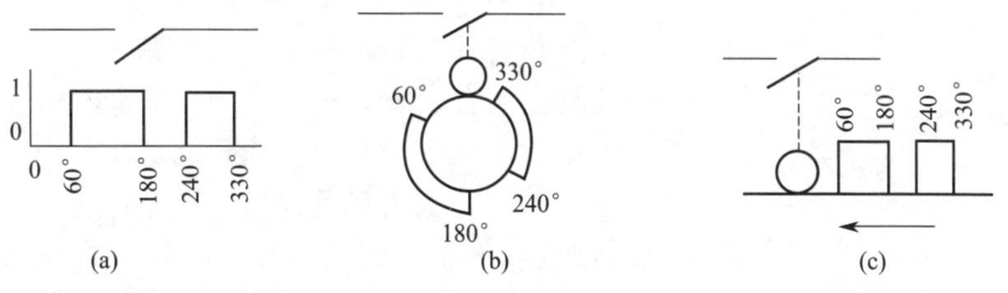

图1-61　某行程开关触点位置的表示方法

用操作器件的简单符号表示：如图1-61（b）所示，当凸轮推动圆球时，触点在60°～180°之间闭合，240°～330°之间也闭合，在其他位置断开。如图1-61（c）所示，把凸轮画成展开式，箭头表示凸轮运行方式。

b．对多位操作开关，如组合开关、转换开关、滑动开关，具有多个操作位置，其内部触点较多，在不同操作位置时，其触点的工作状态不同，开关的工作状态也不同。表示这类开关的图形符号必须反映出它们的工作状态与操作位置的关系，通常有以下两种表示方法。

第一种是多位开关触点图形符号表示法。如图1-62所示的5位控制器，有4对触点，用“-○○-”表示；有5个位置，用数字表示，其中“0”表示操作插槽在中间位置，两侧的数字“Ⅰ”“Ⅱ”表示操作位置数，也可根据实际情况标示成操作手柄转动角度，数字上也可标注文字表示具体的操作（前、后、手动、自动）。纵向虚线手柄操作时的断合位置线，有“·”表示手柄转向该位置时触点接通，无“·”表示触点不接通。例如，当手柄在“0”位置时，第一对触点和第四对触点下有“·”，表示这两对触点接通；当手柄在“1”位置时，只有第二对触点下有“·”，表示第二对触点接通。

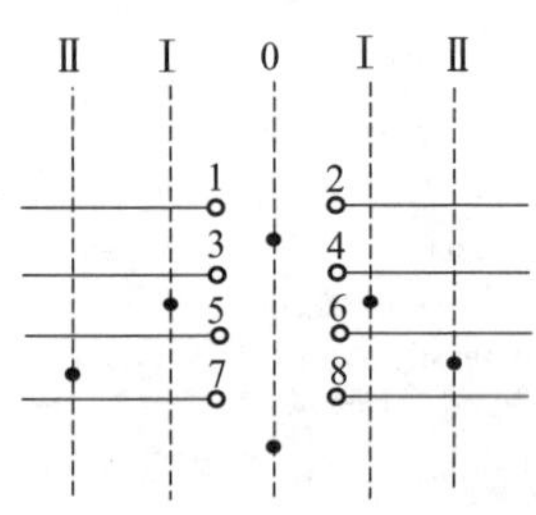

图1-62　多位开关触点位置的工作状态与工作位置的关系

第二种是图形符号与触点闭合表相结合的表示法，如图1-63和表1-5所示。图1-62所示的多位开关触点位置的工作状态与工作位置的关系，可用表1-5所示的触点闭合表来表示，表中“+”表示触点接通，“−”表示触点未接通。

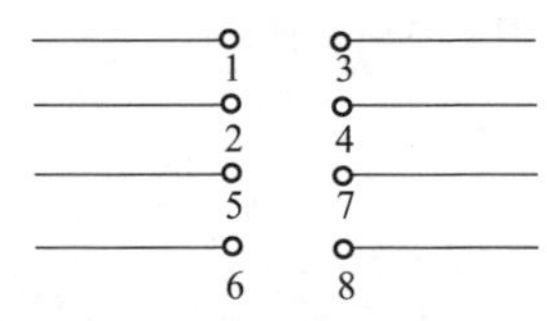

图1-63　多位开关图形符号

② 图形符号的选择

a．有些设备或电气元件有几种不同的图形符号，可按需要选用，并应尽可能采用优选图形，但在同一套电气图中表示同一类对象，应采用同一种形式。

b．当同种含义的图形符号有几种形式时，应以满足表达需要为原则。例如，一个双绕组的三相电力变压器的图形符号有图1-64

表1-5　触点闭合表

触　点	向后位置		中间位置	向前位置	
	Ⅱ	Ⅰ	0	Ⅰ	Ⅱ
1-2	−	−	+	−	−
3-4	−	+	−	+	−
5-6	+	−	−	−	+
7-8	−	−	+	−	−

所示的多种表示方式，其中图（a）是方框符号；图（b）是一般符号；图（c）和图（d）加有表示相数（线数）的图形符号，它们适用于用单线表示法画成的电气图；图（e）采用多线形式表达，加注了表示绕组连接方法的限定符号和连接组标号，可用于内容比较详细的多线表示的电气图；图（f）在图形符号旁详细地标出了变压器的各项技术数据，成为图形符号的一个组成部分，为人们识图、了解变压器的规格提供了更多的信息。

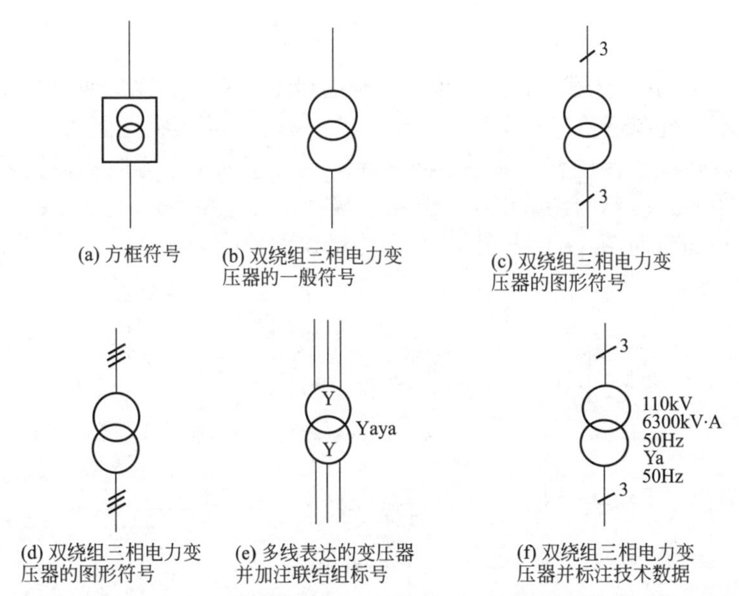

(a) 方框符号　(b) 双绕组三相电力变压器的一般符号　(c) 双绕组三相电力变压器的图形符号

(d) 双绕组三相电力变压器的图形符号　(e) 多线表达的变压器并加注联结组标号　(f) 双绕组三相电力变压器并标注技术数据

图1-64　双绕组三相电力变压器的图形符号的表示方式

c. 有些结构复杂的图形符号除普通形以外，还有简化形。在满足需要的前提下，应尽量采用最简单的形式。

③ 图形符号的大小　图形符号的大小和线条的宽度并不影响符号的含义，因此可根据实际需要放大或缩小。当符号内部要增加标注内容以表达较多的信息时，该符号可以放大。当一个符号用来限定另一个符号时，则该符号常被缩小。但在符号放大或缩小时，符号之间及符号本身比例应保持不变。图1-65所示的三相同步发电机（GS）中的励磁机（G）符号，既可画得与发电机一样大，如图1-65（a）所示，也可以画得小一些，如图1-65（b）所示。

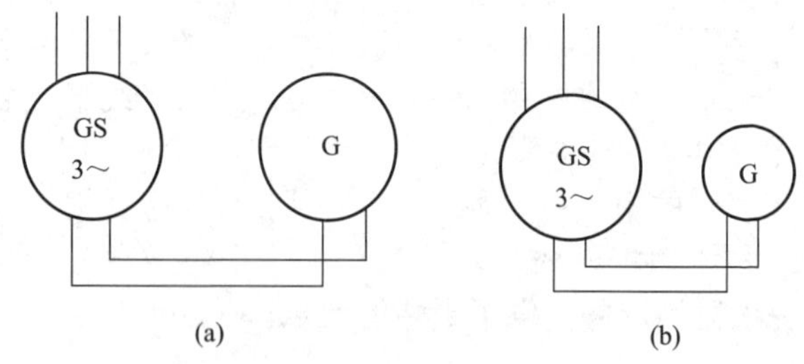

图1-65　图形符号的大小的示例

④ 图形符号的取向　为保持画面清晰，避免连线弯曲或交叉，在不改变图形符号含义和引起误解的前提下，可根据图面布置的需要旋转或镜像放置，如图1-66所示，但文字和指示方向不得倒置。如图1-67所示的热敏电阻和光电二极管符号，图（a）与图（c）是正确的，而图（b）与图（d）则是错误的。因为图（b）中，热敏

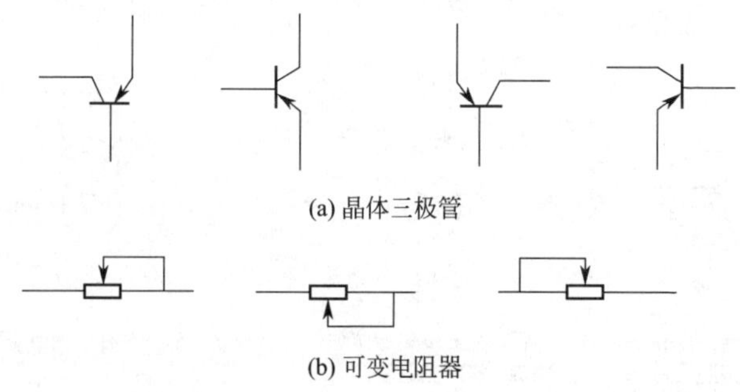

图1-66　符号旋转或镜像放置示例

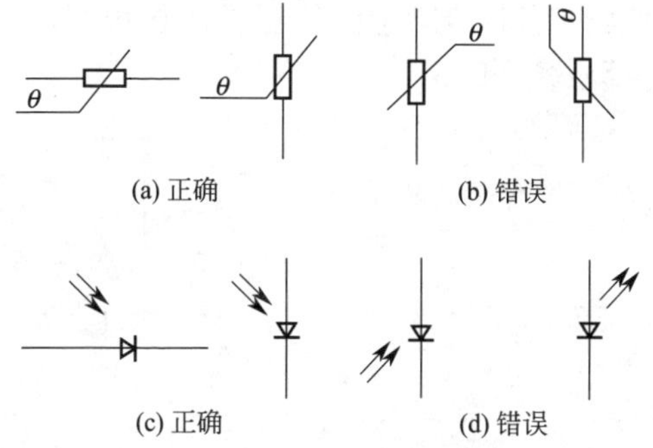

图1-67　文字和指示方向示例

电阻符号中的“θ”倒置了；图（d）中光电二极管符号中的光指示方向（箭头）错了。图1-68中的接地符号，既可以正置或倒置，也可以横置，但其文字标记“E”，不论什么情况都必须正写。

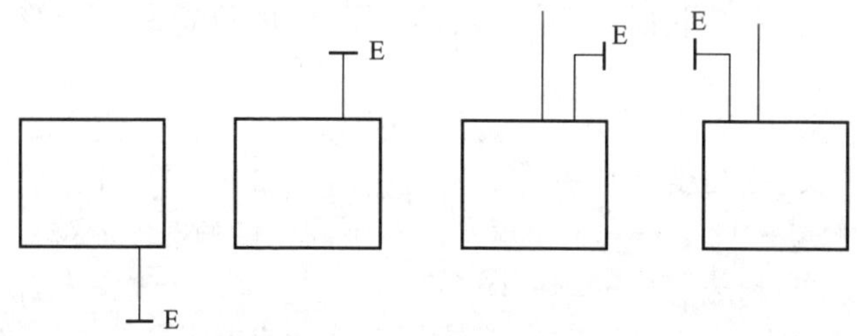

图1-68　接地符号的方位

有方位规定的图形符号为数很少，但其中在电气图中占重要位置的各类开关、触点，当符号呈水平布置时，应遵循下开上闭的原则；当符号呈垂直布置时，应遵循左开右闭的原则，如图1-69所示。并且静触点接电源侧，动触点接负荷侧。

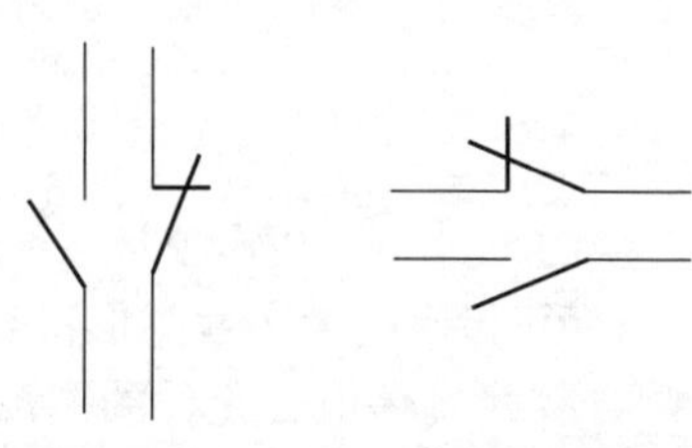
图1-69　开关、触点符号的方位

⑤ 图形符号的引线　图形符号所带的连接线不是图形符号的组成部分，在大多数情况下，引线的位置仅作示例。在不改变符号含义的前提下，为绘图方便，引线可取不

同的方向。例如，图1-70所示的变压器、扬声器和整流器中的引线改变方向，都是允许的。

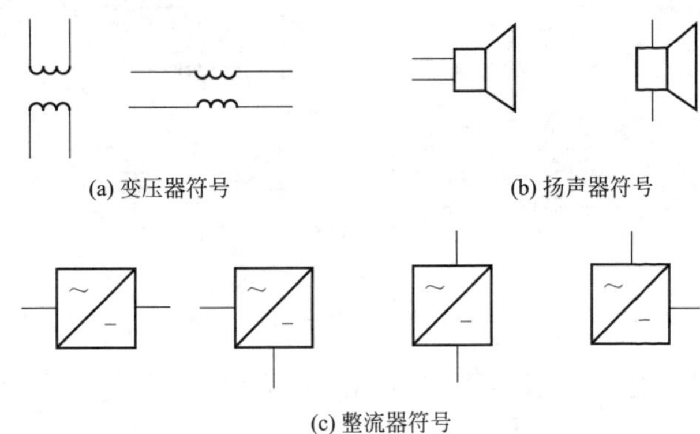

图1-70　图形符号引线方向改变示例

但是，在某些情况下，图形符号引线的位置影响到符号的含义，则引线位置就不能随意改变，否则会引起歧义，如图1-71所示。电阻器图形符号的引线是从矩形两短边引出的，如图1-71（a）所示；若改变为引线从矩形两长边引出，如图1-71（b）所示，就变成接触器的图形符号了，意义完全不同。接触器图形符号的引线是从矩形两长边引出的，如图1-71（c）所示；若改变为引线从矩形两短边引出，如图1-71（d）所示，就变成电阻器的图形符号了，意义也完全不同。因此，对容易引起误解、产生歧义的符号引线，不能随意改变其引线方向。

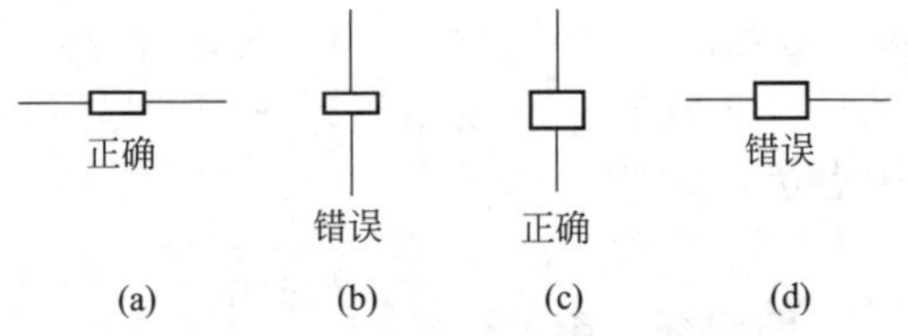

图1-71　引线位置改变引起歧义的示例

⑥ 其他　大多数图形符号都可以加上补充说明标记。

有些具体电气元件的图形符号由设计者采用国家标准中的符号要素、一般符号和限定符号组合而成。国家标准未规定的图形符号，可根据实际需要，按突出特征、结构简单、便于识别的原则进行设计，但需要报国家标准备案。当采用其他来源的符号或代号时，必须在图样和文件上说明其含义。电气图中常用的图形符号见表1-6。

表1-6　电气图中常用的图形符号

图形符号	说明及应用	图形符号	说明及应用
 G	发电机	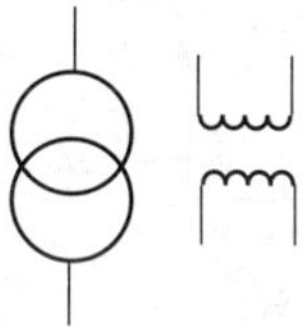	双绕组变压器
 M 3～	三相笼型感应电动机	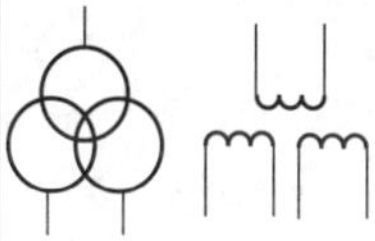	三绕组变压器
 M 1～	单相笼型感应电动机	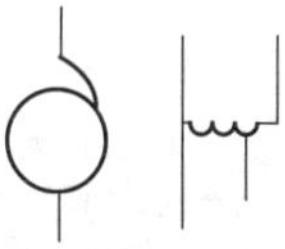	自耦变压器
 M 3～	三相绕线转子感应电动机	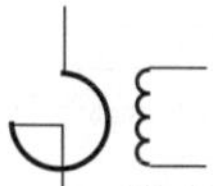 形式1 形式2	扼流圈、电抗器
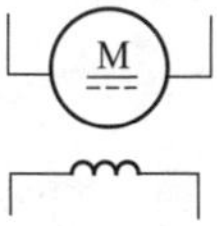 M	直流他励电动机	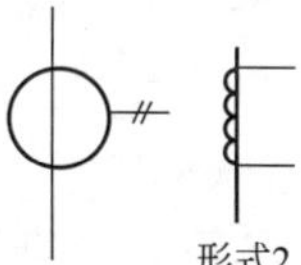 形式1 形式2	电流互感器 脉冲变压器
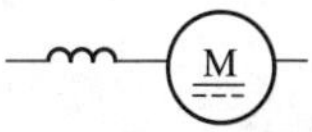 M	直流串励电动机	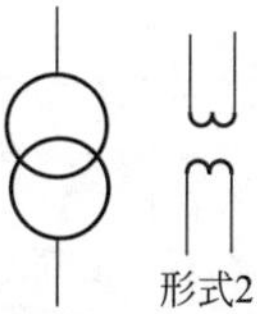 形式2 形式1	电压互感器

续表

图形符号	说明及应用	图形符号	说明及应用
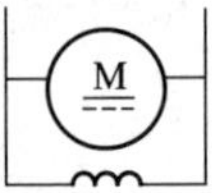	直流并励电动机	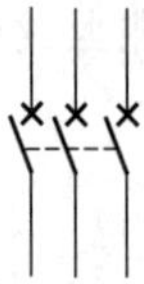	断路器
	隔离开关	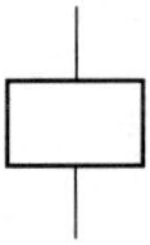	操作器件的一般符号 继电器、接触器的一般符号 具有几个绕组的操作器件，在符号内画与绕组数相等的斜线
	负荷开关		接触器主动合触点
	具有内装的测量继电器或脱扣器触发的自动释放功能的负荷开关		接触器主动断触点
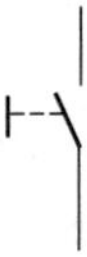	手动操作开关的一般符号		动合（常开）触点 该符号可作开关一般的符号
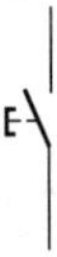	具有动合触点且自动复位的按钮开关		动断（常闭）触点
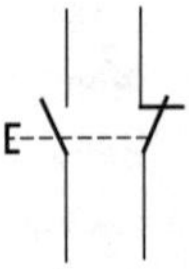	具有复合触点且自动复位的按钮开关	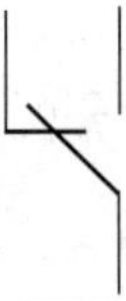	先断后合的转换触点

续表

图形符号	说明及应用	图形符号	说明及应用
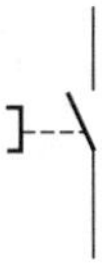	具有动合触点且自动复位的拉拔开关		位置开关的动合触点
	具有动合触点但无自动复位的旋转开关		位置开关的动断触点
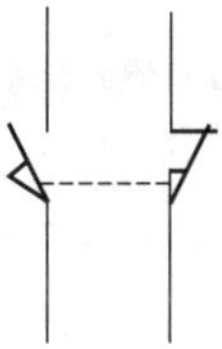	位置开关先断后合的复合触点	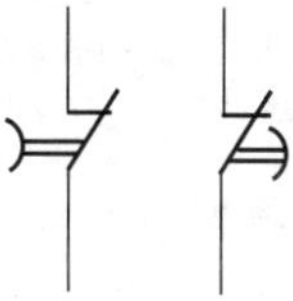	断延时时间继电器线圈释放时，延时闭合的动断触点
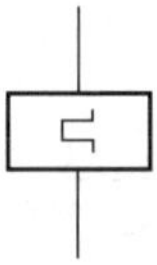	热继电器的热元件	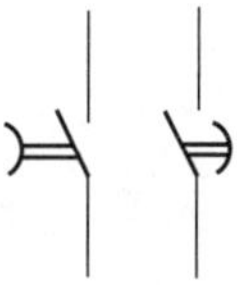	断延时时间继电器线圈释放时，延时断开的动合触点
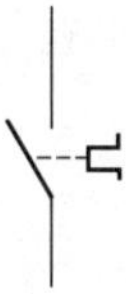	热继电器的动合触点		接触敏感开关的动合触点
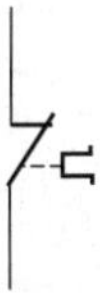	热继电器的动断触点	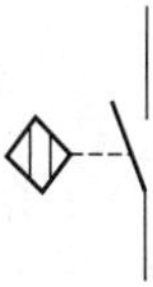	接近开关的动合触点
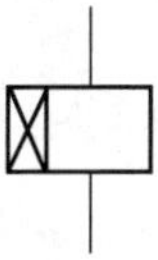	通电延时时间继电器线圈	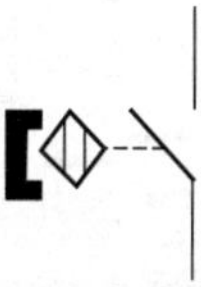	磁铁接近动作的接近开关的动合触点

续表

图形符号	说明及应用	图形符号	说明及应用
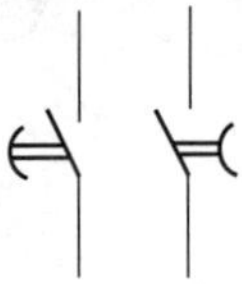	通电延时时间继电器线圈吸合时，延时闭合的动合触点		熔断器的一般符号
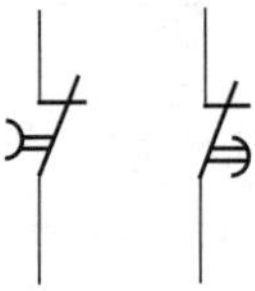	通电延时时间继电器线圈吸合时，延时断开的动断触点		熔断器式开关
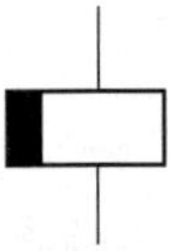	断电延时时间继电器线圈	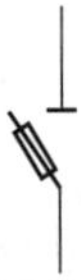	熔断器式隔离开关
	熔断器式负荷开关	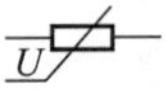 U	压敏电阻器
	火花间隙	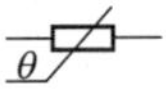 θ	热敏电阻器
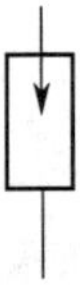	避雷器		光敏电阻器
	灯和信号灯的一般符号		电容器的一般符号
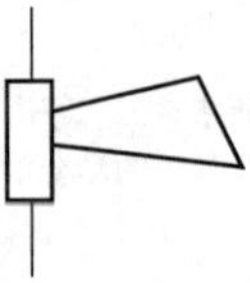	电喇叭	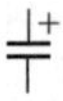 +	极性电容器

续表

图形符号	说明及应用	图形符号	说明及应用
	电铃		半导体二极管的一般符号
	具有热元件的气体放电管 荧光灯启动器	 θ	热敏二极管
	电阻器的一般符号		光敏二极管
	可变（调）电阻器		发光二极管
	稳压二极管		双向晶闸管
	双向击穿二极管		N沟道结型场效应晶体管
	双向二极管		P沟道结型场效应晶体管
	具有P型基极的单结晶体管	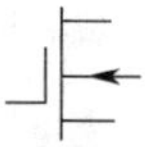	N沟道耗尽型绝缘栅场效应晶体管
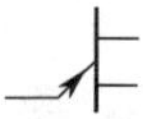	具有N型基极的单结晶体管	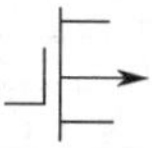	P沟道耗尽型绝缘栅场效应晶体管
	NPN型晶体管		N沟道增强型绝缘栅场效应晶体管
	PNP型晶体管	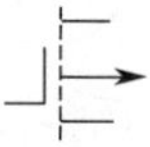	P沟道增强型绝缘栅场效应晶体管
	反向晶体管		桥式整流器

1.4.2.2 文字符号

文字符号是表示电气设备、装置、电气元件的名称、状态和特征的字符代码，在电气图中，一般标注在电气设备、装置、电气元件上或其近旁。电气图中常用的文字符号见表1-7。

表 1-7　电气图中常用的文字符号

单字母符号		双字母符号		
符号	种　类	举　例	符号	类　别
D	二进制逻辑单元延迟器件、存储器件	数字集成电路和器件、延迟线、双稳态元件、单稳态元件、磁性存储器、寄存器磁带记录机、盒式记录机		
E	其他元器件	本表其他地方未提及的元件		
		光器件、热器件	EH	发热器件
			EL	照明灯
			EV	空气调节器
F	保护器件	熔断器、避雷器、过电压放电器件	FA	具有瞬时动作的限流保护器件
			FR	具有延时动作的限流保护器件
			FS	具有瞬时和延时动作的限流保护器件
			FU	熔断器
			FV	限压保护器件
G	信号发生器、发电机、电源	旋转发电机、旋转变频机、电池、振荡器、石英晶体振荡器	GS	同步发电机
			GA	异步发电机
			GB	蓄电池
			GF	变频机
H	信号器件	光指示器、声响指示器、指示灯	HA	声光指示器
			HL	光指示器
			HL	指示灯
K	继电器、接触器		KA	电流继电器
			KA	中间继电器
			KL	闭锁接触继电器
			KL	双稳态继电器
			KM	接触器
			KP	压力继电器
			KT	时间继电器
			KH	热继电器
			KR	簧片继电器
L	电感器、电抗器	感应线圈、线路限流器、电抗器（并联和串联）	LC	限流电抗器
			LS	启动电抗器
			LF	滤波电抗器

续表

单字母符号		双字母符号		
符号	种　类	举　例	符号	类　别
M	电动机		MD	直流电动机
			MA	交流电动机
			MS	同步电动机
			MV	伺服电动机
N	模拟集成电路	运算放大器、模拟/数字混合器件		
P	测量设备、试验设备	指示、记录、计算、测量设备，信号发生器、时钟	PA	电流表
			PC	（脉冲）计数据
			PJ	电能表
			PS	记录仪器
			PV	电压表
			PT	时钟、操作时间表
Q	电力电路的开关	断路、隔离开关	QF	断路器
			QM	电动机保护开关
			QS	隔离开关
			QL	负荷开关
R	电阻器	电位器、变阻器、可变电阻器、热敏电阻、测量分流器	RP	电位器
			RS	测量分流器
			RT	热敏电阻
			RV	压敏电阻
S	控制、记忆、信号电路的开关器件	控制开关、按钮、选择开关、限制开关	SA	控制开关
			SB	按钮
			SP	压力传感器
			SQ	位置传感器（包括接近传感器）
			SR	转速传感器
			ST	温度传感器
T	变压器	电压互感器、电流互感器	TA	电流互感器
			TM	电力变压器
			TS	磁稳压器
			TC	控制电路电力变压器
			TV	电压互感器

续表

单字母符号		双字母符号		
符号	种类	举例	符号	类别
V	电真空器件、半导体器件	电子管、气体放电管、晶体管、晶闸管、二极管	VE	电子管
			VT	晶体三极管
			VD	晶体二极管
			VC	控制电路用电源的整流器
X	端子、插头、插座	插头和插座、端子板、连接片、电缆封端和接头测试插孔	XB	连接片
			XJ	测试插孔
			XP	插头
			XS	插座
			XT	端子板
Y	电气操作的机械装置	制动器、离合器、气阀	YA	电磁铁
			YB	电磁制动器
			YC	电磁离合器
			YH	电磁吸盘
			YM	电动阀
			YV	电磁阀

（1）文字符号的用途

① 为项目代号提供电气设备、装置和电气元件各类字符代码和功能代码。

② 作为限定符号与一般图形符号组合使用，以派生新的图形符号。

③ 在技术文件或电气设备中表示电气设备及电路的功能、状态和特征。

未列入大类分类的各种电气元件、设备，可以用字母“E”来表示。

双字母符号由表1-7的左边部分所列的一个表示种类的单字母符号与另一个字母组成，其组合形式以单字母符号在前，另一字母在后的次序标出，见表1-7的右边部分。双字母符号可以较详细和更具体地表达电气设备、装置、电气元件的名称。双字母符号中的另一个字母通常选用该类电气设备、装置、电气元件的英文单词的首位字母，或常用的缩略语，或约定的习惯用字母。例如，

"G"表示电源类，"GB"表示蓄电池，"B"为蓄电池的英文名称（Battery）的首位字母。

标准给出的双字母符号若仍不够用时，可以自行增补。自行增补的双字母代号，可以按照专业需要编制成相应的标准，在较大范围内使用；也可以用设计说明书的形式在小范围内约定俗成，只应用于某个单位、部门或某项设计中。

（2）辅助文字符号　电气设备、装置和电气元件的各类名称用基本文字符号表示，而它们的功能、状态和特征用辅助文字符号表示，通常用表示功能、状态和特征的英文单词的前一或两位字母构成，也可采用缩略语或约定俗成的习惯用法构成，一般不能超过三位字母。例如，表示"启动"，采用"START"的前两位字母"ST"作为辅助文字符号；而表示"停止（STOP）"的辅助文字符号必须再加一个字母，为"STP"。

辅助文字符号也可放在表示的单字母符号后边组合成双字母符号，此时辅助文字符号一般采用表示功能、状态和特征的英文单词的第一个字母，如"GS"表示同步发电机，"YB"表示制动电磁铁等。

某些辅助文字符号本身具有独立的、确切的意义，也可以单独使用。例如，"N"表示交流电源的中性线，"DC"表示直流电，"AC"表示交流电，"AUT"表示自动，"ON"表示开启，"OFF"表示关闭等。常用的辅助文字符号见表1-8。

表1-8　常用的辅助文字符号

H	高	RD	红	ADD	附加
L	低	GN	绿	ASY	异步
U	升	YE	黄	SYN	同步
D	降	WH	白	A（AUT）	自动
M	主	BL	蓝	M（MAN）	手动
AUX	辅	BK	黑	ST	启动
N	中	DC	直流	STP	停止
FW	正	AC	交流	C	控制
R	反	V	电压	S	停号
ON	开启	A	电流	IN	输入
OFF	关闭	T	时间	OUT	输出

（3）数字代码　数字代码的使用方法主要有两种：

① 数字代码单独使用　数字代码单独使用时，表示各种电气元件、装置的种类或功能，须按序编号，还要在技术说明中对代码意义加以说明。例如，电气设备中有继电器、电阻器、电容器等，可用数字来代表电气元件的各类，如“1”代表继电器，“2”代表电阻器，“3”代表电容器。再如，开关有“开”和“关”两种功能，可以用“1”表示“开”，用“2”表示“关”。

电路图中电气图形符号的连线处经常有数字，这些数字称为线号。线号是区别电路接线的重要标志。

② 数字代码与字母符号组合使用　将数字代码与字母符号组合起来使用，可说明同一类电气设备、电气元件的不同编号。数字代码可放在电气设备、装置或电气元件的前面或后面，若放在前面应与文字符号大小相同，放在后面一般应作为下标，例如，3个相同的继电器可以表示为“1KA、2KA、3KA”或“KA_1、KA_2、KA_3”。

（4）文字符号的使用

① 一般情况下，编制电气图及编制电气技术文件时，应优先选用基本文字符号、辅助文字符号以及它们的组合。而在基本文字符号中，应优先选取用单字母符号，只有当单字母符号不能满足要求时方可采用双字母符号。基本文字符号不能超过两位字母，辅助文字符号不能超过3位字母。

② 辅助文字符号可单独使用，也可将首位字母放在表示项目种类的单字母符号后面组成双字母符号。

③ 当基本文字符号和辅助文字符号不够用时，可按有关电气名词术语国家标准或专业标准中规定的英文术语缩写进行补充。

④ 由于字母“I”“O”易与数字“1”“0”混淆，因此不允许用这两个字母作文字符号。

⑤ 文字符号可作为限定符号与其他图形符号组合使用，以派生出新的图形符号。

⑥ 文字符号一般标在电气设备、装置或电气元件的图形符号上或其近旁。

⑦ 文字符号不适于电气产品型号编制与命名。

1.4.2.3 项目代号

在电气图上，通常用一个图形符号表示的基本件、部件、组件、功能单元、设备、系统等，称为项目。项目有大有小，可能相差很多，大至电力系统、成套配电装置，以及发电机、变压器等，小至电阻器、端子、连接片等，都可以称为项目，因此项目具有广泛的概念。

项目代号是用以识别图、表图、表格中和设备上的项目种类，并提供项目的层次关系、实际位置等信息的一种特定的代码，是电气技术领域中极为重要的代号。由于项目代号是以一个系统、成套装置或设备的依次分解为基础来编定的，它建立了图形符号与实物间一一对应的关系，因此可以用来识别、查找各种图形符号所表示的电气元件、装置和设备及它们的隶属关系、安装位置。

（1）项目代号的组成　项目代号由高层代号、位置代号、种类代号、端子代号根据不同场合的需要组合而成，它们分别用不同的前缀符号来识别。前缀符号后面跟字符代码，字符代码可由字母、数字或字母加数字构成，其意义没有统一的规定（种类代号的字符代码除外），通常可以在设计文件中找到说明，大写字母和小写字母具有相同的意义（端子标记例外），但优先采用大写字母。一个完整的项目代号包括4个代号段，其名称及前缀符号见表1-9。

表1-9　项目代号段及前缀符号

分　段	名　称	前缀符号	分　段	名　称	前缀符号
第一段	高层代号	=	第三段	种类代号	—
第二段	位置代号	+	第四段	端子代号	:

① 高层代号　系统或设备中任何较高层次（对给予代号的项目而言）的项目代号，称为高层代号。由于各类子系统或成套配电装置、设备的划分方法不同，某些部分对其所属下一级项目就是高层。例如，电力系统对其所属带的变电所，电力系统的代号就是高层代号，但对该变电所中的某一开关（如高压继路器）的项目代号，则该变电所代号就为高层代号。因此，高层代号具有项目总代号的含义，但其命名是相对的。

② 位置代号　项目在组件、设备、系统或建筑物中实际位置

的代号，称为位置代号。位置代号通常由自行规定的拉丁字母及数字组成，在使用位置代号时，应画出表示该项目位置的示意图。

③ 种类代号　种类代号是用于识别所指项目属于什么种类的一种代号，是项目代号中的核心部分。

④ 端子代号　端子代号是指项目（如成套柜、屏）内、外电路进行电气连接的接线端子的代号。电气图中端子代号的字母必须大写。

电气接线端子与特定导线（包括绝缘导线）相连接时，规定有专门的标记方法。例如，三相交流电机的接线端子若与相位有关系时，字母代号必须是“U”“V”“W”并且与交流三相导线“L_1”“L_2”“L_3”一一对应。电气接线端子的标记见表1-10，特定导线的标记见表1-11。

表1-10　电气接线端子的标记

电气接线端子的名称		标记符号	电气接线端子的名称	标记符号
交流系统	1相	U	接地	E
	2相	V	无噪声接地	TE
	3相	W	机壳或机架	MM
	中性线	N	等电位	CC
保护接地		PE		

表1-11　特定导线的标记

电气接线端子的名称		标记符号	电气接线端子的名称	标记符号
交流系统	1相	L_1	保护接线	PE
	2相	L_2	不接地的保护导线	PU
	3相	L_3	保护接地线和中性线公用一线	PEN
	中性线	N	接地线	E
直流系统的电源	正	L_+	无噪声接地线	TE
	负	L_-	机壳或机架	MM
	中性线	L_M	等电位	CC

（2）项目代号的应用　一个项目代号可以由一个代号段组成，也可以由几个代号段组成。通常，种类代号可以单独表示一个项

目，而其余大多应与种类代号组合起来，才能较完整地表示一个项目。

为了根据电气图能够很方便地对电路进行安装、检修、分析或查找故障，在电气图上要标注项目代号。但根据使用场合及详略要求的不同，在一张图上的某一项目不一定都有4个代号段。如有的不需要知道设备的实际安装位置时，可以省掉位置代号；当图中所有高层项目相同时，可省掉高层代号而只需要另外加以说明。

在集中表示法和半集中表示法的图中，项目代号只在图形符号旁标注一次，并用机械连接线连接起来。在分开表示法的图中，项目代号应在项目每一部分旁都标注出来。

在不致引起误解的前提下，代号段的前缀符号也可省略。

1.4.2.4 回路标号

电路图中用来表示各回路种类、特征的文字和数字统称回路标号，也称回路线号，其用途为便于接线和查线。

（1）回路标号的一般原则

① 回路标号按照“等电位”原则进行标注，即电路中连接在同一点上的所有导线具有同一电位而应标注相同的回路标号。

② 由电气设备的线圈、绕组、电阻、电容、各类开关、触点等电气元件分隔开的线段，应视为不同的线段，标注不同的回路标号。

③ 在一般情况下，回路标号由3位或3位以下的数字组成。

（2）直流回路标号　在直流一次回路中，用个位数字的奇、偶数来区别回路的极性，用十位数字的顺序来区分回路中的不同线段，如正极回路用11、21、31、…顺序标号。用百位数字来区分不同供电电源的回路，如电源A的正、负极回路分别标注101、111、121、131、…；电源B的正、负极回路分别标注201、211、221、231、…和201、212、222、232、…。

在直流二次回路中，正极回路的线段按奇数顺序标号，如1、3、5、…；负极回路用偶数顺序标号，如2、4、6、…。

（3）交流回路标号　在交流一次回路中，用个位数字的顺序来区别回路的相别，用十位数字的顺序来区分回路中的线段。第一相按11、21、31、…顺序标号，第二相按12、22、32、…顺序标号，第三相按13、23、33、…顺序标号。对于不同供电电源的回路，也可用百位数字来区分不同供电电源的回路。

交流二次回路的标号原则与直流二次回路的标号原则相似。回路的主要降压元件两侧的不同线段分别按奇数、偶数的顺序标号，如一侧按1、3、5、…标号，另一侧按2、4、6、…标号。

当要表明电路中的相别或某些主要特征时，可在数字标号的前面或后面增注文字符号，文字符号用大写字母表示，并与数字标号并列。在机床电气控制电路图中，回路标号实际上是导线的线号。

（4）电力拖动、自动控制电路的标号

① 主（一次）回路的标号　主回路的标号由文字标号和数字标号两部分组成。文字标号用来表示主回路中电气元件和线路的种类和特征，如三相交流电动机绕组用U、V、W表示；三相交流电源端用L_1、L_2、L_3表示；直流电路电源正、负极导线和中间线分别用L_+、L_-、L_M标记；保护接地线用PE标记。数字标号由3位数字构成，用来区分同一文字标号回路中的不同线段，并遵循回路标号的一般原则。

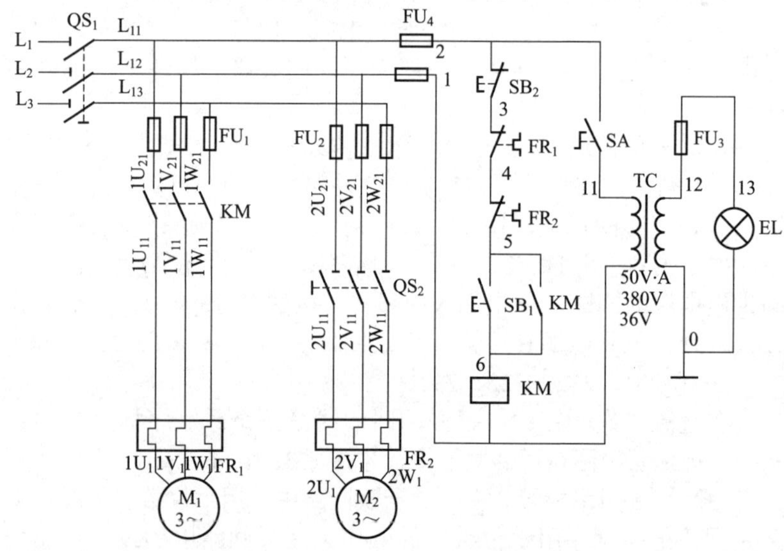

图1-72　机床控制电路图中的线号标记

主回路的标号方法如图1-72所示，三相交流电源端用L_1、L_2、L_3表示，“1”“2”“3”分别表示三相电源的相别；由于电源开关QS_1两端属于不同线段，因此，经电源开关QS_1后，标号为L_{11}、L_{12}、L_{13}。

带9个接线端子的三相用电器（如电动机），首端分别用U_1、V_1、W_1标记；尾端分别用U_2、V_2、W_2标记；中间抽头分别用U_3、V_3、W_3标记。

对于同类型的三相用电器，在其首端、尾端标记字母U、V、W前冠以数字来区别，即用$1U_1$、$1V_1$、$1W_1$与$2U_1$、$2V_1$、$2W_1$来标记两个同类型的三相用电器的首端，用$1U_2$、$1V_2$、$1W_2$与$2U_2$、$2V_2$、$2W_2$来标记两个同类型的三相用电器的尾端。

电动机动力电路的标号应从电动机绕组开始，自下而上标号。以电动机M_1的回路为例，电动机定子绕组的标号为$1U_1$、$1V_1$、$1W_1$，热继电器FR_1的上接线端为另一组导线，标号为$1U_{11}$、$1V_{11}$、$1W_{11}$；经接触器KM主触点的静触点，标号变为$1U_{21}$、$1V_{21}$、$1W_{21}$；再与熔断器FU_1和电源开关的动触点相接，并分别与L_{11}、L_{12}、L_{13}同电位，因此不再标号。电动机M_2的主回路的标号可依次类推。由于电动机M_1、M_2的主回路共用一个电源，因此省去了其中的百位数字。若主电路为直流回路，则按数字的个位数的奇偶性来区分回路的极性，正电源则用奇数，负电源则用偶数。

② 辅助（二次）回路的标号　以压降元件为分界，其两侧的不同线段分别按其个位数的奇偶数来依次标号，压降元件包括继电器线圈、接触器线圈、电阻、照明灯和电铃等。有时回路较多，标号可连续递增两位奇偶数，如：“11、13、15、…”“12、14、16…”等。

在垂直绘制的回路中，标号采用自上至中、自下至中的方式标号，这里的“中”指压降元件所在位置，标号一般标在连接线的右侧。在水平绘制的回路中，标号采用自左至中、自右至中的方式标号，这里的“中”同样指压降元件所在位置，标号一般标在连接线的上方。如图1-72所示的垂直绘制的辅助电路中，KM为压降元件，因此，它们上、下两侧的标号分别为奇、偶数。

1.4.3 电气图的分类

电气图是电气工程中各部门进行沟通、交流信息的载体，由于电气图所表达的对象不同，提供信息的类型及表达方式也不同，这样就使电气图具有多样性。同一套电气设备，可以有不同类型的电气图，以适应不同使用对象的要求。例如，表示系统的规模、整体方案、组成情况、主要特性，用概略图；表示系统的工作原理、工作流程和分析电路特性，需用电路图；表示元件之间的关系、连接方式和特点，需用接线图。在数字电路中，由于各种数字集成电路的应用，使电路能实现逻辑功能，因此就有反映集成电路逻辑功能的逻辑图。下面介绍在电工实践中最常用的概略图、电路图、位置图、接线图和逻辑图。

1.4.3.1 概略图

概略图（也称系统图或框图）是用电气符号或带注释的方框，概略表示系统或分系统的基本组成、相互关系及其主要特征的一种简图，它通常是某一系统、某一装置或某一成套设计图中的第一张图样。

概略图可分不同层次绘制，可参照绘图对象的逐级分解来划分层次。较高层次的概略图，可反映对象的概况；较低层次的概略图，可将对象表达得较为详细。

概略图可作为教学、训练、操作和维修的基础文件，使人们对系统、装置、设备等有一个概略的了解，为进一步编制详细的技术文件以及绘制电路图、接线图和逻辑图等提供依据，也为进行有关计算、选择导线和电气设备等提供重要依据。

电气系统图和框图原则上没有区别。在实际使用时，电气系统图通常用于系统或成套装置，框图则用于分系统或设备。

概略图采用功能布局法，能清楚地表达过程和信息的流向，为便于识图，控制信号流向与过程流向应互相垂直。

概略图的基本形式有3种：

① 用一般符号表示的概略图　这种概略图通常采用单纯表示法绘制。图1-73（a）为供电系统的概略图；图1-73（b）为住宅楼照明配电系统的概略图。

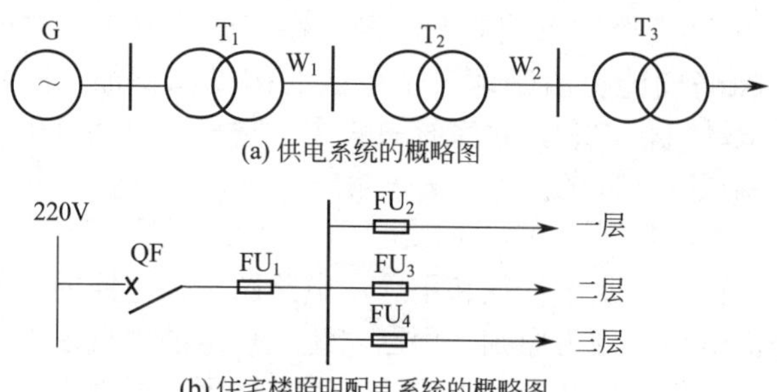

图1-73 供配电系统的概略图

② 框图　主要采用方框符号的概略图称为框图。通常用框图来表示系统或分系统的组成。图1-74所示为无线广播系统框图。

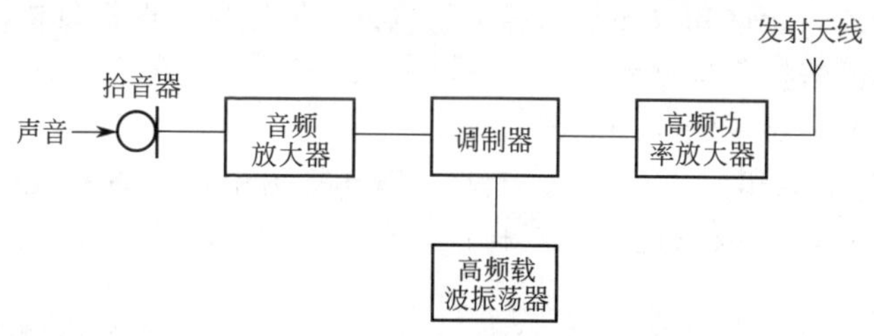

图1-74 无线广播系统框图

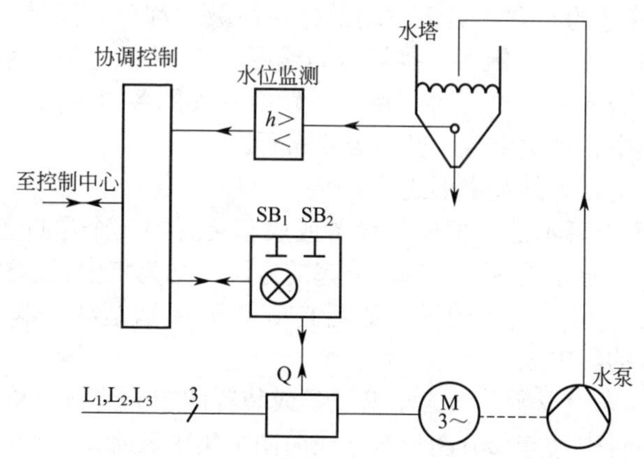

图1-75 水泵的电动机供电和给水系统的概略图

③ 非电过程控制系统的概略图　在某些情况下，非电过程控制系统的概略图能更清楚地表示系统的构成和特征。图1-75所示为水泵的电动机供电和给水系统概略图，它表示电动机供电、水泵供水和控制三部分间的关系。

1.4.3.2　电路图

（1）电路图的基本特征和用途　电路图是以电路的工作原理及阅读和分析电路方便为原则，用国家统一规定的电气图形符号和文字符号，按工作顺序从上而下或从左而右排列，详细表示电路、设备或成套装置的工作原理、基本组成和连接关系的简图。电路图表示电流从电源到负载的传送情况和电气元件的工作原理，而不表示电气元件的结构尺寸、安装位置和实际配线方法。

电路图可用于详细了解电路工作原理，分析和计算电路的特性及参数，为测试和寻找故障提供信息，为编制接线图提供依据，为安装和维修提供依据。

（2）电路图的绘制原则

① 设备和元件的表示方法　在电路图中，设备和元件采用符号表示，并应以适当形式标注其代号、名称、型号、规格、数量等。

② 设备和元件的工作状态　设备和元件的可动部分通常应表示在非激励或不工作的状态或位置。

③ 符号的布置　对于驱动部分和被驱动部分之间采用机械连接的设备和元件（例如，接触器的线圈、主触点、辅助触点），以及同一个设备的多个元件（例如，转换开关的各对触点），可在图上采用集中、半集中或分开的方式布置。

（3）电路图的基本形式

① 集中表示法　把电气设备或成套装置中一个项目各组成部分的图形符号在简图上绘制在一起的方法，称为集中表示法。这种表示方法适用于简单的图，如图1-76（a）所示是继电器KA的线圈和触点的集中表示。

② 半集中表示法　为了使设备或装置的布局清晰、易于识别，把同一项目中某些部分图形符号在简图上集中表示，另一部分分开布置，并用机械连接符号（虚线）表示它们之间关系的方法，称为

半集中表示法。其中，机械连接线可以弯折、分支或交叉，如图1-76（b）所示。

③ 分开表示法　把同一项目中的不同部分的图形符号在简图上按不同功能和不同回路分开表示的方法，称为分开表示法。不同部分的图形符号用同一项目代号表示，如图1-76（c）所示。分开表示法可以避免或减少图线交叉，因此图面清晰，而且也便于分析回路功能及标注回路标号。

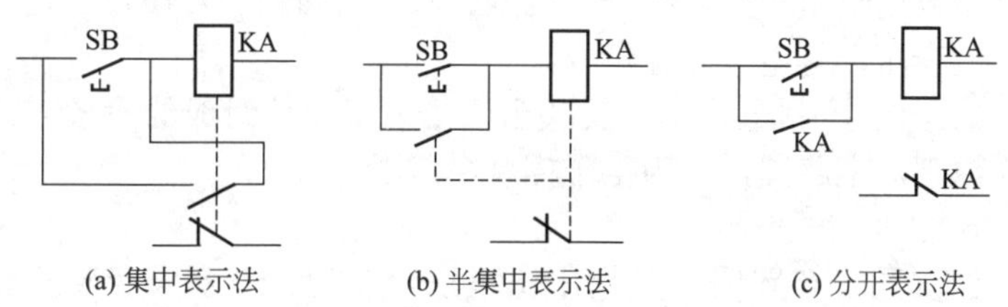

图1-76　电气元件的集中和分开表示法示例

由于采用分开表示法的电气图省去了项目各组成部分的机械连接线，查找某个元件的相关部分比较困难，为识别元件各组成部分或寻找它在图中的位置，除重复标注项目代号外，常采用引入插图或表格等方法表示电气元件各部分的位置。

（4）电路图的分类　按照电路图所描述对象和表示的工作原理，电路图可分为：

① 电力系统电路图　电力系统电路图分为发电厂输变电电路图、厂矿变配电电路图、动力及照明配电电路图，其中，每种又分主电路图和副电路图。主电路图也称主接线图或一次电路图，电力系统电路图中的主电路图（主接线图）实际上就是电力系统的系统图。

主电路图是把电气设备或电气元件，如隔离开关、断路器、互感器、避雷器、电力电容器、变压器、母线等（称为一次设备），按一定顺序连接起来，汇集和分配电能的电路图。

副电路图也称二次接线图或二次电路图，以下称其为二次电路图。为了保证一次设备安全可靠地运行及操作方便，必须对其进行控制、提示、检测和保护，这就需要许多附属设备，我们把这些设备称为二次设备，将表示二次设备的图形符号按一定顺序绘制成的电气图，称为二次电路图。

② 生产机械设备电气控制电路图　对电动机及其他用电设备的供电和运行方式进行控制的电气图，称为生产机械设备电气控制电路图。生产机械设备电气控制电路图一般分主电路和辅助电路两部分，主电路是指从电源到电动机或其他用电装置大电流所通过的电路；辅助电路包括控制电路、照明电路、信号电路和保护电路等，主要由继电器或接触器的线圈、触点、按钮、照明灯、信号灯及控制变压器等电气元件组成。

③ 电子控制电路图　反映由电子电气元件组成的设备或装置工作原理的电路图，称为电子控制电路图。

1.4.3.3　位置图

位置图（布置图）是指用正投法绘制的，表示成套装置和设备中各个项目的布局、安装位置的图。位置简图一般用图形符号绘制。

1.4.3.4　接线图或接线表

表示成套装置、设备、电气元件的连接关系，用以进行安装接线、检查、试验与维修的一种简图或表格，称为接线图或接线表。接线图（表）可分为单元接线图（表）、互联接线图（表）、端子接线图（表），以及电缆配置图（表）。

1.4.3.5　逻辑图

逻辑图是用二进制逻辑单元图形符号绘制的，以实现一定逻辑功能的一种简图，可分为理论逻辑图（纯逻辑图）和工程逻辑图（详细逻辑图）两类。理论逻辑图只表示功能而不涉及实现方法，因此是一种功能图；工程逻辑图不仅表示功能，而且有具体的实现方法，因此是一种电路图。

1.4.4　电气图的特点和电气制图的一般规则

1.4.4.1　电气图的特点

（1）简图是电气图的主要表达方式　电气图的种类很多，但除了必须标明实物的形状、位置、安装尺寸的图外，大量的图都是简图，其特点为：

① 各组成部分或元器件用图形符号表示，而不具体表示其外形、结构及尺寸等特征。

② 在相应图形符号旁边标注文字符号、数字标号。

③ 按功能和电流流向表示各装置、设备及元器件的相互位置和连接关系。

④ 没有投影关系，不标尺寸。

（2）元件和连接方式是电气图的主要表达内容　各种电气设备、控制设备和元器件都可称为元件，这样由各种元件按一定的连接方式就可构成电路，所以，元件和连接方式也就成为电气图的主要表达内容。

（3）图形符号和文字符号是组成电气图的主要要素　各种电气设备、元器件，都有自己的图形符号和文字符号。按照国家的统一规定，用这些代表各类电气设备、元器件的符号，来表示各个组成部分的功能、状态、特征等。所以，这些图形符号和文字符号是构成电气图的主要要素。

（4）电气图中元件都按正常状态绘制　“正常状态”是指电气设备、元器件的可动部分，无外力作用时的状态。绘制电气图时，各类电气设备、元器件的位置应在“正常状态”。

（5）电气图与主体工程图及其他配套工程的工程图有密切关系。

1.4.4.2　电气图的组成

电气图一般由电路、技术说明和标题栏三部分组成。

（1）电路　电路是电流的通路，用导线将电源（提供电能的电气设备）、负载（消耗电能的电气设备）和其他辅助设备（连接导线、控制设备等）按一定要求连接起来构成闭合回路，以实现电气设备的预定功能，这种电气回路就叫电路。把这种电路画在图纸上，就是电路图。

电路的结构形式和所能完成的任务是多种多样的，但电路的目的一般有两个：一是进行电能的传输、分配与转换；二是进行信息的传递和处理。

不论电能的传输和转换，或者信号的传递和处理，其中电源或信号源的电压或电流称为激励，它推动电路工作；激励在电路各部分产生的电压和电流称为响应。所谓电路分析，就是在已知电路的结构和电气元件参数的条件下，讨论电路的激励与响应之间的关系。本书着重介绍前一类电路，即进行电能的传输、分配与转换的电路，以下简称电路。

进行电能的传输、分配与转换的电路通常包括两部分，即主电路和辅助电路。主电路也叫一次电路，是电源向负载输送电能的电路，一般包括发电机、变压器、开关、熔断器和负载等；辅助电路也叫二次电路，是对主电路进行控制、保护、监测、指示的电路，一般包括继电器、仪表、指示灯、控制开关等。通常，主电路中的电流较大，线径较粗；而辅助电路中的电流较小，线径较细。

电路图是反映电路构成的。由于电气元件的外形和结构比较复杂，因此在电路图中采用国家统一规定的图形符号和文字符号来表示电气元件的不同种类、规格及安装方式。此外，根据电气图的不同用途，要绘制成不同的形式。如有的电路只绘制电路图，以便了解电路的工作过程及特点；有的电路只绘制装配图，以便了解各电气元件的安装位置及配线方式。对于比较复杂的电路，通常还绘制安装接线图，必要时，还要绘制分开表示的接线图（俗称“展开接线图”）、平面布置图等，以供生产部门和用户使用。

（2）技术说明　电气图中文字说明和元件明细表等总称为技术说明。文字说明注明电路的某些要点、安装要求及注意事项等，通常写在电路图的右上方，若说明较多，也可附页说明。元件明细表列出电路中元件的名称、符号、规格和数量等。元件明细表以表格形式写在标题栏的上方，元件明细表中序号自下而上逐项列出。

（3）标题栏　标题栏画在电路图的右下角，其中注有工程名称、设计类别、设计单位、图名、图号，还有设计人、制图人、审核人、批准人的签名和日期等。标题栏是电气图的重要技术档案，栏目中的签名人，对图中的技术内容各负其责。

1.4.4.3　电气控制电路图的绘制规则

（1）电气控制电路图一般分为主电路和辅助电路两部分　主电路是电气控制电路中通过大电流的部分，包括从电源到电动机之间相连的电气元件，一般由组合开关、熔断器、接触器主触点、热继电器的热元件和电动机等组成。辅助电路是控制电路中除主电路以外的电路，其流过的电流比较小。辅助电路包括控制电路、信号电路、保护电路和照明电路，由继电器和接触器的线圈、继电器的触点、接触器的辅助触点、热继电器的触点、按钮、照明灯、信号灯、控制变压器等电气元件组成。

（2）电路图中应将电源电路、主电路、控制电路和信号电路分开绘制　电路图中电路一般垂直绘制，电源电路绘成水平线，相序L_1、L_2、L_3由上而下排列，中性线N和保护线PE放在相线之下。

主电路用垂直线绘制在图的左侧，辅助电路绘制在图的右侧，辅助电路中的耗能元件画在电路的最下端。绘制应布置合理、排列均匀。

电气控制电路中的全部电动机、电器和其他器械的带电部件，都应在电气控制电路图中表示出来。

电气元件应按功能布置，并尽可能按工作顺序排列，其布局顺序应该是从上到下，从左到右。垂直布置时，类似项目应横向对齐；水平布置时，类似项目应纵向对齐。

（3）绘制电路图中，应尽量减少线条和避免交叉　电气控制电路图中，应尽量减少线条和避免交叉，各导线之间有电联系时，在导线十字交叉处画实心黑圆点。根据图面布置的需要，可以将图形符号旋转绘制，一般顺时针方向旋转90°，但文字符号不可倒置。

（4）图幅分区及符号位置的索引　为了便于确定图上的内容，也为了在识图时查找各项目的位置，往往需要将图幅分区。图幅分区的方法是：在图的边框处，竖的方向按行用大写拉丁字母，横的方向按列用阿拉伯数字，编号顺序从左上角开始。

在机床电气控制电路图中，由于控制电路内的支路多，且支路元件布置与功能也不相同，图幅分区可采用图1-77的形式，只对一个方向分区。这种方式不影响分区检索，又可反映支路的用途，有利于识图。

图纸下方的1、2、3、…数字是图区的编号，它是为了检索电气控制电路，方便阅读分析从而避免遗漏而设置的。图区编号也可设置在图的上方。

图区编号上方的“电源总开关及保护……”文字，表明它对应的下方元器件或电路的功能，使读者能清楚地知道某个元器件或某个电路的功能，以利于理解全部电路的工作原理。

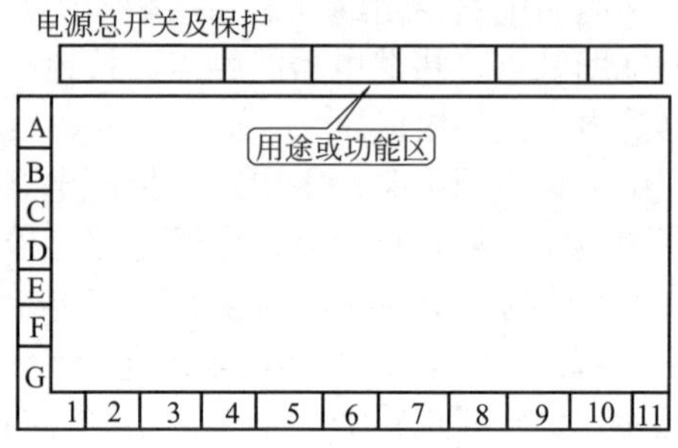

图1-77　图幅分区

电气控制电路图中的接触器、继电器和线圈与受其控制的触点的从属关系（即触点位置）应按下述方法标志。

在每个接触器线圈的文字符号下面画两条竖直线，分成左、中、右3栏，把受其控制而动作的触点所处的图区号数字，按表1-12规定的内容填上。对备而未用的触点，在相应的栏中用记号“×”标出。

表1-12　接触器线圈符号下的数字标志

左　栏	中　栏	右　栏
主触点所处的图区号	辅助动合（常开）触点所处的图区号	辅助动断（常闭）触点所处的图区号

在每个继电器线圈的文字符号（如KT）下面画一条竖直线，分成左、右两栏，把受其控制而动作的触点所处的图区号数字，按表1-13规定的内容填上，同样，对备而未用的触点在相应的栏中用记号“×”标出。

表1-13　继电器线圈符号下的数字标志

左　栏	右　栏
动合（常开）触点所处的图区号	动断（常闭）触点所处的图区号

1.4.4.4 电气图的布局

为了清楚地表明电气系统或设备各组成部分间、各电气元件间的连接关系，以便于使用者了解其原理、功能和动作顺序，对电气图的布局提出了一些要求。

电气图布局的原则是便于绘制、易于识读、突出重点、均匀对称、间隔适当，以及清晰美观；布局的要点是从总体到局部、从主电路图（主接线图或一次接线图）到二次电路图（副电路图或二次接线图）、从主要到次要、从左到右、从上到下，以及从图形到文字。

（1）图面布局的要求

① 排列均匀、间隔适当、清晰美观，为计划补充的内容预留必要的空白，但又要避免图面出现过大的空白。

② 有利于识别能量、信息、逻辑、功能4种物理流的流向，保证信息流及功能流通常从左到右、从上到下的流向（反馈流相反），而非电过程流向与信息流向一般垂直。

③ 电气元件按工作顺序或功能关系排列。引入、引出线多在边框附近，导线、信号通路、连接线应少交叉、折弯，且在交叉时不得折弯。

④ 紧凑、均衡，留足插写文字、标注和注释的位置。

（2）整个图面的布局　图面的布局能体现重点突出、主次分明、疏密匀称、清晰美观等特点。为此，应精心构思，做到心中有数；进行规划，划定各部分的位置；找出基准，逐步绘图。

（3）电路或电气元件的布局

① 电路或电气元件布局的原则

a．电路垂直布局时，相同或类似项目应横向对齐，如图1-78（a）所示；水平布局时，则纵向对齐，如图1-78（b）所示；交叉布局时，应把相应电气元件连接成对称的布局，如图1-78（c）所示。

b．功能相关的项目应靠近绘制，以清晰表达其相互关系并利于识图。

c．同等重要的并联通路应按主电路对称布局。

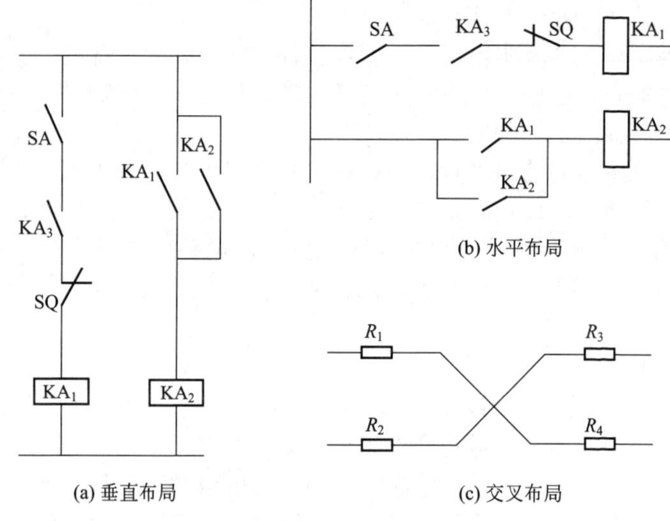

图1-78　电路或电气元件布局

② 电路或电气元件的功能布局法　电路或电气元件符号的布置，只考虑便于看出它们所表示的电路或电气元件功能关系，而不考虑实际位置的一种布局方法。在这种布局中，将表示对象划分为若干功能组，按照因果关系从左到右或从上到下布置；为了强调并便于看清其中的功能关系，每个功能组的电气元件应集中布置在一起，并尽可能按工作顺序排列；也可将电气元件的多组触点分散在各功能电路中，而不必将它们画在一起，以利于看清其中的功能关系。功能布局法广泛应用于概略图、电路图、功能表图、逻辑图中。

采用功能布局法应遵守以下规则：

a．对于因果关系清楚的电气图，布局顺序应从左到右或从上到下，如电子线路中，输入在左边，输出在右边。

b．如果信息流或能量流为从右到左或从下到上，以及流向对识图者不明显时，应在连接线上画开口箭头。

c．在闭合电路中，前向通路上的信息流方向应从左到右或从上到下，反馈通路的方向则相反。

③ 电路或电气元件的位置布局法　电路或电气元件符号的布

置与该电气元件实际位置基本一致的布局方法被称为位置布局法。接线图、平面图、电缆配置图都采用这种方法，这样可以清楚地看出电路或电气元件的相对位置和导线的走向。

（4）图线的布置　电气图的布局要求重点突出信息流及各功能单元间的功能关系，因此图线的布置应有利于识别各种过程及信息流向，并且图的各部分的间隔要均匀。

表示导线、信号通路、连接线等的图线一般应为直线，即横平竖直，尽可能减少交叉和弯曲。

① 水平布置　将表示设备和元件的图形符号按横向（行）布置，连接线成水平方向，各类似项目纵向对齐，如图1-78（b）所示，图中各电气元件、二进制逻辑单元按行排列，从而使各连接线基本上都是水平线。

② 垂直布置　将设备或电气元件图形符号按纵向（列）排列，连接线成垂直布置，类似项目应横向对齐，如图1-78（a）所示。

③ 交叉布置　为了把相应的元件连接成对称的布局，也可以采用斜向交叉线表示，如图1-78（c）所示。

电气元件的排列一般应按因果关系、动作顺序从左到右或从上到下布置。识图时，也应按这一规律分析阅读。在概略图中，为了便于表达功能概况，常需绘制非电过程的部分流程，但其控制信号流的方向应与电控信号流的流向相互垂直，以示区别。

1.4.4.5　图上位置的表示方法

在绘制和阅读、使用电路图时，往往需要确定元器件、连接线等的图形符号在图上的位置。例如，当继电器、接触器之类的项目在图上采用分开表示法（线圈和触点分开）绘制时，需要标明各部分在图上的位置；较长的连接线采用中断画法，或者连接线的另一端需要画在另一张图上时，除了要在中断处标注中断标记外，还需标注另一端在图上的位置；在供使用、维护的技术文件（如说明书）中，有时需要对某一元器件作注释、说明，为了找到图中相应的元器件的图形符号，也需要注明这些符号在图中的位置；在补充或更改电路图设计时，也需要注明这些补充或更改部分在图中的位置。

图上位置的表示方法通常采用图幅分区法，在电路图上可将图分成若干图区，以便阅读查找。在原理图的下方（或左方）沿横坐标（或纵坐标）方向划分图区并用数字1、2、3、…（或字母A、B、C、…）标明，同时在图的上方（或左方）沿横（或纵）坐标方向划分图区，分别用文字标明该区电路的功能和作用，以便于理解整个电路的工作原理。

1.4.4.6 电气元件的表示方法

（1）电气元件的集中、半集中和分开表示法　同一个电气设备、电气元件在不同类型的电气图中往往采用不同的图形符号表示。例如，对概略图、位置图往往采用方框符号、简化外形符号或简单的一般符号表示；对电路图和部分接线图往往采用一般图形符号表示，绘出其电气连接关系，在符号旁标注项目代号，必要时还标注有关的技术数据。对于驱动部分和被驱动部分间具有机械连接关系的电气元件，如继电器、接触器的线圈和触点，以及同一个设备的多个电气元件，如转换开关的各对触点，可以图上采用集中布置、半集中布置法表示，见图1-76。

（2）电气元件工作状态的表示方法　电气元件工作状态均按自然状态或自然位置表示，所谓“自然状态”或“自然位置”即电气元件和设备的可动部分表示为未得电、不受外力或不工作状态或位置。

① 电气控制电路中的所有电气元件不画实际的外形图而采用国家标准中统一规定的图形符号和文字符号表示。

② 电气控制电路图中，各个电气元件在控制电路中的位置，应根据便于阅读的原则安排。当同一电气元件的不同部件（如接触器、继电器的线圈、触点）分散在不同位置时，为了表示是同一电气元件，要在电气元件的不同部件处标注同一文字符号。对于同类的多个电气元件，要在文字符号后面加数字序号来区别，如两个接触器，可用KM_1、KM_2文字符号区别。

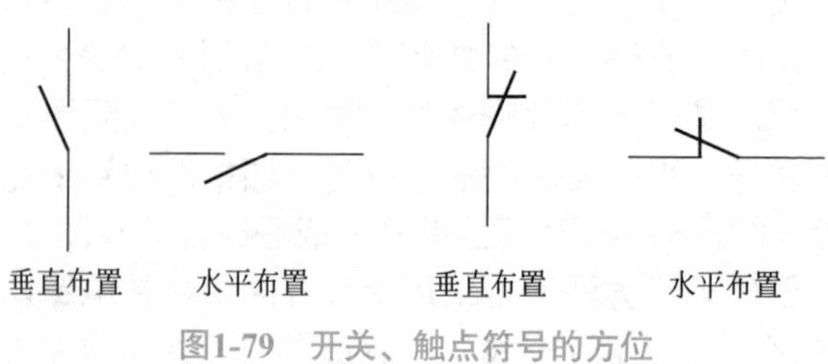

图1-79　开关、触点符号的方位

③ 电气图中占重要位置的各类开关和触点，当其符号呈水平布置时，应下开上闭；当符号呈垂直布置时，应左开右闭，如图1-79所示。

④ 电气图中电气元件、器件和设备的可动部分，都按没有得电和没有外力作用时的开闭状态画出。

a. 中间继电器、时间继电器、接触器和电磁铁的线圈处在未得电时的状态，即动铁芯没有被吸合时的位置，因而其触点处于还未动作的位置。

b. 断路器、负荷开关和隔离开关在断开位置。

c. 零位操作的手动控制开关在零位状态或位置，不带零位的手动控制开关在图中规定的位置。

d. 机械操作开关、按钮和行程开关在非工作状态或不受力状态时的位置。

e. 保护用电器处在设备正常工作状态时的位置。对热继电器是在双金属片未受热且未脱扣时的位置；对速度继电器是指主轴转速为零时的位置。

f. 标有断开“OFF”位置的多个稳定位置的手动控制开关在断开“OFF”位置，未标有断开“OFF”位置的控制开关在图中规定的位置。

g. 对于有两个或多个稳定位置或状态的其他开关装置，可表示在其中的任何一个位置或状态，必要时需在图中说明。

h. 事故、备用、报警等开关在设备、电路正常使用或正常工作位置。

（3）电气元件触点位置的表示方法

① 对于继电器、接触器、开关、按钮等项目的触点，其触点符号通常规定为“左开右闭、下开上闭”，即当触点符号垂直布置时，动触点在静触点的左侧为动合（常开）触点，而在右侧为动断（常闭）触点；当触点符号水平布置时，动触点在静触点的下方为动合（常开）触点，而在上方为动断（常闭）触点，见图1-79。

② 万能转换开关、控制器等非电或人工操作的触点符号一般采用图形、操作符号，以及触点闭合表表示，见图1-62、表1-5。

1.4.4.7 电气元件技术数据及有关注释和标志的表示方法

（1）电气元件技术数据的表示方法　电气元件的技术数据（如型号、规格、整定值等）一般标注在其图形符号附近。当连接线为水平布置时，应尽可能标注在其图形符号的下方［见图1-80（a）］；垂直布置时，标注在项目代号下方［见图1-80（b）］；技术数据也可以标注在继电器线圈、仪表、集成电路等的方框符号或简化外形符号内［见图1-80（c）］。

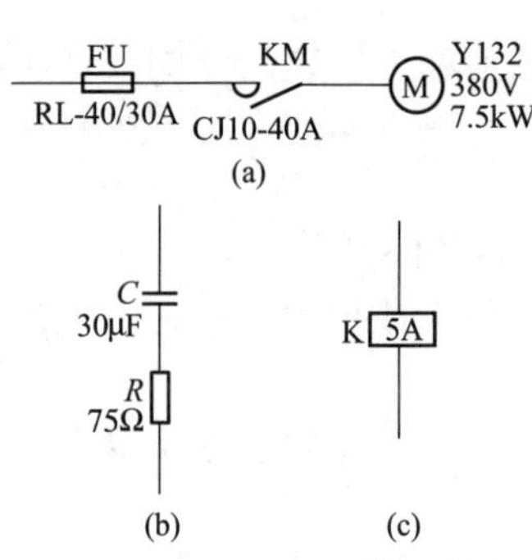

图1-80　电气元件技术数据的表示方法

在生产机械电气控制电路图和电力系统电路图中，技术数据常用表格形式标注。

（2）注释和标志的表示方法

当电气元件的某些内容不便于用图示形式表达清楚时，可采用注释方法。注释可放在需要说明的对象附近。

1.4.4.8 电路的多线表示法和单线表示法

按照电路图中图线的表达根数不同，连接线可分为多线、单线和混合表示法。每根连接线各用一条图线表示的方法，称为多线表示法，其中大多数是三线。两根或两根以上（大多数是表示三相系统的3根线）连接线用一条图线表示的方法，称为单线表示法。在同一图中，一部分采用单线表示法，另一部分采用表示法，称为混合表示法。

1.4.4.9 连接线的一般表示方法

电气图上各种图形符号之间的相互连线，统称为连接线。连接线可能是表示传输能量流、信息流的导线，也可能是表示逻辑流、功能流的某种特定的图线。

（1）连接线的一般表示方法

① 导线的一般表示符号如图1-81（a）所示，它可用于表示单根导线、导线组、母线、总线等，并根据情况通过图线粗细、加图形符号及文字、数字来区分各种不同的导线，如图1-81（b）所示

的母线及图1-81（c）所示的电缆等。

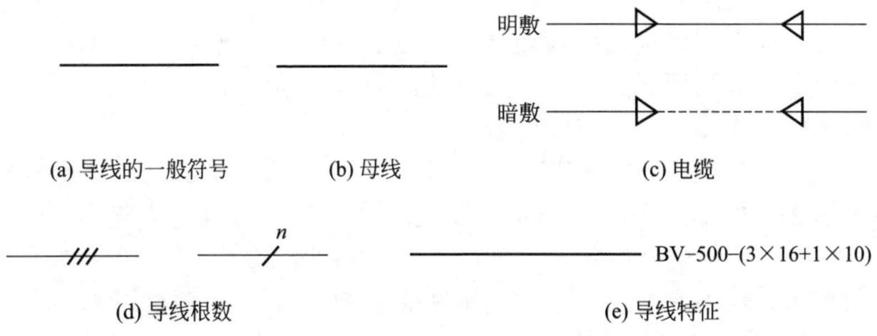

图1-81 导线的一般表示方法及示例

② 导线根数的表示法。如图1-81（d）所示，若根数较少时，用斜线（45°）数量代表线根数；根数较多时，用一根小短斜线旁加注数字*n*表示，图中*n*为正整数。

③ 导线特征的标注方法。如图1-81（e）所示，导线特征通常采用字母、数字符号标注。

（2）导线连接点的表示 “T”形连接点可加实心黑圆点“·”，也可不加实心黑圆点，如图1-82（a）所示。对“+”形连接点，则必须加实心黑圆点，如图1-82（b）所示。

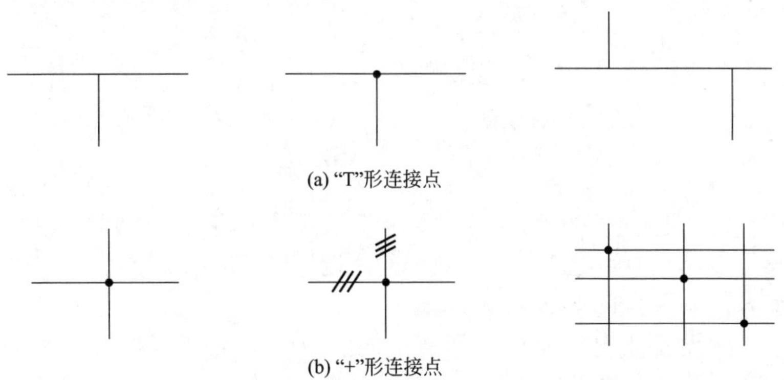

图1-82 导线连接点的表示方法

1.4.4.10　连接线的连续表示法和中断表示法

（1）连接线的连续表示法　连接线的连续表示法是将表示导线的连接线用同一根图线首尾连通的方法。连接线既可用多线也可用单线表示。当图线太多时，为使图面清晰、易画易读，对于多条去向相同的连接线常用单线法表示。

若多条线的连接顺序不必明确表示，可采用1-83（a）的单线表示法，但单线的两端仍用多线表示；导线组的两端位置不同时，应标注相对应的文字符号，如图1-83（b）所示。

当导线中途汇入、汇出用单线表示的一组平行连接线时，汇接处用斜线表示导线去向，其方向应易于识别线进入或离开汇总线的方向，如图1-83（c）所示；当需要表示导线的根数时，可如图1-83（d）所示来表示。

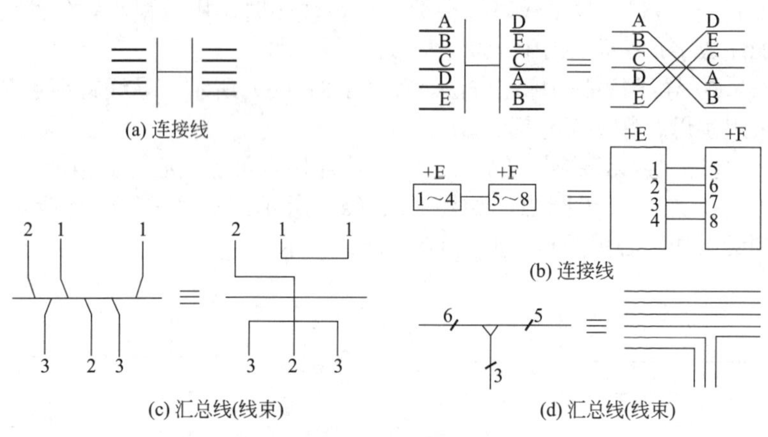

图1-83　单线表示法

（2）连接线的中断表示法　中断表示法是将去向相同的连接线导线组，在中间中断，在中断处的两端标以相应的文字符号或数字编号，如图1-84（a）所示。

两设备或电气元件之间连接线的中断，如图1-84（b）所示，用文字符号及数字编号表示中断。

连接线穿越图线较多区域时，将连接线中断，在中断处加相应的标记，如图1-84（c）所示。

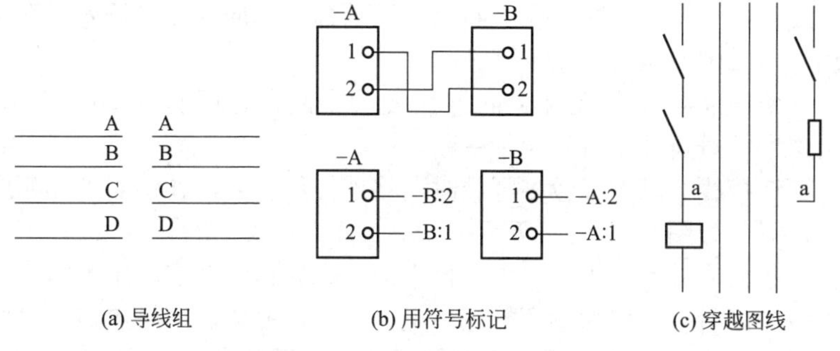

图1-84　连接线的中断表示法

1.4.4.11　电气设备特定接线端子和特定导线端的识别

与特定导线直接或通过中间设备相连的电气设备接线端子应按表1-6和表1-7的字母进行标记。

1.5　识读电气图的基本要求和步骤

识读电气图，应弄清识图的基本要求，掌握好识图步骤，才能提高识图的水平，加快分析电路的速度。在初步掌握电气图的基本知识，熟悉电气图中常用的图形符号、文字符号、项目代号和回路标号，以及电气图的基本构成、分类、主要特点的基础上，本节讲述识读电气图的基本要求和基本步骤，为以后识读、绘制各类电气图提供总体思路和引导。

1.5.1　识图的基本要求

（1）从简单到复杂，循序渐进地识图　初学识图要本着从易到难、从简单到复杂的原则识图。一般来讲，照明电路比电气控制电路简单，单项控制电路比系列控制电路简单。复杂的电路都是简单电路的组合，从识读简单的电路图开始，弄清每一电气符号的含义，明确每一电气元件的作用，理解电路的工作原理，为识读复杂电气图打下基础。

（2）连接线的中断表示法　中断表示法是将去向相同的连接线

导线组，在中间中断，在中断处的两端标以相应的文字符号或数字编号，如图1-84（a）所示。

两设备或电气元件之间连接线的中断，如图1-84（b）所示，用文字符号及数字编号表示中断。

连接线穿越图线较多区域时，将连接线中断，在中断处加相应的标记，如图1-84（c）所示。

（3）应具有电工学、电子技术的基础知识　在实际生产的各个领域中，所有电路如输变配电、电力拖动、照明、电子电路、仪器仪表和家电产品等，都是建立在电工、电子技术理论基础之上的。因此，要想准确、迅速地读懂电气图，必须具备一定的电工、电子技术基础知识，这样才能运用这些知识，分板电路，理解图纸所含的内容。如三相笼型感应电动机的正转和反转控制，就是利用电动机的旋转方向是由三相电源的相序来决定的原理，用倒顺开关或两个接触器进行切换，改变输入电动机的电源相序，来改变电动机的旋转方向的。而Y-△启动则是应用电源电压的变动引起电动机启动电流及转矩变化的原理。

（4）要熟记会用电气图形符号和文字符号　图形符号和文字符号很多，做到熟记会用，可从个人专业出发先熟读背会各专业公用的和本专业的图形符号，然后逐步扩大，掌握更多的符号，这样才能识读更多的不同专业的电气图。

（5）熟悉各类电气图的典型电路　典型电路一般是常见、常用的基本电路，如供配电系统中电气主电路图中最常见、常用的是单母线接线，由此典型电路可导出单母线不分段、单母线分段接线，而由单母线分段再区别是隔离开关分段还是断路器分段。再如，电力拖动中的启动、制动、正/反转控制电路，联锁电路，行程限位控制电路。

不管多么复杂的电路，总是由典型电路派生而来的，或者是由若干典型电路组合而成的。因此，熟练掌握各种典型电路，在识图时有利于对复杂电路的理解，能较快地分清主次环节及其与其他部分的相互联系，抓住主要矛盾，从而能读懂较复杂的电气图。

（6）掌握各类电气图的绘制特点　各类电气图都有各自的绘制方法和绘制特点。掌握了电气图的主要特点及绘制电气图的一般规则，如电气图的布局、图形符号及文字符号的含义、图线的粗细、主副电路的位置、电气触点的画法、电气图与其他专业技术图的关系等，并利用这些规律，就能提高识图效率，进而自己也能设计制图。大型的电气图纸往往不只一张，也不只是一种图，因而识图时应将各种有关的图纸联系起来，对照阅读。如通过概略图、电路图找联系；通过接线图、布置图找位置，交错识读会收到事半功倍的效果。

（7）把电气图与土建图、管路图等对应起来识图　电气施工往往与主体工程（土建工程）及其他工程、工艺管道、蒸汽管道、给排水管道、采暖通风管道、通信线路、机械设备等项安装工程配合进行。电气设备的布置与土建平面布置、立面布置有关；线路走向与建筑结构的梁、柱、门窗、楼板的位置、走向有关，还与管道的规格、用途、走向有关；安装方法又与墙体结构、楼板材料有关；特别是一些暗敷线路、电气设备基础及各种电气预埋件更与土建工程密切相关。因此，识读某些电气图还要与有关的土建图、管路图及安装图对应起来看。

（8）了解涉及电气图的有关标准和规程　识图的主要目的是用来指导施工、安装，指导运行、维修和管理。有一些技术要求不可能都一一在图样上反映出来，标注清楚，由于这些技术要求在有关的国家标准或技术规程、技术规范中已作了明确规定，在识读电气图时，还必须了解这些相关标准、规程、规范，这样才能真正读懂图。

1.5.2 识图的一般步骤

（1）详识图纸说明　拿到图纸后，首先要仔细阅读图纸的主标题栏和有关说明，如图纸目录、技术说明、电气元件明细表、施工说明书等，结合已有的电工、电子技术知识，对该电气图的类型、性质、作用有一个明确的认识，从整体上理解图纸的概况和所要表述的重点。

（2）识读概略图和框图　由于概略图和框图只是概略表示系统或分系统的基本组成、相互关系及其主要特征，因此紧接着就要详细识读电路图，才能搞清它们的工作原理。概略图和框图多采用单线图，只有某些380V/220V低压配电系统概略图才部分地采用多线图表示。

（3）识读电路图是识图的重点和难点　电路图是电气图的核心，也是内容最丰富、最难读懂的电气图纸。

识读电路图首先要识读有哪些图形符号和文字符号，了解电路图各组成的作用，分清主电路和辅助电路、交流回路和直流回路；其次，按照先识读主电路，再识读辅助电路的顺序进行识图。

1.6　电工常用电路计算

电工常用电路基本计算及实例可扫二维码学习。

chapter 2

电子元器件及电子电路识图

2.1 电阻器及应用电路

2.1.1 认识电阻器件

2.1.1.1 电阻的作用

电阻器是一种最基本的电子元件。是电子设备中应用十分广泛的元件。电阻器利用它自身消耗电能的特性，在电路中起降压、阻流等作用，各种电阻外形如图2-1所示。

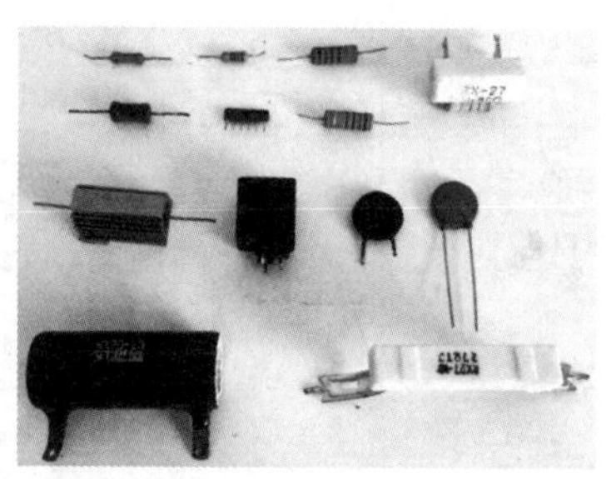

图2-1 电阻器的外形

2.1.1.2 电阻在电路中的文字符号及图形符号

电阻在电路中的基本文字符号为“R”，根据电阻用途不同，还有一些其他文字符号，如RF、RT、RN、RU等。电阻在电路中常用图形符号如图2-2所示。

2.1.1.3 电阻器的分类

（1）电阻器的分类　电阻器的分类如图2-3所示。

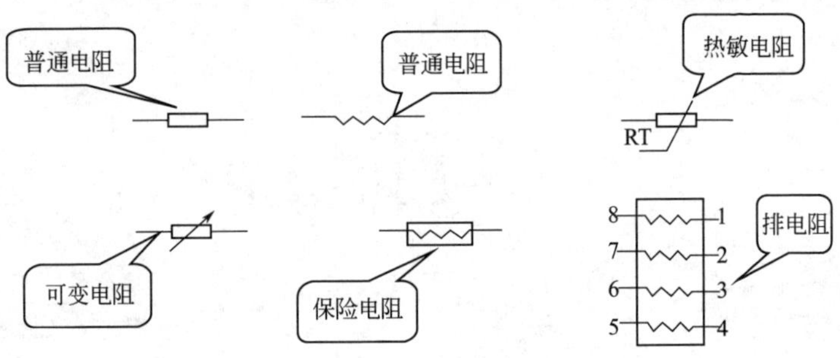

图 2-2　电阻在电路中常用图形符号

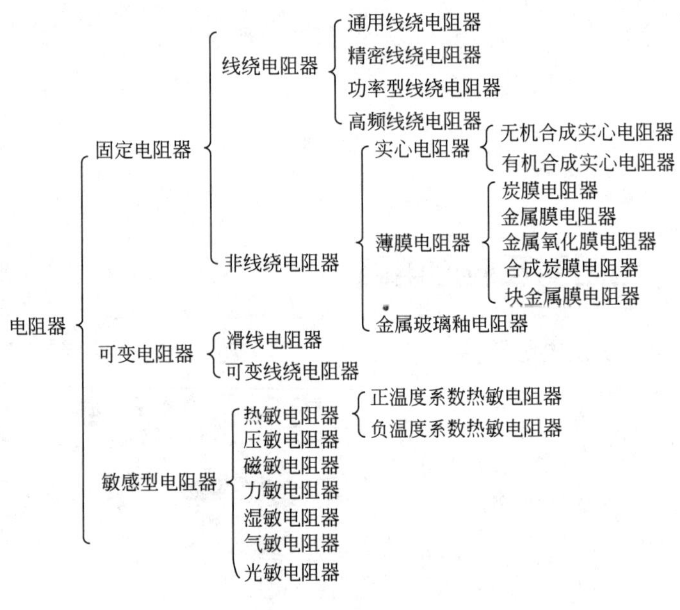

图2-3　电阻器的分类

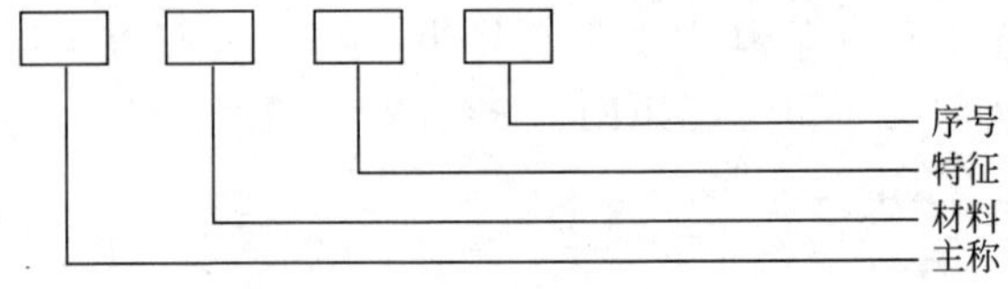

图2-4　电阻器的型号命名

（2）电阻器的型号命名　根据国家标准GB 2470—1995《电子设备用电阻器、电容器型号命名方法》规定，电阻器产品型号命名由四部分组成，如图2-4所示，各部分符号含义对照表见表2-1。

表2-1　电阻器命名符号含义对照表

第一部分：主称		第二部分：材料		第三部分：特征			第四部分：序号
符号	意义	符号	意义	符号	电阻器	电位器	
R W	电阻器 电位器	T	炭膜	1	普通	普通	对主称、材料相同，仅性能指标、尺寸大小有区别，但基本不影响互换使用的产品，给同一序号；若性能指标、尺寸大小明显影响互换，则在序号后面用大写字母用为区别代号
		H	合成膜	2	普通	普通	
		S	有机实心	3	超高频	—	
		N	无机实心	4	高阻	—	
		J	金属膜	5	高温	—	
		Y	氧化膜	6	—	—	
		C	沉积膜	7	精密	精密	
		I	玻璃釉膜	8	高压	特殊函数	
		P	硼酸膜	9	特殊	特殊	
		U	硅酸膜	G	高功率	—	
		X	线绕	T	可调	—	
		M	压敏	W	—	微调	
		G	光敏	D	—	多圈	
		R	热敏	B	温度补偿用	—	
				C	温度测量用	—	
				P	旁热式	—	
				W	稳压式	—	
				Z	正温度系数	—	

例如RX22表示普通线绕电阻器，RJ756表示精密金属膜电阻器。常用的RJ为金属膜电阻器，RX为线绕电阻器，RT为炭膜电阻器。

2.1.1.4　电阻器的特点及用途

各类电阻器的特点及用途见表2-2。

表 2-2　常用电阻器的特点及用途

电阻器类型	特点	用途
炭膜电阻器（RT）	特定性较好，呈现不大的负温率系数，受电压和频率影响小，脉冲负载稳定	价格低廉，广泛应用于各种电子产品中
金属膜电阻器（RJ）	温度系数、电压系数、耐热性能和噪声指标都比炭膜电阻器好，体积小（同样额定功率下约为炭膜电阻器的一半），精度高（可达±0.5% ～ ±0.05%） 缺点：脉冲负载稳定性差，价格比炭膜电阻器高	可用于要求精度高、温度稳定性好的电路中或电路中要求较为严格的场合，如运放输入端匹配电阻
金属氧化膜电阻器（RY）	比金属膜电阻器有较好的抗氧化性和热稳定性，功率最大可达50W 缺点：阻值范围小（1Ω ～ 200kΩ）	价格低廉，与炭膜电阻器价格相当，但性能与金属膜电阻器基本相同，有较高的性价比，特别是耐热性好，极限温度可达240℃，可用于温度较高的场合
线绕电阻器（RX）	噪声小，不存在电流噪声和非线性，温度系数小，稳定性好，精度可达±0.01%，耐热性好，工作温度可达315℃，功率大 缺点：分布参数大，高频特性差	可用于电源电路中的分压电阻、泄放电阻等低频场合，不能用于2 ～ 3MHz以上的高频电路中
合成实心电阻器（RS）	机械强度高，有较强的过载能力（包括脉冲负载），可靠性好，价廉 缺点：固有噪声较高，分布电容、分布电感较大，对电压和温度稳定性差	不宜用于要求较高的电路中，但可作为普通电阻用于一般电路中
合成炭膜电阻器（RH）	阻值范围宽（可达100Ω ～ 106MΩ），价廉，最高工作电压高（可达35kV） 缺点：抗湿性差，噪声大，频率特性不好，电压稳定性低，主要用来制造高压高阻电阻器	为了克服抗湿性差的缺点，常用玻璃壳封装制成真空兆欧电阻器，主要用于微电流的测试仪器和原子探测器

续表

电阻器类型	特点	用途
玻璃釉电阻器（RI）	耐高温，阻值范围宽，温度系数小，耐湿性好，最高工作电压高（可达15kV），又称厚膜电阻器	可用于环境温度高（−55～+125℃）、温度系数小（$<10^{-4}$/℃）、要求噪声小的电路中
块金属氧化膜电阻器（RJ711）	温度系数小，稳定性好，精度可达±0.001%，分布电容、分布电感小，具有良好的频率特性，时间常数小于1ms	可用于高速脉冲电路和对精度要求十分高的场合，是目前最精密的电阻器之一

2.1.2 固定电阻器的代换

电阻器的检测可扫二维码学习。在修理中，当某电阻器损坏后，在没有同规格电阻器代换时，可采用串、并联方法进行应急处理。

（1）利用电阻串联公式　将小电阻变成大阻值电阻。如图2-5、图2-6所示。

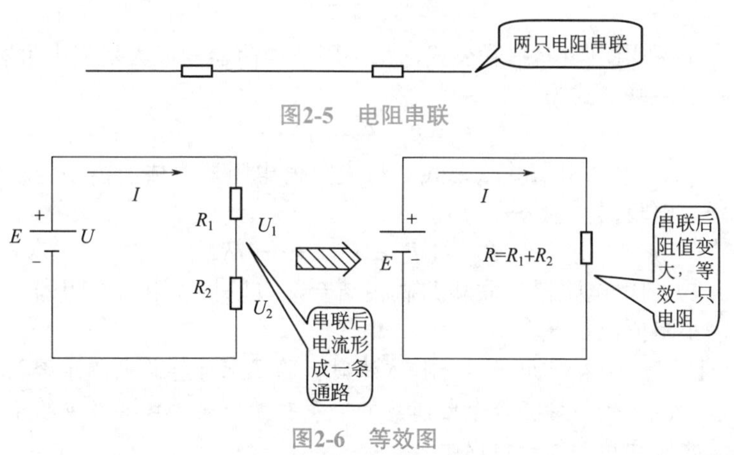

图2-5　电阻串联

图2-6　等效图

电阻串联公式为：$R_X=R_1+R_2+R_3+\cdots$

（2）利用电阻并联公式　将大阻值电阻变成所需小阻值电阻。如图2-7、图2-8所示。

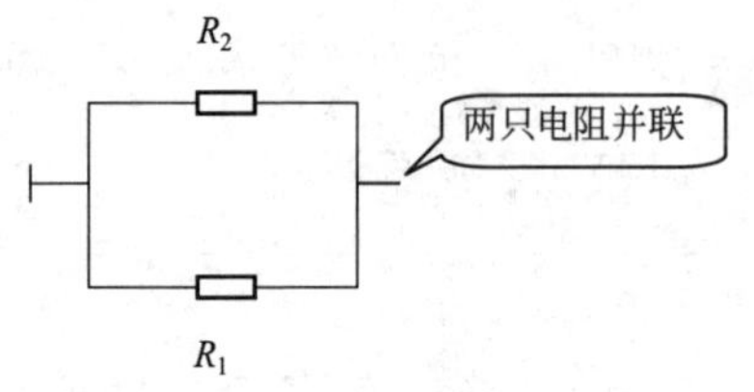

图2-7　电阻并联

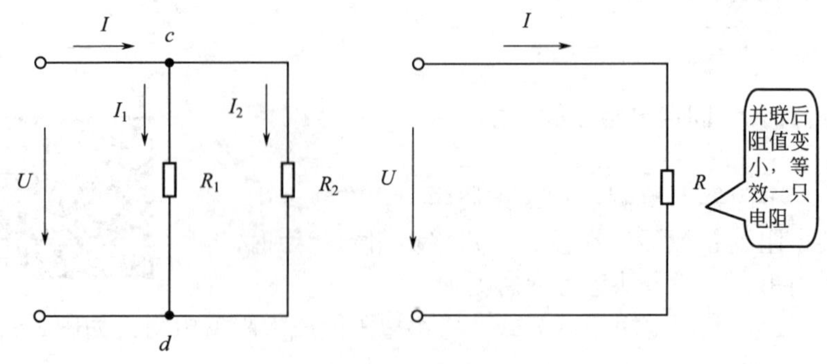

图2-8　等效图

① 利用电阻器串联公式，将小阻值电阻器变成大阻值电阻器。电阻器串联公式为

$$R_X = R_1 + R_2 + R_3 + \cdots$$

② 利用电阻器并联公式，将大阻值电阻器变成所需小阻值电阻器。电阻器并联公式为：

$$1/R_{总} = 1/R_1 + 1/R_2 + \cdots + 1/R_n$$

③ 利用电阻器串联和并联相结合，可以将大阻值电阻器变成所需小阻值电阻器。

【提示】在采用串、并联方法时，除了应计算总电阻是否符合要求外，还必须检查每个电阻器的额定功率值是否比其在电路中所承受的实际功率大一倍以上。

另外，不同功率和阻值相差太多的电阻器不要进行串、并联，无实际意义。

2.1.3 固定电阻器应用电路

电阻器应用电路如图2-9所示。

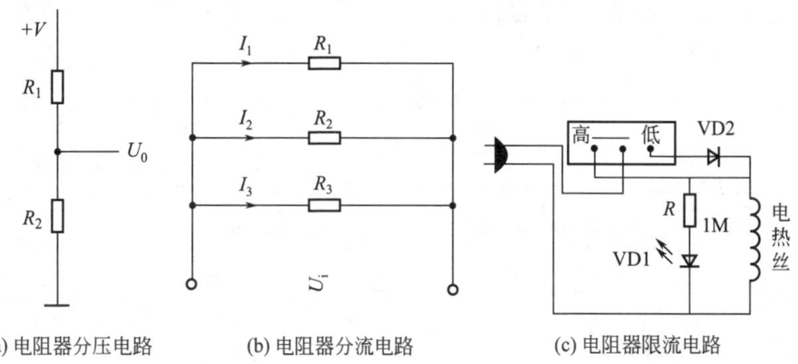

(a) 电阻器分压电路 (b) 电阻器分流电路 (c) 电阻器限流电路

图2-9 电阻器的分压与分流电路

（1）分压与分流电路 如图2-9（a）所示电阻分压电路中，$U_0=UR_2=(R_2/R_1+R_2)\times E_C$，经$R_1$、$R_2$分压后可得到合适电压输出。如图2-9（b）所示分流电路中，各电阻器电流值的大小与电阻值成反比，即$I_1=U/R_1$，$I_2=U/R_2$，$I_3=U/R_3\cdots$

（2）降压限流电路 将电阻器串入电路，可实现降压限流作用。图2-9（c）为电热毯电路R与VD1构成电源指示电路，接通电源后，R降压限流，得到二极管VD1所需供电电压。

2.2 电位器及应用电路

2.2.1 认识电位器

电位器结构与可变电阻器结构基本上是相同的，它主要由引脚、动片触点和电阻体（常见的为炭膜体）构成，其工作原理也与可变电阻器相似，动片触点滑动时动片引脚与两个固定引脚之间的电阻发生改变。图2-10所示是常用电位器的外形及图形符号。带开关电位器（图形符号中虚线表示此开关受电位器转柄控制）在转轴旋到最小位置后再旋转一下，便将开关断开。在开关接通之后，调节电位器过程中对开关无影响，一直处于接通状态。旋转式电位器有单轴电位器和双联旋转式电位器。双联旋转式电位器又有同心同轴（调整时两个电位器阻值同时变化）和同心异轴（单独调整）之分。图2-10所示是直滑式电位器外形，它的特点是操纵柄往返作直线式滑动，滑动时可调节阻值。

电位器检测可扫二维码学习。

电位器　国外电位器　带开关电位器

(a) 图形符号

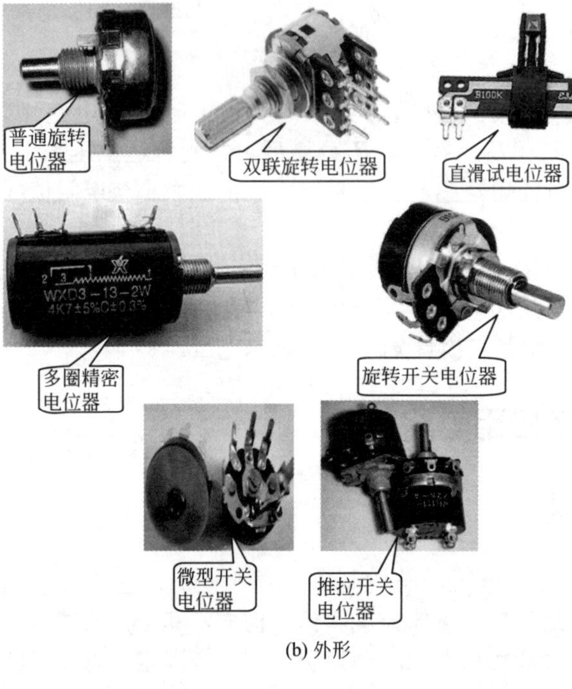

普通旋转电位器　双联旋转电位器　直滑试电位器

多圈精密电位器　旋转开关电位器

微型开关电位器　推拉开关电位器

(b) 外形

图2-10　电位器的外形及图形符号

2.2.2 电位器的应用

电位器的应用可分成两大类：一是作分压器使用；二是作可变电阻器使用。前者应用最广泛，后者在设计、调试电路时应用。

① 分压电路。电位器有三个引脚，是一个四端元件，它有输入和输出两个回路。图2-11所示是电位器分压电路。

信号源电压U_i加在电位器RP的动片将RP分成两部分：电阻R_1和R_2。设RP的全部电阻为R，动片B至A端电阻为R_1，动片B至C点电阻为R_2，$R=R_1+R_2$。显然，当动片调至C点时，$R_1=R$、$R_2=0$；当动片调到A点时，$R_1=0$、$R_2=R$；当动片从C点往A点调节时，R_1越来越小，R_2则越来越大，$R_1+R_2=R$始终不变。图示电路的输入回路为信号源→A点→RP→C点，其输出回路为动片B点→RP→C点。

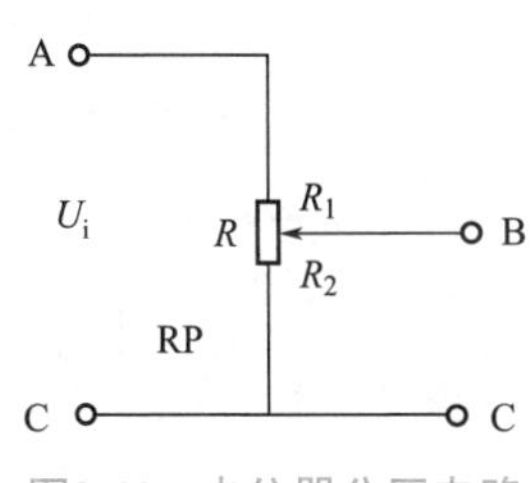

图2-11 电位器分压电路

R_1、R_2构成分压电路，则U_i、U_o之间的关系由下列公式决定：

$$U_o=(R_2/R_1+R_2)\ U_i$$

由上述可知，当动片滑动时，R_2大小变化，从而U_o发生改变。当$R_2=0$（动片在C点）时，$U_o=0$；当动片在A点（$R_2=R$）时，$U_o=U_i$。

② 用于可变电阻器。将电位器作为可变电阻器时，动片与一个固定引脚相连接，即可变成了可变电阻器。在图2-12（a）中，改变RP中点位置，可改变三极管基极电压，从而改变电路工作点（I_c）。图2-12（b）中用作音量电位器，改变RP中点，可改变送入后级信号量的大小，从而改变音量。

③ 注意事项。电位器在运用中要注意以下几方面的问题：

a. 电位器型号命名比较简单，由于普遍采用合成膜电位器，所以在型号上主要看阻值分布特性。在型号中，用W表示电位器，H表示合成膜。

b. 在很多场合下，电位器是不能互换使用的，一定要用同类型电位器更换。

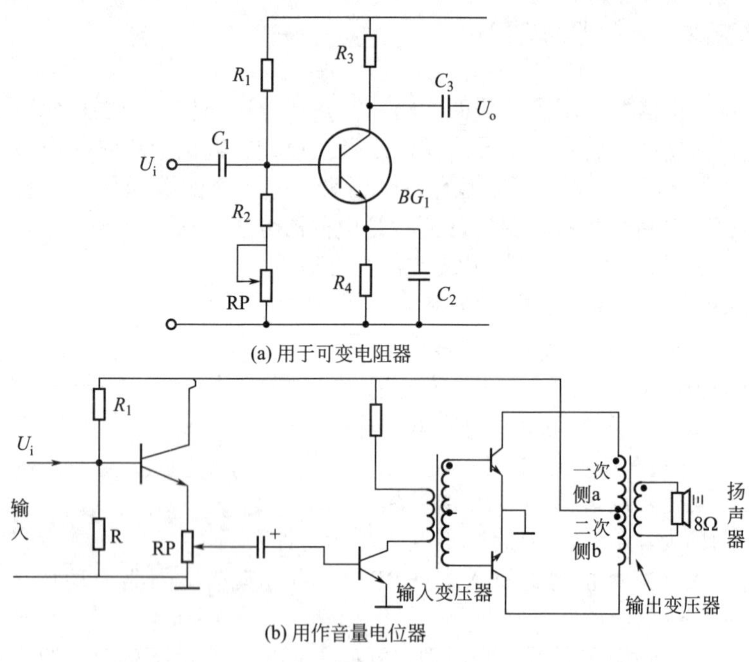

图2-12　电位器应用电路

c. 在更换电位器时，要注意电位器安装尺寸等。

d. 有的电位器除各引脚外，在电位器金属外壳上还有一个引脚，这一引脚作为接地引脚，接电路板的地线，以消除调节电位器时人身的感应干扰。

e. 电位器的常见故障是转动噪声，几乎所有电位器在使用一段时间后，会不同程度地出现转动噪声。通常，通过清洗电位器的动片触点和炭膜体，能够消除噪声。对于因炭膜体磨损而造成的噪声，应作更换电位器的处理。

2.3　特殊电阻及应用电路

2.3.1　压敏电阻器

（1）压敏电阻器的性能特点　压敏电阻器是利用半导体材料非

线性特性制成的一种特殊电阻器。当压敏电阻器两端施加的电压达到某一临界值（压敏电压）时，压敏电阻器的阻值就会急剧变小。压敏电阻器的外形、结构、图形符号和伏安特性曲线如图2-13所示。

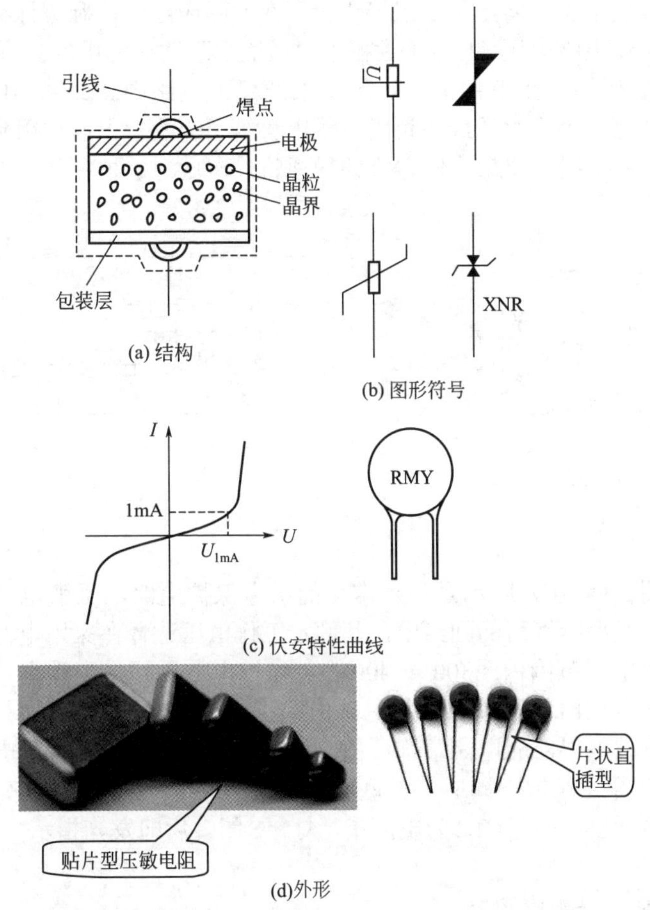

图2-13　压敏电阻的外形、结构、图形符号及伏安特性曲线

（2）压敏电阻器的应用

① 压敏电阻器的选用要点。压敏电阻器在电路中可进行并联、串联使用。并联用法可增加耐浪涌电流的数值，但要求并联的器件

标称电压要一致。串联用法可提高实际使用的标称电压值，通常串联后的标称电压值为两个标称电压值的和。压敏电阻器选用时，标称电压值选择得越低则保护灵敏度越高，但是标称电压选得太低，流过压敏电阻器的电流也相应较大，会引起压敏电阻器自身损耗增大而发热，容易将压敏电阻器烧毁。在实际应用中，确定标称电压可用工作电路电压×1.73来大概求出压敏电阻器标称电压。

② 压敏电阻器的应用。用于电源保护电路中。如图2-14（a）所示电路，当由雷电或由机内自感电势等引起的过电压作用到压敏电阻器两端时，压敏电阻器立即导通将过电压泄放掉，从而起到保护作用。

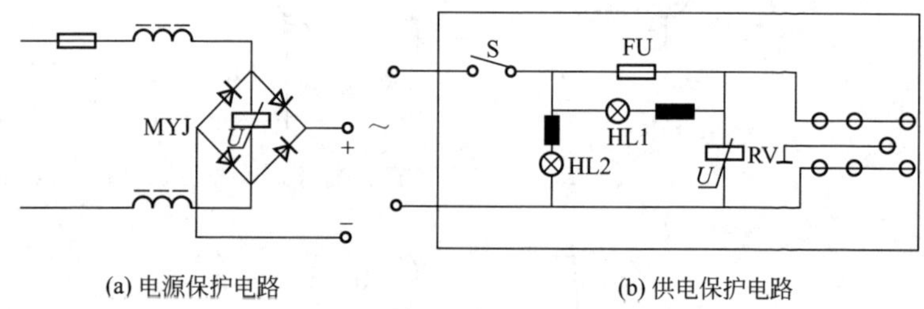

(a) 电源保护电路　　(b) 供电保护电路

图2-14　压敏电阻器应用电路

图2-14（b）所示是一种常见的供电保护电路，压敏电阻器接在市电经保险管后的回路中，其额定工作电压选择在家用电器的安全使用电压范围内（300～400V）。当市电电压超过压敏电阻器标称工作电压时，在毫微秒的时间内，压敏电阻器的阻值急剧下降，流过压敏电阻器的电流急剧增加，使保险管瞬间熔断，家用电器因断电而得到保护。同时，并联在保险管两端的氖灯HL1点亮，指示保险管已熔断。HL2为电源指示灯，S闭合后即发光指示。

2.3.2　光敏电阻器

光敏电阻器是利用半导体光导效应制成的一种特殊电阻器，在有光照和黑暗的环境中，其阻值发生变化。用光敏电阻器制成的器件又称为“光导管”，是一种受光照射导电能力增加的光敏转换元件。

（1）光敏电阻器的外形、结构及图形符号　如图2-15（a）所示，光敏电阻器由玻璃基片、光敏层、电极等部分组成。

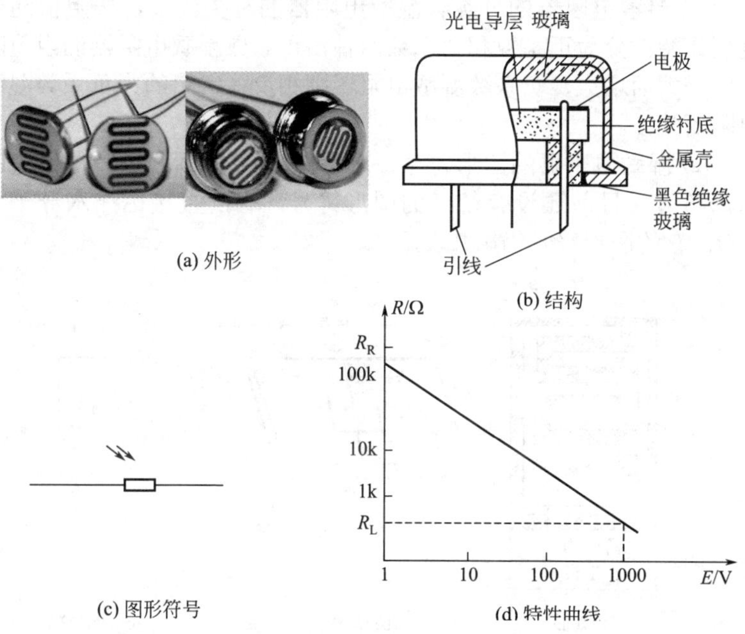

(a) 外形　(b) 结构　(c) 图形符号　(d) 特性曲线

图2-15　光敏电阻器的外形、结构、图形符号及特性曲线

（2）光敏电阻器的应用　图2-16是光敏电阻器-晶闸管光控开关电路。天黑时自动将灯点亮，天亮时光敏电阻器的亮电阻很小，将晶闸管VS的门极接地而使灯失电而熄灭。调节可变电阻器RP，可使不同型号、规格的光敏电阻器在一定的条件（黑暗程度）下点亮灯。可作为如楼道、路灯等公共场所的自动光控开关。

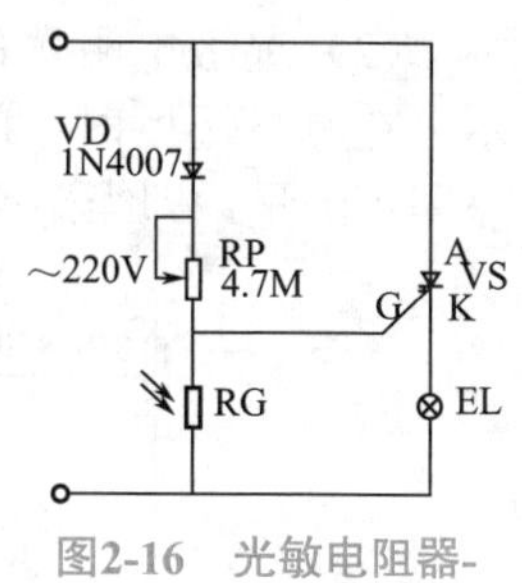

图2-16　光敏电阻器-晶闸管光控开关电路

2.3.3　湿敏电阻器

湿敏电阻器是一种阻值随温度变化而变化的敏感电阻器件，可

用作湿度测量及结露传感器。

（1）湿敏电阻器的分类和图形符号

① 湿敏电阻器的分类。湿敏电阻器的种类较多，按阻值随温度变化特性分为正系数和负系数两种，正系数湿敏电阻器的阻值随湿度增大而增大，负系数湿敏电阻器则相反（常用的为负系数湿敏电阻器）。

② 湿敏电阻器的图形符号。图2-17（c）所示为湿敏电阻器的图形符号（目前还没有统一的图形符号，有的直接标注水分子或H_2O，有的图形符号仍用R表示）。

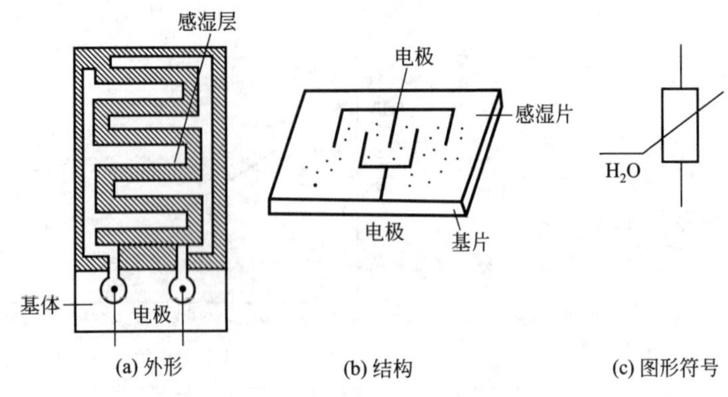

图2-17　湿敏电阻器的外形、结构及图形符号

（2）湿敏电阻器的应用　湿敏电阻器的应用电路如图2-18所示。在测量湿度时，闭合SA并调整RP使表头归零，将XP插入插座即可测量，即当湿度变化时μA表指示湿度值。

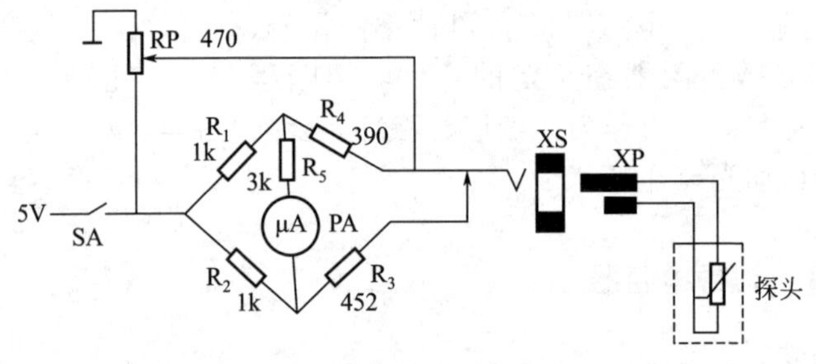

图2-18　湿敏电阻器应用电路

2.3.4 正温度系数热敏电阻器

正温度系数热敏电阻器（又称PTC）的阻值随温度升高而增大，可应用到各种电路中。PTC的外形、结构、图形符号及特性曲线如图2-19所示。

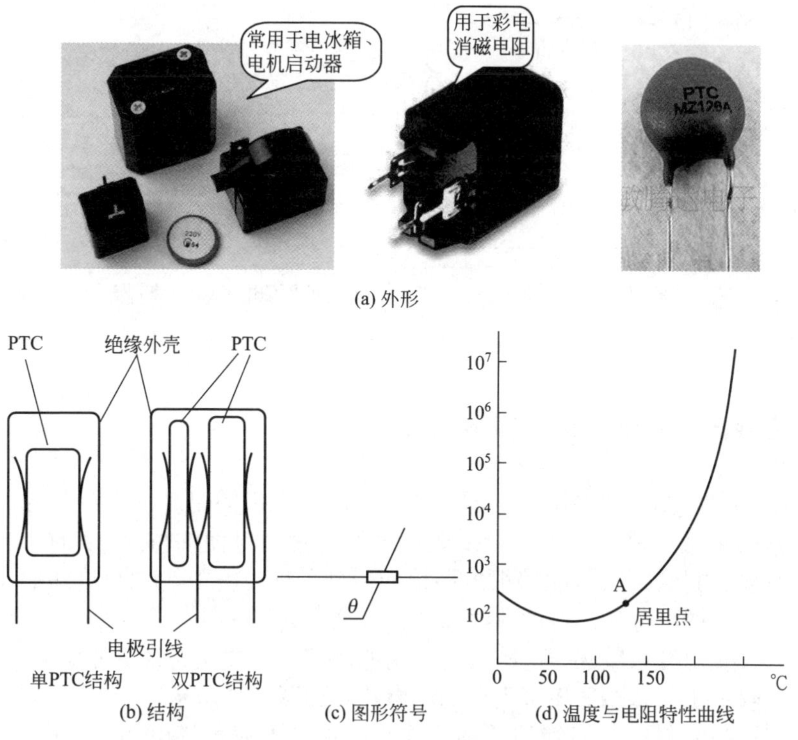

图2-19 PTC的外形、结构、图形符号及特性曲线

如图2-20（a）所示，三端消磁电阻由两只PTC热敏电阻封装组合而成，其中阻值小的RT1与消磁线圈串联后接入220V交流电源起消磁作用。阻值较大的RT2并联在220V交流电源起进一步加热RT1的作用，以达到减少回路中的稳定电流的目的。用三端消磁电阻代换两端消磁电阻，可将阻值较小的RT1代替原消磁电阻接入即可。用两端消磁电阻代换三端消磁电阻时，可将消磁电阻直接入

RT1即可。用两端电阻代三端电阻时可直接接在RT1位置，RT2不用。主要用于彩电消磁电路。

图2-20（b）用于单相电机启动用，接通电源瞬间电流较大，流过电阻，电阻发热，阻值变大，电流减小，当电阻值达到一定值（近似于开路）负载只有微弱电流，维持电阻热量。

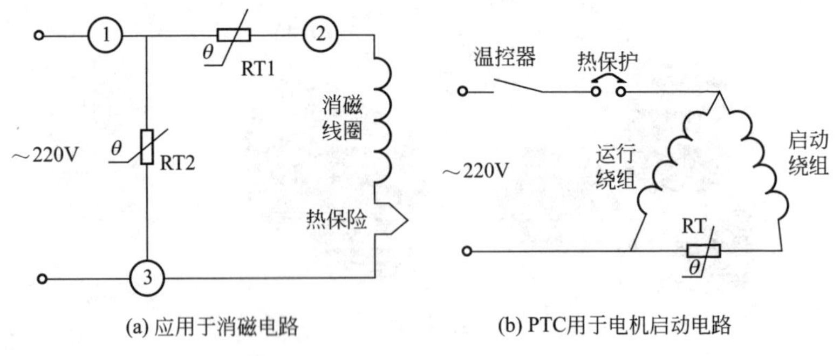

(a) 应用于消磁电路　　(b) PTC用于电机启动电路

图2-20　PTC电阻应用电路

2.3.5　负温度系数热敏电阻器

负温度系数热敏电阻器（NTC）的电阻值随温度升高而降低，具有灵敏度高、体积小、反应速度快、使用方便的特点。NTC具有多种封装形式，能够很方便地应用到各种电路中。NTC的外形、结构、图形符号及特性曲线如图2-21所示。

负温度系数热敏电阻器的应用非常广泛，如在电路中可稳定三极管的工作状态，还可用于测温电路，如图2-22所示。

（1）稳定三极管的静态工作点　在各种三极管电路中，由于受温度的影响，会使三极管的静态工作点发生变化。通常温度增加时，三极管的集电极电流将增加。采用图2-22所示电路，利用NTC可以稳定三极管的工作点。图中RT（实际应用中，RT多与固定电阻器并联后再接入电路）作为三极管VT的基极下偏置电阻。当环境温度升高时，集电极电流I_C将增加，可是RT的阻值是随温度升高而降低的，因而基极偏压降低，使基极电流I_B减小，I_C随之降低，实现了温度自动补偿。

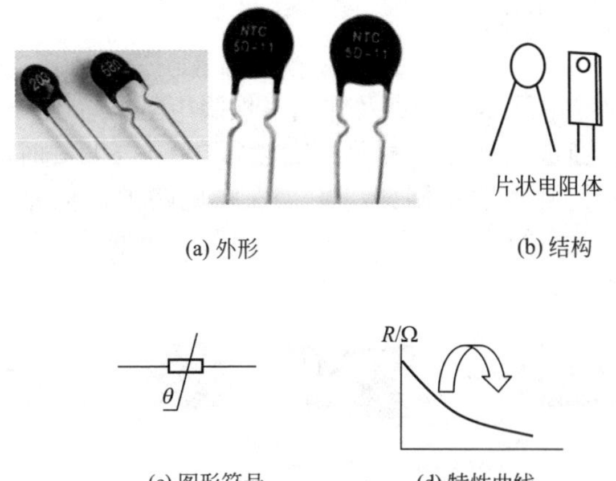

(a) 外形　(b) 结构

(c) 图形符号　(d) 特性曲线

图2-21　NTC的外形、结构、图形符号及特性曲线

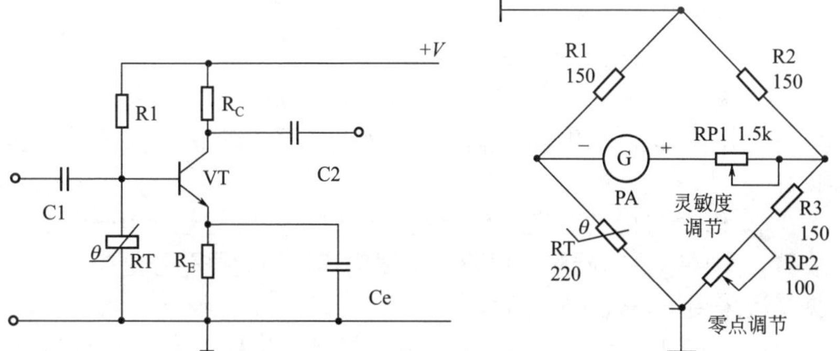

图2-22　NTC稳定三极管静态工作点　　图2-23　NTC作温度传感元件

（2）在温度测量方面的应用　NTC用于温度测量的例子很多，其基本电路如图2-23所示。图中R1、R2、R3、RP2及RT构成平衡电桥，RP2为零点调节电位器，RP1为灵敏度调节器，PA为检流计。将NTC接入电桥，作为其中的一个桥臂；由于温度变化，将RT阻值发生变化，从而使电桥失去平衡，其失衡程度取决于温度变化的大小。再将失衡状态用指示器进行指示，或作为控制信号送到相应的电路中。

【提示】 使用中，电路中NTC元件多与其他元器件并联使用。

2.3.6 保险电阻器

（1）保险电阻器的特点及作用 保险电阻器有电阻器和熔丝的双重作用。当过电流使其表面温度达到500～600℃时，电阻层便剥落而熔断。故保险电阻器可用来保护电路中其他元器件免遭损坏，以提高电路的安全性和经济性。保险电阻器的外形、图形符号如图2-24所示。

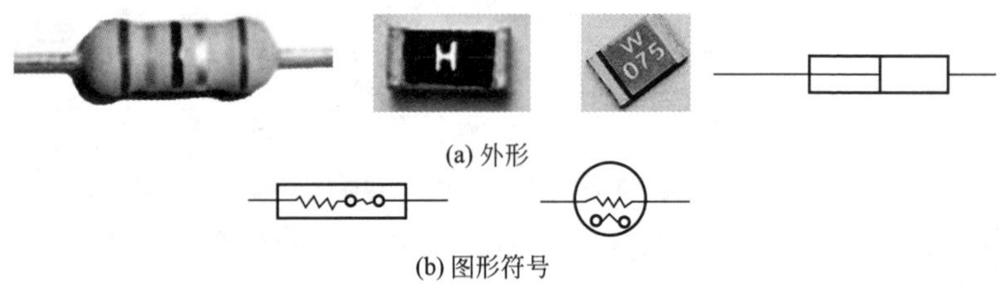

(a) 外形

(b) 图形符号

图2-24 保险电阻器的外形、图形符号

（2）保险电阻器的检测与代换

① 测量。测量时用万用表R×1或R×100挡测量，其测量方法同普通电阻器。如阻值超出范围很大或不通，则说明保险电阻器损坏。

② 修理与代换。换用保险电阻器时，要将它悬空10mm以上安置，不要紧贴印制板。保险电阻器损坏后如无原型号更换，可根据情况采用下述方法应急代用：

a．用电阻器和熔丝串联代用。将一只电阻器和一根保险丝管电流值要相符串联起来代用，电阻器的规格可参考保险电阻器的规格。电流可通过公式$I=\sqrt{P/R}$计算，如原保险电阻器的规格为51Ω/2W，则电阻器可选用51Ω/2W规格，保险丝的额定电流为0.2A。

b．用熔丝代用。一些阻值较小的保险电阻器损坏后，可直接用熔丝代用。熔丝的电流容量可由原保险电阻器的数值计算出来。方法同上。

c．用电阻器代用。可直接用同功率、同阻值普通电阻器代用。

d．用电阻器、保险电阻器串联代用。无合适电阻值时用一只阻值相差不多的普通电阻器和一只小阻值保险电阻器串联即可代用。

e．热保险电阻器应用原型号代用。

（3）保险电阻器的应用　图2-25（a）为供电保护电路，当电路中有元件损坏时，电流增大，则R熔断，起到保护作用。图2-25（b）为电风扇电路，R装在电机外壳上，当电机温升过高时（一般为139℃）则R熔断保护不被烧坏。

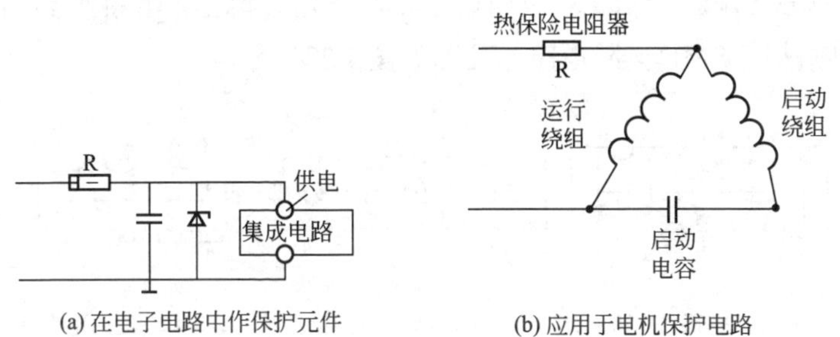

(a) 在电子电路中作保护元件　(b) 应用于电机保护电路

图2-25　保险电阻器应用电路

2.3.7　排阻

（1）认识排阻　排阻是将多个电阻集中封装在一起组合制成的。排阻具有装配方便、安装密度高等优点，目前已大量应用在电视机、显示器、电脑主板、小家电中。在维修中，经常会遇到排阻损坏，由于不清楚其内部连接，导致维修工作无法进行。电阻排检测可扫二维码学习。

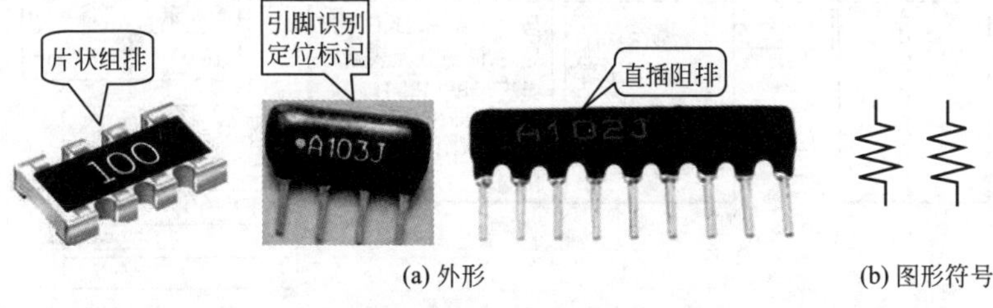

(a) 外形　(b) 图形符号

图2-26　排阻的外形及图形符号

排阻通常都有一个公共端，在封装表面用一个小白点表示。排阻的颜色通常为黑色或黄色。常见的排阻的外形及图形符号如图2-26所示。

排阻可分为SIP排阻及SMD排阻。SIP排阻即为传统的直插式排阻，依照线路设计的不同，一般分为A、B、C、D、E、F、G、H、I等类型。

SMD排阻安装体积小，目前已在多数场合中取代SIP排阻。常用的SMD排阻有8P4R（8引脚4电阻）和10P8R（10引脚8电阻）两种规格。SMD排阻电路原理图如图2-27所示。

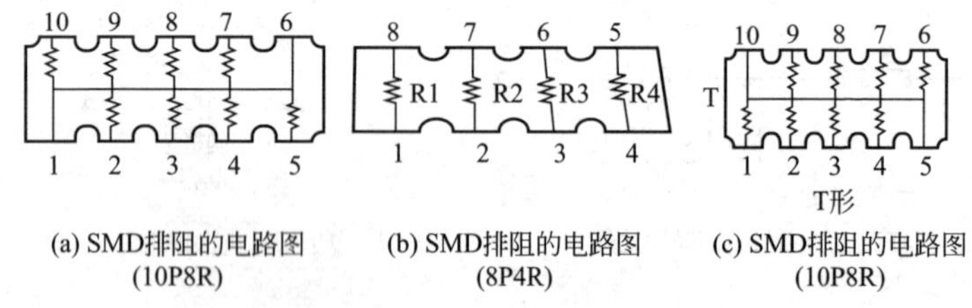

(a) SMD排阻的电路图（10P8R） (b) SMD排阻的电路图（8P4R） (c) SMD排阻的电路图（10P8R）

图2-27 SMD排阻的电路原理图

选用时要注意，有的排阻内有两种阻值的电阻，在其表面会标注这两种电阻值，如220Ω/330Ω，所以SIP排阻在应用时有方向性，使用时要小心。通常，SMD排阻是没有极性的，不过有些类

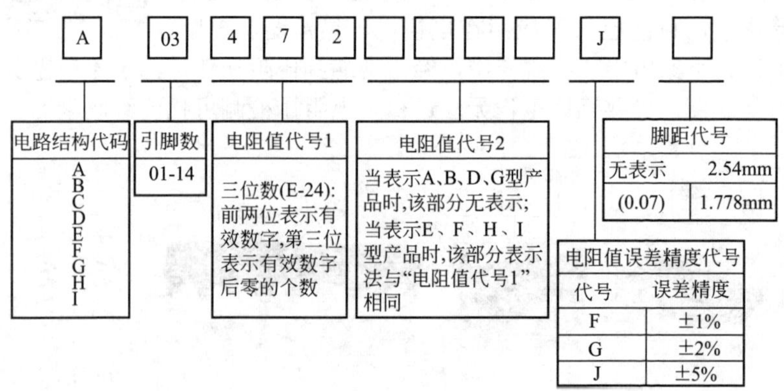

图2-28 型号标示图

型的SMD排阻由于内部电路连接方式不同，在应用时还是需要注意极性的。如10P8R型的SMD排阻①、⑤、⑥、⑩引脚内部连接不同，有L和T形之分。L形的①、⑥脚相通。在使用SMD排阻时，最好确认一下该排阻表面是否有①脚的标注。

排阻的阻值与内部电路结构通常可以从型号上识别出来，其型号标示如图2-28所示。型号中的第一个字母为内部电路结构代码，内部电路见表2-3。

表2-3 排阻型号中第一个字母代表的内部电路结构

电路结构代码	等效电路	电路结构代码	等效电路
A	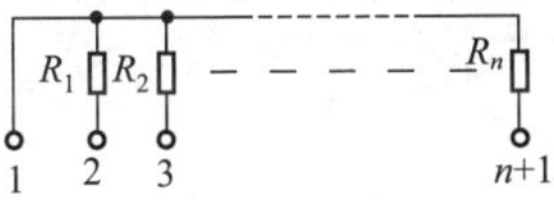 R_1 R_2 — — — — — R_n 1 2 3 n+1 $R_1=R_2=\cdots=R_n$	D	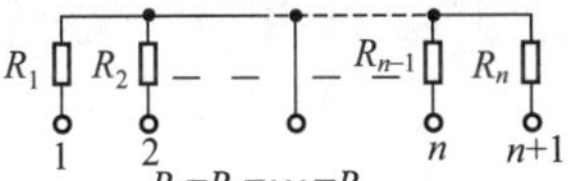 R_1 R_2 — — — R_{n-1} R_n 1 2 n n+1 $R_1=R_2=\cdots=R_n$
B	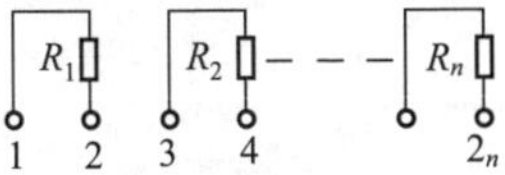 R_1 R_2 — — — R_n 1 2 3 4 2_n $R_1=R_2=\cdots=R_n$	E	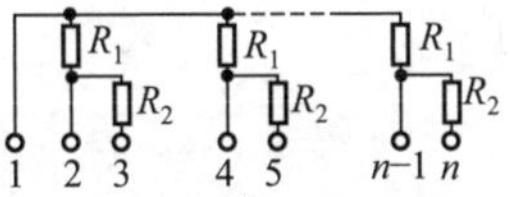 R_1 R_2 R_1 R_2 R_1 R_2 1 2 3 4 5 n−1 n $R_1=R_2$或$R_1\neq R_2$
C	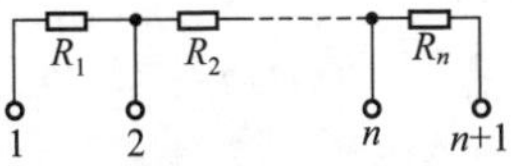 R_1 R_2 R_n 1 2 n n+1 $R_1=R_2=\cdots=R_n$	F	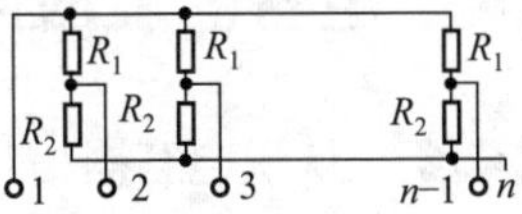 R_1 R_2 R_1 R_2 R_1 R_2 1 2 3 n−1 n $R_1=R_2$或$R_1\neq R_2$

（2）排阻应用电路　排阻在电路中可用于供电、耦合等，如图2-29所示。

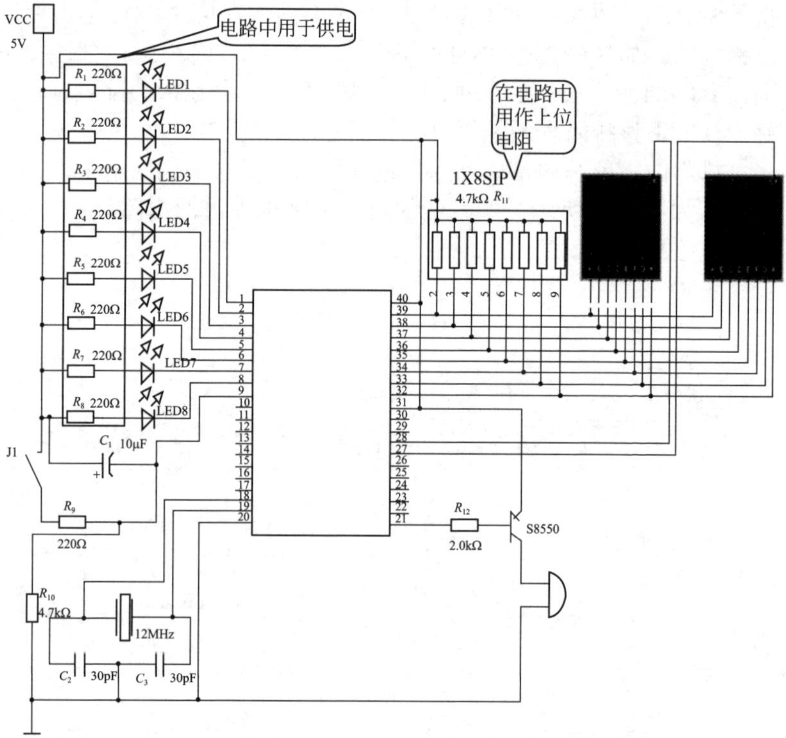

图2-29　排阻应用电路

2.4 电容器及应用

2.4.1 认识电容器

（1）电容器的作用、图形符号　电容器简称电容，是电子电路中必不可少的基本元器件之一。它是由两个相互靠近的导体极板中间夹一层绝缘介质构成的。电容器是一种储存电能的元件，在电子电路中起到耦合、滤波、隔直流和调谐等作用。电容器在电路中用字母“C”表示。电容器的外形和符号如图2-30。

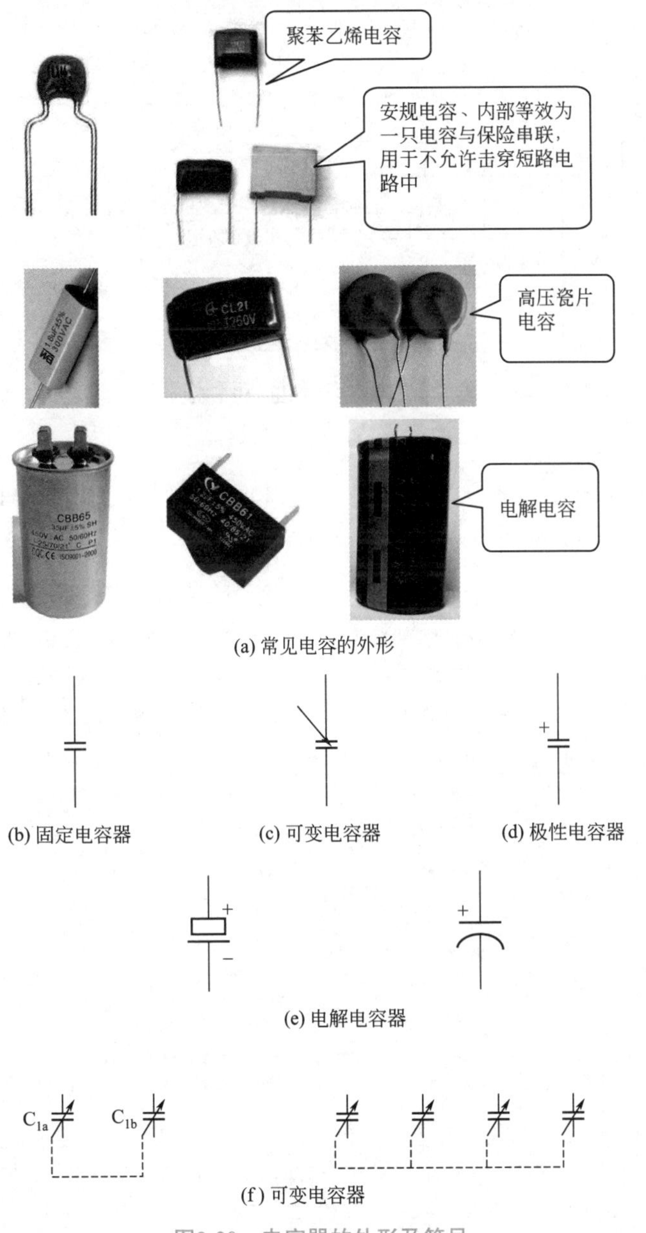

图2-30　电容器的外形及符号

（2）电容器的型号命名　国产电容器型号命名一般由四个部分构成（不适用于压敏电容器、可变电容器、真空电容器），依次分别代表名称、材料、分类和序号，如图2-31所示。

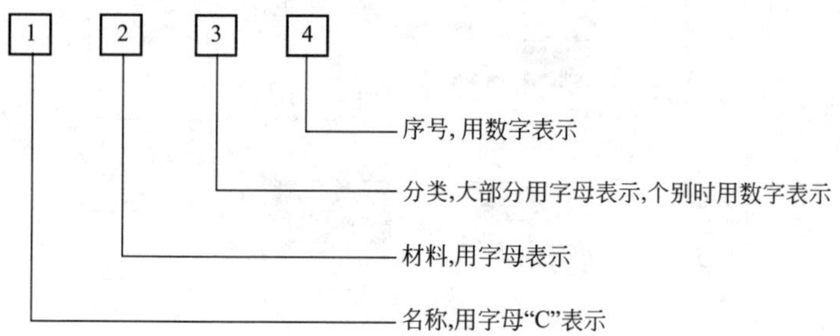

图2-31　电容器的型号命名

为了方便读者学习，通过表2-4和表2-5列出了电容器材料符号含义对照表和电容器类型符号含义对照表。

表2-4　电容器材料符号含义对照表

符号	材　料	符号	材　料
A	钽电解	J	金属化纸介
B	聚苯乙烯等非极性有机薄膜	L	聚酯等极性有机薄膜
C	高频陶瓷	N	铌电解
D	铝电解	O	玻璃膜
E	其他材料电解	Q	漆膜
G	合金电解	T	低频陶瓷
H	纸膜复合	V	云母纸
I	玻璃釉	Y	云母

表2-5　电容器类型符号含义对照表

符号	类　型
G	高功率型
J	金属化型
Y	高压型
W	微调型

续表

符号	类型			
	瓷介电容	云母电容	有机电容	电解电容
1	圆形	非封闭	非封闭	箔式
2	管形	非封闭	非封闭	箔式
3	叠片	封闭	封闭	烧结粉、非固体
4	独石	封闭	封闭	烧结粉、固体
5	穿心		穿心	
6	支柱等			
7				无极性
8	高压	高压	高压	
9			特殊	特殊

2.4.2 电容器的串并联

（1）电容器的串联使用　一只电容器的一端接另一只电容器的一端，称为串联，如图2-32所示。串联后电容器的容量为这两只电容器容量相乘再除以它们之和，即$C=C_1C_2/(C_1+C_2)$。

电容器串联的一些基本特性与电阻器电路相似，但由于电容器的某些特殊功能使得电容器电路具有以下独特的特性：

图2-32　电容器的串联示意图

① 串联后电容器电路基本特性仍未改变，仍具有隔直流通交流的作用。

② 流过各串联电容器的电流相等。

③ 电容器容量越大，两端电压越小。

④ 电容器越串联，电容量越小（相当于增加了两极板间距，同时$U=Q/C$）。

电容器串联的意义：由于电容器制作工艺的难易程度不同，所以并不是每种电容量的电容器都直接投入生产。例如常见的电容器有22nF、33nF、10nF（1F=1000mF，1mF=1000μF，1μF=1000nF，

1nF=1000pF）但是很少见11nF。若要调试一个振荡电路，正好需要11nF，就可通过两只22nF的电容器进行串联得到11nF。

关于极性电容器的串联：两只有极性电容器的正极或负极接在一起相串联（一般为同耐压、同容量的电容器）时，可作为无极电容器使用。其容量为单只电容器的1/2，耐压为单只电容器的耐压值。

（2）电容器的并联使用　两个电容器两端并接称为并联，并联后电容器的容量是这两只电容器容量之和，即$C=C_1+C_2$。电容器并联时，电容器的耐压值与原电容器相同或高于原电容器。

电容器并联方式与电阻器并联方式是一样的，两只以上电容器采用并接方式与电源连接构成一个并联电路，如图2-33所示。

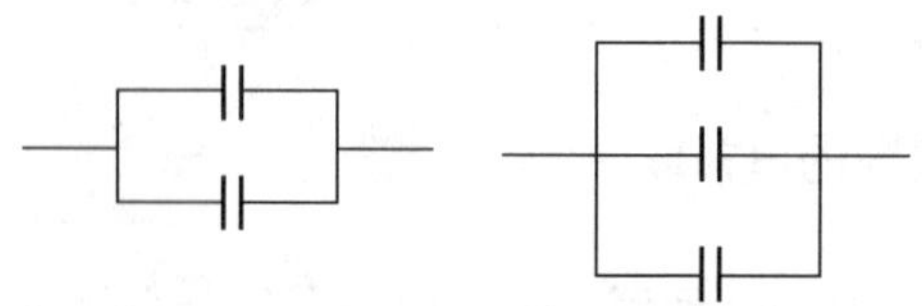

图2-33　电容器的并联示意图

电容器的并联同样与电阻器的并联在某方面很相似。同样由于电容器本身的特性，电容器并联电路具有以下独特的特性：

① 由于电容器的隔直作用，所有参与电容器并联的电路均不能通过直流电流，也就是相当于对直流形同开路。

② 电容器并联电路中各电容器两端的电压相等，这是绝大多数并联电路的公共特性。

③ 随着并联电容器数量的增加，电容量会越来越大。并联电路的电容量等于各电容器电容量之和。

④ 在并联电路中电容量大的电容器往往起关键作用。因为电容量大的电容器容抗小，当一只电容器的容抗远大于另一只电容器时，相当于开路。

⑤ 并联分流，主线路上的电流等于各电路电流之和。

电容器并联的意义：并联电容器又称移相电容器，主要用于补偿电力网系统感性负荷的无功功率，以提高功率因数，改善电压质量，降低线路损耗。也有稳定工作电路的作用，电容器并联后总容量等于它们的容量相加，但是效果比使用一只电容器好，电容器内部通常是金属一圈一圈缠绕的，电容量越大则金属圈越多，这样等效电感就越大。而用多个小容量的电容器并联方式获得等效的大电容，则可以有效地减少电感的分布。

（3）电容器的混联使用　电容器的混联电路是由电容器的串联与并联混联在一起形成的，如图2-34所示。

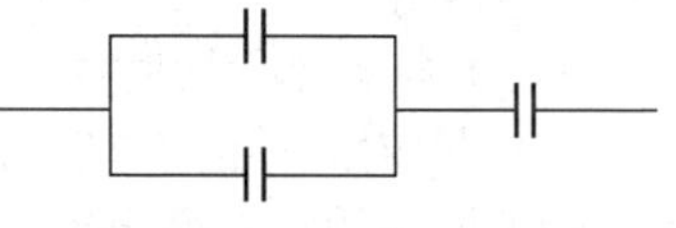

图2-34　电容器的混联示意图

在分析电容器的混联电路时，可以先把并联电路中各个电容器等效成一个电容器，然后用等效电容器与另一电容器进行串联分析。

2.4.3　电容器的代换

电容器检测可扫二维码学习。电容器损坏形式多种多样，如击穿、漏液、烧焦、引脚折断等。大多数情况下，电容器损坏后都不能修复，只有电容器引脚折断可以通过重新焊接继续使用。电容器配件相当丰富，选配也比较方便，原则上应使用与其类型相同、主要参数相同、外形尺寸相近的电容器来更换。若找不到原配件或同类型电容器，也可用其他类型的电容器进行代换。

（1）普通电容器的代换　普通电容器在选用与代换时其标称容量、允许偏差、额定工作电压、绝缘电阻、外形尺寸等都要符合应用电路的要求。玻璃釉电容器与云母电容器一般用于高频电路和超高频电路；涤纶电容器一般用于中低频电路；聚苯乙烯电容器一般用于音响电路和高压脉冲电路；聚丙烯电容器一般用于直流电路、高频脉冲电路；Ⅱ类瓷介电容器常用于中低频电路，而Ⅲ类瓷介电容器只能用于低频电路。

（2）电解电容器的代换　电解电容器中的非固体钽电解电容器一般用于通信设备及高精密电子设备电路；铝电解电容器一般用于电源电路、中频电路、低频电路；无极性电解电容器一般用于音箱分频电路、电视机的帧校正电路、电动机启动电路。对于一般电解电容器，可以用耐压值较高的电容器代换容量相同但耐压值低的电容器。用于信号耦合、旁路的铝电解电容器损坏后，可用与其主要参数相同的钽性能更优的钽电解电容器代换。电源滤波电容器和退耦电容器损坏后，可以用较其容量略大、耐压值与其相同（或高于原电容器耐压值）的同类型电容器更换。

（3）电容器代换时的注意事项

① 起定时作用的电容器要尽量用原值代替。

② 不能用有极性电容器代替无极性电容器。

③ 代用电容器在耐压和温度系数方面不能低于原电容器。

④ 各种电容器都有各自的个性，在使用中一般情况下只要容量和耐压等符合要求，它们之间就可以进行代换。但是有些情况代换效果会不太好，例如用低频电容器代替高频电容器后高频损耗会比较大。严重时电容器将涌起到相应的功能，但是高频电容器可以代替低频电容器。

⑤ 操作时一般首先取下原损坏电容，然后接上新的电容器。容量比较小的电容器一般不分极性，但是对于极性电容器一定不要接反。

（4）电解电容器使用时的注意事项

① 电解电容器由于有正负极性，因此在电路中使用时不能颠倒连接。当电源电路中的滤波电容器极性接反时，因电容器的滤波作用大大降低，一方面引起电源输出电压波动，另一方面因反向通电使此时相当于一个电阻的电解电容发热。当反向电压超过某值时，电容器的反向漏电电阻将变得很小，这样通电工作不久，即可使电容器因过热而炸裂损坏。

② 加在电解电容器两端的电压不能超过其允许工作电压，在设计实际电路时应根据具体情况留有一定的余量。如果交流电源电压为220V，变压器二次侧的整流后电压为22V，此时选择耐压为25V的电解电容器一般可以满足要求。但是，假如交流电源电压波动很大且有可能上升到250V以上，最好选择1.5倍或以上的耐压值。

③ 电解电容器在电路中不应靠近大功率发热元件，以防因受热而使电解液加速干涸。

④ 对于有正负极性信号的滤波，可采取两只电解电容器同极

性串联的方法，当作一个无极性电容器。

2.4.4 电容器应用电路

（1）固定电容器的应用

① LC谐振电路。图2-35（a）所示为并联谐振电路，并联谐振电路主要用于选频电路；图2-35（b）所示为串联谐振电路，串联谐振可用于吸收电路，其频率为f_0，即$f_0=2\pi\sqrt{1/LC}$。

② 耦合与旁路电路。如图2-35（c）所示，电容器C_1、C_3、C_5利用隔直通交特性，可将前后级直流隔断，将前级交流信号传递到后级（注：电解电容器在耦合应用中，是正入负出还是负入正出取决于前后级电位，即哪级电位高则正极接哪级），C_2、C_4为旁路电容器，利用隔直流通交流的特性，可使交流信号C直接通过，则R对交流无负反馈作用，使其对交流放大量增大。

③ 滤波电路。如图2-35（d）所示，利用充放电特性或通交隔直特性，滤除交流成分得到直流。

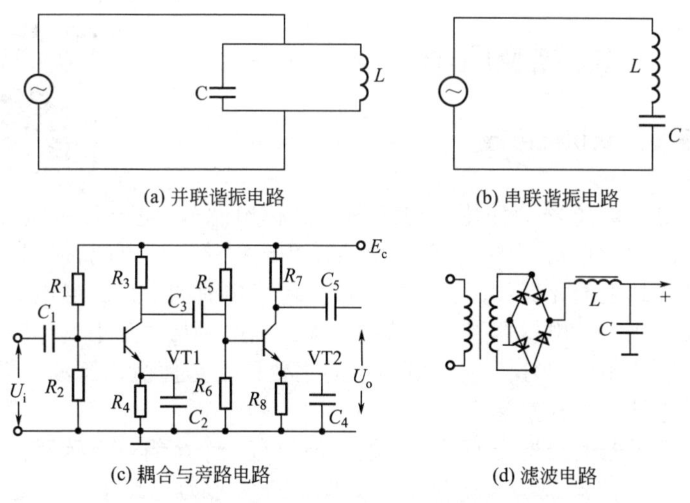

(a) 并联谐振电路　(b) 串联谐振电路

(c) 耦合与旁路电路　(d) 滤波电路

图2-35　固定电容器应用电路

（2）可变电容器的应用　图2-36中C1为双联可变电容器，C1a为输入联，改变其容量可改变频率，从而达到选台的目的。C1b为本振联，调整C1b可使本振频率与C1a输入频率相差一个固定中级频率。利用此电路可完成选频及变频作用。

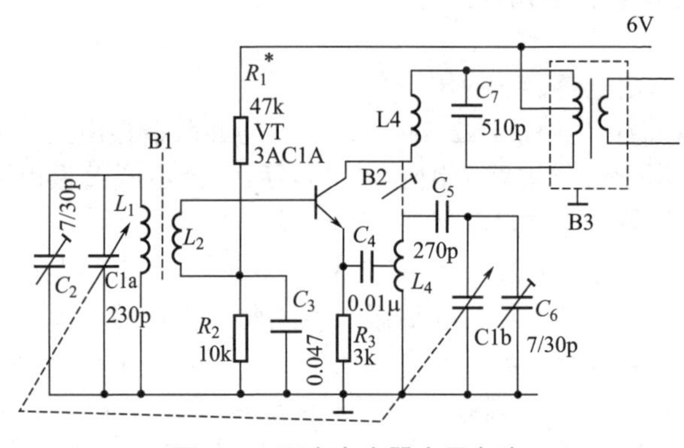

图2-36　可变电容器应用电路

图2-36中B1的L1L2为天线线圈；B2为本振线圈；B3为选频中周；C_2、C_6为微调电容器，可微调谐振电路的频率。

2.5　电感器及应用

2.5.1　认识电感器

（1）电感器的作用　电感器（简称电感），是一种电抗元件，在电路中用字母“L”表示。电感器是一种能够把电能转化为磁能并储存起来的元器件，其主要功能是阻止电流的变化。当电流从小到大变化时，电感器阻止电流的增大。当电流从大到小变化时，电感器阻止电流减小；它在电路中的主要作用是扼流、滤波、调谐、延时、耦合、补偿等。

电感器的结构类似于变压器，但只有一个绕组。电感器又称扼流器、电抗器或动态电抗器。如图2-37所示为电路中常见电感器的外形及图形符号。电感器的检测可扫二维码学习。

（2）电感器的型号命名　国产电感器型号命名一般由三个部分构成，依次为名称、电感量和电感器允许偏差，如图2-38所示。

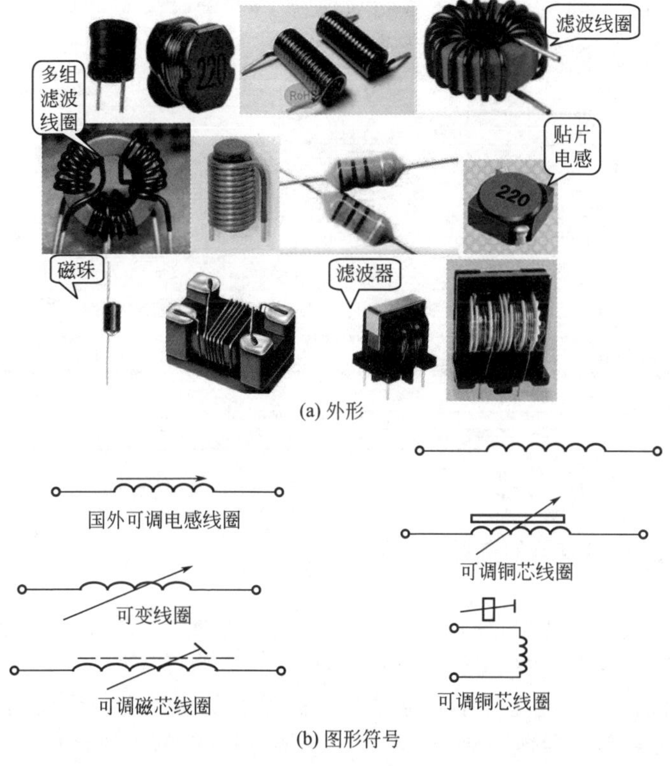

(a) 外形

(b) 图形符号

图2-37 电路中常见电感器的外形及图形符号

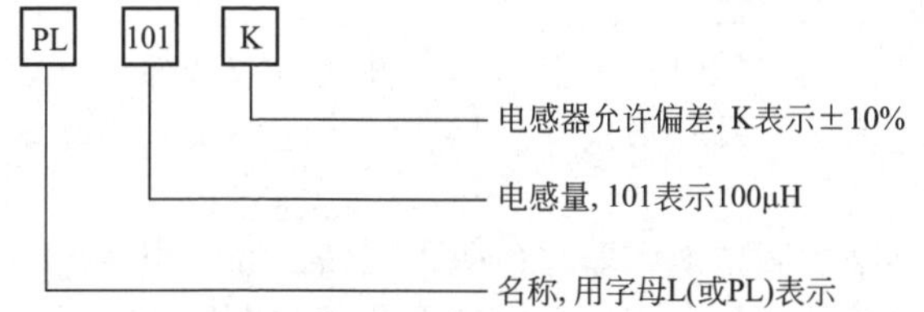

图2-38 电感器的型号命名

PL101K表示标称电感量为100μH、允许偏差为±10%的电感器。

为了方便读者查阅通过表2-6和表2-7分别列出电感量符号含义对照表和电感器允许误差范围字母含义对照表。

表 2-6 电感器电感量符号含义对照表

数字与字母符号	数字符号	含义
2R2	2.2	2.2μH
100	10	10μH
101	100	100μH
102	1000	1mH
103	10000	10mH

表 2-7 电感器误差范围字母含义对照表

字母	含义
J	±5%
K	±10%
M	±20%

2.5.2 电感器的选配和代换

电感器损坏严重时，需要更换新品。更换时最好选用原类型、同型号、同参数的电感器，还应注意电感器的形状必须与电路板间的配合。如果实在找不到原型号、同参数的电感器，又急需使用时，可用与原参数和型号相近的电感器进行代换，代换电感器额定电流的大小一般不要小于原电感器额定电流的大小，外形尺寸和阻值范围应同原电感器相近。

在电感器的选配时，主要考虑其性能参数（如电感量、品质因数、额定电流等）及外形尺寸。只要满足这些要求，基本上可以进行代换。

通常小型的固定电感器与色码电感器、固定电感器与色环电感器之间，只要外形尺寸相近且电感量、额定电流相同时，便可以直接代换。

半导体收音机中的振荡线圈，只要其电感量、品质因数及频率范围相同，即使型号不同，也可以相互代换。例如，振荡线圈LTF-1可以与LTF-3或LTG-4之间直接代换。

为了不影响其他装及电路的工作状态，电视机中的行振荡线圈的选择应尽可能为同型号、同规格的产品。

偏转线圈通常与显像管及行、场扫描电路进行配套使用。但如果其规格、性能参数相近，即使型号不同，也可以相互代换。

维修方法：电感线圈故障主要是短路、开放，如果找到故障点，可将短路点拨开，开路时用烙铁焊接即可。

2.5.3 电感线圈的应用

① 电感线圈用于振荡电路，如图2-39（a）所示。接通电源后，三极管导通形成各级电流，电感线圈中产生感生电动势，并形成正反馈，形成振荡。其中L和C构成选频电路，可输出需要的固定电路信号。

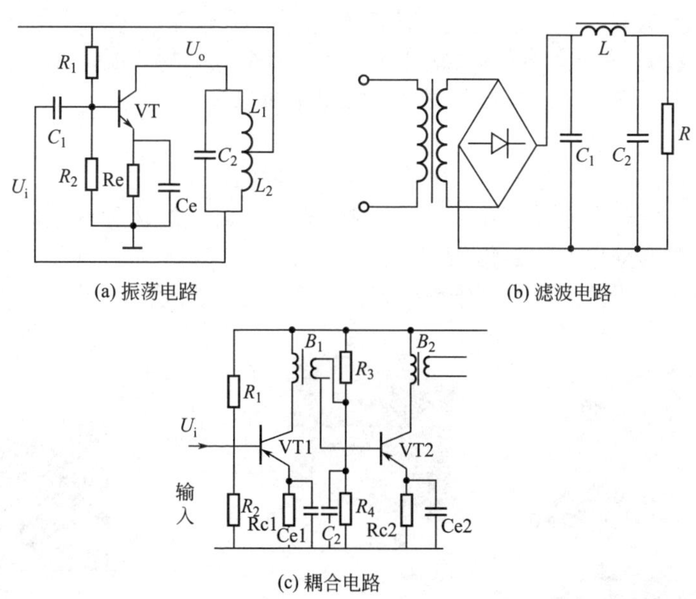

图2-39　电感线圈应用电路

② 电感线圈用于滤波电路，如图2-39（b）所示。L与C_1、C_2组成π形LC滤波器。由于L具有通直流阻交流的功能，因此整流输出的脉动直流电U_i中的直流成分可以通过L，而交流成分绝大部

分不能通过L，被C_1、C_2旁路到地，输出端U_o便是纯净的直流电了。用作滤波时，L电感量越大，C的电容量越大，滤波效果越好（此电路多用于高频电路中）。

③ 电感线圈用于耦合电路，如图2-39（c）所示，B1、B2即为耦合元件，利用线圈的磁耦合原理，可将前级信号耦合给后级。

2.6 变压器及应用

2.6.1 认识变压器

（1）变压器的作用与符号　变压器是转换交流电压、电流和阻抗的器件，当一次绕组中通有交流电流时，铁芯（或磁芯）中便产生交流磁通，使二次绕组中感应出电压（或电流）。变压器由铁芯（或磁芯）和绕组组成，绕组有两个或两个以上的线圈，其中接电源的绕组称为一次绕组，其余的绕组称为二次绕组。

变压器利用电磁感应原理，从一个电路向另一个电路传递电能或传输信号。输送的电能的多少由用电器的功率决定。

变压器在电路图中用字母“T”表示，常见的几种变压器的外形及图形符号如图2-40所示。

变压器检测可扫二维码学习。

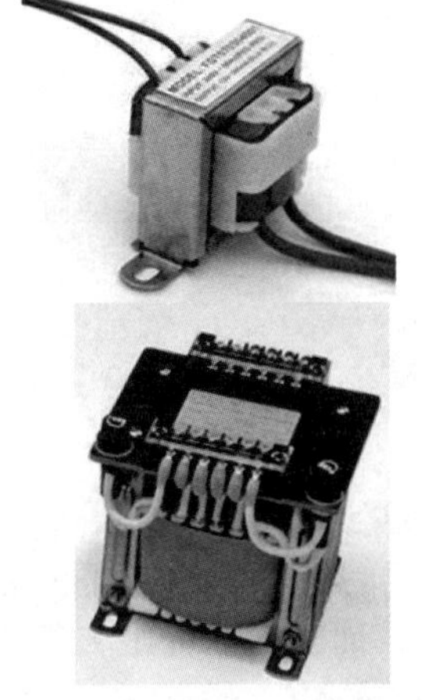

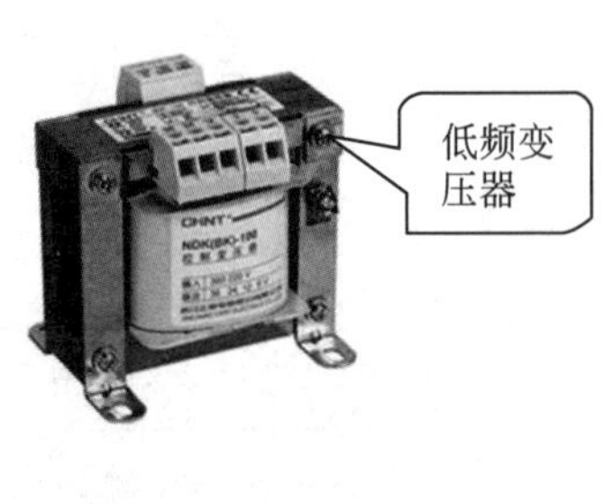

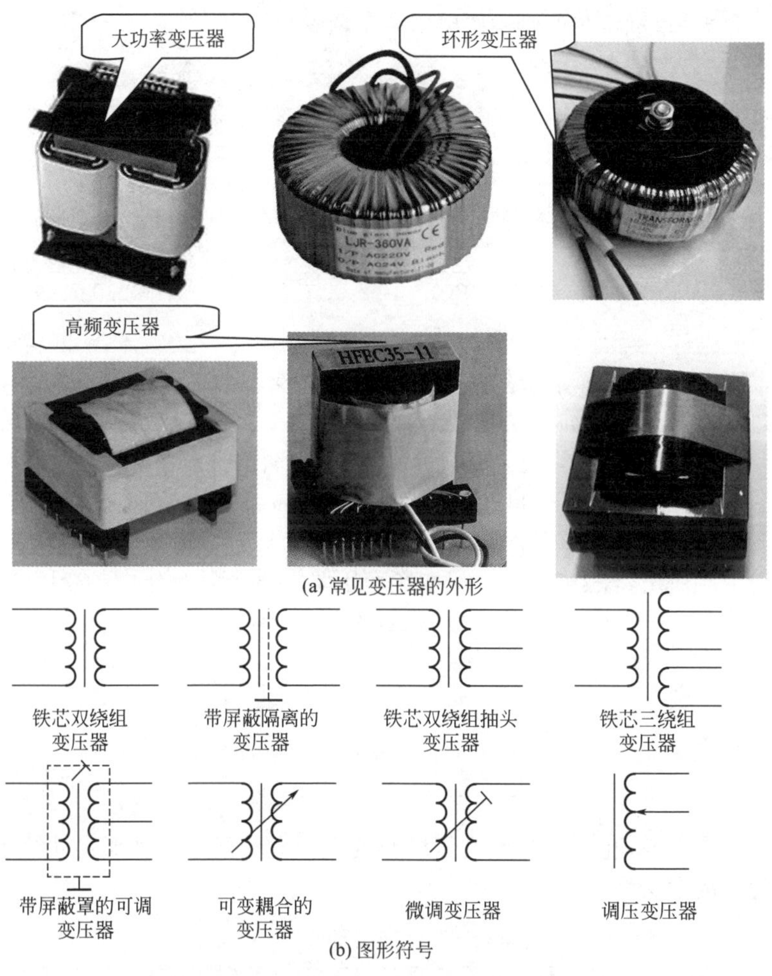

(a) 常见变压器的外形

(b) 图形符号

图2-40　变压器的外形及图形符号

（2）变压器的型号命名

① 低频变压器的型号命名　低频变压器的型号命名由下列三部分组成：

第一部分：主称，用字母表示。

第二部分：功率，用数字表示，单位是W。

第三部分：序号，用数字表示，用来区别不同的产品。

表2-8列出了低频变压器型号主称字母含义。

表2-8　低频变压器型号主称字母及含义对照表

主称字母	含　义	主称字母	含　义
DB	电源变压器	HB	灯丝变压器
CB	音频输出变压器	SB或ZB	音频（定阻式）输送变压器
RB	音频输入变压器	SB或EB	音频（定压式或自耦式）输送变压器
GB	高压变压器		

② 调幅收音机中频变压器的型号命名　调幅收音机中频变压器型号命名由下列三部分组成：

第一部分：主称，由字母的组合表示名称、用途及特征。

第二部分：外形尺寸，由数字表示。

第三部分：序号，用数字表示，代表级数。例如，1表示第一级中频变压器，2表示第二级中频变压器，3表示第三级中频变压器。

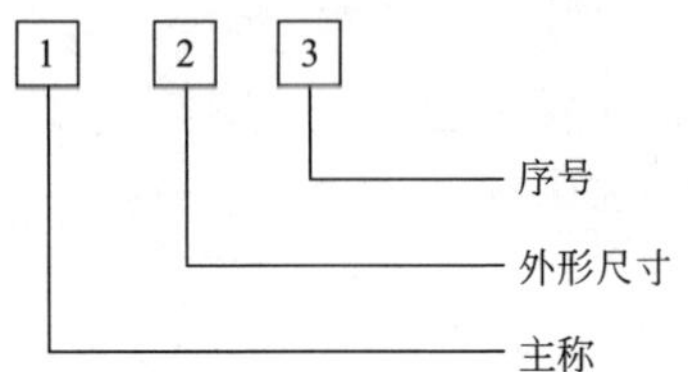

表2-9列出了调幅收音机中频变压器主称代号及外形尺寸数字代号的含义。

表2-9　调幅收音机中频变压器主称代号及外形尺寸

主　称		尺　寸	
字母	名称、特征、用途	数字	外形尺寸/mm×mm×mm
T	中频变压器	1	7×7×12
L	线圈或振荡线圈	2	10×10×14
T	磁性瓷芯式	3	12×12×14
F	调幅收音机用	4	20×25×36
S	短波段		

例如，TTF-2-2表示调幅式收音机用的磁芯式中频变压器，其外形尺寸为10mm×10mm×14mm。

③ 电视机中频变压器的型号命名　电视机中频变压器的型号命名由下列四部分组成：

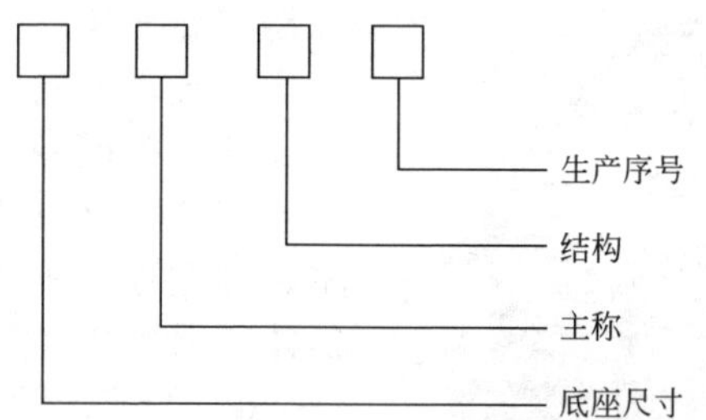

第一部分：用数字表示底座尺寸，如10表示10×10（mm）。

第二部分：主称，用字母表示名称及用途，见表2-10。

第三部分：用数字表示结构，2为调磁帽式，3为调螺杆式。

第四部分：用数字表示生产序号。

表2-10　电视机中频变压器名称代号含义

主称字母	含　义	主称字母	含　义
T	中频变压器	V	图像回路
L	线圈	S	伴音回路

例如，10TS2221表示为磁帽调节式伴音中频变压器，底座尺寸为10mm×10mm，产品区别序号为221。

（3）变压器的分类　变压器种类很多，分类方式也不一样。变压器一般可以按冷却方式、绕组数、防潮方式、电源相数或用途进行划分。

按冷却方式划分，变压器可以分为油浸（自冷）变压器、干式（自冷）变压器和氟化物（蒸发冷却）变压器；按绕组数划分，变压器可以分为双绕组变压器、三绕组变压器、多绕组变压器以及自耦变压器等；按防潮方式划分，变压器可以分为开放式变压器、密封式变压器和灌封式变压器等；按铁芯或线圈结构划分，变压器可以分为壳压变压器、心式变压器、环形变压器、金属箔变压器；按电源相数划分，变压器可以分为单相变压器、三相变压器、多相变压器；按用途划分，变压器可以分为电源变压器、调压变压器、高频变压器、中频变压器、音频变压器和脉冲变压器。

① 电源变压器　电源变压器的主要功能是功率传送、电压转换和绝缘隔离，作为一种主要的软磁电磁元件，在电源技术和电力电子技术中应用广泛。电源变压器的种类很多，但基本结构大体一致，主要由铁芯、线圈、线框、固定零件和屏蔽层构成。图2-41所示为电源变压器的外形。

图2-41　常用电源变压器

② 音频变压器　音频变压器又称低频变压器，是一种工作在音频范围内的变压器，常用于信号的耦合以及阻抗的匹配。在一些纯功放电路中，对变压器的品质要求比较高。音频变压器主要分为输入变压器和输出变压器。通常它们分别用在功率放大器输出级的输入端和输出端。图2-42所示为音频变压器的外形。

图2-42　音频变压器

③ 中频变压器　中频变压器又被称为“中周”，是超外差式收音机特有的一种器件。整个结构都装在金属屏蔽罩中，下有引出脚，上有调节孔。中频变压器不仅具有普通变压器转换电压、电流及阻抗的特性，还具有谐振某一特定频率的特性。图2-43所示为

图2-43　中频变压器

中频变压器的外形。

④ 高频变压器　高频变压器（又称为开关变压器）通常是指工作于射频范围的变压器，主要应用于开关电源中。通常情况下高频变压器的体积都很小，高频变压器的磁芯虽然小，最大磁通量也不大，但是其工作在高频状态下，磁通量改变迅速，所以能够在磁芯小、线圈匝数少的情况下，产生足够电动势。图2-44所示为高频变压器的外形。

图2-44　高频变压器

2.6.2 变压器的选配与代换

（1）电源变压器的选配与代换　在对电源变压器进行代换时，只要其铁芯材料、输出功率和输出电压相同通常是能够直接进行代换的。选择使用电源变压器时，要做到与负载电路相匹配，电源变压器应留有功率余量（输出功率应大于负载电路的最大余量）。输出电压应与负载电路供电部分交流输入电压相同。常见电源电路可选择使用E形铁芯电源变压器。对于高保真音频功率放大器电源电路，最好使用C形变压器或环形变压器。

（2）电视机行输出变压器的选配与代换　一般电视机行输出变压器损坏后，应尽量选择使用原机型号同参数的行输出变压器。不同规格资料，不同型号参数的行输出变压器，其构造、引脚及二次电压值均会有所差异。

对行输出变压器进行选择时，应直观检查其磁芯是否断裂或松动，变压器外观是否有密封不严之处。还应将新的行输出变压器及原机行输出变压器对比测量使用，看引脚及内部绕组是否完全一致。

假如没有同型号参数的行输出变压器进行更换，也可以选择使用磁芯及各绕组输出电压相同，但引脚号位置不同的行输出变压器来变通代换。

（3）中频变压器的选配与代换　在对中频变压器进行选择使用时，最好选择使用同型号参数、同规格资料的中频变压器，否则很难正常工作。

通常中频变压器有固有的谐振频率，调幅收音机中频变压器及调频收音机中频变压器，电视机中频变压器之间也不能互换运用，电视机中伴音中频变压器及图像中频变压器之间也不能互换运用。

在选择时，还应对其绕组进行检验，看是否有断线或短路、绕组及屏蔽罩间相碰。

收音机中某中频变压器损坏后，若无同型号参数中频变压器可以更换，也可以用其他型号参数成套中频变压器（多数为三只）代换该机整套中频变压器。代换安装时，中频变压器顺序不能装错，也不能随意调换。

2.6.3 变压器的维修

变压器常见的故障为初级线圈烧断（开路）或短路；静电屏蔽层与初级或次级线圈间短路；次级线圈匝间短路；初、次级线圈对地短路。

当变压器损坏后可直接用同型号代用，代用时应注意功率和输入、输出电压。有些专用变压器还应注意阻抗。

如无同行号可采用下述方法维修

（1）绕制　当变压器损坏后，也可以拆开自己绕制。绕制变压器方法为：首先给变压器加热，拆出铁芯，再拆出线圈（尽可能保留原骨架）。记住初、次线圈的匝数及线径，找到相同规格的漆包线，用绕线机绕制，并按原接线方式接线，再插入硅钢片加热，浸上绝缘染，烘干即可。

线圈快速估算法由于小型变压器初级匝数较多，计数困难，可采用天平称重法估算匝数。即拆线圈时，先拆除次级线圈，将骨架与初级线圈在天平上称出重量（如为80g），再拆除线圈，（也可拆除线圈后，直接称出初、次级线圈重量）当重新绕制时，用天平称重，到80g时，即为原线圈匝数（经此法绕制的变压器，一般不会影响其性能）。

（2）绕组短路的修理　绕组与静电隔层或铁芯短路时，可将电源变压器与地隔离，电视机即可恢复正常工作。

① 电源变压器的绕组与静电隔离层短路，只要将静电隔离层与地的接头断开即可。

② 电源变压器的绕组与铁芯短路，可用一块绝缘板将变压器与地隔离开。

用上述应急的方法可不必重绕变压器。但由于静电隔离层不起作用，有时会出现杂波干扰的现象。此时可在电源变压器的初级或次级并联一个0.47μF/600V的固定电容器解决，或在电源电路上增设RC或LC滤波网络解决。

（3）其他处理方法　有些电源变压器初级绕组一端串有一只片状保险电阻，该电阻极易烧断开路，从而造成电源变压器初级开路不能工作，通常可取一根导线将其两端短接焊牢即可。

2.6.4 变压器的应用

（1）用作耦合、阻抗变换　音频变压器工作于音频范围，具有信号电压传输、分配和阻抗匹配的作用。图2-45所示为推挽功率放大器电路，输入变压器将信号电压传输、分配给三极管VT1和VT2（送给VT2的信号倒相），使VT1和VT2交替放大正、负半周信号，然后再由输出变压器将信号合成输出。输出变压器同时还将扬声器的8Ω低阻变换为数百欧的高阻，与放大器的输出阻抗相匹配，使得放大器输出的音频功率最大而失真最小。

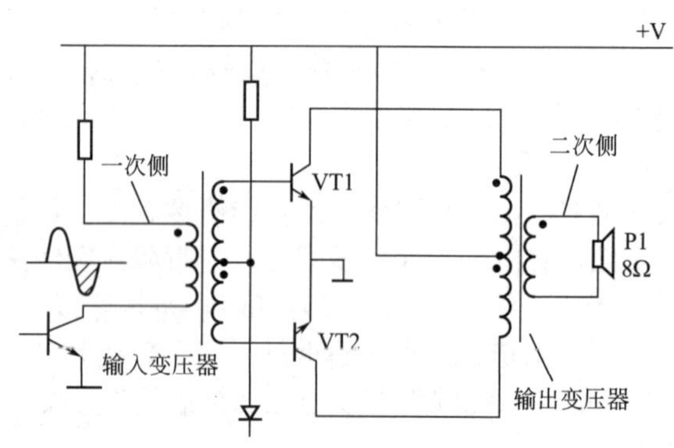

图2-45　推挽功率放大器电路

（2）用作电源降压　如图2-46所示，电视机电源电路利用电源变压器将市电电压降为低电压，再经整流、滤波后得到直流电压，供其他电路工作。

（3）开关变压器的应用　如图2-47所示，220V交流电压经VD1整流、C_1滤波后输出约280V的直流电压，一路经T的一次绕组加到开关管VT的集电极；另一路经启动电阻R2给VT的基极提供偏流，使VT迅速导通，在T的一次绕组产生感应电压，经T耦合到正反馈绕组，并把感应电压

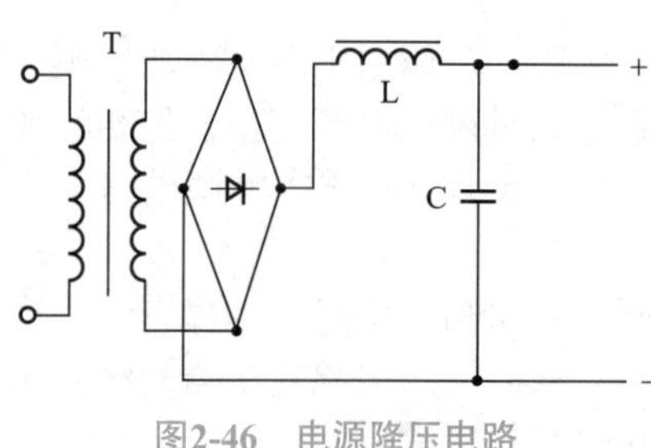

图2-46　电源降压电路

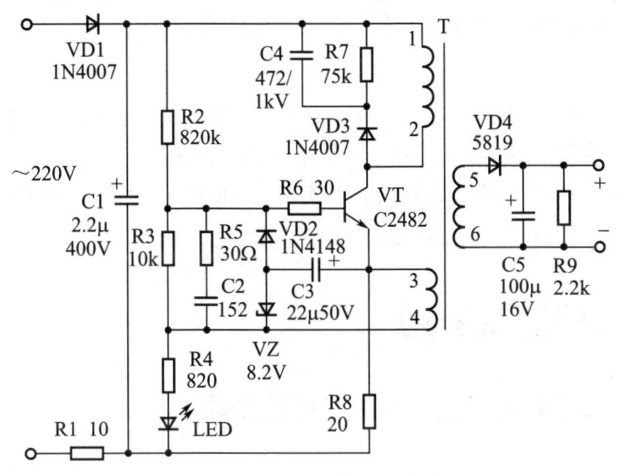

图2-47 开关变压器应用电路

反馈到VT的基极，使VT处于饱和导通状态。

当VT饱和时，由于集电极电流保持不变，T的一次绕组上的电压消失，VT退出饱和，集电极电流减小，反馈绕组产生反向电压，使VT反偏截止。如此反复饱和、截止形成自激振荡。LED用来指示工作状态。

接在T一次绕组上的VD3、R7、C4为浪涌电压吸收回路，可避免VT被高压击穿。

T的二次侧产生高频脉冲电压经VD4整流、C5滤波（R9为负载电阻）后输出直流电压为电池充电。

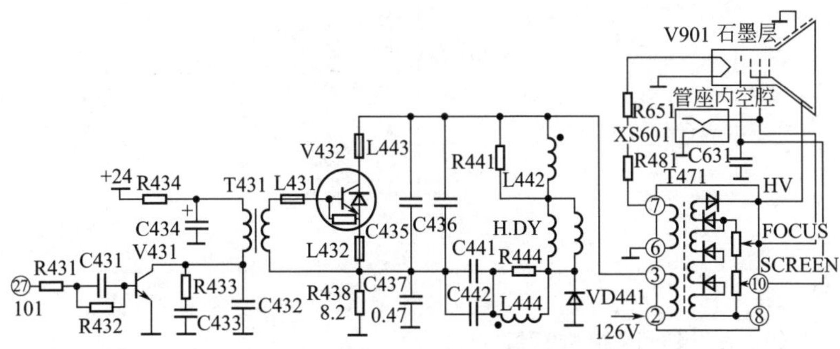

图2-48 行输出变压器应用电路

（4）高频变压器的应用　彩色电视机行输出变压器的应用如图2-48所示。

工作过程：行振荡产生的方波脉冲，经行激励管V431控制T431形成感生电动势的极性，从而控制V432工作在开关状态，行输出变压器中产生交变行脉冲，再经生压整流电路，就可得到各电路所需的高中直流电压和所需要的交流脉冲。

2.7　二极管及应用

2.7.1　二极管的分类、结构与特性参数

2.7.1.1　二极管的分类

二极管的种类很多，具体分类如图2-49所示。

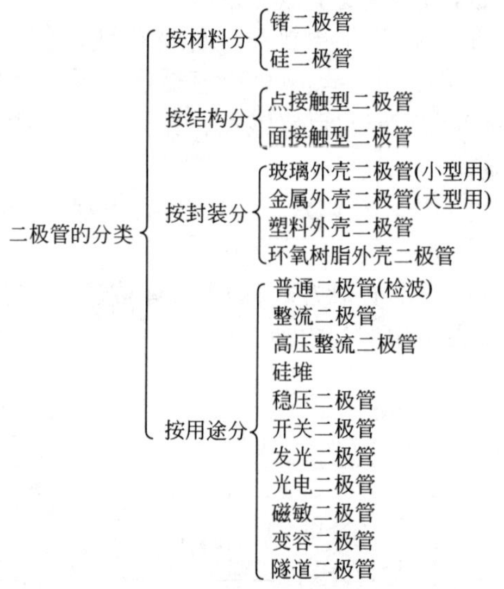

图2-49　二极管的分类

2.7.1.2　二极管的结构特性及主要参数

（1）二极管的结构特性

① 二极管的外形及结构。二极管的文字符号为“VD”，常用

二极管的外形、结构及图形符号如图2-50（a)、(b）所示。

② 二极管的特性。二极管具有单向导电特性，只允许电流从正极流向负极，而不允许电流从负极流向正极，如图2-50（c）所示。

锗二极管和硅二极管在正向导通时具有不同的正向管压降。由图2-50（d)、(e）可知，当硅锗二极管所加正向电压大于正向管压降时，二极管导通。锗二极管的正向管压约为0.3V。

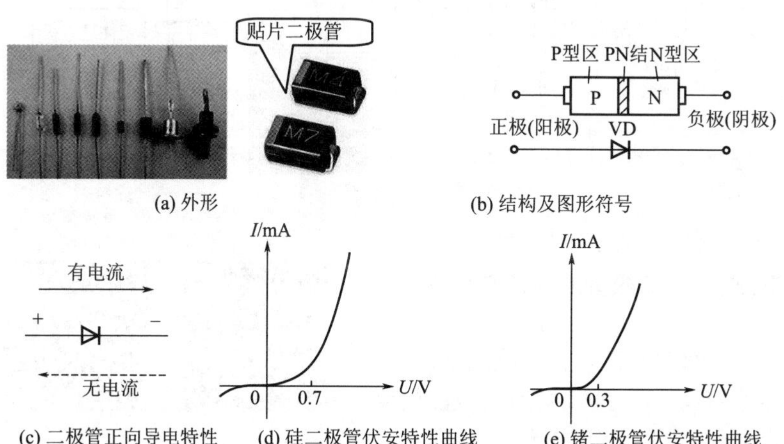

图2-50　二极管的外形、结构、图形符号、导电特性及伏安特性曲线

硅二极管正向电压大于0.7V时，硅二极管导通。另外，在相同的温度下，硅二极管的反向漏电流比锗二极管小得多。从以上伏安特性曲线可见，二极管的电压与电流为非线性关系，因此二极管是非线性半导体器件。

（2）二极管的主要参数

① 最大整流电流I_{FM}：指允许正向通过PN结的最大平均电流。使用中实际工作电流应小于I_{FM}，否则将损坏二极管。

② 最大反向电压U_{RM}：指加在二极管两端而不致引起PN结击穿的最大反向电压。使用中应选用U_{RM}大于实际工作电压2倍以上的二极管。

③ 反向电流I_{CO}：指加在二极管上规定的反向电压下，通过二

极管的电流。硅管为1μA或更小，锗管为几百微安。使用中反向电流越小越好。

④ 最高工作频率f_M：指保证二极管良好工作特性的最高频率。至少应2倍于电路实际工作频率。

（3）极性识别（见图2-51）

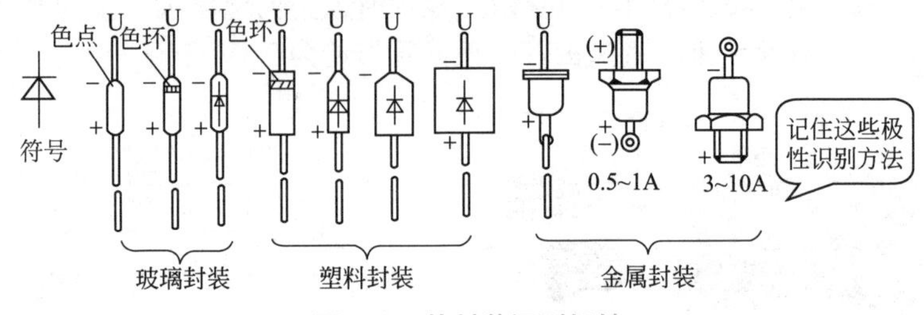

图2-51　从封装识别极性

2.7.2　二极管的检修与代换

二极管检测可扫二维码学习。二极管一般不好修理，损坏后只能更换。在选配二极管时应注意以下原则：

① 尽可能用同型号二极管更换。

② 无同型号时可以根据二极管所用电路的作用及主要参数要求，选用近似性能的二极管代换。

③ 对于整流管，主要考虑I_M和U_{RM}两项参数。

④ 不同用途的二极管的不宜互代，硅、锗管不宜互代。

2.7.3　普通二极管的应用电路

（1）用于检波　电路图2-52所示为超外差收音机检波电路，第二中放输出的中频调幅波加到二极管VD负极，其负半周通过了二极管，而正半周被截止，再由RC滤波器滤除其中的高频成分，输出的就是调制在载波上的音频信号，这个过程称为检波。

检波二极管应选用点接触型二极管。结电容小，常用为2AP

系列。

（2）用于整流电路　它由电源变压器T、四只整流二极管（视为理想二极管）和负载RL组成，如图2-53（a）所示。由于四只二极管接成电桥形式，故将此电路称为桥式整流电路。

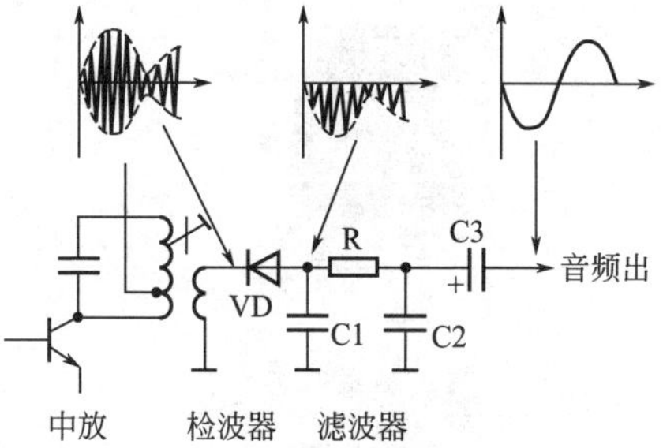

图2-52　超外差收音机检波电路

当u_2为正半周时，VD1、VD3导通，VD2、VD4截止。电流流通的路径为：A→VD1→RL（电流方向由上至下）→VD3→B→A；

当u_2为负半周时，VD2、VD4导通，VD1、VD3截止。电流流通的路径为：B→VD2→RL（电流方向由上至下）→VD4→A→B。

这样，在u_2变化的一个周期内，负载RL上得到了一个单方向全波脉动直流电压u_o，其波形如图2-53（b）所示。

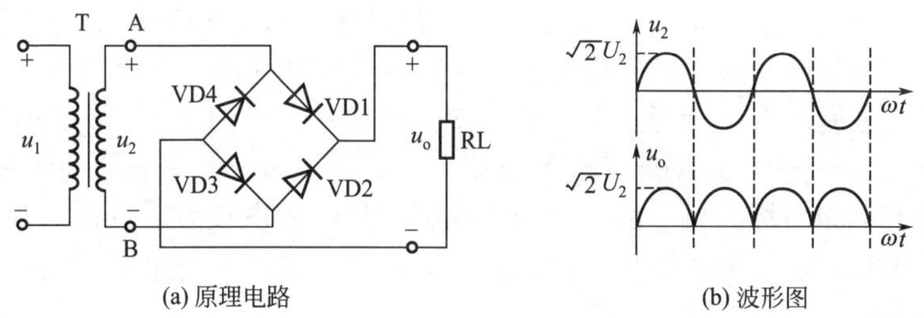

图2-53　整流电路与波形图

2.7.4　整流二极管

2.7.4.1　半桥组件

（1）半桥组件的性能特点　半桥组件是将两只整流二极管按规律连接起来并封装在一起的整流器件。功能与整流二极管相同，使用起来比较方便，常用型号为2CQ系列。图2-54所示为几种常见半桥组件的外形和内部结构。

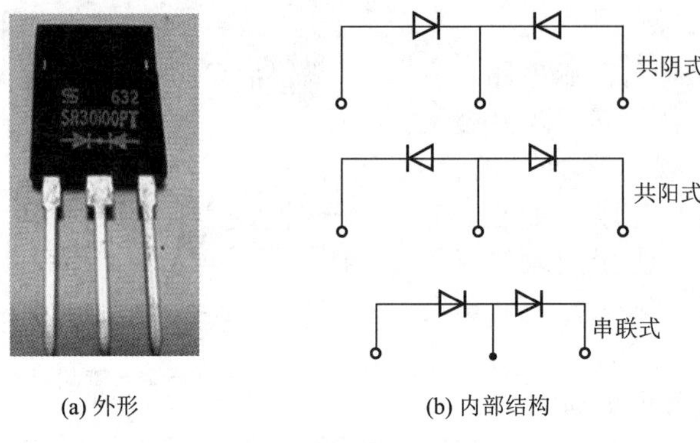

(a) 外形　　(b) 内部结构

图2-54　常见半桥组件的外形和内部结构

（2）半桥组件的检测　独立式半桥测量和普通二极管相同，共阳式、共阴式及串联式半桥的测量方法为：用万用表R×1或R×100挡，红、黑表笔分别任意测两个引脚的正、反向阻值。在测量中如有两个脚正、反均不通，则为共阴极或共阳极结构，不通的两脚为边脚，另一个则为共电极。然后用红表笔接共电极，黑表笔测量两边脚，如阻值较小，则为共阴极；如果黑表笔接共电极，红表笔测两边脚，测得阻值较小，则为共阴极组合。如在测量中各引脚之间均有一次通，并且有一次阻值非常大（约相当于两只管的正向电阻值），说明此时表笔所接为串联式半桥，且黑表笔为正极，红表笔为负极，剩下的一个为中间脚。找到各电极后，再按测普通二极管方法检测各二极管的正、反向阻值，如不符合单向导电特性则说明半桥已损坏。

（3）半桥应用　共阴极、共阳极组合可单独用于全波整流电路又可两个组合为全桥用于整流电路，如图2-55（a）所示。串联式

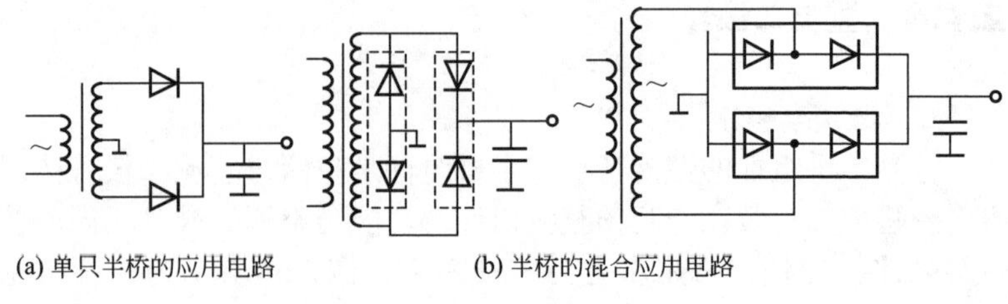

(a) 单只半桥的应用电路　　(b) 半桥的混合应用电路

图2-55　半桥的应用电路

半桥不可单独应用，需两只同型号组合才能应用于整流电路，如图2-55（b）所示。

2.7.4.2 全桥组件

（1）全桥的结构、特点　全桥是四只整流二极管按一定规律连接的组合器件，具有2个交流输入端（~）和直流正（+）、负（–）极输出端，有多种外形及多种电压、电流、功率等规格。全桥的结构、图形符号和应用电路如图2-56所示。全桥整流堆的文字符号为“UR”。

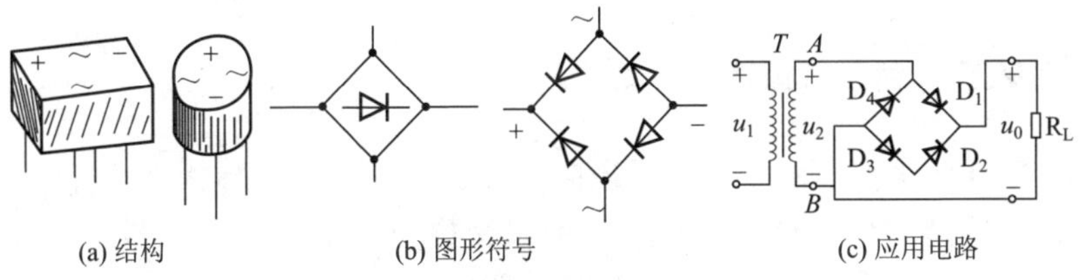

(a) 结构　(b) 图形符号　(c) 应用电路

图2-56　全桥的结构、图形符号

2.7.4.3 全桥、半桥组件

经过检测，如果确认全桥、半桥组件中某只二极管的PN结烧断损坏，可采用下述方法检测。

① 外接二极管法。全桥、半桥组件中的二极管断路损坏，可在全桥、半桥组件的外部脚间跨接一只二极管将其修复。要求所接二极管的耐压、最大整流电流与全桥组件的耐压、整流电流要相一致，且正、反向电阻值尽可能与全桥组件其余几只完好的二极管一样，同时注意极性不能接反，如图2-57所示。

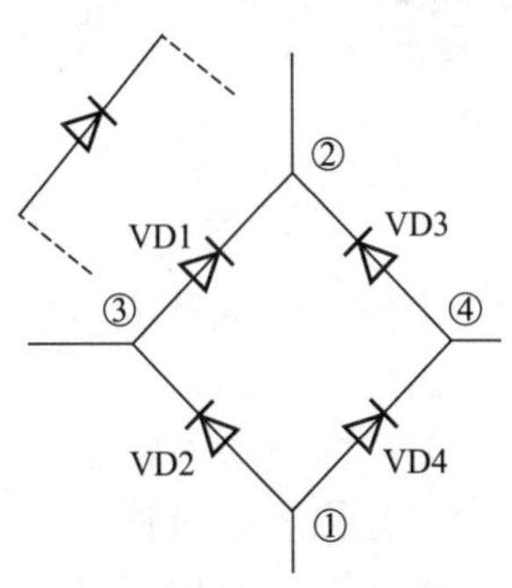

图2-57　损坏全半桥组件的修复

② 电路利用法。如果全桥组件中一组串联组完好，可用于半桥式全波整流电路中。

2.7.4.4 高压硅堆

高压硅堆是由若干个硅高频高压二极管管芯串联组成的，如图2-58所示。用高频陶瓷封装，反向峰值取决于串联管芯的个数与每个管芯的反向峰值电压。高压硅堆可以用作高压整流，如电视机行输出高压整流电路。

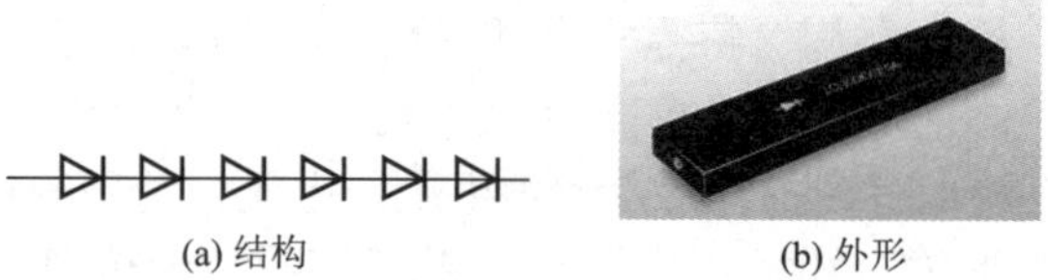

(a) 结构　　(b) 外形

图2-58　高压硅堆的外形及结构

2.7.5　稳压二极管

（1）认识稳压二极管　稳压二极管实质上是一种特殊二极管，利用反向击穿特性实现稳压，所以又称为齐纳二极管。图2-59所示是常用稳压二极管的外形及图形符号。

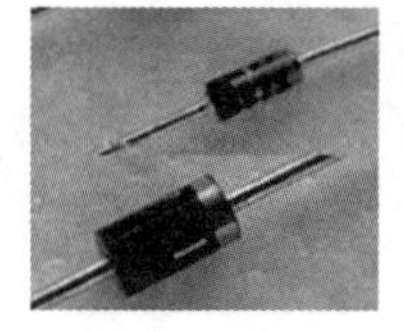

(a) 外形　　(b) 图形符号

图2-59　常用稳压二极管的外形及图形符号

由图2-60的伏安特性曲线可知，稳压二极管是利用PN结反向击穿后，其端电压在一定范围内基本保持不变的原理实现稳压的。只要使反向电流不超过其最大工作电流I_{ZM}，则不会损坏。

（2）稳压二极管的代换　稳压二极管损坏后很难修理，只能代换。用同型号或稳压值相同的其他型号代换，也可用普通二极管串联正向导通电压方法代用。

（3）稳压二极管的应用电路　稳压二极管的作用是稳压。图2-61为稳压电路，当输入电压变化时，由于稳压二极管的存在，流过电阻R的电流大小变化，稳压二极管VZ上的电压不变，输出不变，达到稳压的目的。

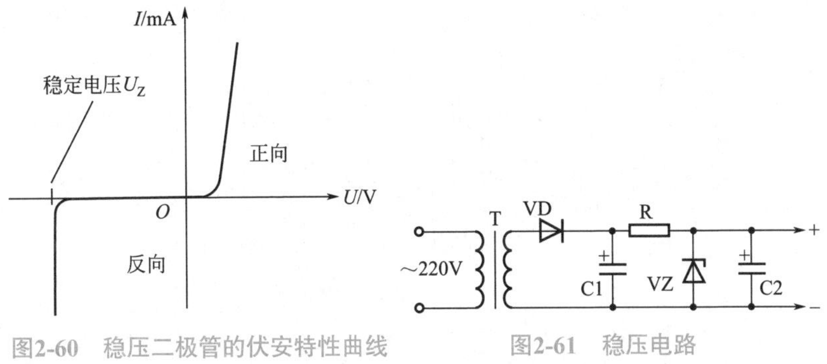

图2-60　稳压二极管的伏安特性曲线

图2-61　稳压电路

2.7.6 发光二极管

常见的发光二极管有塑封LED、金属外壳LED、圆形LED、方形LED、异形LED、变色LED以及LED数码管等，如图2-62所示。

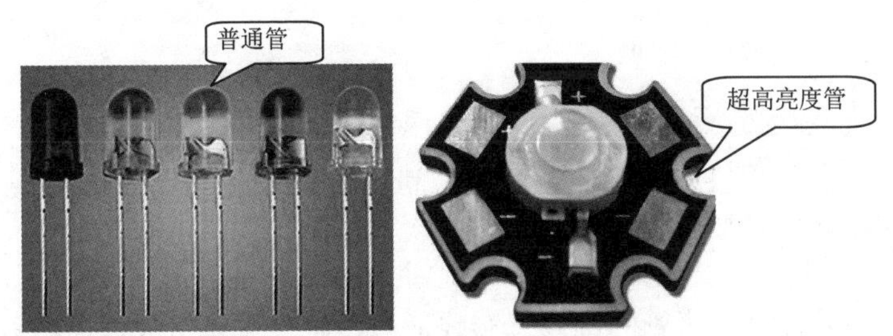

图2-62　常见的发光二极管的外形

（1）单色发光二极管　单色发光二极管（LED）是一种电致发光的半导体器件，其内部结构和图形符号如图2-63所示。它与普通二极管一样具有单向导电特性，即将发光二极管正向接入电路时才导通发光，而反向接入电路时则截止不发光。发光二极管与普通二极管的根本区别是，前者能将电能转换成光能，且管压降比普通二极管要大。

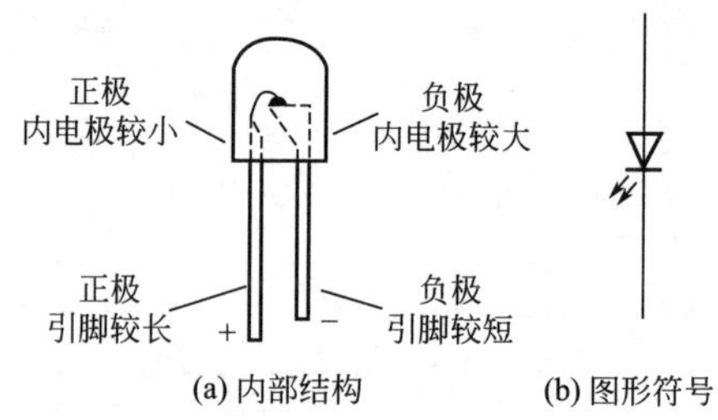

图2-63　单色发光二极管的内部结构和图形符号

单色发光二极管的材料不同，可产生不同颜色的光。表2-11列出了波长与颜色的对应关系。

表2-11　波长与颜色的关系

发光波长/A	发光颜色
3300 ～ 4300	紫
4300 ～ 4600	蓝
4600 ～ 4900	青
4900 ～ 5700	绿
5700 ～ 5900	黄
5900 ～ 6500	橙
6500 ～ 7600	红

（2）发光二极管的维修　实践证明，有些发光二极管损坏后是可以修复的。具体方法是：用导线通过限流电阻将待修的无光或光暗的发光二极管接到电源上，左手持尖嘴钳夹住发光二极管正极引脚的中部，右手持烧热的电烙铁在发光二极管正极引脚的根部加热，待引脚根部的塑料开始软化时，右手稍用力把引脚往内压，并注意观察效果：对于不亮的发光二极管，可以看到开始发光；适当控制电烙铁加热时间及对发光二极管引脚所施加力，可以使发光二极管的发光强度恢复到接近同类正品管的水平。如仍不能发光，则说明发光二极管损坏。

(3) 发光二极管的应用电路　发光二极管可用于多种电路指示。图2-64所示为继电器工作状态指示电路，当系统控制电路输出高电平时，继电器工作，发光二极管不发光；当系统控制电路输出低电平时，继电器不工作，发光二极管发光，指示继电器断开状态。

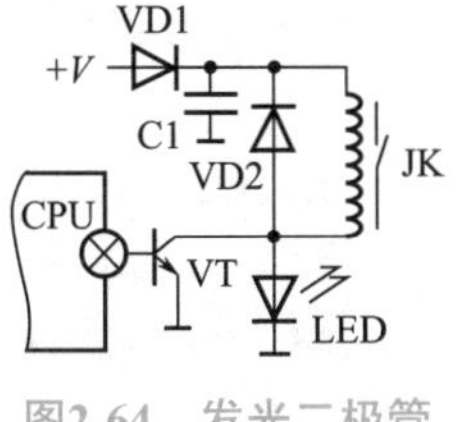

图2-64　发光二极管应用电路

2.7.7 瞬态电压抑制二极管（TVS）

瞬态电压抑制二极管（TVS）主要由芯片、引线电极、管体三部分组成，如图2-65（b）所示。芯片是器件的核心，它是由半导体硅材料扩散而成的，有单极型和双极型两种结构。单极型只有一个PN结，广泛应用于各种仪器仪表、家用电器、自动控制系统及防雷装置的过电压保护电路中。

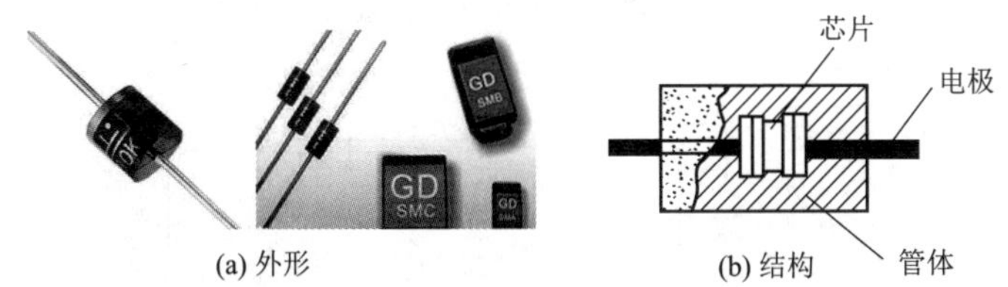

(a) 外形　(b) 结构

图2-65　瞬态电压抑制二极管的外形及结构

图2-66所示为彩电整流电路。当市电中有浪涌电压时，TVS快速击穿，将电压钳位于规定值，如过电压时间较长，则TVS击穿，FU熔断可保护电路。选用时，应注意TVS的峰值电压。

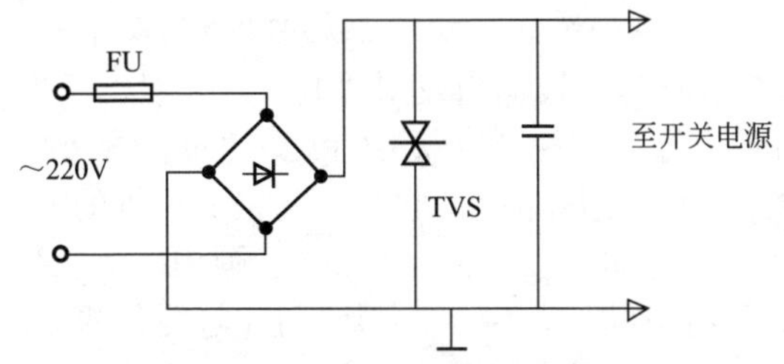

图2-66　瞬态电压抑制二极管的应用电路

2.7.8 双基极二极管（单结晶体管）

2.7.8.1 认识双基极二极管

双基极二极管又称单结晶体管（UJT），是一种只有一个PN结的三端半导体器件。双基极二极管的外形、结构、图形符号及等效电路如图2-67所示。

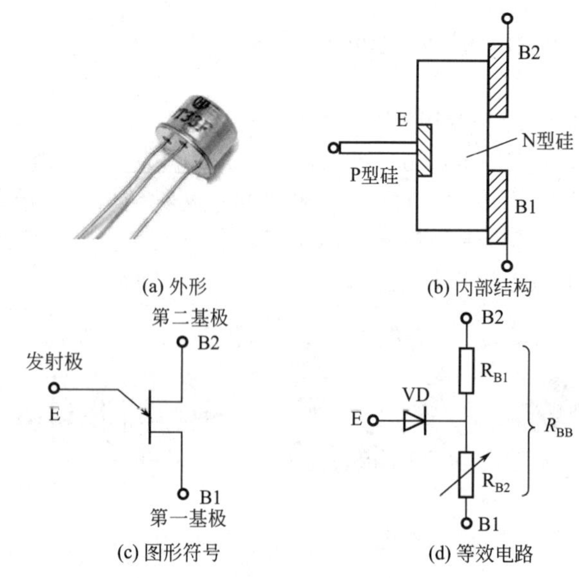

(a) 外形　(b) 内部结构　(c) 图形符号　(d) 等效电路

图2-67　双基极二极管的外形、结构、图形符号及等效电路

在一块高电阻率的N型硅片两端，制作两个欧姆接触电极（接触电阻非常小的、纯电阻接触电极），分别称为第一基极B1和第二基极B2，硅片的另一侧靠近第二基极B2处制作了一个PN结，在P型半导体上引出的电极称为发射极E。为了便于分析双基极二极管的工作特性，通常把两个基极B1和B2之间的N型区域等效为一个纯电阻R_{BB}，称为基区电阻，它是双基极二极管的一个重要参数，国产双基极二极管的R_{BB}在2～10kΩ范围内。R_{BB}又可看成是由两个电阻串联组成的，其中R_{B1}为基极B1与发射极E之间的电阻，R_{B2}为基极B2与发射极E之间的电阻。在正常工作时，R_{B1}的阻值

是随发射极电流I_E而变化的，可等效为一个可变电阻。PN结相当于一只二极管VD。

常见双基极二极管的电极排列如图2-68所示。

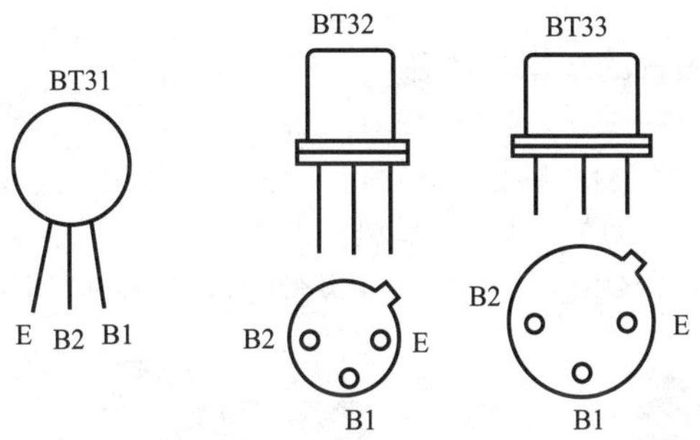

图2-68　双基极二极管的外形及电极排列

2.7.8.2　双基极二极管与应用

① 双基极二极管损坏后不能修复，可用同型号管代用。

② 双基极二极管的应用。在图2-69所示电路中，单结晶体管BT33及外围元件部分构成振荡触发电路供电（可在各种电路中用作振荡电路）。图2-69是利用其产生的触发信号控制晶闸管的导通与截止，完成调光作用。

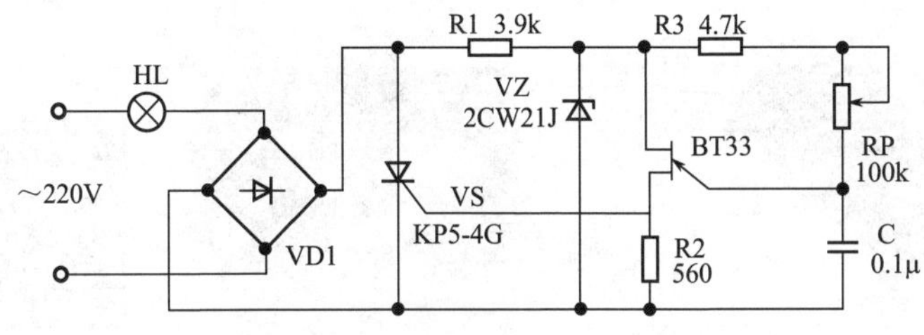

图2-69　双基极二极管应用电路

工作过程：在第一个半周期内，电容C上的充电电压达到BT33的峰点电压时，BT33导通，C放电，R2上输出的脉冲电压触发VS使其导通，于是就有电流流过HL和VS，在VS正向电压较小时，其自动关断。待下一个周期开始后，C又充电，重复上述过程。调节RP改变电容C充放电速度，从而改变VS的导通角，改变负载电压，改变灯的亮暗。将灯换成电机，即为调速电路。

2.8 三极管封装及应用电路

2.8.1 三极管的结构与命名

三极管简称三极管或晶体管。三极管具有三个电极，在电路中三极管主要起电流放大作用，此外三极管还具有振荡或开关等作用。图2-70所示为电路中的三极管。三极管的检测可扫二维码学习。

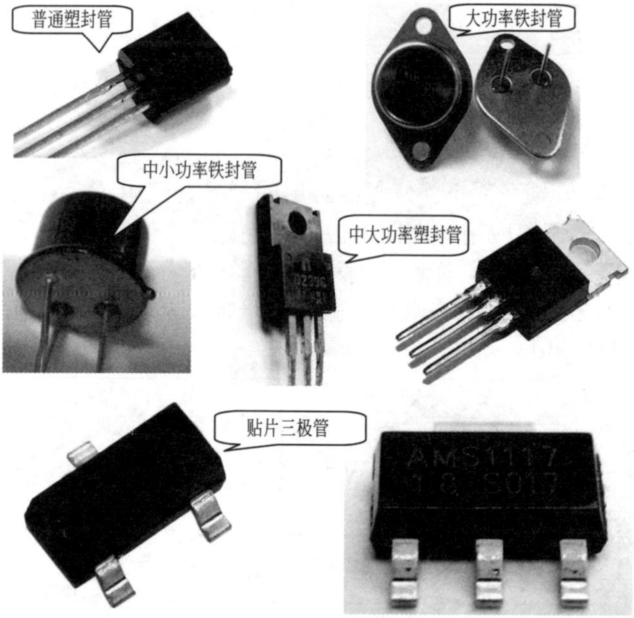

图2-70 三极管的外形

（1）三极管的基本结构 三极管顾名思义具有三个电极。二极管是由一个PN结构成的，而三极管是由两个PN结构成的，共用的一个电极称为三极管的基极（用字母B表示），其他两个电极称为集电极（用字母C表示）和发射极（用字母E表示）。

由于不同的组合方式，三极管有NPN型三极管和PNP型三极管两类。图2-71所示为三极管结构示意图。

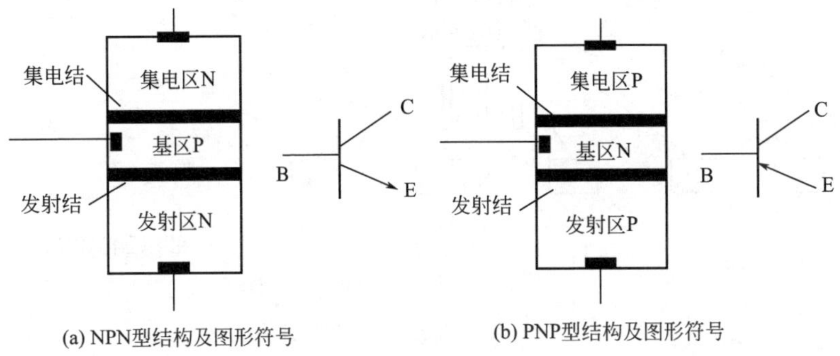

(a) NPN型结构及图形符号　　(b) PNP型结构及图形符号

图2-71　三极管的结构及图形符号

（2）三极管的图形符号　三极管是电子电路中最常用的电子元件之一，一般用字母“Q”、“V”、“VT”或“BG”表示。三极管在电路中图形符号如图2-72所示。

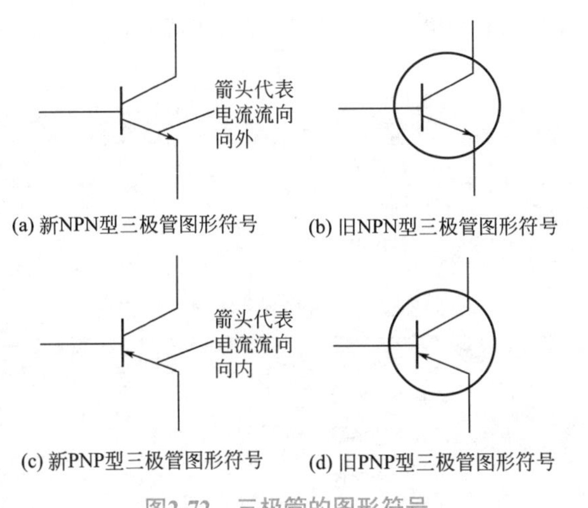

(a) 新NPN型三极管图形符号　(b) 旧NPN型三极管图形符号

(c) 新PNP型三极管图形符号　(d) 旧PNP型三极管图形符号

图2-72　三极管的图形符号

（3）三极管的型号命名　日本和美国的三极管命名规则见二极管命名部分，下面介绍国产三极管的命名规则。

国产三极管型号命名一般由五个部分构成，分别为名称、材料与极性、类别、序号和规格号，如图2-73所示。

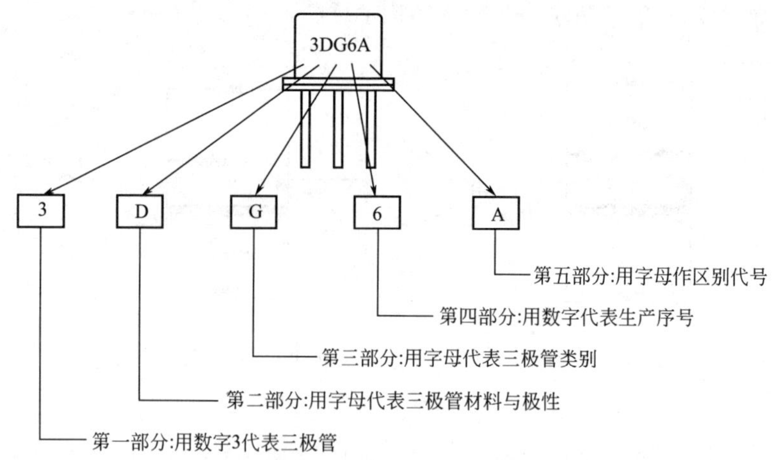

图2-73　三极管的型号命名

为了方便读者查阅，表2-12、表2-13分别列出了三极管材料符号含义对照表和三极管类别代号含义对照表。

表2-12　三极管材料符号含义对照表

符　号	材　料	符　号	材　料
A	锗材料PNP型	D	硅材料NPN型
B	锗材料NPN型	E	化合物材料
C	硅材料PNP型	—	—

表2-13　三极管类别代号含义对照表

符　号	含　义	符　号	含　义
X	低频小功率管	K	开关管
G	高频小功率管	V	微波管
D	低频大功率管	B	雪崩管
A	高频大功率管	J	阶跃恢复管
T	闸流管	U	光敏管

【例】某三极管的标号为3CX701A，其含义是PNP型低频小功率硅三极管，如图2-74所示。

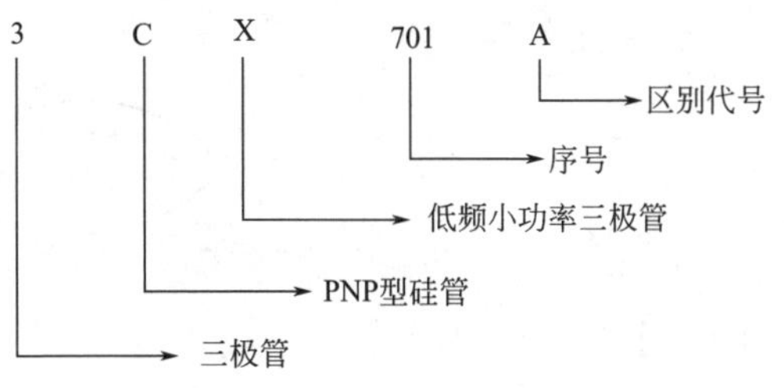

图2-74　3CX701A型三极管

2.8.2　三极管的封装与识别

三极管的三个引脚分布有一定规律（即封装形式），根据这一规律可以非常方便地进行三个引脚的识别。在修理和检测中，需要了解三极管的各引脚。不同封装的三极管，其引脚分布的规律不同。

① 常见塑料封装如图2-75所示。

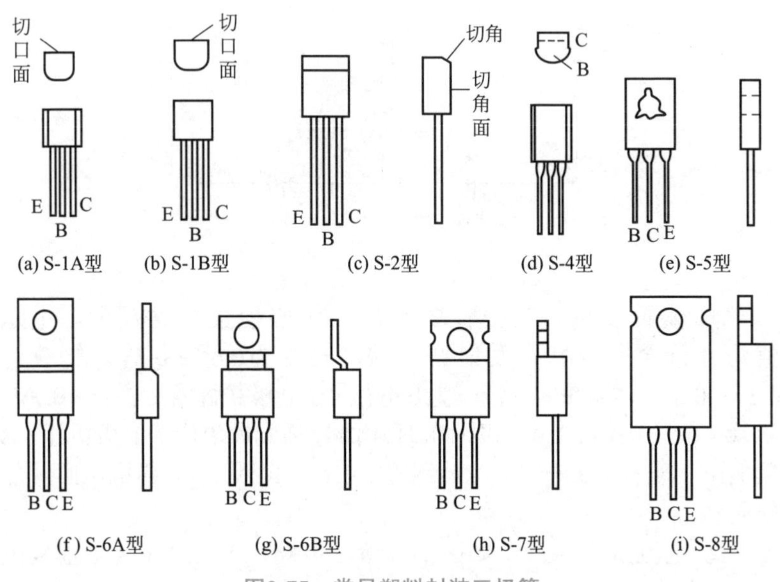

图2-75　常见塑料封装三极管

② 常见金属封装如图2-76所示。

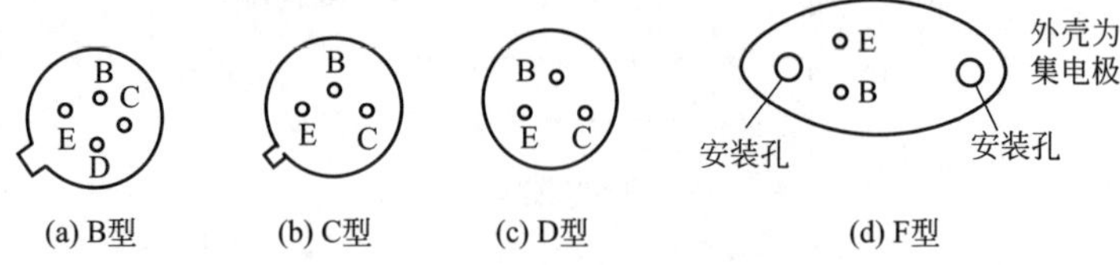

图2-76 常见金属封装三极管

2.8.3 三极管的工作电路

（1）电流放大原理 电流放大原理如图2-77所示。

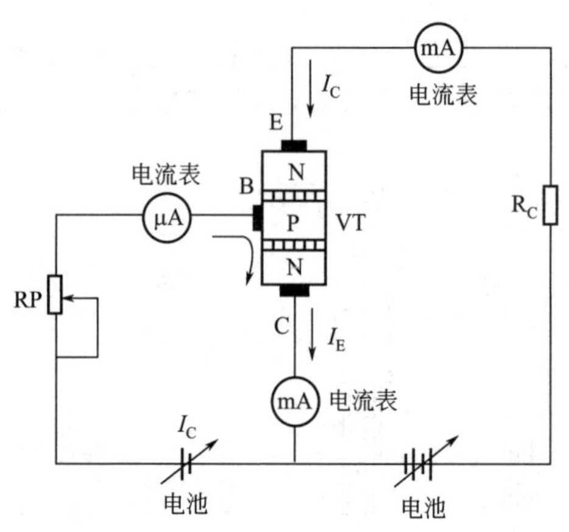

图2-77 电流放大原理

① 偏置要求。三极管要正常工作应使集电结反偏，电压值为几伏至几百伏，发射结正偏，硅管为0.6～0.7V，锗管为0.2～0.3V。即NPN型管应为E电极<B电极（硅管：0.6～0.7V，锗管：0.2～0.3V）<C极电压时才能导通，PNP应为E极电压>B极电压（硅管：0.6～0.7V，锗管：0.2～0.3V）>C极电压时才能导通。

② 电流放大原理。如图2-77所示电路，RP使VT产生基极电流I_B，则此时便有集电极电流I_C，I_C由电源经R_C提供。当改变电源

RP大小时，VT的基极电流便相应改变，从而引起集电极电流的相应变化。由各表显示可知，I_B只要有微小的变化，便会引起I_C很大变化。如果将RP变化看成是输入信号，I_C的变化规律是由I_B控制的，且$I_C>I_B$，这样VT通过I_C的变化反映了输入三极管基极电流的信号变化，可见VT将信号加以放大了。I_B、I_C流向发射极，形成发射极电流I_E。

综上所述，三极管能放大信号是因为三极管具有I_C受I_B控制的特性，而I_C的电流能量是由电源提供的。所以，三极管是将电源电流按输入信号电流要求转换的器件，三极管将电源的直流电流转换成流过三极管集电极的信号电流。

PNP型管工作原理与NPN型管相同，但电流方向相反，即发射极电流流向基极和集电极。

（2）三极管各极电流、电压之间的关系　由上述放大原理可知，各极电流关系为$I_E=I_C+I_B$，又由于I_B很小可忽略不计，则$I_E \approx I_C$，各极电压关系为：B极电压与E极电压变化相同，即$U_B\uparrow$、$U_E\uparrow$；而B极电压与C极电压变化相反，即$U_B\uparrow$、$U_C\downarrow$。

（3）三极管三种偏置电路　根据放大原理可知，三极管要想正常工作，就必须加偏置电路，常用偏置电路见表2-14。

表2-14　常用偏置电路

电路名称	电路形式	电路特点
固定偏置电路	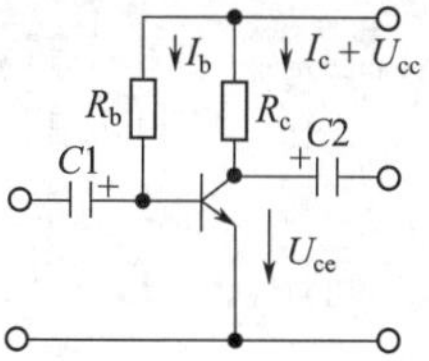 I_b I_c $+U_{cc}$ R_b R_c C2 C1 U_{ce}	电路结构简单，测试方便，但静态工作点会随管子参数和环境温度的变化而变化，只适用于要求不高和环境温度变化不大的场合
分压器式电流负反馈偏置电路	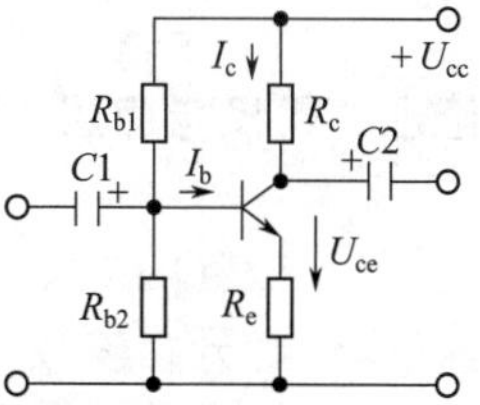 I_c $+U_{cc}$ R_{b1} R_c C2 C1 I_b U_{ce} R_{b2} R_e	利用R_{b1}，R_{b2}组成的分压器以固定基极电位。利用R_e使发射极电流I_e基本不变。 静态工作点基本不受更换管子和环境温度改变的影响，属于工作点稳定的偏置电路

续表

电路名称	电路形式	电路特点
电压负反馈偏置电路	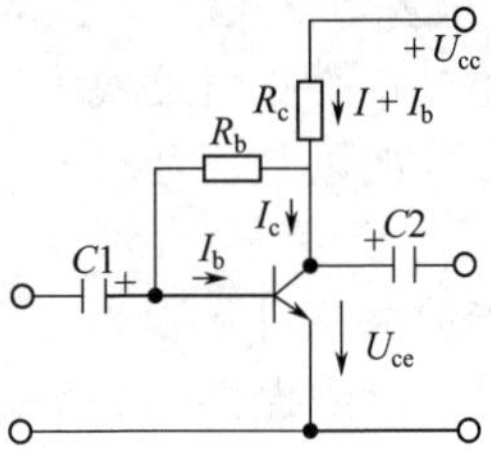	利用I_b、U_{ce}来达到稳定静态工作点的目的
自举偏置电路	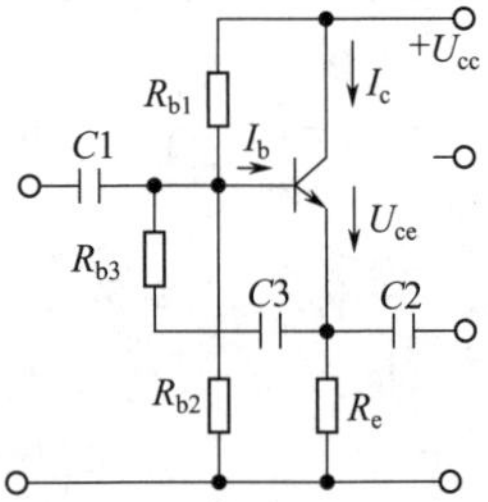	属于射极输出器的偏置形式，故输入电阻变高。且由于C3、R_{b3}的作用，使输入电阻更为增高

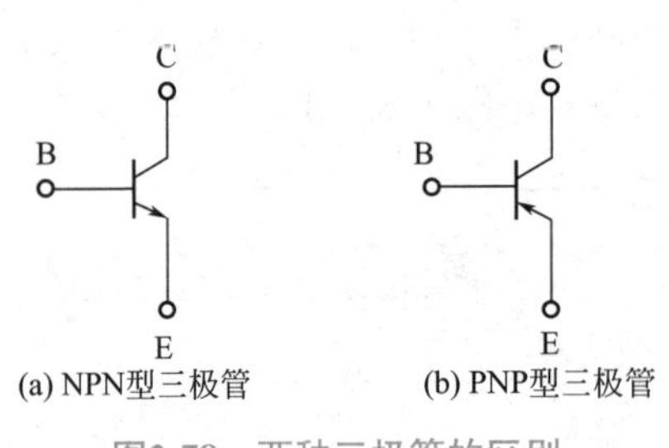

(a) NPN型三极管　　(b) PNP型三极管

图2-78　两种三极管的区别

（4）极性判别　如图2-78所示，为了和集电极区别，三极管的发射极上都画有小箭头，箭头的方向代表发射结在正向电压下的电流方向。箭头向外的是NPN型三极管，箭头向内的是PNP型三极管。万用表测量三极管基极和发射极PN结的正向压降时，硅管的正向压降一般为0.5～0.7V，锗管的正压降多为0.2～0.4V。

2.8.4　普通三极管的修理、代换与应用

（1）三极管的修理　普通三极管的故障多为击穿、开路、性能不良、失效衰老和断极等。击穿、开路硬故障可用万用表电阻挡直接测出，而软故障不易测出，可用晶体管图示仪测出。管子击穿或

衰老、性能不良、失效性故障是无法修复的可用代换法检修，坏后更换管子。对于断路性故障，可根据具体情况采用下述方法进行修理：

① 管子的引脚折断后，先用万用表检查一下已断引脚是否与管壳相通。若已断引脚是与管壳相连的，只需将金属管壳上部锉光一小块，重新焊上一根导线作为引脚即可。焊接时，可使用少量的焊锡膏，以使焊接操作一次成功。

② 若折断的引脚与管壳不相通，则可先用小刀将断线处绝缘物刮掉一些，使引脚外露0.5mm以上，并刮干净，蘸好锡。再在断脚的根部串上一块开有小孔的薄纸，以防焊接时焊锡外流造成极间短路。然后用一根ϕ0.15mm左右的细铜线作引线，将铜线的一头刮净蘸锡后，在断脚蒂上缠绕一圈焊牢即可。

（2）三极管的代换

① 确定三极管是否损坏。在修理各种家用电器中，初步判断三极管是否损坏，要断开电源，将认为损坏的三极管从电路中焊下，并记清该管三个极在电路板上的排列。对焊下的管子作进一步测量，以确认该管是否损坏。

② 搞清管子损坏的原因，检查是电路中其他导致管子损坏，还是管子本身自然损坏。确认是管子本身不良而损坏时，就要更换新管。换新管时极性不能接错，否则，一是电路不能正常工作，二是可能损坏管子。

③ 更换三极管时，应该选用原型号，如无原型号，也应选用主要参数相近的管子。

④ 大功率管换用时应加散热片，以保证管子散热良好，另外还应注意散热片与管子之间的绝缘垫片，如果原来有引片，换管子时未安装或安装不好，可能会烧坏管子。

⑤ 在三极管代换时应注意以下原则和方法：

a. 极限参数高的管子代替较低的管子。如高反压代替低反压，中功率代替小功率管子。

b. 性能好的管子代替性能差的管子。例如，β值高的管子代替β值低的管子（由于管子β值过高时稳定性较差，故β值不能选得过高）；I_{CEO}小的管子代替I_{CEO}大的管子等。

c．在其他参数满足要求时，高频管可以代替低频管。一般高频管不能代替开关管。

总之，三极管在使用中可以根据《晶体管手册》查其主要参数并在实践中总结一些实际经验，根据具体情况进行代换。

（3）三极管的三种应用电路　三极管的三种基本应用电路如图2-79所示。

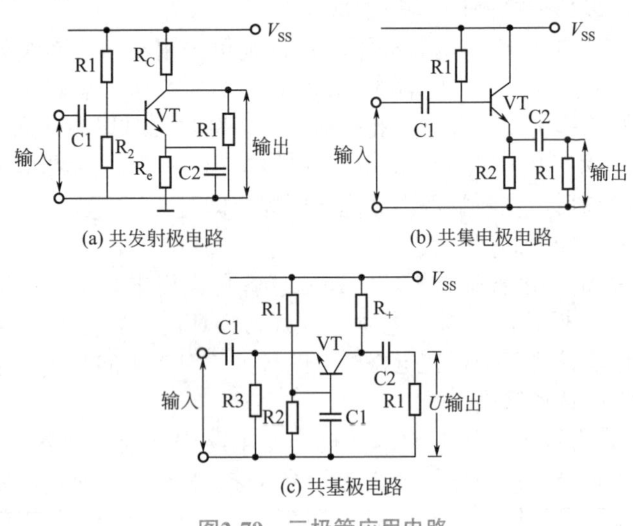

图2-79　三极管应用电路

图2-79（a）为共发射极电路，信号经C1耦合送入B极，再经VT放大后由C极输出。此种电路特点是对电压、电流、增益、放大量均较大；缺点是前、后级不易匹配，强信号失真，输入信号与输出信号反向。

图2-79（b）为共集电极电路，信号经C1耦合送入B极，再经VT放大后由E极输出。此种电路特点是对电流放大量大。输入阻抗高，输出阻抗低，电压放大系数小于1，适合作前、后级匹配。

图2-79（c）为共基极电路，信号经C1耦合送入E极，再经VT放大后由C极输出。此种电路特点是带宽宽，对电压、电流、增益、放大量均较大；缺点是要求输入功率较大，前、后级不易匹配，适用于高频电路。

2.8.5 带阻尼二极管

行输出管是彩电、彩显内行输出电路采用的一种大功率三极管。常用的行输出管从外形上分为两种：一种是金属封装，另一种是塑料封装。从内部结构上行输出管分为两种：一种是不带阻尼二极管和分流电阻的行输出管，另一种是带阻尼二极管和分流电阻的大功率管。其中，不带阻尼二极管和分流电阻的行输出管的检测和普通三极管的检测是一样的，而带阻尼二极管和分流电阻的行输出管的检测与普通三极管的检测有较大区别。带阻尼二极管和分流电阻的行输出管的外形和图形符号如图2-80所示。

(a) 外形

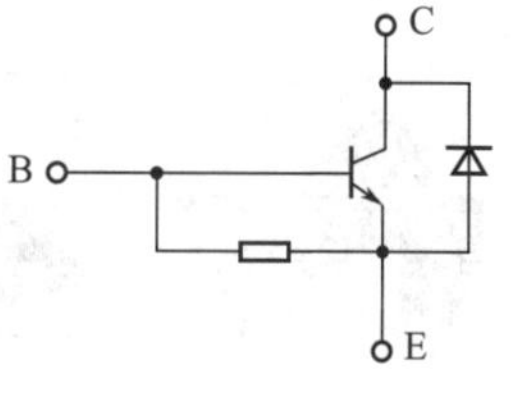

(b) 图形符号

图2-80 行输出管的外形和图形符号

未带阻尼的行输出管多可以用作彩电开关电源的开关管，而部分开电源开关管因耐压低，却不能作为行输出管使用。因为彩显行输出管的关断时间极短，所以不能用彩电行输出管更换，而彩显行输出管可以代换彩电行输出管。大部分高频三极管可以代换低频三极管，但低频三极管一般不能代换高频三极管。

2.8.6 达林顿管

（1）达林顿管的构成　达林顿管是一种复合三极管，多由两只三极管构成。其中，第一只三极管的E极直接接在第二只三极管的B极上，最后引出B、C、E三个引脚。由于达林顿管的放大倍数是级联三极管放大倍数的乘积，所以可达到几百、几千，甚至更高，如2SB1020的放大倍数为6000，2SB1316的放大倍数达到15000。

（2）达林顿管的分类　按功率分类，达林顿管可分为小功率达林顿管、中功率达林顿管和大功率达林顿管三种；按封装结构分类，达林顿管可分为塑料封装达林顿管和金属封装达林顿管两种；按结构分类，达林顿管可分为NPN型达林顿管和PNP型达林顿管两种。

（3）达林顿管的特点

① 小功率达林顿管的特点。通常将功率不足1W的达林顿管称为小功率达林顿管，它仅由两只三极管构成，并且无电阻、二极管等构成的保护电路。常见的小功率达林顿管的外形及图形符号如图2-81所示。

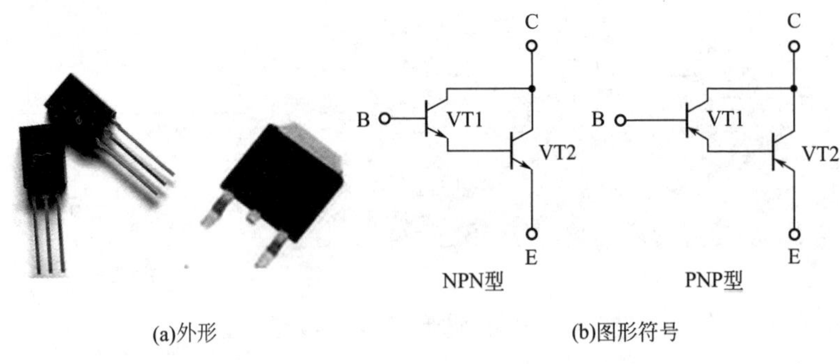

(a)外形　　(b)图形符号

图2-81　小功率达林顿管的外形及图形符号

② 大功率达林顿管的特点。因为大功率达林顿管的电流较大，所以它内部的大功率管的温度较高，导致前级三极管的B极漏电流增大，被逐级放大后就会导致达林顿管整体的热稳定性能下降。因此，当环境温度较高且漏电流较大时，不仅容易导致大功率达林顿管误导通，而且容易导致它损坏。为了避免这种危害，大功率达林顿管的内部设置了保护电路。常见的大功率达林顿管的外形及图形符号如图2-82所示。

如图2-82（b）所示，前级三极管VT1和大功率管VT2的B、E极上还并联了泄放电阻R1、R2。R1和R2的作用是为漏电流提供泄放回路。因为VT1的B极漏电流较小，所以R1阻值可以选择为几千欧；VT2的漏电流较小，所以R2阻值可以选择几十欧。另外，大功率达林顿管的C、E极间安装了一只续流二极管。当线圈等感性负载停止工作后，该线圈的电感特性会使它产生峰值高的反向电动势。该电动势通过续流二极管VD泄放到供电电源，从而避免了达林顿管内大功率管被过高的反向电压击穿，实现了过电压保护功能。

达林顿管检测可扫二维码学习。

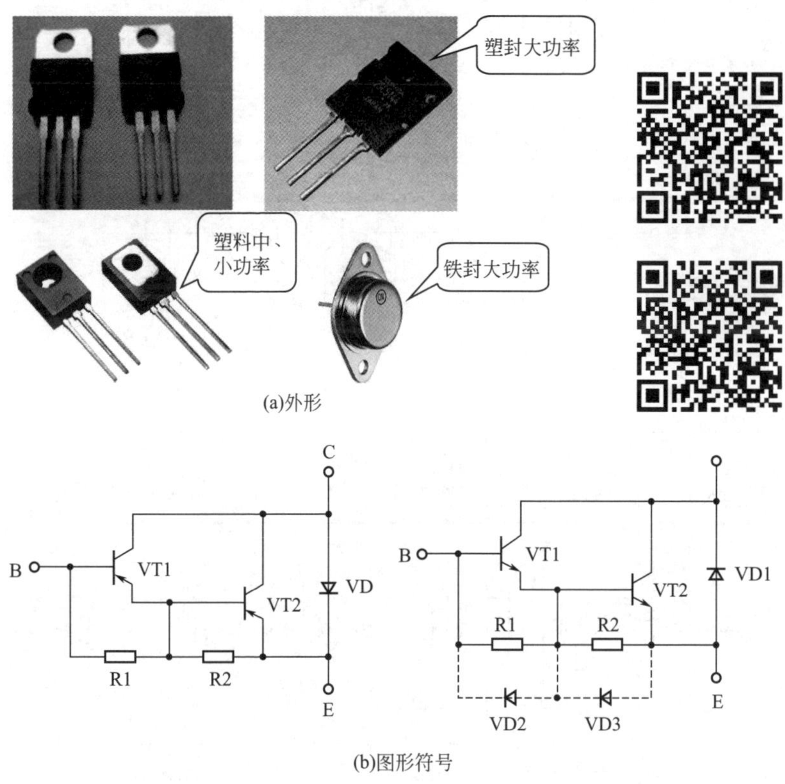

图2-82　大功率达林顿管的外形及图形符号

2.8.7 带阻三极管

带阻三极管在外观上与普通的小功率三极管几乎相同，但其内部构成不同，它是由1只三极管和1～2只电阻构成的。在家电设备中，带阻三极管多由2只电阻和1只三极管构成。图2-83（a）所示为带阻三极管的内部构成。带阻三极管在电路中多用字母QR表

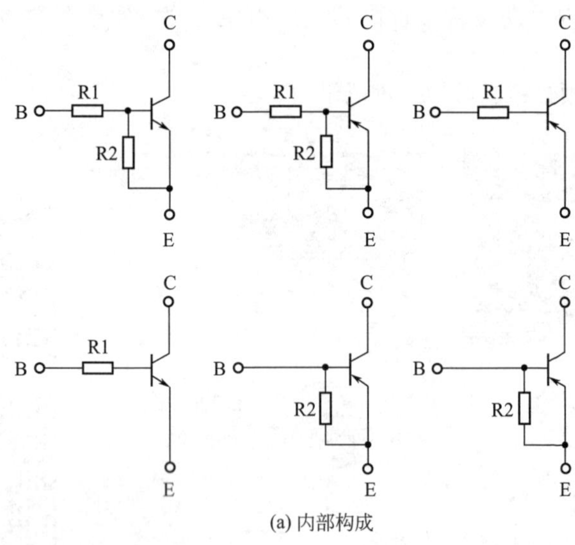

(a) 内部构成

公司 类型	松下、东芝、蓝宝	三洋、日电、罗兰士	夏普、飞利浦	日立	富丽、珠波
PNP型	B C E	B C E	B E C	B C E	B E C
NPN型	B C E	B	B C E	B C E	B C E

(b) 几种常见的带阻三极管的图形符号

图2-83　带阻三极管

示。不过，因为带阻三极管多应用在国外或合资的电子产品中，所以图形符号及文字符号有较大的区别，图2-83（b）所示为几种常见的带阻三极管的图形符号。

带阻三极管通常被用作开关，当三极管饱和导通时I_C很大，C、E极压降较小；当三极管截止时，C、E极压降较大，约等于供电电压U_{CC}。管中内置的B极电阻R越小，当三极管截止时C、E极压降就越低，但该电阻不能太小，否则会影响开关速度，甚至导致三极管损坏。

2.9 场效应晶体管及应用

2.9.1 场效应管的特点及图形符号

场效应晶体管（Field Effect Transistor，FET）简称场效应管。它是一种外形与三极管相似的半导体器件，但它与三极管的控制特性截然不同。三极管是电流控制型器件，通过控制基极电流达到控制集电极电流或发射极电流的目的，即需要信号源提供一定的电流才能工作，所以它的输入阻抗较低；而场效应管则是电压控制型器件，它的输出电流取决于输入电压的大小，基本上不需要信号源提供电流，所以它的输入阻抗较高。此外，场效应管具有噪声小、功耗低、动态范围大、易于集成、没有二次击穿现象、安全工作区域宽等优点，特别适用于大规模集成电路，在高频、中频、低频、直流、开关及阻抗变换电路中应用广泛。

场效应管的品种有很多，按其结构可分为两大类：一类是结型场效应管；另一类是绝缘栅型场效应管，而且每种结构又有N沟道和P沟道两种导电沟道。

场效应管一般都有3个极，即栅极G、漏极D和源极S，为方便理解可以把它们分别对应于三极管的基极B、集电极C和发射极E。场效应管的源极S和漏极D结构是对称的，在使用中可以互换。

N沟道型场效应管对应NPN型三极管，P沟道型场效应管对应PNP型三极管。常见场效应管的外形如图2-84所示，其图形符号如图2-85所示。场效应管检测可扫二维码学习。

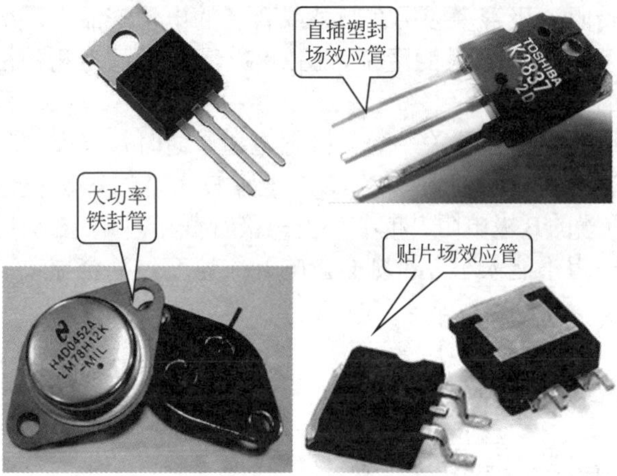

直插塑封场效应管

大功率铁封管

贴片场效应管

(a) 插入焊接式　　(b) 贴面焊接式

图2-84　场效应管的外形

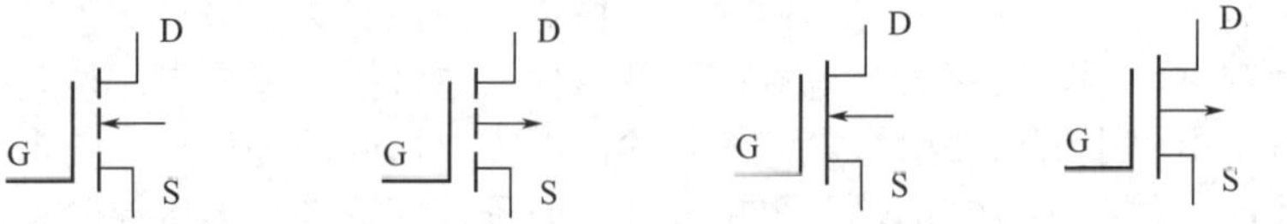

(a) 增强型N沟道管　(b) 增强型P沟道管　(c) 耗尽型N沟道管　(d) 耗尽型P沟道管

(e) 结型N沟道管　(f) 结型P沟道管

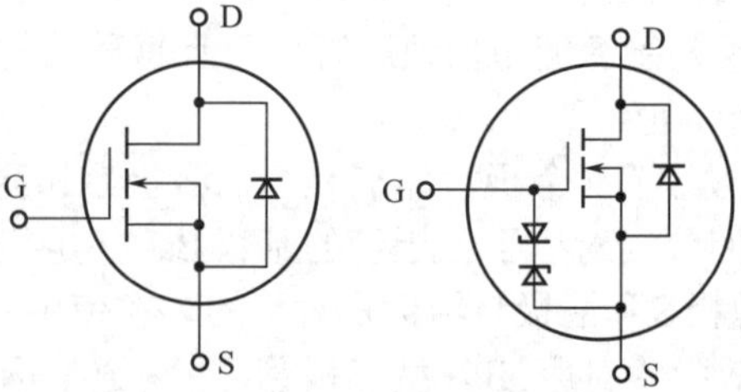

(g) 带阻尼管的符号

图2-85　场效应管的图形符号

按结构分类，场效应管可分为结型场效应管和绝缘栅型场效应管两种，而绝缘栅极场效应管又分为耗尽型和增强型两种。

（1）结型场效应管　在一块N型（或P型）半导体棒两侧各做一个P型区（或N型区），就形成两个PN结，把两个P区（或N区）并联在一起引出一个电极，称为栅极（G）；在N型（或P型）半导体棒的两端各引出一个电极，分别称为源极（S）和漏极（D）。夹在两个PN结中间的N区（或P区）是电流的通道，称为沟道。这种结构的管子称为N沟道（或P沟道）结型场效应管，其结构如图2-86所示。

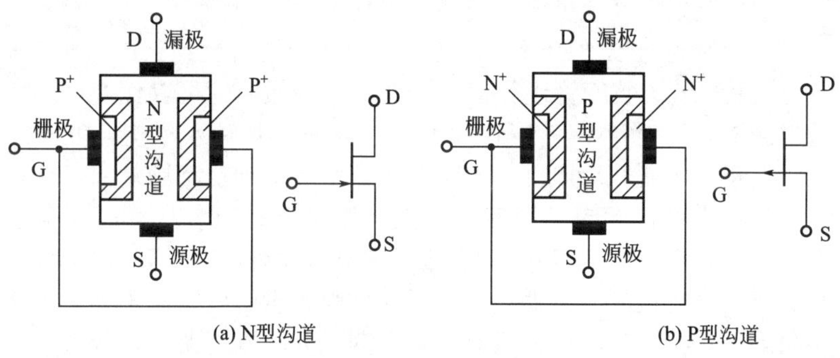

图2-86　结型场效应管的结构及图形符号

N沟道管：电子电导，导电沟道为N型半导体。P沟道管：空穴导电，导电沟道为P型半导体。

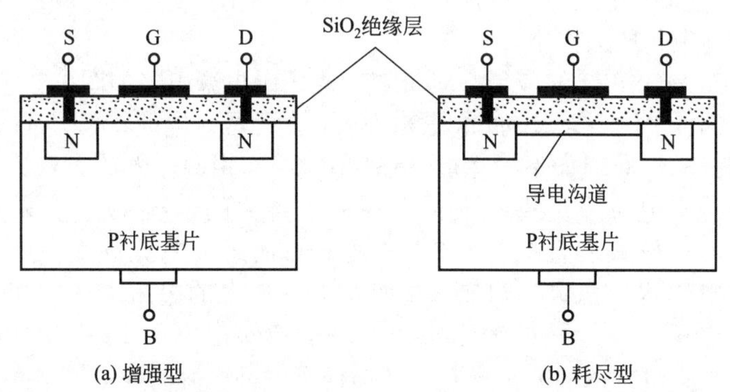

图2-87　绝缘栅型场效应管的结构示意图

（2）绝缘栅型场效应管　以一块P型薄硅片作为衬底，在它上面做两个高杂质的N型区，分别作为源极S和漏极D。在硅片表面覆盖一层绝缘物，然后再用金属铝引出一个电极G（栅极）。在这就是绝缘栅型场效应管的基本结构，其结构如图2-87所示。

2.9.2 场效应管的选配、代换及应用

（1）场效应管的选配与代换　场效应管损坏后，最好用同类型、同特性、同外形的场效应管更换。如果没有同型号的场效应管，则可以采用其他型号的场效应管代换。

一般N沟道场效应管与N沟道场效应管进行代换，P沟道场效应管与P沟道场效应管进行代换，大功率场效应管可以代换小功率场效应管。小功率场效应管代换时，应考虑其输入阻抗、低频跨导、夹断电压或开启电压、击穿电压等参数；大功率场效应管代换时，应考虑其击穿电压（应为功放工作电压的2倍以上）、耗散功率（应达到放大器输出功率的0.5 ～ 1倍）、漏极电流等参数。

彩色电视机的高频调谐器、半导体收音机的变频器等高频电路一般采用双栅场效应管，音频放大器的差分输入、调制、放大、阻抗变换等电路通常采用结型场效应管。音频功率放大、开关电源电路、镇流器、驻电器、电动机驱动等电路则采用MOS场效应管。

（2）场效应管的应用

① 双栅场效应管的应用。如图2-88所示，V为双栅场效应管，在电路中起放大作用。

② MOSFET的应用。MOSFET应用于电源电路如图2-89所示。该电路由P沟道功率MOSFET、运算放大器、电流检测电阻R_S等组成。工作原理如下：运放CA3140组成同相端输入放大器。当恒流源输出电流经负载R_L及R_S，在R_S上产生的电压（R_SI_D）输入同相端，经放大后直接控制P管的栅极G而组成电流反馈电路，使输出电流达到稳定。例如，如有I_D↓→R_S上的电压↓→同相端的输入电压↓→运放的输出电压↓→运放输出电压↓（R_1的电压）↓→U_{GS}（$V_{CC}-U_{R1}$）↑→I_D↑，这样可保持恒流的稳定性。

输出电流I_D的大小是通过电位器RP的调节而达到的。改变

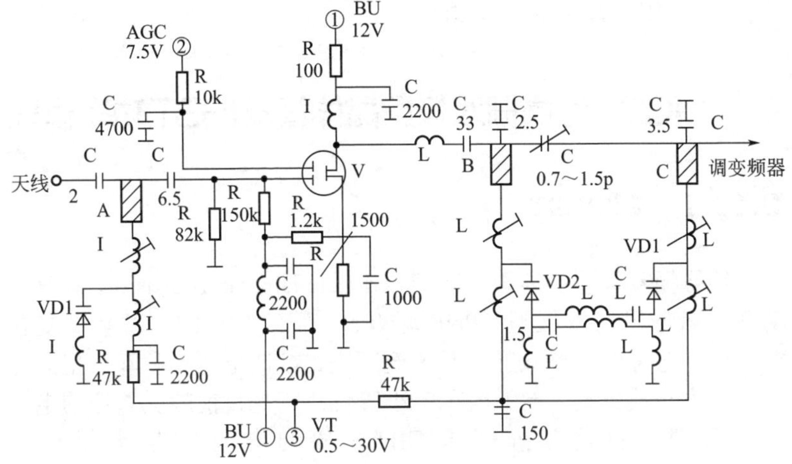

图2-88 双栅场效应管应用电路

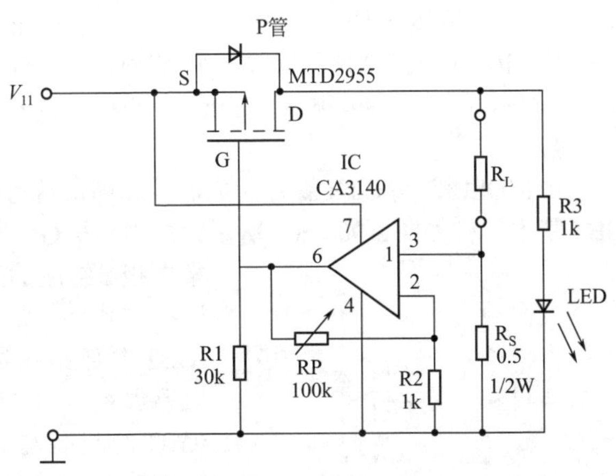

图2-89 电源电路

RP的大小，改变了运放的增益，改变了运放的输出电压，从而改变了P管的U_{GS}的大小，也改变了P管的漏极电流I_D。例如要使I_D增加可减小RP值。RP值↓→使运放增益A_V↓→运放输出电压↓→U_{GS}↑→I_D↑。

这里的R3及LED仅用作有恒流时的指示（$R_L \times I_D$>1.8V时LED

才会亮）。R3、LED也可不用。

2.10 IGBT绝缘栅双极型晶体管及IGBT功率模块

2.10.1 认识IGBT

绝缘栅双极型晶体管（Insulated Gate Bipolar Transistor，IGBT）功率场效应管与双极型（PNP或NPN）管复合后的一种新型复合型器件，它综合了场效应管开关速度快、控制电压低和双极型晶体管电流大、反压高、导通时压降小等优点，是目前颇受欢迎的电力电子器件。目前国外高压IGBT模块的电流/电压容量已达2000A/3300V，采用了易于并联的NPT工艺技术，第四代IGBT产品的饱和压降$U_{CE(sat)}$显著降低，减少了功率损耗；美国IR公司生产的WrapIGBT开关速度最快，工作频率最高可达150kHz。绝缘栅双极型晶体管IGBT已广泛应用于电动机变频调速控制、程控交换机电源、计算机系统不停电电源（UPS）、变频空调器、数控机床伺服控制等。

IGBT是由MOSFET与GTR复合而成的，其图形符号如图2-90所示。IGBT基本结构如图2-90（a）所示，是由栅极G、发射极C、集电极E组成的三端口电压控制器件，常用N沟道IGBT内部结构简化等效电路如图2-90（b）所示。IGBT的封装与普通双极型大功率三极管相同，有多种封装形式，如图2-91所示。

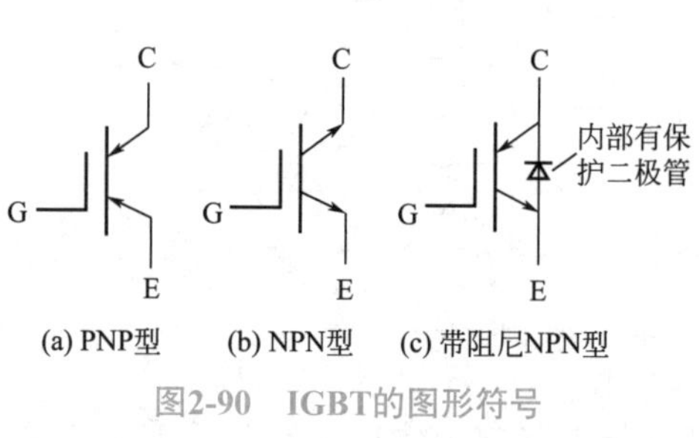

图2-90 IGBT的图形符号

简单来说，IGBT等效成一只由MOSFT驱动的厚基区PNP型三极管，如图2-92（b）所示。N沟道IGBT简化等效电路中RN为PNP管基区内的调制电阻，由N沟道MOSFET和PNP型三极管复合而成，导通和关断由栅极和发射极之间驱动电压U_{GE}决定。当

图2-91　多种封装形式IGBT

栅极和发射极之间驱动电压U_{GE}为正且大于栅极开启电压$U_{GE(th)}$时，MOSFET内形成沟道并为PNP型三极管提供基极电流，进而使IGBT导通。此时，从P+区注入N−的空穴对（少数载流子）对N区进行电导调制，减少N−区的电阻R_N，使高耐压的IGBT也具有很小的通态压降。当栅射极间不加信号或加反向电压时，MOSFET内的沟道消失，PNP型三极管的基极电流被切断，IGBT即关断。

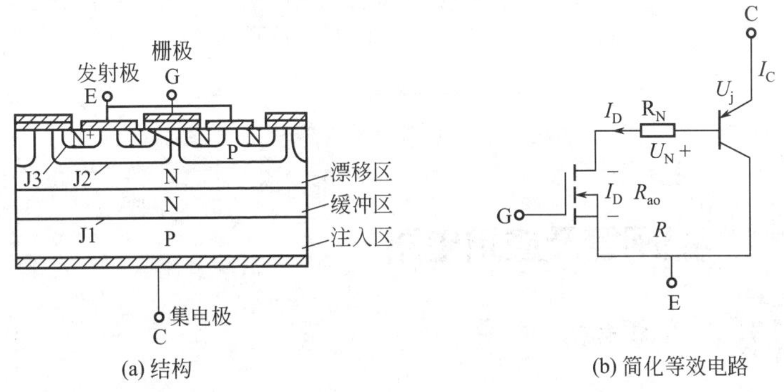

图2-92　绝缘栅型场效应管结构、简化等效电路

2.10.2　IGBT模块检测与应用电路

IGBT晶体管测量可扫二维码学习。

（1）单单元的检测　测量时，利用万用表R×10挡测IGBT的C-E、C-B和B-E之间的阻值，应与带阻尼管的阻值相符。若该IGBT组件失效，集电极和发射极、集电极和栅极间可能存在短路现象。

【注意】IGBT正常工作时，栅极与发射极之间的电压约为9V，发射极为基准。

若采用在路测量法，应先断开相应引脚，以防电路中内阻影响，造成误判断。

（2）多单元的检测　检测多单元时，先找出多单元中的独立单元，再按单单元检测。

（3）IGBT的应用电路　IGBT应用于电磁炉电路如图2-93所示。图中VT1、VT2为IGBT功率管，受电路控制，工作在开关状态，使加热线盘产生电磁场，对锅进行加热。

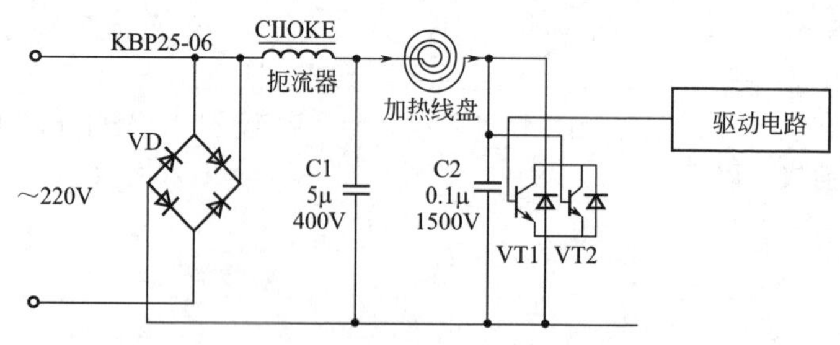

图2-93　IGBT应用于电磁炉电路

2.11　晶闸管及应用电路

2.11.1　认识晶闸管

（1）结构　如图2-94所示，晶闸管（俗称可控硅）是由PNPN四层半导体结构组成的，包括阳极（用A表示）、阴极（用K表示）和控制极（用G表示）三个极，其内部结构如图2-95所示。

如果仅是在阳极和阴极间加电压，无论是采取正接还是反接，晶闸管都是无法导通的。因为晶闸管中至少有一个PN结总是处于反向偏置状态。如果采取正接法，即在晶闸管阳极接正电压、阴极接负电压，同时在门极再加相对于阴极而言的正向电压（足以使晶闸管内部的反向偏置PN结导通），晶闸管就导通了（PN结导通后就不再受极性限制）。而且一旦导通再撤去控制极电压，晶闸管仍可保持导通的状态。如果此时想使导通的晶闸管截止，只有使其电流降到某个值以下或将阳极与阴极间的电压减小到零。

单向晶闸管、双向晶闸管检测可扫二维码学习。

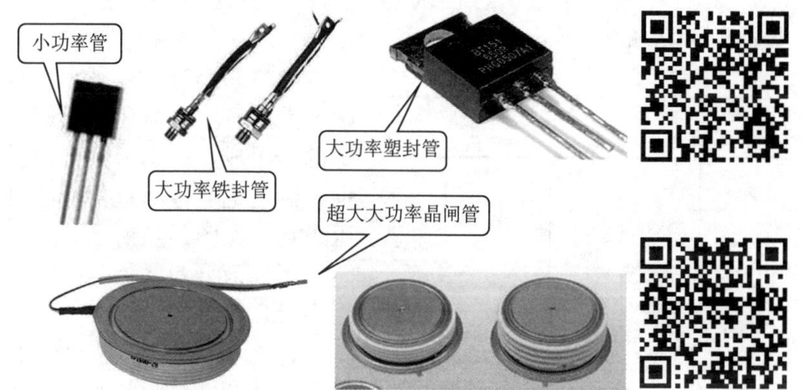

图2-94　晶闸管外形

由于晶闸管只有导通和关断两种工作状态，所以它具有开关特性，这种特性需要一定的条件才能转化，条件如下：

① 从关断到导通时，阳极电位高于阴极电位，门极有足够的正向电压和电流，两者缺一不可。

② 维持导通时，阳极电位高于阴极电位；阳极电流大于维持电流，两者缺一不可。

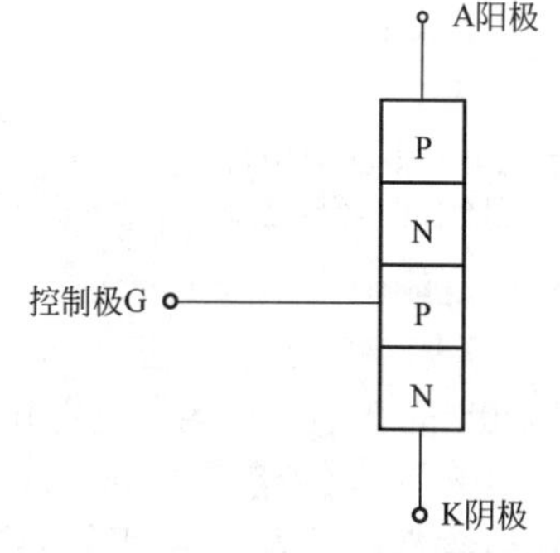

图2-95　晶闸管的内部结构示意图

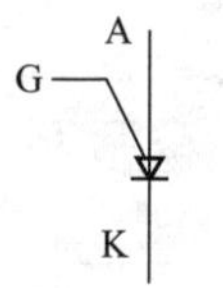

(a) 单向晶闸管
(阳极受控)

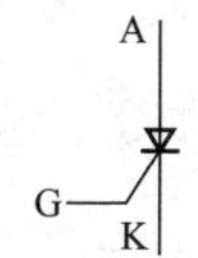

(b) 单向晶闸管
(阴极受控)

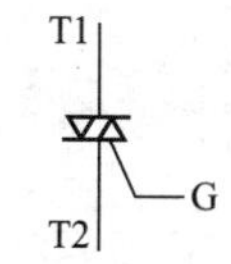

(c) 双向晶闸管

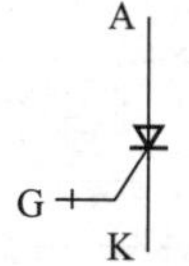

(d) 可关断晶闸管

图2-96　晶闸管的图形符号

③ 从导通到关断时，阳极电位低于阴极电位；阳极电流小于维持电流，任一条件即可。

（2）晶闸管的图形符号 晶闸管是电子电路中最常用的电子元器件之一，一般用字母“K”、“VS”加数字表示。晶闸管的图形符号如图2-96所示。

（3）晶闸管的型号命名 国产晶闸管型号命名一般由四个部分组成，分别为名称、类别、额定电流值和重复峰值电压级数，如图2-97所示。

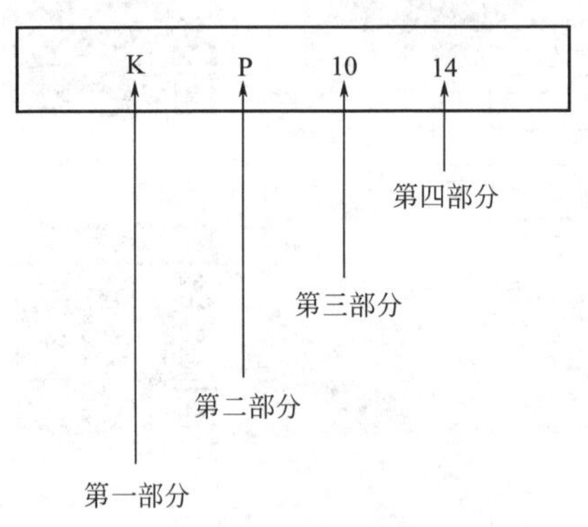

图2-97 晶闸管命名示意图

第一部分为名称，晶闸管用字母K表示。

第二部分为晶闸管的类别，用字母表示。P表示普通反向阻断型。

第三部分为晶闸管的额定通态电流值，用数字表示。10表示额定通态电流为10A。

第四部分为晶闸管的重复峰值电压级数，用数字表示。14表示重复峰值电压为1400V。

KP10-14表示通态平均电流为10A，正、反向重复峰值电压为1400V的普通反向阻断型晶闸管。

为了方便读者查阅，表2-15～表2-17分别列出了晶闸管类别代号含义对照表、晶闸管额定通态电流符号含义对照表和晶闸管重复峰值电压级数符号含义对照表。

表2-15 晶闸管类别代号含义对照表

符号	含义
P	普通反向阻断型
K	快速反向阻断型
S	双向型

表2-16　晶闸管额定通态电流符号含义对照表

符　号	含　义	符　号	含　义
1	1A	100	100A
5	5A	200	200A
10	10A	300	300A
20	20A	400	400A
30	30A	500	500A
50	50A		

表2-17　晶闸管重复峰值电压级数符号含义对照表

符　号	含　义	符　号	含　义
1	100V	7	700V
2	200V	8	800V
3	300V	9	900V
4	400V	10	1000V
5	500V	12	1200V
6	600V	14	1400V

2.11.2　晶闸管的应用电路

（1）单向晶闸管的应用电路　晶闸管在直流电机调速中的应用电路如图2-98所示。220V市电电压经整流后，通过晶闸管VS加到直流电动机的电枢上，同时它还向励磁线圈L提供励磁电流，只要调节RP的值，就能改变晶闸管的导通角，从而改变输出电压的大小，实现直流电动机的调速（VD是直流电动机电枢的续流二极管）。

（2）双向晶闸管的应用电路　图2-99（a）是由双向晶闸管构成的台灯调光电路。EL代表白炽灯泡。双向晶闸管VS的门极与双向触发二极管VD相连。通过调节电位器RP，可以改变双向晶闸管的导通角，进而改变流过白炽灯泡的平均电流值，实现连续调光的效果。此电路还可作为500W以下的电熨斗或电热褥的温度调节电路使用。应用时，双向晶闸管要加装合适的散热器，以免管子过

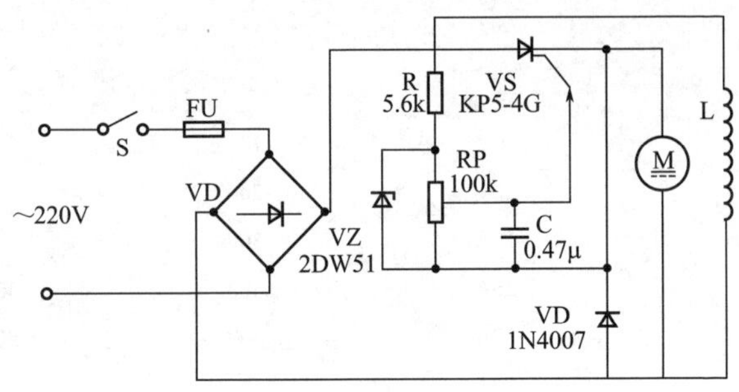

图2-98　单向晶闸管应用电路

热损坏。

图2-99（b）是由双向晶闸管构成的光电控制电路。接通交流电源后，有光照射到光敏电阻器RG，阴极A在交流电正半周时，门极被正向触发而导通，负半周时则负向触发导通，负载照明灯泡EL点亮。

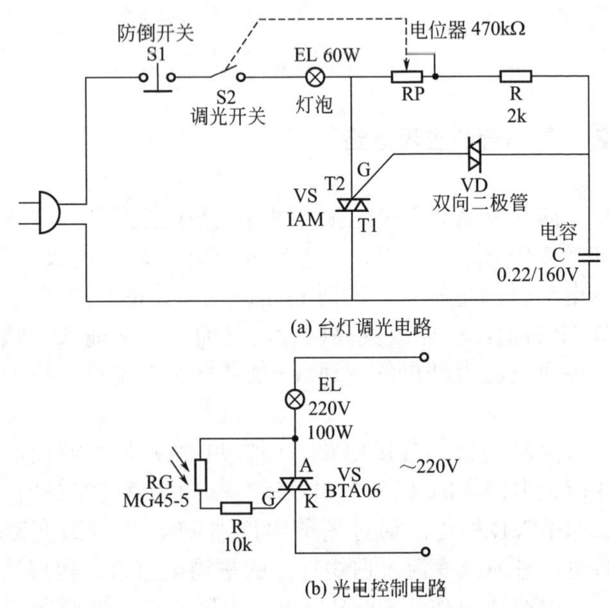

图2-99　双向晶闸管应用电路

2.12 开关与继电器

2.12.1 开关元件检修与应用

作为电气控制部件的各种开关的工作原理虽有不同，但是其结构和性能有很多相同之处。

（1）开关的一般结构　各种开关的外形及结构如图2-100所示。开关的主要工作元件是触点（又称接点），依靠触点的闭合

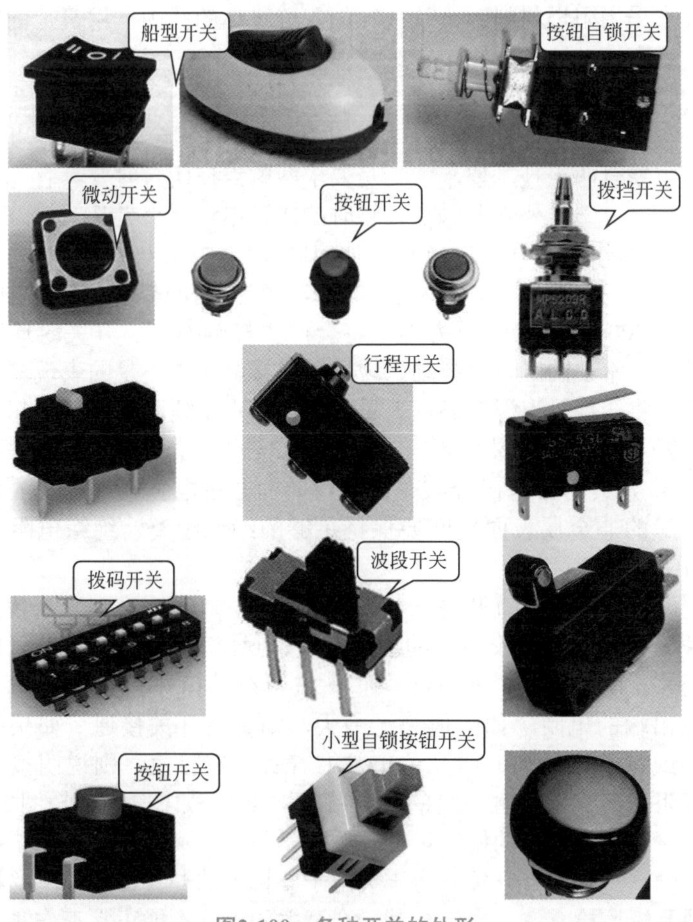

图2-100　各种开关的外形

（即接触状态）和分离来接通和断开电路。在电路要求接通时，通过手动或机械作用使触点闭合；在电路要求断开时，通过手动或机械作用使触点分离。触点或簧片都要具有良好的导电性。触点的材料为铜、铜合金、银、银合金、表面镀银、表面镀银合金。用于低电压（如直流2V）的开关，甚至还要求触点表面镀金或金合金。簧片要求具有良好的弹性，多采用厚度为0.35～0.50mm的磷青铜、铍青铜材料制成。

簧片安装于绝缘体上，绝缘体的材料多为塑料制成，有些开关还要求采用阻燃材料。簧片或穿插入绝缘体的孔中，用簧片的刺定位，或直接在注塑时固定于绝缘体中。

（2）开关的性能要求

① 触点能可靠的通断。为了保证触点在闭合位置时能可靠接通，主要有两点技术要求：一是要求两触点在闭合时要具有一定的接触压力；二是要求两触点接触时的接触电阻要小于某一值。

② 如作电源开关的触点（如定时器的主触点、多数开关的触点），初始接触电阻不能大于30mΩ，经过寿命试验后接触电阻不能大于200mΩ。接触压力不足将会产生接触不良、开关时通时断的故障，常说的触点“抖动”现象就是接触压力不足的表现。接触电阻大将会使触点温升高，严重时会使触点熔化而黏结在一起。

③ 要求开关安装位置固定，簧片和触点定位可靠。

④ 开关的带电部分与有接地可能的非带电金属部分及人体可能接触的非金属表面之间要保持足够的绝缘距离，绝缘电阻应在20MΩ以上。

（3）万用表检查开关　对于触点隐蔽、难于观察到通断状态的开关（如自动型洗衣机上的水位开关、封闭型琴键开关），可以用万用表测电阻的方法来检查。在开关应该接通的位置，测定输入端和输出端的电阻，如阻值为无穷大，则说明开关接通；如果阻值为零或近于零，则说明开关正常；若有一定阻值，则说明接触不良（阻值越大，接触不良的现象就越严重）。如图2-101～图2-103所示。开关继电器的检测可扫二维码学习。

（4）短接检查开关　对于装配于整机上的开关，最简单的检查方法是短接检查法。当包含某一个开关的电路不能正常工作时，如

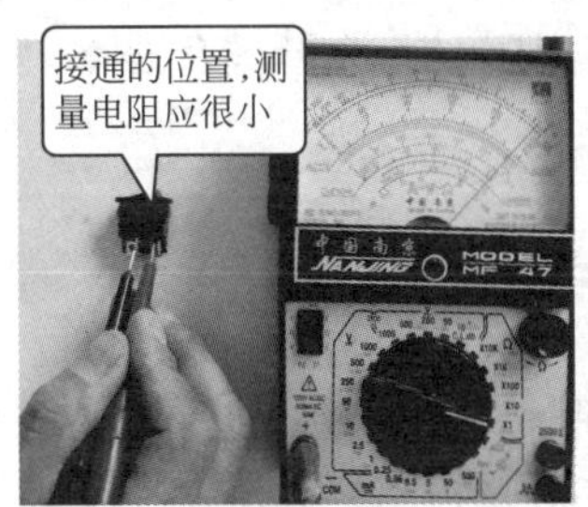

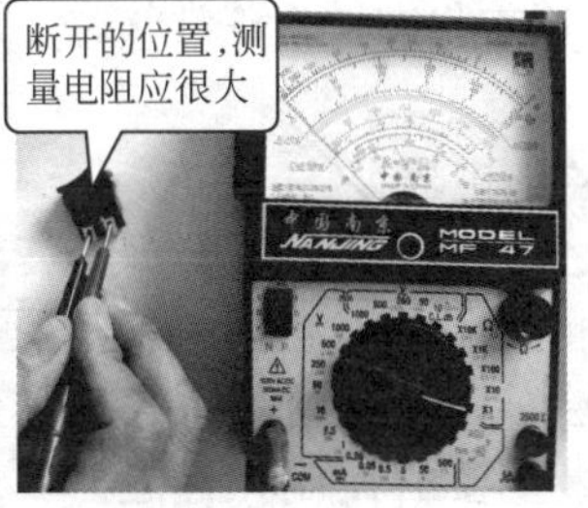

图2-101　开关通断判断（一）

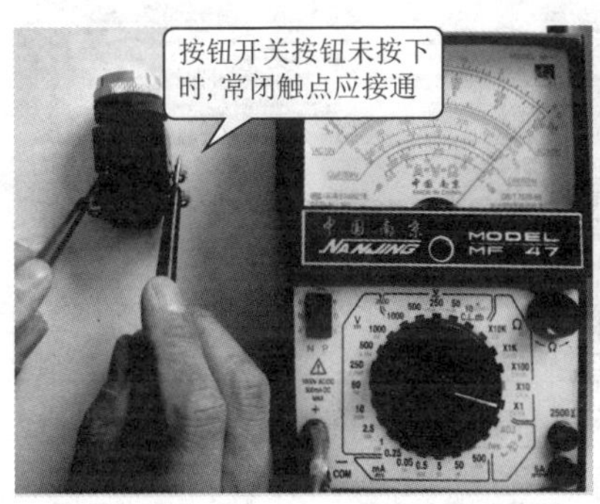

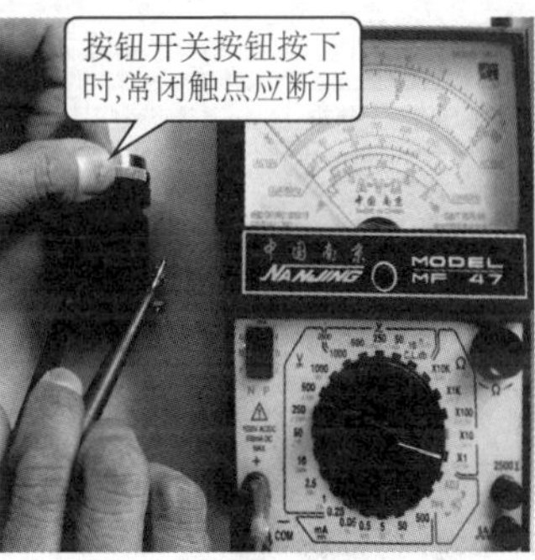

图2-102　开关通断判断（二）

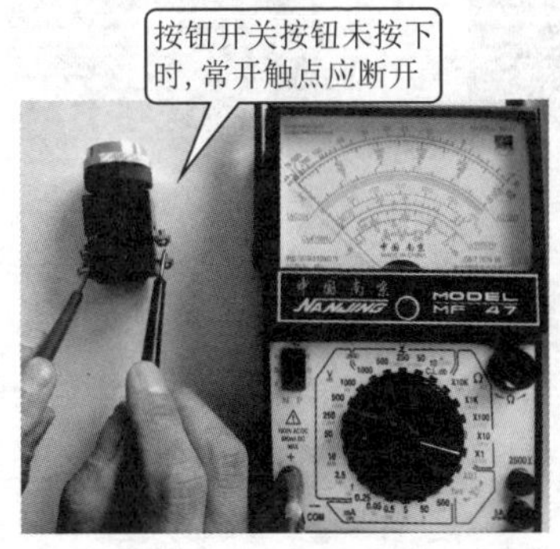

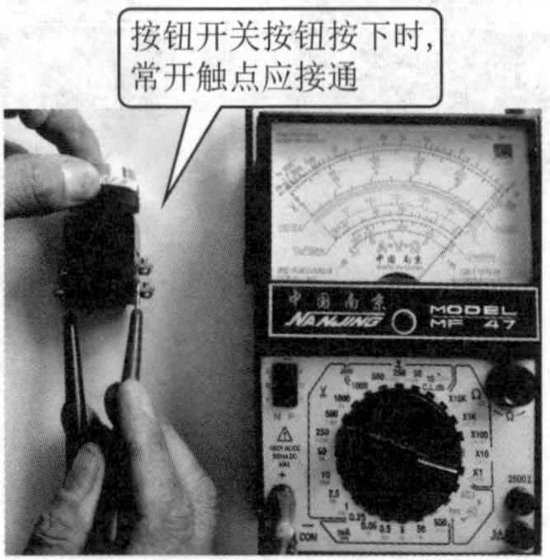

图2-103　开关通断判断（三）

怀疑该开关有故障，那么可以将此开关的输入端和输出端用导线连接起来，即通常所说的短接，短接后就相当于没有这个开关。如果短接后，原来的不正常状态转为正常状态了，则说明这个开关有故障。

2.12.2 电磁继电器

（1）认识继电器　继电器是具有隔离功能的自动开关元件，广泛应用于遥控、遥测、通信、自动控制、机电一体化及电力电子设备中，是最重要的控制元件之一。电磁继电器外形与结构如图2-104所示。

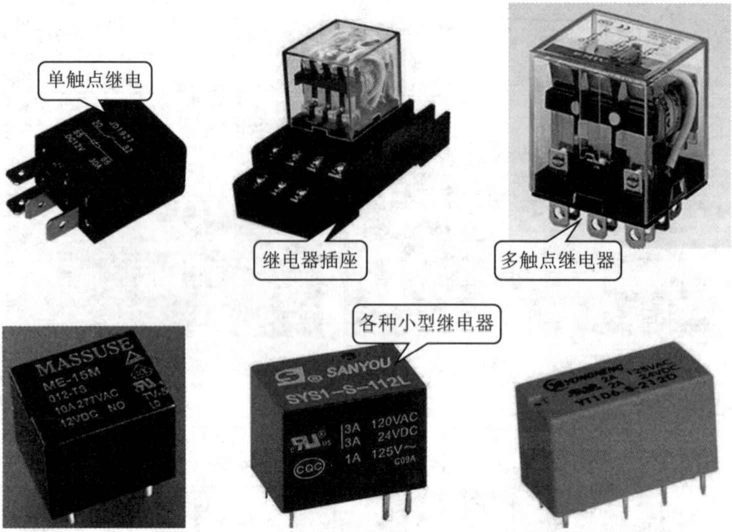

(a) 外形

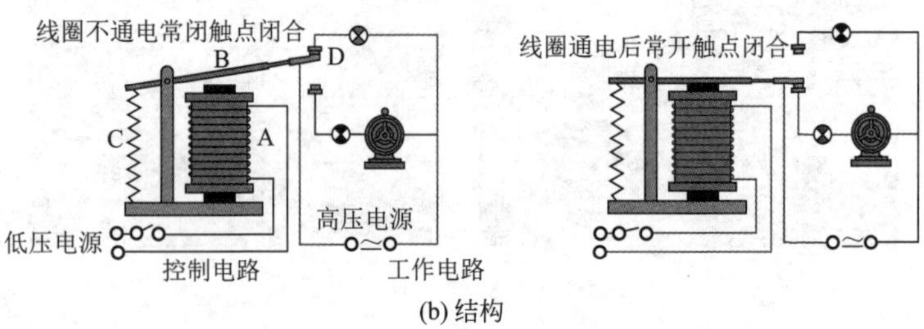

(b) 结构

图2-104　电磁继电器的外形及结构

A—电磁铁；B—衔铁；C—弹簧；D—触点

继电器一般都有能反映一定输入变量（如电流、电压、功率、阻抗、频率、温度、压力、速度、光等）的感应机构（输入部分）；有能对被控电路实现“通”、“断”控制的执行机构（输出部分）；在继电器的输入部分和输出部分之间，还有对输入量进行耦合隔离，功能处理和对输出部分进行驱动的中间机构（驱动部分）。

作为控制元件，继电器有如下几种作用：

① 扩大控制范围。例如，多触点继电器控制信号达到某一定值时，可以按触点组的不同形式，同时换接、开断、接通多路电路。

② 放大。例如灵敏型继电器、中间继电器等，用一个很微小的控制量，可以控制很大功率的电路。

③ 综合信号。例如，当多个控制信号按规定的形式输入多绕组继电器时，经过比较综合，达到预定的控制效果。

④ 自动、遥控、监测。例如，自动装置上的继电器与其他电器一起可以组成程序控制电路，从而实现自动化运行。

（2）电磁继电器的识别　根据线圈的供电方式，电磁继电器可以分为交流电磁继电器和直流电磁继电器两种，交流电磁继电器的外壳上标有“AC”字符，而直流电磁继电器的外壳上标有“DC”字符。根据触点的状态，电磁继电器可分为常开型继电器、常闭型继电器和转换型继电器3种。3种电磁继电器的图形符号如图2-105所示。

常开型继电器也称动合型继电器，通常用“合”字的拼音字头“H”表示，此类继电器的线圈没有电流时，触点处于断开状态，当线圈通电后触点就闭合。

常闭型继电器也称动断型继电器，通常用“断”字的拼音字头“D”表示，此类继电器的线圈没有电流时，触点处于接通状态，当线圈通电后触点就断开。

转换型继电器用“转”字的拼音字头“Z”表示，转换型继电器有3个一字排开的触点，中间的触点是动触点，两侧的是静触点，此类继电器的线圈没有导通电流时，动触点与其中的一个静触点接通，而与另一个静触点断开；当线圈通电后动触点移动，与原闭合的静触点断开，与原断开的静触点接通。

线圈符号	触点符号	
KR	KR-1	常开触点(动合),称H型
	KR-2	常闭触点(动断),称D型
	KR-3	转换触点(切换),称Z型
KR1	KR1-1　KR1-2　KR1-3	
KR2	KR2-1　KR2-2	

图2-105　电磁继电器的图形符号

电磁继电器按控制路数可分为单路继电器和双路继电器两大类。双控型电磁继电器就是设置了两组可以同时通断的触点的继电器，其结构及图形符号如图2-106所示。

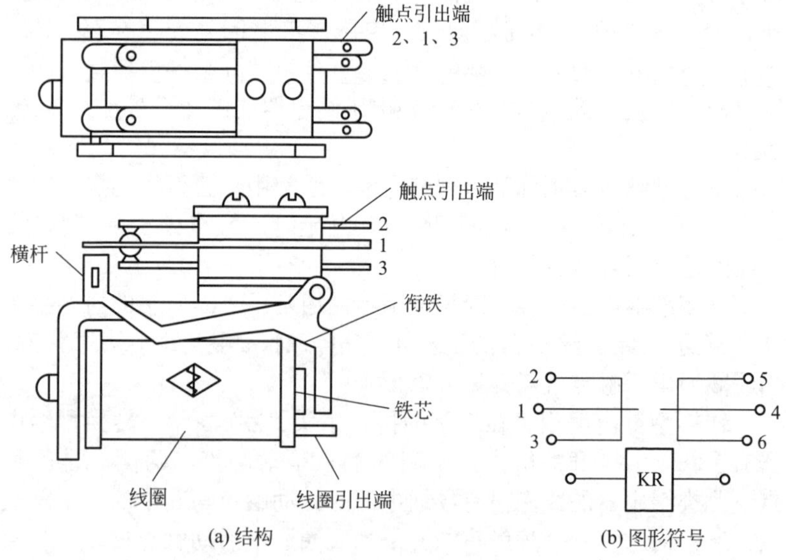

(a) 结构　　(b) 图形符号

图2-106　双控型电磁继电器的结构及图形符号

（3）电磁继电器的应用电路　图2-107为电视机开关机控制电路。用VT作为开关管。并联在继电器JK两端的二极管VD1作为续流（阻尼）二极管，为VT截止时线圈中电流突然中断产生的反电势提供通路，避免过高的反向电压击穿VT的集电结。当CPU为高电平输出时，VT1截止、VT2导通，JK吸合，电视机工作；而当CPU输出低电平时，VT1导通、VT2截止，JK无电能断开。

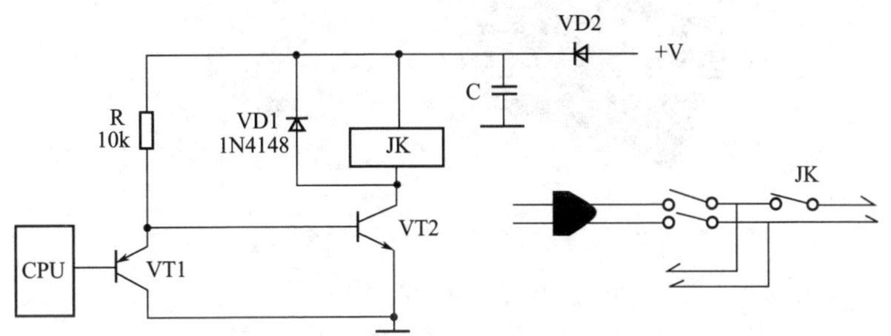

图2-107　电视机开关机控制电路

2.12.3　固态继电器

2.12.3.1　认识固态继电器

固态继电器（SSR）是一种全电子电路组合的元件，它依靠半导体器件和电子元件的电磁和光特性来完成其隔离和继电切换功能。固态继电器与传统的电磁继电器相比，是一种没有机械、不含运动零部件的继电器，但具有与电磁继电器本质上相同的功能。固态继电器的输入端用微小的控制信号直接驱动大电流负载，被广泛应用于工业自动化控制，如电炉加热系统、热控机械、遥控机械、电机、电磁阀以及信号灯、闪烁器、舞台灯光控制系统、医疗器械、复印机、洗衣机、消防保安系统等都有大量应用。固态继电器的外形如图2-108所示。

固态继电器按触发形式分为零压型（Z）和调相型（P）两种。

固态继电器主要由输入（控制）电路、驱动电路、输出（负载控制）电路、外壳和引脚构成。

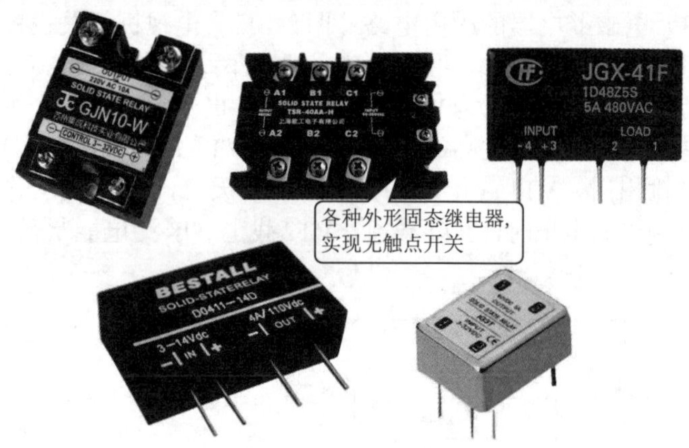

图2-108　固态继电器的实物外形

2.12.3.2　固态继电器的工作电路

（1）过零触发型交流固态继电器的工作原理　典型的过零触发型交流固态继电器（ACSSR）的工作原理如图2-109所示。①、②脚是输入端，③、④脚是输出端。R9为限流电阻；VD1是为防止反向供电损坏光耦合器IC而设置的保护管；IC将输入电路与输出电路隔离；VT1构成倒相放大器；R4、R5、VT2和单向晶闸管VS1组成过零检测电路；VD2～VD5构成整流桥，为VT1、VT2、VS1和IC等电路供电；由VS1和VD2、VD3为双向晶闸管VS2提供开启的双向触发脉冲；R3、R7为分流电阻，分别用来保护VS1和VS2，R8和C1组成浪涌吸收网络，以吸收电源中的尖峰电压或浪涌电流，防止给VS2带来冲击或干扰。

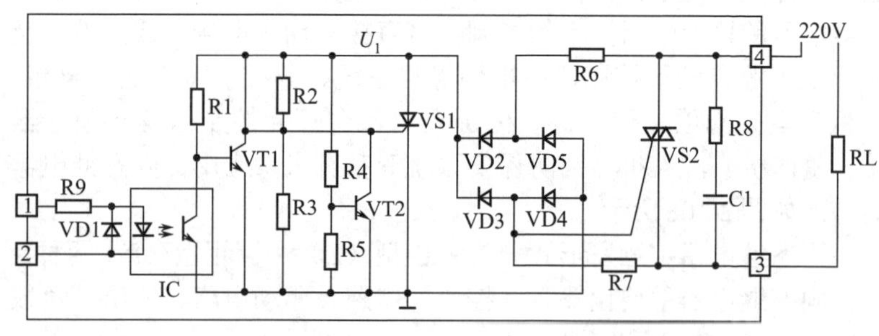

图2-109　过零触发型ACSSR的工作原理示意图

当ACSSR接入电路后，220V市电电压通过负载RL构成的回路，加到ACSSR的③、④脚上，经R6、R7限流、VD2～VD5桥式整流产生脉动电压U_1，U_1除了为IC、VT1、VT2、VS1供电外，还通过电阻采样后为VT1、VT2提供偏置电压。ACSSR的①、②脚无电压信号输入时，光电耦合器IC内的发光二极管不发光，其内部的光电三极管因无光照而截止，U_1通过R1限流使VT1导通，致使晶闸管VS1因无触发电压而截止，进而使双向晶闸管VS2因G极无触发电压而截止，ACSSR处于关闭状态。当ACSSR的①、②脚有信号输入后，通过R9使IC内的发光二极管发光，其内部的光电三极管导通，VT1因B极没电流输入而截止，VT1不再对VS1的G极电位进行控制。此时，若市电电压较高使U_1电压超过25V，通过R4、R5采样后的电压超过0.6V，VT2导通，VS1的G极仍然没有触发电压输入，VS1仍截止，从而避免市电电压高时导通，可能因功耗大而损坏。当市电电压接近过零区域，使U_1电压在10～25V的范围，经R4和R5分压产生的电压不足0.6V，VT2截止，于是U_1通过R2、R3分压产生0.7V电压使VS1触发导通。VS1导通后，220市电电压通过R6、VD2、VS1、VD4构成的回路触发VS2导通，为负载提供220V的交流供电，从而实现了过零触发控制。由于U_1电压低于10V后，VS1可能因触发电压低而截止，导致VS2也截止，所以说过零触发实际上是与220V市电电压的幅值相比可近似看作“0”而已。

当①、②脚的电压信号消失后，IC内的发光二极管和光电三极管截止，VT1导通，使VS1截止，但此时VS2仍保持导通，直到负载电流随市电电压减小到不能维持VS2导通后，VS2截止，ACSSR进入关断状态。

在ACSSR关断期间，虽然220V电压通过负载RL、R6、R7、VD2～VD5构成回路，但由于RL、R6、R7的阻值较大，只有微弱的电流流过RL，所以RL不工作。

（2）直流固态继电器的工作原理　典型的触发型直流固态继电器（DCSSR）的工作原理如图2-110所示。①、②脚是输入端，③、④脚是输出端。R1为限流电阻，VD1是为防止反向供电损坏光电耦合器IC而设置的保护管，IC将输入电路与输出电路隔离，

VT1构成射随放大器，VT2是输出放大器，R2、R3是分流电阻，VD2是为防止VT2反向击穿而设置的保护管。

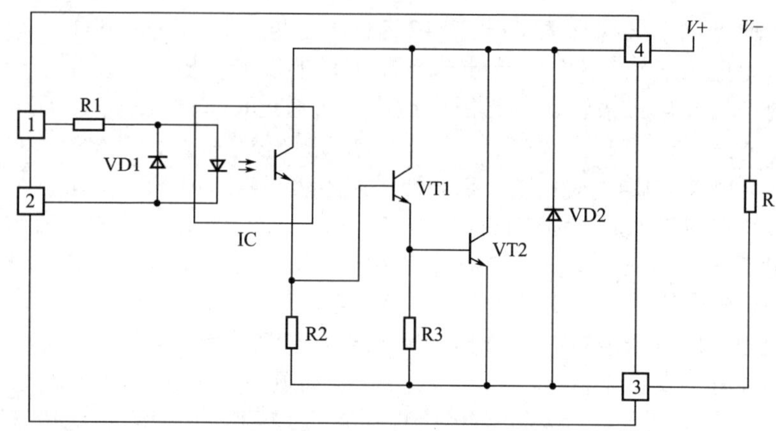

图2-110　DCSSR的工作原理示意图

当DCSSR的①、②脚无电压信号输入时，光电耦合器IC内的发光管不发光，其内部的光电三极管因无光照而截止，致使VT1和VT2相继截止，DCSSR处于关闭状态。当DCSSR的①、②脚有信号输入后，通过R1使IC内的发光二极管发光，其内部的光电三极管导通，由光电三极管的E极输出的电压加到VT1的B极，经VT1射随放大后，从VT1的E极输出，再使VT2饱和导通，给负载提供直流电压，负载开始工作。

当①、②脚的电压信号消失后，IC内的发光管和光敏三极管相继截止，VT1和VT2因B极无导通电压输入而截止，DCSSR进入关断状态。

2.12.3.3　固态继电器的应用

图2-111所示为光电式水龙头电路。当手靠近时，挡住VD1发光，CX20106⑦脚高电平，K吸合，带动电磁阀工作，水流出；洗手完毕后，VD1又照到PH302，K截止，电磁阀不工作，并关闭水阀。

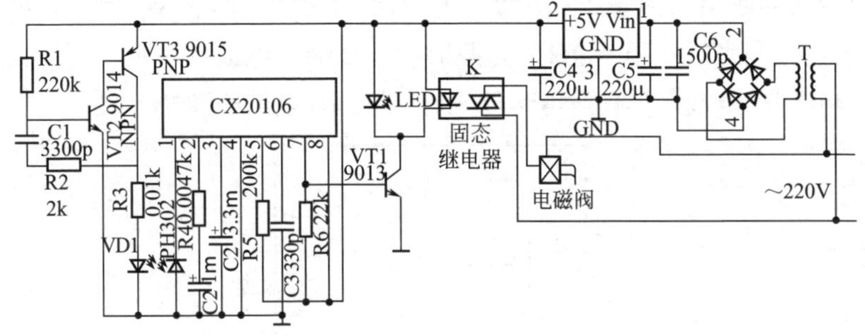

图2-111　光电式水龙头电路

2.12.4　干簧管继电器

（1）认识干簧管继电器　干簧管继电器利用线圈通过电流产生的磁场切换触点。干簧管继电器的外形、结构及图形符号如图2-112所示。

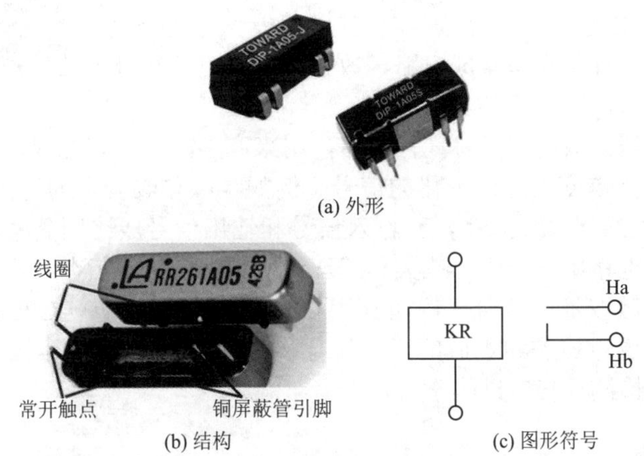

图2-112　干簧管继电器外形、结构及图形符号

将线圈及线圈中的干簧管封装在磁屏蔽盒内。干簧管继电器结构简单、灵敏度高，常用在小电流快速切换电路中。

（2）干簧管继电器应电电路　图2-113为干簧管继电器应用电

路。KR选用线圈额定电压为3V、标称电阻值为700Ω的干簧管继电器。当光敏电阻器RG受光照射时，线圈中电流超过吸合电流值（4mA），常开触点Ha-Hb吸合，接通蜂鸣器HA而发声。

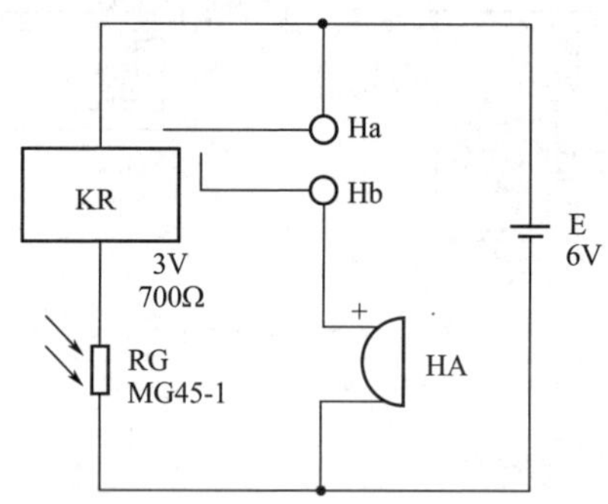

图2-113　干簧管继电器应用电路

2.13　集成电路与稳压器件及电路

集成电路，又称为IC，按其功能、结构的不同，可以分为模拟集成电路、数字集成电路和数/模混合集成电路三大类。

模拟集成电路又称线性电路，用来产生、放大和处理各种模拟信号（指幅度随时间变化的信号。例如半导体收音机的音频信号、录放机的磁带信号等），其输入信号和输出信号成比例关系。而数字集成电路用来产生、放大和处理各种数字信号（指在时间上和幅度上离散取值的信号。例如3G手机、数码相机、电脑CPU、数字电视的逻辑控制和重放的音频信号和视频信号）。集成电路与稳压器件的检测可扫二维码学习。

2.13.1　集成电路的封装及引脚排列

集成电路明显特征是引脚比较多（远多于三个引脚），各引脚均匀分布。集成电路一般是长方形的，也有方形的。大功率集成电路带金属散热片，小功率集成电路没有散热片。

（1）单列直插式封装　单列直插式封装（SIP）集成电路引脚从封装一个侧面引出，排列成一条直线。通常，它们是通孔式的，引脚插入印制电路板的金属孔内。当装配到印制基板上时封装呈侧立状。单列直插式封装集成电路的外形如图2-114所示。

图2-114　单列直插式封装集成电路的外形

单列直插式封装集成电路的封装形式很多，集成电路都有一个较为明显的标记来指示第一个引脚的位置，而且是自左向右依次排序，这是单列直插式封装集成电路的引脚分布规律。

若无任何第一个引脚的标记，则将印有型号的一面朝着自己，且将引脚朝下，最左端为第一个引脚，依次为各引脚，如图2-115所示。

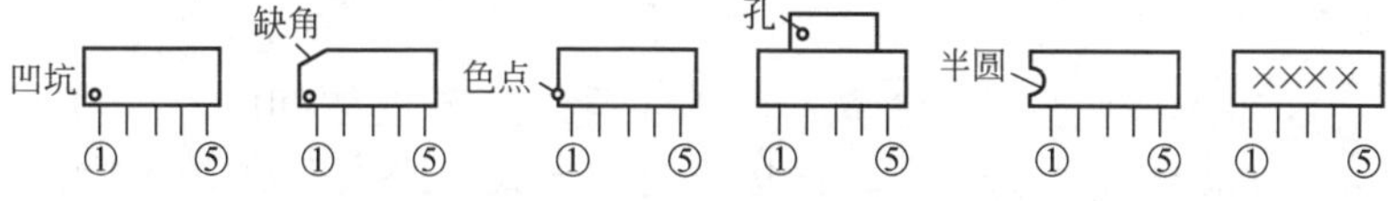

图2-115　单列直插式封装集成电路引脚排列

（2）单列曲插式封装　锯齿形单列式封装（ZIP）是单列直插式封装形式的一种变化，它的引脚仍是从封装体的一边伸出，但排列成锯齿形。这样，在一个给定的长度范围内，提高了引脚密度。引脚中心距通常为2.54mm，引脚数为2～23，多数为定制产品。单列曲插式封装集成电路的外形如图2-116所示。

单列曲插式封装集成电路的引脚呈一列排列，但是引脚是弯曲的，即相邻两个引脚弯曲排列。单列曲插式封装集成电路还有许多，它们都有一个标记是指示第一个引脚的位置，然后依次从左向右为各引脚，这是单列曲插式封装集成电路的引脚分布规律。

图2-116　单列曲插式封装集成电路的外形

当单列曲插式封装集成电路上无明显的标记时，可按单列直插式集成电路引脚识别方法来识别，如图2-117所示。

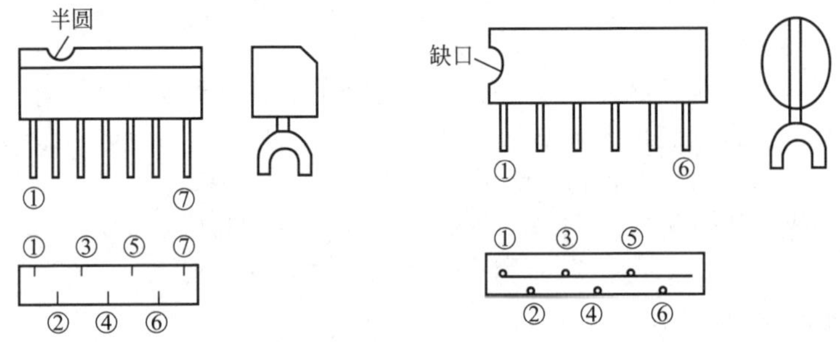

图2-117　单列曲插式封装集成电路引脚排列

（3）双列直插式封装　双列直插式封装也称DIP封装（Dual Inline Package），是一种最简单的封装方式。绝大多数中小规模集成电路均采用双列直插形式封装，其引脚数一般不超过100。DIP封装的CPU芯片有两排引脚，需要插入到具有DIP结构的芯片插座上。双列直插式封装集成电路的外形如图2-118所示。

图2-118　双列直插式封装集成电路的外形

双列直插式集成电路引脚分布规律也很一般，有各种形式的明显标记，指明是第一个引脚的位置，然后沿集成电路外沿逆时针方向依次为各引脚。

无任何明显的引脚标记时，将印有型号的一面朝着自己正向放置，左侧下端第一个引脚为①脚，逆时针方向依次为各引脚。如图2-119所示。

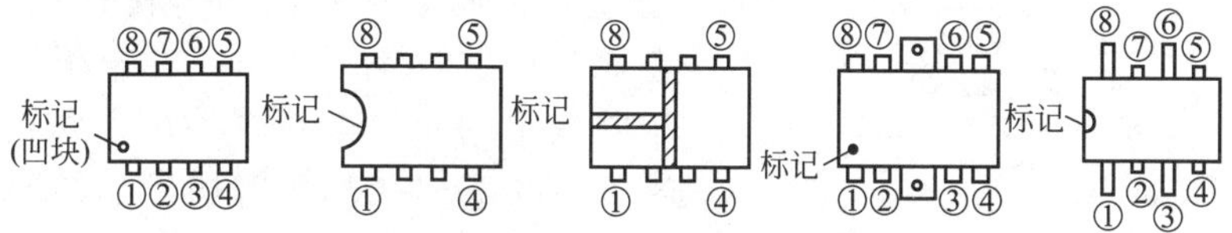

图2-119 双列直插式封装集成电路引脚排列

（4）四列表贴封装 随着生产技术的提高，电子产品的体积越来越小，体积较大的直插式封装集成电路已经不能满足需要。故设计者又研制出一种贴片封装集成电路，这种封装的集成电路引脚很小，可以直接焊接在印制电路板的印制导线上。四列表贴封装集成电路的外形如图2-120所示。

图2-120 四列表贴封装集成电路的外形

四列表贴封装集成电路的引脚分成四列，集成电路左下方有一个标记，左下方第一个引脚为①脚，然后逆时针方向依次为各引脚。

四列表贴封装集成电路引脚排列如图2-121所示。

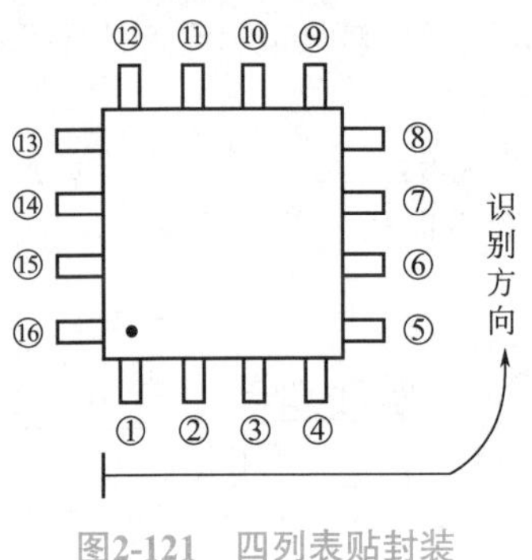

图2-121 四列表贴封装集成电路引脚排列

（5）金属封装 金属封装是半导体器件封装的最原始形式，它将分立器件或集成电路置于一个金属容器中，用镍作封盖并镀上金。金属圆形外壳采用由可伐合金材料冲制成的金属底座，借助封接玻璃，在氮气保护气氛下将可伐合金引线按照规定的布线方式熔装在金属底座上，经过引线端头的切平和磨光后，再镀镍、金等惰性金属给予保护。在底座中心进行芯片安装和在引线端头用铝硅丝进行键合。组装完成后，用10号钢带所冲制成的镀镍封帽进行封装，构成气密的、坚固的封装结构。金属封装的优点是气密性好，不受外界环境因素的影响；它的缺点是价格昂贵，外形单一，不能满足半导体器件日益快速发展的需要。现在，金属封装所占的市场份额已越来越小，几乎已没有商品化的产品。少量产品用于特殊性能要求的军事或航空航天技术中。金属封装集成电路的外形如图2-122所示。

图2-122 金属封装集成电路的外形

采用金属封装集成电路，外壳呈金属圆帽形，引脚识别方法：将引脚朝上，从突出键标记端起，顺时针方向依次为各引脚。

金属封装集成电路引脚排列图如图2-123所示。

（6）反方向引脚排列集成电路 前面介绍的集成电路均为引脚

正向分布的集成电路，引脚从左向右依次分布，或从左下方第一个引脚逆时针方向依次分布各引脚。

引脚反向分布的集成电路则是从右向左依次分布，或从左上端第一个引脚为①脚，顺时针方向依次分布各引脚，与引脚正向分布的集成电路规律恰好相反。

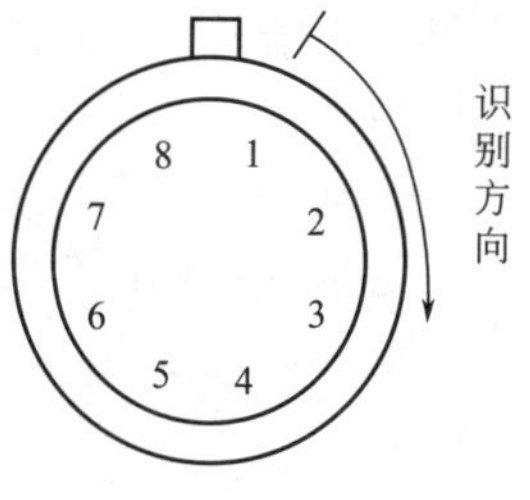

图2-123　金属封装集成电路引脚排列

引脚正、反向分布规律可以从集成电路型号上识别，例如，HA1366W引脚为正向分布，HA1366WR引脚为反向分布，型号后多一个大写字母R表示这一集成电路的引脚为反向分布，它们的电路结构、性能参数相同，只是引脚分布相反。

（7）厚膜电路　厚膜电路也称为厚膜块，其制造工艺与半导体集成电路有很大不同。它将晶体管、电阻、电容等元器件在陶瓷片上或用塑料封装起来。其特点是集成度不是很高，但可以耐受的功率很大，常应用于大功率单元电路中。图2-124所示为厚膜电路，引出线排列顺序从标记开始从左至右依次排列。

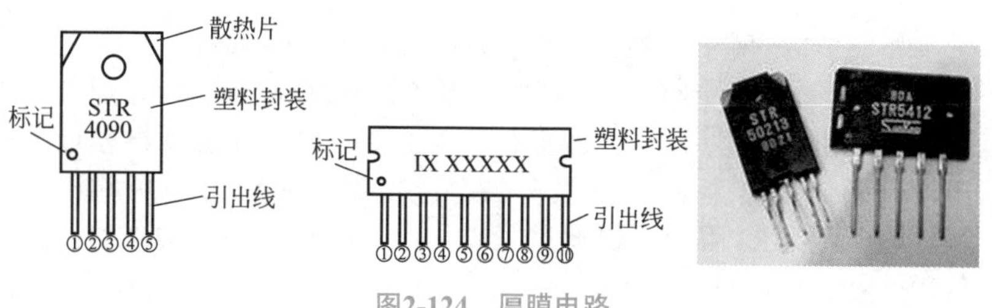

图2-124　厚膜电路

2.13.2　三端稳压器件

三端稳压器主要有两种：一种输出电压是固定的，称为固定输出三端稳压器；另一种输出电压是可调的，称为可调输出三端稳压器。其基本原理相同，均采用串联型稳压电路。在线性集成稳压器中，由于三端稳压器只有三个引出端子，具有外接元器件少、使用方便、性能稳定和价格低廉等优点，因而得到广泛应用。

（1）78××系列三端稳压器　78××系列三端稳压器由启动电路（恒流源）、采样电路、基准电路、误差放大器、调整管、保护电路等构成，如图2-125所示。

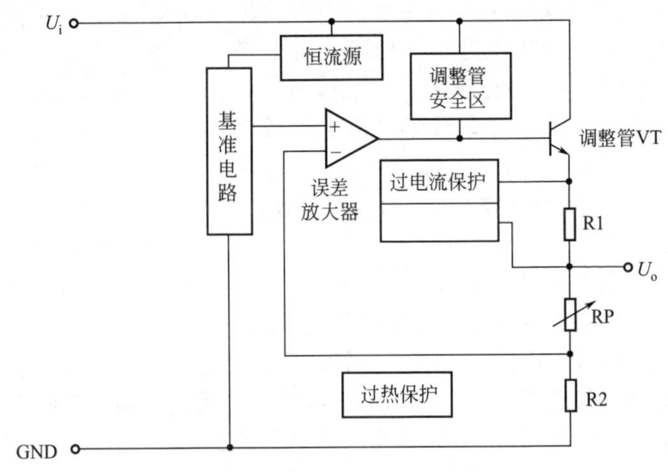

图2-125　78××系列三端稳压器的构成

如图2-125所示，当78××系列三端稳压器输入端有正常的供电电压U_i输入后，该电压不仅加到调整管VT的C极，而且通过恒流源为基准电路供电，由基准电路产生基准电压并加到误差放大器，误差放大器为VT的B极提供基准电压，使VT的E极输出电压，该电压经R1限流，再通过三端稳压器的输出端子输出后，为负载供电。

当输入电压升高或负载变轻，引起三端稳压器输出电压U_o升高时，通过RP、R2采样后电压升高。该电压加到误差放大器后，使误差放在器为调整管VT提供的电压减小，VT因B极输入电压减小导通程度减弱，VT的E极输出电压减小，最终使U_o下降到规定值。当输出电压U_o下降时，稳压控制过程相反。这样，通过该电路的控制确保稳压器输出的电压U_o不随供电电压U_i高低和负载轻重变化而变化，实现稳压控制。

当负载异常引起调整管过电流时，被过电流保护电路检测后，使调整管VT停止工作，避免调整管过电流损坏，实现了过电流保护。另外，VT过电流时，温度会大幅度升高，被芯片内的过热保护电路检测后，也会使VT停止工作，避免了VT过热损坏，实现了过热保护。

（2）79××系列三端稳压器　79××系列三端稳压器的构成和78××系列三端稳压器基本相同，如图2-126所示。

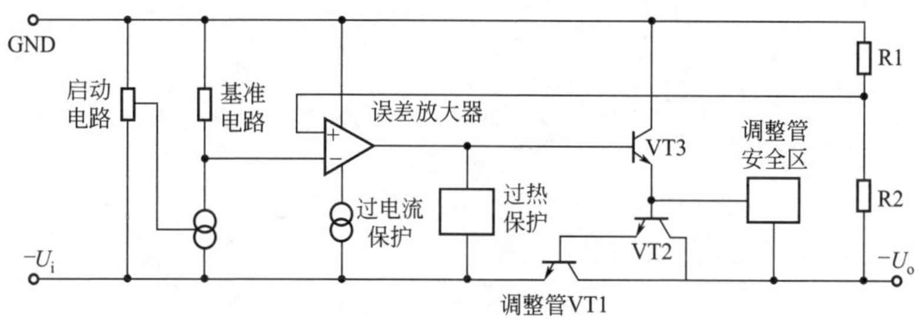

图2-126　79××系列三端稳压器的构成

如图2-126所示，79××系列三端稳压器的工作原理和78××系列三端稳压器一样，区别就是它采用的是负压电和负压输出方式。

（3）可调式三端稳压器

① 按输出电压分类。可调式三端稳压器按输出电压可分为4种：第一种的输出电压为1.2～15V，如LM196/396；第二种的输出电压为1.2～32V，如LM138/238/338；第三种的输出电压为1.2～33V，如LM150/250/350；第四种的输出电压为1.2～37V，如LM117/217/317。常见可调式三端稳压器封装见图2-127。

② 按输出电流分类。可调式三端稳压器按输出电流分为0.1A、0.5A、1.5A、3A、5A、10A。如果稳压器型号后面加字母L，说明该稳压器的输出电流为0.1A，如LM317L就是最大输出电流为0.1A的稳压器；如果稳压器型号后面加字母M，说明该稳压器的输出电流为0.5A，如LM317M就是最大输出电流为0.5A的稳压器；如果稳压器型号后面没有加字母，说明该稳压器的输出电流为1.5A，如LM317就是最大输出电流为1.5A的稳压器，而LM138/238/338是5A的稳压器，LM196/396是10A的稳压器。

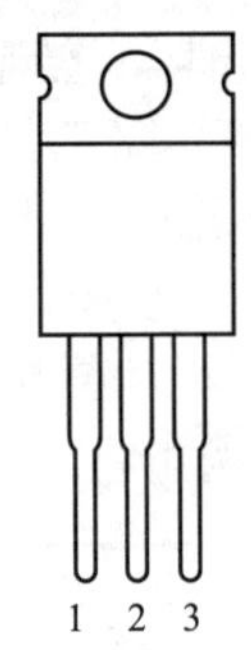

(a) 塑封直插
1脚调整端，2脚输出，3脚输入

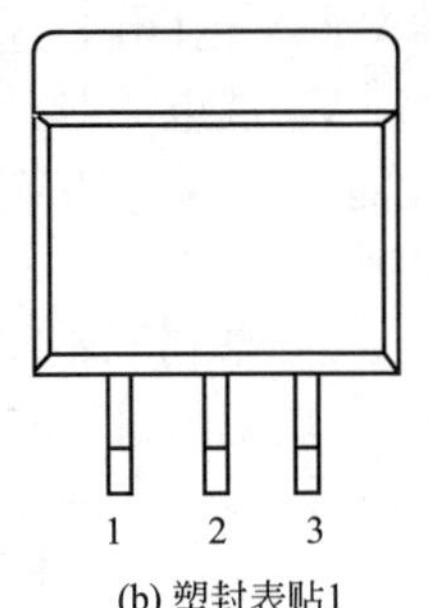

(b) 塑封表贴1
1脚调整端，2脚输出，3脚输入

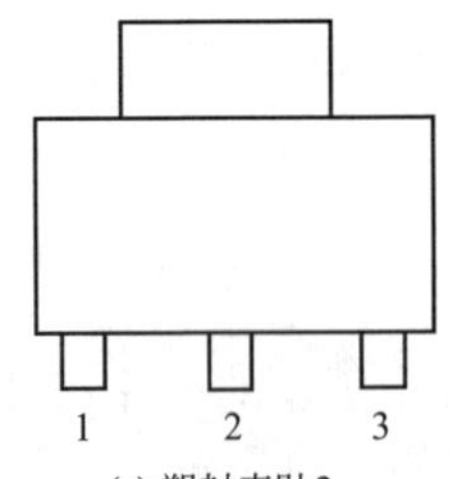

(c) 塑封表贴2
1脚调整端，2脚输出，3脚输入

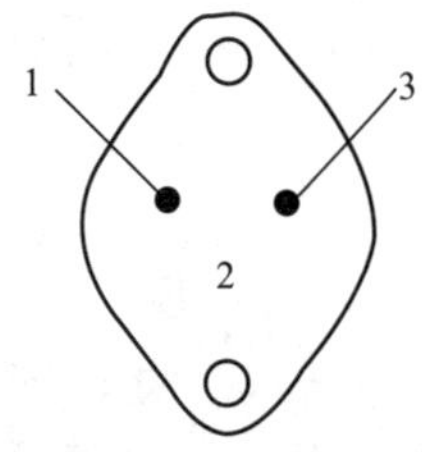

(d) 金属封装1
1脚调整端，2脚输出，3脚输入

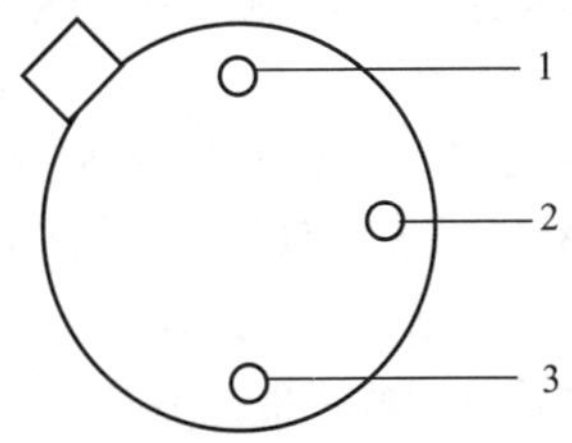

(e) 金属封装2
1脚输入，2脚调整端，3脚输出

图2-127　常见可调式三端稳压器封装

③ 工作原理。可调式三端稳压器由恒流源（启动电路）、基准电压形成电路、调整器（调整管）、误差放大器、保护电路等构成。三端可调稳压器LM317的构成如图2-128所示。

当稳压器LM317的输入端有正常的供电电压输入后，该电压不仅为调整器（调整管）供电，而且通过恒流源为基准电压放大器供电，由它产生基准电压并加到误差放大器的同相（+）输入端后，误差放大器为调整器提供导通电压，使调整器开始输出电压，该电压通过输出端子输出后，为负载供电。

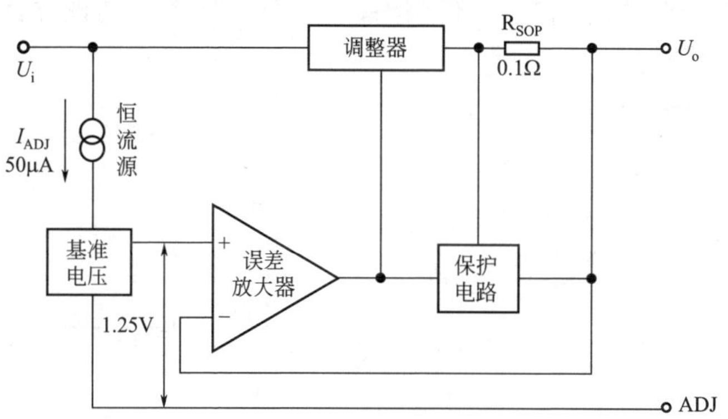

图2-128 可调式三端稳压器LM317的构成

当输入电压升高或负载变轻，引起LM317输出电压升高时，误差放大器反相（−）输入端输入的电压增大，误差放大器为调整器提供的电压减小，调整器输出电压减小，最终使输出电压下降到规定值。输出电压下降时，稳压控制过程相反。这样，通过该电路的控制确保稳压器输出的电压不随供电电压和负载变化而变化，实现稳压控制。

LM317没有设置接地端，它的1.25V基准电压发生器接在调整ADJ上，这样改变ADJ端子电压，就可以改变LM317输出电压的大小。比如，通过控制电路的调整使用ADJ端子电压升高后，基准电压发生器输出的电压就会升高，误差放大器的电压因同相输入端电压升高而升高，该电压加到调整器后，调整器输出电压升高，稳压器为负载提供的电压升高；通过控制电路的调整使ADJ端子电压减小后，稳压器为负载提供的电压降低。

当负载异常引起调整器过电流时，被过电流保护电路检测后，使调整器停止工作，避免调整器过电电流损坏，实现了过电流保护。另外，调整器过电流时，温度会大幅度升高，被芯片内的过热保护电路检测后，也会使调整器停止工作，避免了调整器过热损坏，实现了过热保护。

（4）三端误差放大器　三端误差放大器TL431（或KIA431、KA431、LM431、HA17431）在电源电路中应用得较多。TL431属于精密型误差放大器，它有8脚直插式和3脚直插式两种封装形式，如图2-129所示。

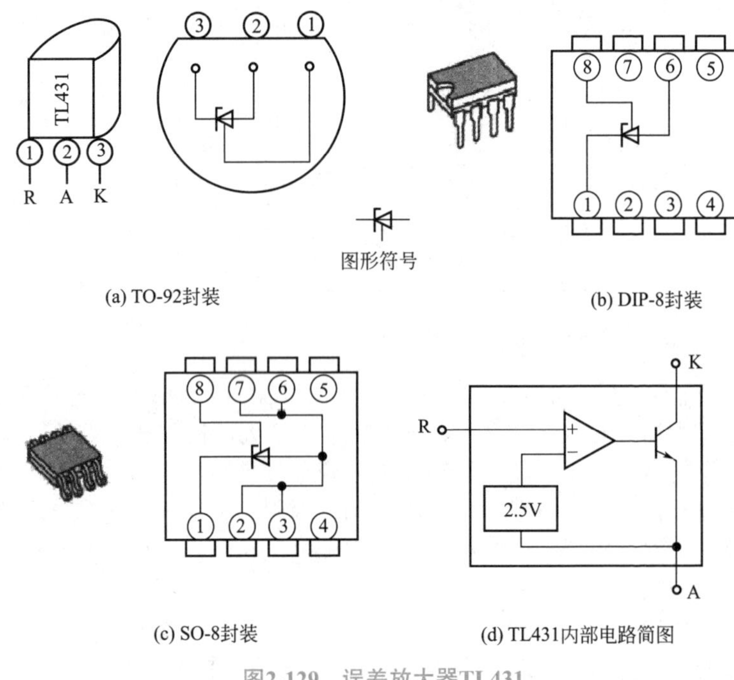

(a) TO-92封装　(b) DIP-8封装　(c) SO-8封装　(d) TL431内部电路简图

图2-129　误差放大器TL431

目前，常用的是3脚封装（外形类似2SC1815）。它有3个引脚，分别是误差信号输入端R（有时也标注为G）、接地端A、控制信号输出端K。

当R脚输入的误差采样电压超过2.5V时，TL431内比较器输出的电压升高，使三极管导通加强，TL431的K极电位下降；当R脚输入的电压低于2.5V时，K脚电位升高。

chapter 3

常用低压电气部件识图与低压变配电线路

3.1 低压电器的分类与代号

3.1.1 低压控制器件的分类

低压电气设备分类虽多，种类虽广，但不外乎两大基本类别：一是机床拖动的动力源——各种电动机，例如直流电动机、三相交流笼型异步电动机、三相交流绕线转子异步电动机等；二是控制这些电动机运转的各种控制电气元件，例如接触器、继电器、按钮等。

低压电器一般是指交流及直流电压在1200V的电力线路中起保护、控制或调节等作用的电器，按其用途或所控制的对象来说，可概括为两大类：即低压配电电器与低压控制电器。

（1）低压配电电器　包括：刀开关、转换开关、熔断器、低压断路器和保护继电器。

（2）低压控制电器　包括：控制继电器、接触器、启动器、控

表 3-1 低压电器产品的类组代号表

代号	名称	A	B	C	D	G	H	J	K	L	M	P	Q	R	S	T	U	W	X	Y	Z
H	刀开关和转换开关				刀开关		封闭式负荷开关		开启式负荷开关					熔断器式刀开关	刀形转换开关					其他	组合开关
R	熔断器			插入式			汇流排式			螺旋式	封闭管式				快速	有填料管式			限流	其他	
D	低压断路器									照明	灭磁				快速			柜架式①	限流	其他	塑料外壳式②
K	控制器					鼓形						平面				凸轮				其他	
C	接触器					高压		交流				中频			时间					其他	直流
Q	启动器	按钮		磁力				减压							手动		油浸		星三角	其他	综合
J	控制继电器									电流				热	时间	通用				其他	中间

续表

代号	名称	A	B	C	D	G	H	J	K	L	M	P	Q	R	S	T	U	W	X	Y	Z
L	主令电器	按钮							主令控制器						主令开关	足踏开关	旋钮	万能转换开关	位置开关	其他	
Z	电阻器		板形元件	冲片元件		管形元件									烧结元件	铸铁元件			电阻器	其他	
B	变阻器			旋臂式						励磁		频敏	启动		石墨	启动调速	油浸启动	液体启动	滑线式	其他	
T	调整器																				
M	电磁铁				电压								牵引					起重			制动
A	其他		保护器	插销	灯		接线盒			铃											

①原称万能式。
②原称装置式。

制器、主令电器、电阻器、变阻器和电磁铁。

3.1.2 低压控制器件的代号

低压电器的型号用字母和数字表示，字母代表类组代号，最多三位，类组代号见表3-1，后几位为对应的参数。

例如：JR16-20/3表示热继电器16系列、额定电流20A、三相结构。

3.2 常用电气器件与部件

3.2.1 熔断器

（1）熔断器的用途　熔断器是低压电力拖动系统和电气控制系统中使用最多的安全保护电器之一，其主要用于短路保护，也可用于负载过载保护。熔断器主要由熔体和安装熔体的熔管、熔座组成，各部分的作用如表3-2所示，常见的低压熔断器外形结构及用途见表3-3。

表3-2　熔断器各部分作用

各部分名称	材料及作用
熔体	铅、铅锡合金或锌等低熔点材料制成，多用于小电流电路；银、铜等较高熔点金属制成，多用于大电流电路
熔管	用耐热绝缘材料制成，在熔体熔断时兼有灭弧的作用
底座	用于固定熔管和外接引线

表3-3　常见低压熔断器外形结构及用途

名　称	插入式熔断器	螺旋式熔断器
结构图	瓷底座 动触点 熔体 静触点 瓷插件	熔断体 底座 瓷帽
用途	低压分支电路的短路保护	常用于机床电气控制设备保护

续表

名称	无填料密闭管式熔断器	有填料密闭管式熔断器
结构图	铜圈 熔管 管帽 触刀 熔片 特殊垫圈 插座	弹簧片 管体 绝缘手柄 瓷底座 熔体
用途	用于低压电力网或成套配电设备	绝缘管内装用石英沙作填料，用来冷却和熄灭电弧，用于大容量的电力网或成套配电设备

熔体在使用时应串联在需要保护的电路中，熔体是用铅、锌、铜、银、锡等金属或电阻率较高、熔点较低的合金材料制作而成的。如图3-1所示为熔断器实物。

图3-1 常见熔断器实物

（2）熔断器的选用原则 在低压电气控制电路中选用熔断器时，常常只考虑熔断器的主要参数，如额定电流、额定电压和熔体的额定电流。

① 额定电流：在电路中熔断器能够正常工作而不损坏时所通过的最大电流，该电流由熔断器各部分在电路中长时间正常工作时的温度所决定。因此在选用时熔断器的额定电流不应小于所选用熔体的额定电流。

② 额定电压：在电路中熔断器能够正常工作而不损坏时所承受的最高电压。如果熔断器在电路中的实际工作电压大于其额定电压，那么熔体熔断时有可能会引起电弧不能熄灭的恶果。因此在选用时熔断器的额定电压应高于电路中实际工作电压。

③ 熔体额定电流：在规定的工作条件下，长时间流过熔体而熔体不损坏的最大安全电流。实际使用中，额定电流等级相同的熔断器可以选用若干个等级不同的熔体电流。根据不同的低压熔断器

所要保护的负载，选择熔体电流的方法也有所不同，见表3-4。

表3-4 低压熔断器熔体选用原则

保护对象	选用原理
电炉和照明等电阻性负载短路保护	熔体的额定电流等于或稍大于电路的工作电流
保护单台电动机	考虑到电动机会受到启动电流的冲击，熔体的额定电流应大于等于电动机额定电流的1.5～2.5倍。一般情况下，轻载启动或启动时间短时选用1.5倍，重载启动或启动时间较长时选2.5倍
保护多台电动机	熔体的额定电流应大于等于容量最大电动机额定电流的1.5～2.5倍与其余电动机额定电流之和
保护配电电路	为防止熔断器越级动作而扩大断路范围，一级熔体的额定电流应比前一级熔体的额定电流至少要大一个等级

（3）熔断器的常见故障及处理措施　低压熔断器的好坏判断：指针表电阻挡测量，若熔体的电阻值为零说明熔体是好的；若熔体的电阻值不为零说明熔体损坏，必须更换熔体。低压熔断器的常见故障及处理方案，见表3-5。

表3-5 熔断器的常见故障及处理方法

故障现象	故障分析	处理措施
电路接通瞬间，熔体熔断	熔体电流等级选择过小	更换熔体
	负载侧短路或接地	排除负载故障
	熔体安装时受机械损伤	更换熔体
熔体未见熔断，但电路不通	熔体或接线座接触不良	重新连接

3.2.2 刀开关

（1）刀开关的用途　刀开关是一种使用最多、结构最简单的手动控制的低压电器，是低压电力拖动系统和电气控制系统中最常用的电气元件之一，普遍用于电源隔离，也可用于直接接通和断开小规模的负载，如小电流供电电路、小容量电动机的启动和停止。刀开关和熔断器组合使用是电力拖动控制线路中最常见的一种结合。刀开关由操作手柄、动触点、静触点、进线端、出线端、绝缘底板和胶盖组成。常见的刀开关外形结构及用途见表3-6。如图3-2所示为刀开关实物。

表3-6　常见刀开关外形结构及用途

名称	胶盖闸刀开关（开启式负荷开关）	铁壳开关（封闭式负荷开关）
结构图	瓷柄 动触点 出线座 瓷底 胶盖 胶盖紧固螺钉 熔丝 进线座 静触点	速断弹簧 熔断器 静夹座 闸刀 转轴 手柄
用途	应用于额定电压为交流380V或直流440V、额定电流不超过60A的电气装置，不频繁地接通或切断负载电路，具有短路保护作用	适用于各种配电设备中，供手动不频繁地接通和分断负载电路，并可控制15kW以下交流异步电动机的不频繁直接启动及停止，具有电路保护功能

（2）刀开关的选用原则　在低压电气控制电路选用刀开关时，常常只考虑刀开关的主要参数，如额定电流、额定电压。

① 额定电流：在电路中刀开关能够正常工作而不损坏时所通过的最大电流，因此在选用时刀开关的额定电流不应小于负载的额定电流。

因负载的不同，选用额定电流的大小也不同。用作隔离开关或用于照明、加热等电阻性负载时，额定电流要等于或略大于负载的额定电流；用于直接启动和停止电动机时，瓷底胶盖闸刀开关只能控制容量在5.5kW以下的电动机，额定电流应大于电动机的额定电流；铁壳开关的额定电流应小于电动机额定电流的2倍；组合开关的额定电流应不小于电动机额定电流的2～3倍。

图3-2　刀开关实物

② 额定电压：在电路中刀开关能够正常工作而不损坏时所承受的最高电压。因此在选用时刀开关的额定电压应高于电路中实际工作电压。

（3）刀开关的常见故障及处理措施　见表3-7。

表3-7　刀开关的常见故障及处理措施

种　类	故障现象	故障分析	处理措施
开启式负荷开关	合闸后，开关一相或两相开路	静触点弹性消失，开口过大，造成动、静触点接触不良	整理或更换静触点
		熔丝熔断或虚连	更换熔丝或紧固
		动、静触点氧化或有尘污	清洗触点
		开关进线或出线线头接触不良	重新连接
	合闸后，熔丝熔断	外接负载短路	排除负载短路故障
		熔体规格偏小	按要求更换熔体
	触点烧坏	开关容量太小	更换开关
		拉、合闸动作过慢，造成电弧过大，烧毁触点	修整或更换触点，并改善操作方法
封闭式负荷开关	操作手柄带电	外壳未接地或接地线松脱	检查后，加固接地导线
		电源进出线绝缘损坏碰壳	更换导线或恢复绝缘
	夹座（静触点）过热或烧坏	夹座表面烧毛	用细锉修整夹座
		闸刀与夹座压力不足	调整夹座压力
		负载过大	减轻负载或更换大容量开关

（4）刀开关的使用注意事项

① 以使用方便和操作安全为原则，封闭式负荷开关安装时必须垂直于地面，距地面的高度应在1.3 ～ 1.5m之间，开关外壳的接地螺钉必须可靠接地。

② 接线规则：电源进线接在静夹座一边的接线端子上，负载引线接在熔断器一边的接线端子上，且进出线必须穿过开关的进出线孔。

③ 分合闸操作规则：应站在开关的手柄侧，不准面对开关，避免因意外故障电流使开关爆炸，造成人身伤害。

④ 大容量的电动机或额定电流在100A以上的负载不能使用封闭式负荷开关控制，避免产生飞弧灼伤手。

3.2.3 中间继电器

（1）中间继电器的外形及结构　交、直流中间继电器，常见的有JZ7，其结构如图3-3、图3-4所示。它是整体结构，采用螺管直动式磁系统及双断点桥式触点。基本结构交直通用，交流铁芯为平顶形；直流铁芯与衔铁为圆锥形接触面，以获得较平坦的吸力特性。触点采用直列式布置，对数可达8对，可按6开2闭、4开4闭或2开6闭任意组合。变换反力弹簧的反作用力，可获得动作特性的最佳配合。

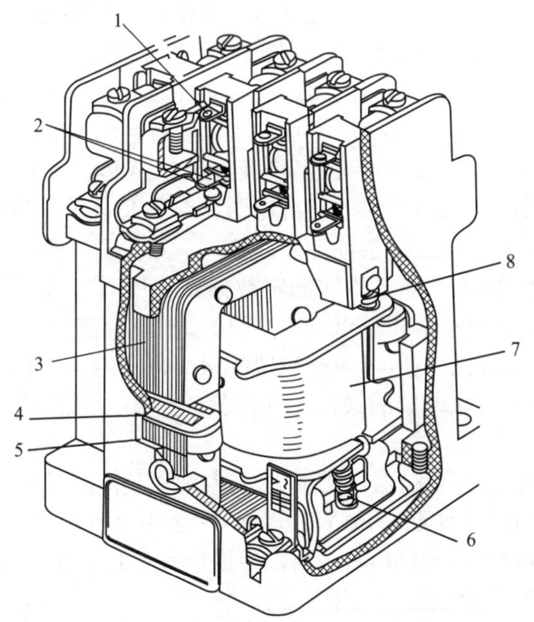

图3-3　JZ系列中间继电器

1—常闭触点；2—常开触点；3—动铁芯；4—短路环；5—静铁芯；6—反作用弹簧；7—线圈；8—复位弹簧

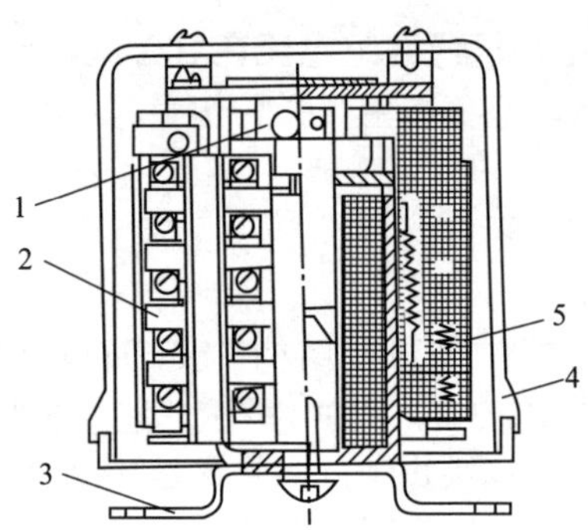

图3-4 磁式中间继电器结构

1—衔铁；2—触点系统；3—支架；4—罩壳；5—电压线圈

（2）中间继电器的选用原则

① 种类、型号与使用类别：选用继电器的种类，主要看被控制和保护对象的工作特性；而型号主要依据控制系统提出的灵敏度或精度要求进行选择；使用类别决定了继电器所控制的负载性质及通断条件，应与控制电路的实际要求相比较，看其能否满足需要。

② 使用环境：根据使用环境选择继电器，主要考虑继电器的防护和使用区域。如对于含尘埃及腐蚀性气体、易燃、易爆的环境，应选用带罩壳的全封闭式继电器。对于高原及湿热带等特殊区域，应选用适合其使用条件的产品。

③ 额定数据：继电器的额定数据在选用时主要注意线圈额定电压、触点额定电压和触点额定电流。线圈额定电压必须与所控电路相符，触点额定电压可为继电器的最高额定电压（即继电器的额定绝缘电压）。继电器的最高工作电流一般小于该继电器的额定发热电流。

④ 工作制：继电器一般适用于8小时工作制（间断长期工作制）、反复短时工作制和短时工作制。在选用反复短时工作制时，由于吸合时有较大的启动电流，所以使用频率应低于额定操作频率。

（3）中间继电器的使用注意事项

① 安装前的检查

a. 根据控制电路和设备的要求，检查继电器铭牌数据和整定值是否与要求相符。

b．检查继电器的活动部分是否灵活、可靠，外罩及壳体是否有损坏或短缺件等情况。

c．清洁继电器表面的污垢，去除部件表面的防护油脂及灰尘，如中间继电器双E形铁芯表面的防锈油，以保证运行可靠。

② 安装与调整　安装接线时，应检查接线是否正确，接线螺钉是否拧紧；对于导线线芯很细的应折一次，以增加线芯截面积，以免造成虚连。

对电磁式控制继电器，应在触点不带电的情况下，使吸引线圈带电操作几次，看继电器动作是否可靠。

对电流继电器的整定值作最后的校验和整定。以免造成其控制及保护失灵而出现严重事故。

③ 运行与维护　定期检查继电器各零部件有无松动、卡住、锈蚀、损坏等现象，一经发现及时修理。

经常保持触点清洁与完好，在触点磨损至1/3厚度时应考虑更换。触点烧损应及时修理。

如在选择时估计不足，使用时控制电流超过继电器的额定电流，或为了使工作更加可靠，可将触点并联使用。如需要提高分断能力（一定范围内）也可用触点并联的方法。

（4）中间继电器的常见故障与处理措施

电磁式继电器的结构和接触器十分接近，其故障的检修可参照接触器进行。下面只对不同之处作简单介绍。

① 触点虚连现象：长期使用中，油污、粉尘、短路等现象造成触点虚连，有时会产生重大事故。这种故障一般检查时很难发现，除非进行接触可靠性试验。为此，对于继电器用于特别重要的电气控制回路时应注意下列情况。

a．尽量避免用12V及以下的低压电作为控制电压。在这种低压控制回路中，因虚连引起的事故较常见。

b．控制回路采用24V作为额定控制电压时，应将其触点并联使用，以提高工作可靠性。

c．控制回路必须用低电压控制时，以采用48V为宜。

② 接触器不释放现象：线路故障、触点焊住、机械部分卡住、磁路故障等因素，均可使接触器不释放。检查时，应首先分清两个

界限：是电路故障还是接触器本身的故障；是磁路的故障还是机械部分的故障。

区分电路故障和接触器故障的方法是：将电源开关断开，看接触器是否释放。如释放，说明故障在电路中，电路电源没有断开；如不释放，则是接触器本身的故障。区分机械故障和磁路故障的方法是：在断电后，用螺丝刀木柄轻轻敲击接触器外壳。如释放，一般是磁路的故障；如不释放一般是机械部分的故障，其原因有以下几种。

a．触点熔焊在一起。

b．机械部分卡住，转轴生锈或歪斜。

c．磁路故障，可能是被油污粘住或剩磁的原因，使衔铁不能释放。区分这两种情况的方法是：将接触器拆开，看铁芯端面上有无油污，有油污说明铁芯被粘住，无油污可能是剩磁作用。造成油污粘住的原因，多数是在更换或安装接触器时没有把铁芯端面的防锈凡士林油擦去。剩磁造成接触器不能释放的原因是在修磨铁芯时，将E形铁芯两边的端面修磨过多，使去磁气隙消失，剩磁增大，铁芯不能释放。

3.2.4 热继电器

（1）热继电器的外形及结构　热继电器是利用电流的热效应来推动机构使触点闭合或断开的保护电器。主要用于电动机的过载保护、断相保护、电流的不平衡运行保护及其他电气设备发热状态的控制。常见的双金属片式热继电器的外形结构及符号如图3-5所示。

（2）热继电器的选用原则　热继电器的技术参数主要有额定电压、额定电流、整定电流和热元件规格，选用时，一般只考虑其额定电流和整定电流两个参数，其他参数只有在特殊要求时才考虑。

① 额定电压是指热继电器触点长期正常工作所能承受的最大电压。

② 额定电流是指热继电器允许装入热元件的最大额定电流，根据电动机的额定电流选择热继电器的规格，一般应使热继电器的

(a) 外形

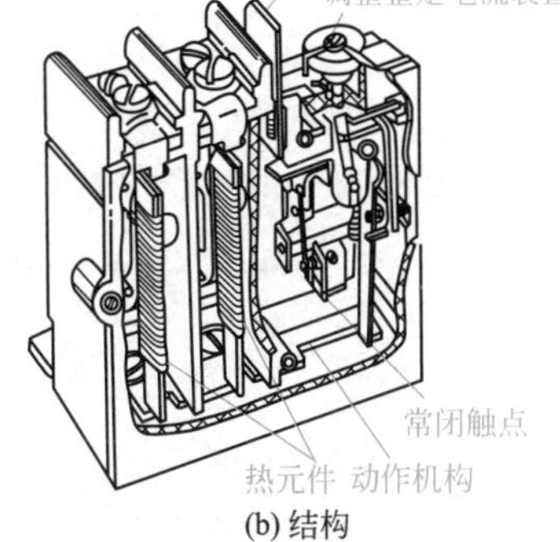

(b) 结构

图3-5　热继电器的外形结构及符号

额定电流略大于电动机的额定电流。

③ 整定电流是指长期通过热元件而热继电器不动作的最大电流。一般情况下，热元件的整定电流为电动机额定电流的0.95～1.05倍；若电动机拖动的是冲击性负载或启动时间较长及拖动设备不允许停电，热继电器的整定电流值可取电动机额定电流的1.1～1.5倍；若电动机的过载能力较差，热继电器的整定电流可取电动机额定电流的0.6～0.8倍。

④ 当热继电器所保护的电动机绕组是Y形接法时，可选用两相结构或三相结构的热继电器；当电动机绕组是△形接法时，必须采用三相结构带端相保护的热继电器。

（3）热继电器的常见故障及处理措施　见表3-8。

表3-8　热继电器常见故障及处理措施

故障现象	故障分析	处理措施
热元件烧断	负载侧短路，电流过大	排除故障，更换热继电器
	操作频率过高	更换合适参数的热继电器
热继电器不动作	热继电器的额定电流值选用不合适	按保护容量合理选用
	整定值偏大	合理调整整定值
	动作触点接触不良	消除触点接触不良因素
	热元件烧断或脱焊	更换热继电器
	动作机构卡阻	消除卡阻因素
	导板脱出	重新放入并调试

续表

故障现象	故障分析	处理措施
热继电器动作不稳定，时快时慢	热继电器内部机构某些部件松动	将这些部件加以紧固
	在检查中折弯了双金属片	用两倍电流预试几次或将双金属片拆下来热处理以除去内应力
	通电电流波动太大，或接线螺钉松动	检查电源电压或拧紧接线螺钉
热继电器动作太快	整定值偏小	合理调整整定值
	电动机启动时间过长	按启动时间要求，选择具有合适的可返回时间的热继电器
	连接导线太细	选用标准导线
	操作频率过高	更换合适的型号
	使用场合有强烈冲击和振动	采取防振动措施
	可逆转频繁	改用其他保护方式
	安装的热继电器与电动机环境温差太大	按两低温差情况配置适当的热继电器
主电路不通	热元件烧断	更换热元件或热继电器
	接线螺钉松动或脱落	紧固接线螺钉
控制电路不通	触点烧坏或动触点片弹性消失	更换触点或弹簧
	可调整式旋钮的位置不合适	调整旋钮或螺钉
	热继电器动作后未复位	按动复位按钮

（4）热继电器的使用注意事项

① 必须按照产品说明书中规定的方式安装，安装处的环境温度应与所处环境温度基本相同。当与其他电器安装在一起时，应注意将热继电器安装在其他电器的下方，以免其动作特性受到其他电器发热的影响。

② 热继电器安装时，应清除触点表面尘污，以免因接触电阻过大或电路不通而影响热继电器的动作性能。

③ 热继电器出线端的连接导线应按照标准选择。导线过细；轴向导热性差，热继电器可能提前动作；反之，导线过粗，轴向导热快，继电器可能滞后动作。

④ 使用中的热继电器应定期通电校验。

⑤ 热继电器在使用中应定期用布擦净尘埃和污垢，若发现

双金属片上有锈斑，应用清洁棉布蘸汽油轻轻擦除，切忌用砂纸打磨。

⑥ 热继电器在出厂时均调整为手动复位方式，如果需要自动复位，只要将复位螺钉顺时针方向旋转3～4圈，并稍微拧紧即可。

3.2.5 低压断路器

（1）断路器的用途　低压断路器又称自动空气开关或自动空气断路器，是一种重要的控制和保护电器。主要用于交直流低压电网和电力拖动系统中，既可手动又可电动分合电路。它集控制和多种保护功能于一体，对电路或用电设备实现过载、短路和欠电压等保护，也可以用于不频繁地转换电路及启动电动机。低压短路器主要由触点、灭弧系统和各种脱扣器3部分组成。

常见的低压断路器的外形结构及用途，见表3-9。

表3-9　常见低压断路器外形结构及用途

名称	框架式	塑料外壳式
结构图	电磁脱扣器 按钮 自由脱扣器 动触点 静触点 热脱扣器 接线柱	DW10系列 DW16系列
用途	适用于手动不频繁地接通和断开容量较大的低压网络和控制较大容量电动机的场合（电力网主干线路）	适于作配电线路的保护开关，以及电动机和照明线路的控制开关等（电气设备控制系统）

（2）断路器的选用原则　在低压电气控制电路选用低压断路器时，常常只考虑低压断路器的主要参数，如额定电流、额定电压和壳架等级额定电流3个。

① 额定电流：低压断路器的额定电流应不小于被保护电路的计算负载电流，即用于保护电动机时，低压断路器的长延时电流整

定值等于电动机的额定电流；用于保护三相笼型异步电动机时，其瞬时整定电流等于电动机额定电流的8～15倍，倍数与电动机的型号、容量和启动方法有关；用于保护三相绕线式异步电动机时，其瞬间整定电流等于电动机额定电流的3～6倍。

② 额定电压：低压断路器的额定电压应不高于被保护电路的额定电压，即低压断路器欠电压脱扣器额定电压等于被保护电路的额定电压、低压断路器分励脱扣额定电压等于控制电源的额定电压。

③ 壳架等级额定电流：低压断路器的壳架等级额定电流应不小于被保护电路的计算负载电流。

④ 用于保护和控制不频繁启动电动机时，还应考虑断路器的操作条件和使用寿命。

（3）断路器的常见故障及处理措施　见表3-10。

表3-10　低压断路器常见故障及处理措施

故障现象	故障分析	处理措施
不能合闸	欠压脱扣器无电压和线圈损坏	检查施加电压和更换线圈
	储能弹簧力过大	更换储能弹簧
	反作用弹簧力过大	重新调整
	机构不能复位再扣	调整再扣接触面至规定值
电流达到整定值，断路器不动作	热脱扣器双金属片损坏	更换双金属片
	电磁脱扣器的衔铁与铁芯距离太大或电磁线圈损坏	调整衔铁与铁芯的距离或更换断路器
	主触点熔焊	检查原因并更换主触点
启动电动机时断路器立即分断	电磁脱扣器瞬动整定值过小	调高整定值至规定值
	电磁脱扣器某些零件损坏	更换脱扣器
断路器闭合后经一定时间自行分断	热脱扣器整定值过小	调高整定值至规定值
断路器温升过高	触点压力过小	调整触点压力或更换弹簧
	触点表面过分磨损或接触不良	更换触点或整修接触面
	两个导电零件连接螺钉松动	重新拧紧

（4）断路器的使用注意事项

① 安装时低压断路器垂直于配电板，上端接电源线，下端接

负载。

② 低压断路器在电气控制系统中若作为电源总开关或电动机的控制开关，则必须在电源进线侧安装熔断器或刀开关等，这样可出现明显的保护断点。

③ 低压断路器在接入电路后，在使用前应将防锈油脂擦在脱扣器的工作表面上；设定好脱扣器的保护值后，不允许随意改动，避免影响脱扣器保护值。

④ 低压断路器在使用过程中分断短路电流后，要及时检修触点，发现电灼烧痕现象，应及时修理或更换。

⑤ 定期清扫断路器上的积尘和杂物，定期检查各脱扣器的保护值，定期给操作机构添加润滑剂。

3.2.6 交、直流接触器

（1）接触器的用途　接触器工作时利用电磁吸力的作用把触点由原来的断开状态变为闭合状态或由原来的闭合状态变为断开状态，以此来控制电流较大的交直流主电路和容量较大的控制电路。在低压控制电路或电气控制系统中，接触器是一种应用非常普遍的低压控制电器，并具有欠电压保护的功能。可以用它对电动机进行远距离频繁接通、断开的控制；也可以用它来控制其他负载电路，如电焊机等。

接触器按工作电流不同可分为交流接触器和直流接触器两大类。交流接触器的电磁机构主要由线圈、铁芯和衔铁组成，交流接触器的触点有三对主常开触点用来控制主电路通断；有两对辅助常开触点和两对辅助常闭触点实现对控制电路的通断。直流接触器的电磁机构与交流接触器相同。直流接触器的触点有两对主常开触点。

接触器的优点：使用安全、易于操作和能实现远距离控制、通断电流能力强、动作迅速等；缺点：不能分离短路电流，所以在电路中接触器常常与熔断器配合使用。

交、直流接触器分别有CJ10、CZ0系列，03TB是引进的交流接触器，CZ18直流接触器是CZ0的换代产品。接触器的图形、文字符号如图3-6所示。

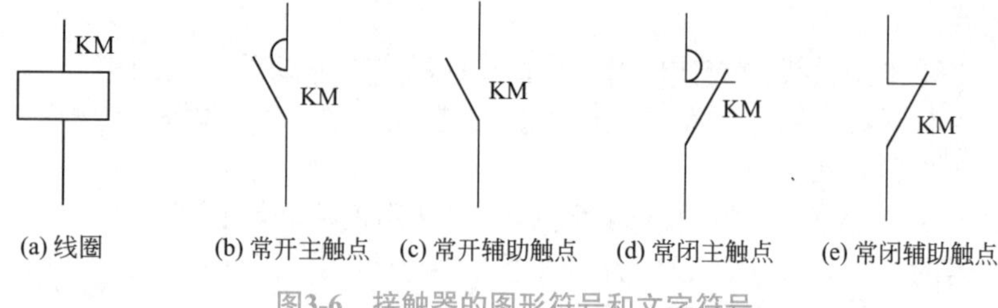

图3-6　接触器的图形符号和文字符号

交流接触器的外形结构及符号，如图3-7所示。

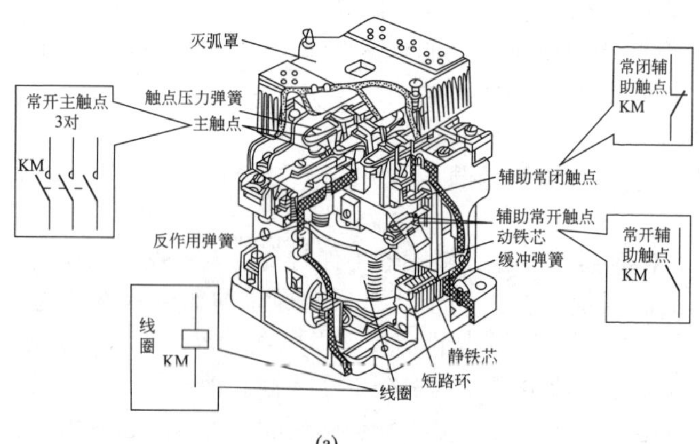

(a)

(b)

图3-7　交流接触器的外形结构及符号

（2）接触器的选用原则　在低压电气控制电路选用接触器时，常常只考虑接触器的主要参数，如主触点额定电流、主触点额定电压、吸引线圈的电压。

① 主触点额定电流：接触器主触点的额定电压应不小于负载电路的工作电流，主触点的额定电流应不小于负载电路的额定电流，也可根据经验公式计算。

根据所控制的电动机的容量或负载电流种类来选择接触器类型，如交流负载电路应选用交流接触器来控制，而直流负载电路就应选用直流接触器来控制。

② 主触点额定电压：接触器主触点的额定电压应不小于负载电路的工作电压，可以根据接触器标准参数规格选用。

③ 吸引线圈的电压：接触器吸引线圈的电压选择，交流线圈电压有36V、110V、127V、220V、380V；直流线圈电压有24V、48V、110V、220V、440V。从人身安全的角度考虑，线圈电压可选择低一些，但当控制线路简单、线圈功率较小时，为了节省变压器，可选220V或380V。

④ 接触器的触点数量应满足控制支路数的要求，触点类型应满足控制线路的功能要求。

（3）接触器的常见故障及处理措施　见表3-11。

表3-11　交流接触器常见故障及处理措施

故障现象	故障分析	处理措施
触点过热	通过动、静触点间的电流过大	重新选择大容量触点
	动、静触点间接触电阻过大	用刮刀或细锉修整或更换触点
触点磨损	触点间电弧或电火花造成电磨损	更换触点
	触点闭合撞击造成机械磨损	更换触点
触点熔焊	触点压力弹簧损坏使触点压力过小	更换弹簧和触点
	线路过载使触点通过的电流过大	选用较大容量的接触器
铁芯噪声大	衔铁与铁芯的接触面接触不良或衔铁歪斜	拆下清洗、修整端面
	短路环损坏	焊接短路环或更换
	触点压力过大或活动部分受到卡阻	调整弹簧、消除卡阻因素

续表

故障现象	故障分析	处理措施
衔铁吸不上	线圈引出线的连接处脱落，线圈断线或烧毁	检查线路并及时更换线圈
	电源电压过低或活动部分卡阻	检查电源、消除卡阻因素
衔铁不释放	触点熔焊	更换触点
	机械部分卡阻	消除卡阻因素
	反作用弹簧损坏	更换弹簧

① 交流接触器在吸合时有振动和噪声

a．电压过低，其表现是噪声忽强忽弱。例如，电网电压较低，只能维持接触器的吸合。大容量电动机启动时，电路压降较大，相应的接触器噪声也大，而启动过程完毕噪声则会减小。

b．短路环断裂。

c．静铁芯与衔铁接触面之间有污垢和杂物，致使空气隙变大，磁阻增加。当电流过零时，虽然短路环工作正常，但因极面间的距离变大，不能克服恢复弹簧的反作用力，而产生振动。如接触器长期振动，将导致线圈烧毁。

d．触点弹簧压力太大。

e．接触器机械部分故障，一般是机械部分不灵活，铁芯极面磨损，磁铁歪斜或卡住，接触面不平或偏斜。

② 线圈断电，接触器不释放　线路故障、触点焊住、机械部分卡住、磁路故障等因素，均可使接触器不释放。检查时，应首先分清两个界限，是电路故障还是接触器本身的故障；是磁路的故障还是机械部分的故障。

区分电路故障和接触器故障的方法是：将电源开关断开，看接触器是否释放。如释放，说明故障在电路中，电路电源没有断开；如不释放，就是接触器本身的故障。区分机械故障和磁路故障的方法是：在断电后，用螺丝刀木柄轻轻敲击接触器外壳。如释放，一般是磁路的故障；如不释放一般是机械部分的故障，其原因有以下几点。

a．触点熔焊在一起。

b．机械部分卡住，转轴生锈或歪斜。

c．磁路故障，可能是被油污粘住或剩磁的原因，使衔铁不能释放。区分这两种情况的方法是：将接触器拆开，看铁芯端面上有无油污，有油污说明铁芯被粘住，无油污可能是剩磁作用。造成油污粘住的原因，多数是在更换或安装接触器时没有把铁芯端面的防锈凡士林油擦去。剩磁造成接触器不能释放的原因是在修磨铁芯时，将E形铁芯两边的端面修磨过多，使去磁气隙消失，剩磁增大，铁芯不能释放。

③ 接触器自动跳开

a．接触器（指CJ10系列）后底盖固定螺钉松脱，使静铁芯下沉，衔铁行程过长，触点超行程过大，如遇电网电压波动就会自行跳开。

b．弹簧弹力过大（多数为修理时，更换弹簧不合适所致）。

c．直流接触器弹簧调整过紧或非磁性垫片垫得过厚，都有自动释放的可能。

④ 线圈通电衔铁吸不上

a．线圈损坏，用欧姆表测量线圈电阻。如电阻很大或电路不通，说明线圈断路；如电阻很小，可能是线圈短路或烧毁。如测量结果与正常值接近，可使线圈再一次通电，听有没有“嗡嗡”的声音，是否冒烟；冒烟说明线圈已烧毁，不冒烟而有“嗡嗡”声，可能是机械部分卡住。

b．线圈接线端子接触不良。

c．电源电压太低。

d．触点弹簧压力和超程调整得过大。

⑤ 线圈过热或烧毁

a．线圈通电后由于接触器机械部分不灵活或铁芯端面有杂物，使铁芯吸不到位，引起线圈电流过大而烧毁。

b．加在线圈上的电压太低或太高。

c．更换接触器时，其线圈的额定电压、频率及通电持续率低于控制电路的要求。

d．线圈受潮或机械损伤，造成匝间短路。

e．接触器外壳的通气孔应上下装置，如错将其水平装置，则空气不能对流，时间长了也会把线圈烧毁。

f. 操作频率过高。

g. 使用环境条件特殊，如空气潮湿，腐蚀性气体在空气中含量过高，环境温度过高。

h. 交流接触器派生直流操作的双线圈，因常闭联锁触点熔焊不能释放，而使线圈过热。

⑥ 线圈通电后接触器吸合动作缓慢

a. 静铁芯下沉，使铁芯极面间的距离变大。

b. 检修或拆装时，静铁芯底部垫片丢失或撤去的层数太多。

c. 接触器的装置方法错误，如将接触器水平装置或倾斜角超过5°以上，有的还悬空装置。这些不正确的装置方法，都可能造成接触器不吸合、动作不正常等故障。

⑦ 接触器吸合后静触点与动触点间有间隙　这种故障有两种表现形式：一是所有触点都有间隙，二是部分触点有间隙。前者是因机械部分卡住，静、动铁芯间有杂物。后者可能是由于该触点接触电阻过大、触点发热变形或触点上面的弹簧片失去弹性。

检查双断点触点终压力的方法，如图3-8所示。将接触器触点的接线全部拆除，打开灭弧罩，把一条薄纸放在动静触点之间，然后给线圈通电，使接触器吸合。这时，可将纸条向外拉，如拉不出来，说明触点接触良好，如很容易拉出来或毫无阻力，说明动静触点之间有间隙。

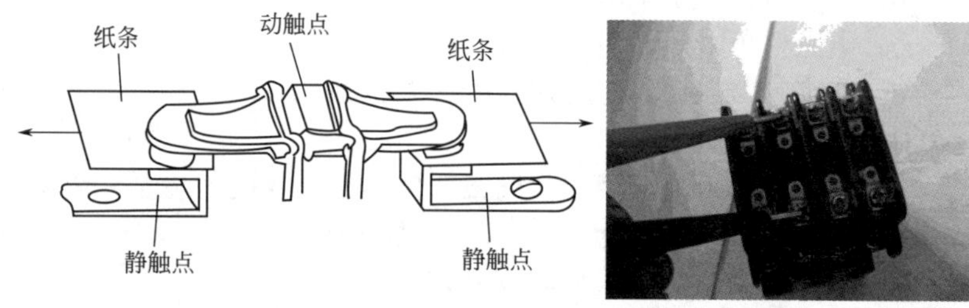

图3-8　双断点触点终压力的检查方法

检查辅助触点时，因小容量的接触器的辅助触点装置位置很狭窄，可用测量电阻的方法进行检查。

⑧ 静触点（相间）短路

a．油污及铁尘造成短路。

b．灭弧罩固定不紧，与外壳之间有间隙，接触器断开时电弧逐渐烧焦两相触点间的胶木，造成绝缘破坏而短路。

c．可逆运转的联锁机构不可靠或联锁方法使用不当，由于误操作或正反转过于频繁，致使两台接触器同时投入运行而造成相间短路。

另外由于某种原因造成接触器动作过快，一接触器已闭合，另一接触器电弧尚未熄灭，形成电弧短路。

d．灭弧罩破裂。

⑨ 触点过热　触点过热是接触器（包括交、直流接触器）主触点的常见故障。除分断短路电流外，主要原因是触点间接触电阻过大，触点温度很高，致使触点熔焊，这种故障可从以下几个方面进行检查。

a．检查触点压力，包括弹簧是否变形、触点压力弹簧片弹力是否消失。

b．触点表面氧化，铜材料表面的氧化物是一种不良导体，会使触点接触电阻增大。

c．触点接触面积太小、不平、有毛刺、有金属颗粒等。

d．操作频率太高，使触点长期处于大于几倍的额定电流下工作。

e．触点的超程太小。

⑩ 触点熔焊

a．操作频率过高或过负载使用。

b．负载侧短路。

c．触点弹簧片压力过小。

d．操作回路电压过低或机械卡住，触点停顿在刚接触的位置。

⑪ 触点过度磨损

a．接触器选用欠妥，在反接制动和操作频率过高时容量不足。

b．三相触点不同步。

⑫ 灭弧罩受潮　有的灭弧罩是石棉和水泥制成的，容易受潮，受潮后绝缘性能降低，不利于灭弧。而且当电弧燃烧时，电弧的高温使灭弧罩里的水分汽化，进而使灭弧罩上部压力增大，电弧不能

进入灭弧罩。

⑬ 磁吹线圈匝间短路　由于使用和保养不善，线圈匝间短路，磁场减弱，磁吹力不足，电弧不能进入灭弧罩。

⑭ 灭弧罩炭化　在分断很大的短路电流时，灭弧罩表面烧焦，形成一种炭质导体，也会延长灭弧时间。

⑮ 灭弧罩栅片脱落　由于固定螺钉或铆钉松动，造成灭弧罩栅片脱落或缺片。

（4）接触器修理

① 触点的修整

a．触点表面的修磨：铜触点因氧化、变形积垢，会造成触点的接触电阻和温升增加。修理时可用小刀或锉修理触点表面，但应保持原来形状。修理时，不必把触点表面锉得过分光滑，这会使接触面减少，也不要将触点磨削过多，以免影响使用寿命。不允许用砂纸或砂布修磨，否则会使砂粒嵌在触点的表面，反而使接触电阻增大。

银和银合金触点表面的氧化物，遇热会还原为银，不影响导电。触点的积垢可用汽油或四氯化碳清洗，但不能用润滑油擦拭。

b．触点整形：触点严重烧蚀后会出现斑痕及凹坑，或静、动触点熔焊在一起。修理时，将触点凸凹不平的部分和飞溅的金属熔渣细心地锉平整，但要尽量保持原来的几何形状。

c．触点的更换：镀银触点被磨损而露出铜质或触点磨损超过原高度的1/2时，应更换新触点。更换后要重新调整压力、行程，保证新触点与其他各相（极）未更换的触点动作一致。

d．触点压力的调整：有些电器触点上装有可调整的弹簧，借助弹簧可调整触点的初压力、终压力和超行程。触点的这三种压力定义是这样的：触点开始接触时的压力叫初压力，初压力来自触点弹簧的预先压缩，可使触点减少振动，避免触点的熔焊及减轻烧蚀程度；触点的终压力指动、静触点完全闭合后的压力，可使触点在工作时接触电阻减小；超行程指衔铁吸合后，弹簧在被压缩位置上还应有的压缩余量。

② 电磁系统的修理

a．铁芯的修理：先确定磁极端面的接触情况，在极面间放一软纸板，使线圈通电，衔铁吸合后将在软纸板上印上痕迹，由此可判断极面的平整程度。如接触面积在80%以上，可继续使用；否则要进行修理。修理时，可将砂布铺在平板上，来回研磨铁芯端面（研磨时要压平，用力要均匀）便可得到较平的端面。对于E形铁芯，其中柱的间隙不得小于规定间隙。

b．短路环的修理：如短路环断裂，应重新焊住或用铜材料按原尺寸制作一个新的换上，要固定牢固且不能高出极面。

③ 灭弧装置的修理

a．磁吹线圈的修理：如是并联磁吹线圈断路，可以重新绕制，其匝数和线圈绕向要与原来一致，否则不起灭弧作用。串联型磁吹线圈短路时，可拨开短路处，涂点绝缘漆烘干定型后方可使用。

b．灭弧罩的修理：灭弧罩受潮，可将其烘干；灭弧罩炭化，可以刮除；灭弧罩破裂，可以粘合或更新；栅片脱落或烧毁，可用铁片按原尺寸重做。

（5）接触器的使用注意事项

① 安装前检查接触器铭牌与线圈的技术参数（额定电压、额定电流、操作频率等）是否符合实际使用要求；检查接触器外观，应无机械损伤，用手推动接触器可动部分时，接触器应动作灵活，灭弧罩应完整无损，固定牢固；测量接触器的线圈电阻和绝缘电阻正常。

② 接触器一般应安装在垂直面上，倾斜度不得超过5°；安装和接线时，注意不要将零件失落或掉入接触器内部，安装孔的螺钉应装有弹簧垫圈和平垫圈，并拧紧螺钉以防振动松脱；安装完毕，检查接线正确无误后，在主触点不带电的情况下操作几次，然后测量产品的动作值和释放值，所测得数值应符合产品的规定要求。

③ 使用时应对接触器作定期检查，观察螺钉有无松动，可动部分是否灵活等；接触器的触点应定期清扫，保持清洁，但不允许涂油，当触点表面因电灼作用形成金属小颗粒时，应及时清除。拆装时注意不要损坏灭弧罩，带灭弧罩的交流接触器绝不允许不带灭弧罩或带破损的灭弧罩运行。

3.2.7 时间继电器

（1）时间继电器外形及结构　时间继电器是一种按时间原则进行控制的继电器，其得到输入信号（线圈的通电或断电）后，需经过一段时间的延时后才输出信号（触点的闭合或分断）。它广泛用于需要按时间顺序进行控制的电气控制线路中。时间继电器有电磁式、电动式、空气阻尼式、晶体管式等，目前电力拖动线路中应用较多的是空气阻尼式时间继电器和晶体管时间继电器，它们的外形结构及特点见表3-12。

表3-12　常见时间继电器外形结构及特点

名称	空气阻尼式时间继电器	晶体管时间继电器
结构图		
特点	延时范围较大，不受电压和频率波动的影响，可以做成通电和断电两种延时形式，结构简单、寿命长、价格低；但延时误差较大，难以精确地整定延时值，且延时值易受周围环境温度、尘埃等影响，主要用于延时精度要求不高的场合	机械结构简单、延时范围广、精度高、消耗功率小、调整方便及寿命长；适用于延时精度较高，控制回路相互协调需要无触点输出的场合

空气阻尼式时间继电器是交流电路中应用较广泛的一种时间继电器，主要由电磁系统、触点系统、空气室、传动机构、基座组成，其外形结构及符号如图3-9所示。

（2）时间继电器的选用原则　时间继电器选用时，需考虑的因素主要如下。

① 根据系统的延时范围和精度选择时间继电器的类型和系列。在延时精度要求不高的场合，一般可选用价格较低的空气阻尼式时间继电器（JS7-A系列）；反之，对精度要求较高的场合，可选用晶体管时间式继电器。

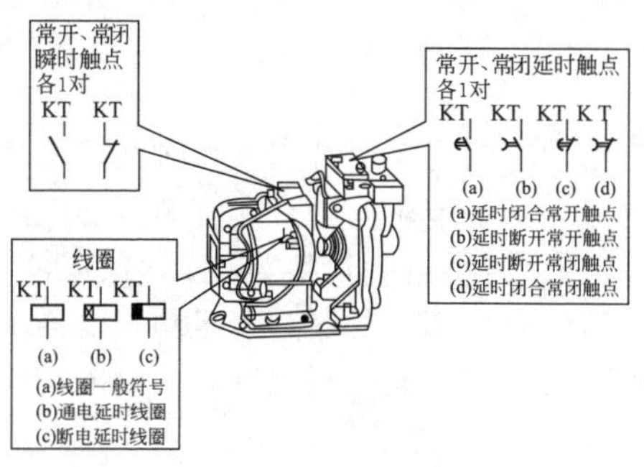

图3-9　时间继电器的外形结构及符号

② 根据控制线路的要求选择时间继电器的延时方式（通电延时和断电延时）；同时，还必须考虑线路对瞬间动作触点的要求。

③ 根据控制线路电压选择时间继电器吸引线圈的电压。

（3）时间继电器（JS7-A系列）的常见故障及处理措施　见表3-13。

表3-13　时间继电器常见故障及处理措施

故障现象	故障分析	处理措施
延时触点不动作	电磁线圈断线	更换线圈
	电源电压过低	调高电源电压
	传动机构卡住或损坏	排除卡住故障或更换部件
延时时间缩短	气室装配不严、漏气	修理或更换气室
	橡胶膜损坏	更换橡胶膜
延时时间变长	气室内有灰尘，使气道阻塞	消除气室内灰尘，使气道畅通

（4）时间继电器的使用注意事项

① 时间继电器应按说明书规定的方向安装。

② 时间继电器的整定值，应预先在不通电时整定好，并在试车时校正。

③ 时间继电器金属地板上的接地螺钉必须与接地线可靠连接。

④ 通电延时型和断电延时型可在整定时间内自行调换。

⑤ 使用时，应经常清除灰尘及油污，否则延时误差将更大。

3.2.8 按钮

（1）按钮的用途　按钮是一种用来短时间接通或断开小电流电路的手动主令电器。由于按钮的触点允许通过的电流较小，一般不超过5A，一般情况下，不直接控制主电路的通断，而是在控制电路中发出指令或信号去控制接触器、继电器等电器，再由它们去控制主电路的通断、功能转换或电气连锁。常见的按钮外形如图3-10所示。

图3-10　按钮外形

（2）按钮的分类　按钮由按钮帽、复位弹簧、桥式触点和外壳等组成。通常被做成复合触点，即具有动触点和静触点。根据使用要求、安装形式、操作方式不同，按钮的种类有很多。根据触点结构不同，按钮可分为停止按钮（常闭按钮）、启动按钮（常开按钮）及复合按钮（常闭、常开组合为一组按钮），它们的结构与符号如表3-14所示。

（3）按钮的常见故障及处理措施　见表3-15。

（4）按钮的选用原则　选用按钮时，主要考虑以下几点。

① 根据使用场合选择控制按钮的种类。

表3-14　按钮的结构与符号

名称	常闭按钮（停止按钮）	常开按钮（启动按钮）	复合按钮
结构			按钮帽 复位弹簧 支柱连杆 常闭静触点 桥式动触点 常开静触点 外壳
符号	SB	SB	SB

表3-15　按钮常见故障及处理措施

故障现象	故障分析	处理措施
触点接触不良	触点烧损	修正触点或更换产品
	触点表面有尘垢	清洁触点表面
	触点弹簧失效	重绕弹簧或更换产品
触点间短路	塑料受热变形，导线接线螺钉相碰短路	更换产品，并查明发热原因，如是灯泡发热所致，可降低电压
	杂物和油污在触点间形成通路	清洁按钮内部

② 根据用途选择合适的形式。

③ 根据控制回路的需要确定按钮数。

④ 按工作状态指示和工作情况要求选择按钮和指示灯的颜色。

（5）按钮的使用注意事项

① 按钮安装在面板上时，应布置整齐，排列合理，如根据电动机启动的先后顺序，从上到下或从左到右排列。

② 同一机床运动部件有几种不同的工作状态时（如上、下，前、后，松、紧等），应使每一对相反状态的按钮安装在一组。

③ 按钮的安装应牢固，安装按钮的金属板或金属按钮盒必须可靠接地。

④ 由于按钮的触点间距较小，如有油污等极易发生短路故障，因此应注意保持触点间的清洁。

3.2.9 凸轮控制器

（1）凸轮控制器的用途 凸轮控制器是一种利用凸轮来使动触点动作的控制电器。主要用于容量小于30kW的中小型绕线转子异步电动机线路中，控制电动机的启动、停止、调速、反转和制动；广泛地应用于桥式起重等设备。常见的KTJ1系列凸轮控制器主要由手柄（手轮）、触点系统、转轴、凸轮和外壳等部分组成，其外形与结构如图3-11所示。

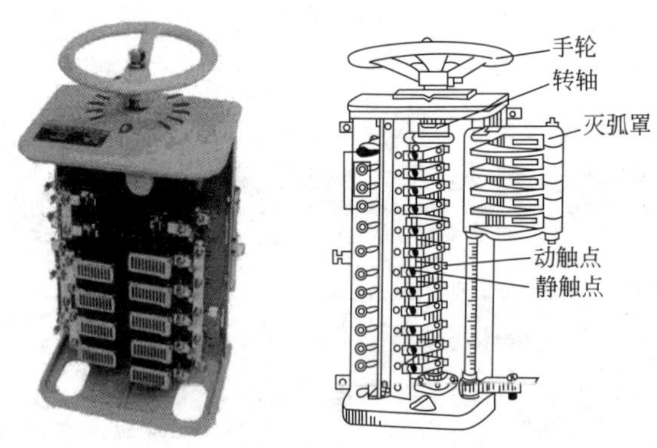

图3-11 凸轮控制器的外形与结构

凸轮控制器的分合情况，通常使用触点分合表来表示。KTJ1-50/1型凸轮控制器的触点分合表如图3-12所示。

（2）凸轮控制器的选用原则 凸轮控制器在选用时主要根据所控制电动机的容量、额定电压、额定电流、工作制和控制位置数目等，可查阅相关技术手册。

（3）凸轮控制器的常见故障及处理措施 见表3-16。

（4）凸轮控制器的使用注意事项

① 凸轮控制器在安装前应检查外壳及零件有无损坏，并清除内部灰尘。

② 安装前应操作控制器手柄不少于5次，检查有无卡轧现象。凸轮控制器必须牢固可靠地安装在墙壁或支架上，其金属外壳上的接地螺钉必须与接地线可靠连接。

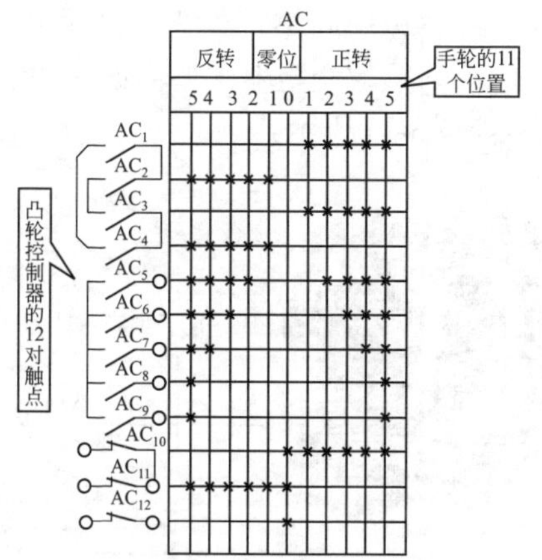

图3-12　KTJ1-50/1型凸轮控制器的触点分合表

注："×"表示对应的触点在手轮处于此位置时是闭合的，无此符号表示是分开的。

表3-16　凸轮控制器常见故障及处理措施

故障现象	故障分析	处理措施
主电路中常开主触点间短路	灭弧罩破损	调换灭弧罩
	触点间绝缘损坏	调换凸轮控制器
	手轮转动过快	降低手轮转动速度
触点过热使触点支持件烧焦	触点接触不良	修整触点
	触点压力变小	调整或更换触点压力弹簧
	触点上连接螺钉松动	旋紧螺钉
	触点容量过小	调换控制器
触点熔焊	触点弹簧脱落或断裂	调换触点弹簧
	触点脱落或磨光	更换触点
操作时有卡轧现象及噪声	滚动轴承损坏	调换轴承
	异物嵌入凸轮鼓或触点	清除异物

3.2.10　频敏变阻器

（1）频敏变阻器的用途　频敏变阻器是一种利用铁磁材料的损耗随频率变化来自动改变等效阻值的低压电器，能使电动机达到平滑启动。主要用于绕线转子回路，作为启动电阻，实现电动机的平稳无级启动。BP系列频敏变阻器主要由铁芯和绕组两部分组成，其外形结构与符号如图3-13所示。

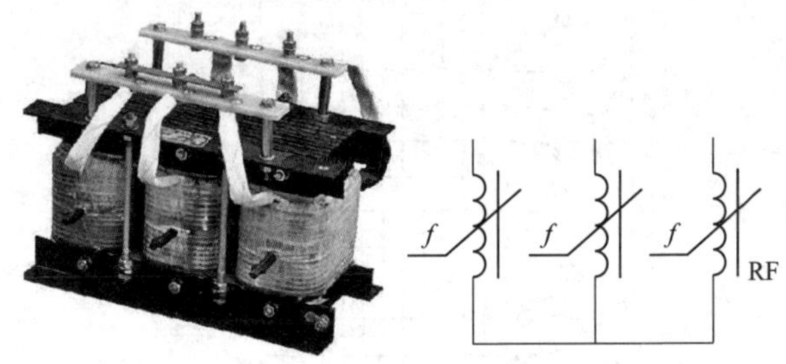

图3-13　频敏变阻器结构与符号

常见的频敏变阻器有BP1、BP2、BP3、BP4和BP6等系列，每一系列都有其特定用途，各系列用途详见表3-17。

表3-17　各系列频敏变阻器选用场合

频繁程度	轻载	重载
偶尔	BP1、BP2、BP4	BP4、BP6
频繁	BP3、BP1、BP2	

（2）频敏变阻器的常见故障及处理措施　频敏变阻器常见的故障主要有线圈绝缘电阻降低或绝缘损坏、线圈断路或短路及线圈烧毁等情况，发生故障时应及时进行更换。

① 频敏变阻器应牢固地固定在基座上，当基座为铁磁物质时应在中间垫入10mm以上的非磁性垫片，以防影响频敏变阻器的特性，同时变阻器还应可靠接地。

② 连接线应按电动机转子额定电流选用相应截面积的电缆线。

③ 试车前，应先测量对地绝缘电阻，如阻值小于1MΩ，则须先进行烘干处理后方可使用。

④ 试车时，如发现启动转矩或启动电流过大或过小，应对频敏变阻器进行调整。

⑤ 使用过程中应定期清除尘垢，并检查线圈的绝缘电阻。

3.2.11 行程开关

（1）行程开关的用途　行程开关也称位置开关或限位开关。它的作用与按钮相同，特点是触点的动作不靠手，而是利用机械运动部件的碰撞使触点动作来实现接通或断开控制电路的。它是将机械位移转变为电信号来控制机械运动的，主要用于控制机械的运动方向、行程大小和位置保护。

行程开关主要由操作机构、触点系统和外壳3部分构成。行程开关种类很多，一般按其机构分为直动式、转动式和微动式。常见的行程开关的外形、结构与符号见表3-18。

表3-18　常见的行程开关的外形、结构与符号

	直动式	单轮旋转式	双轮旋转式
外形	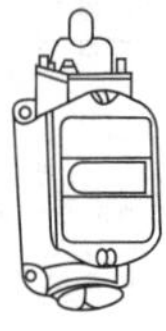	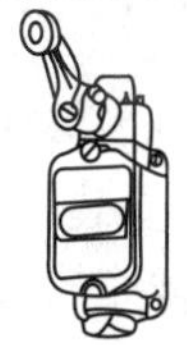	
结构	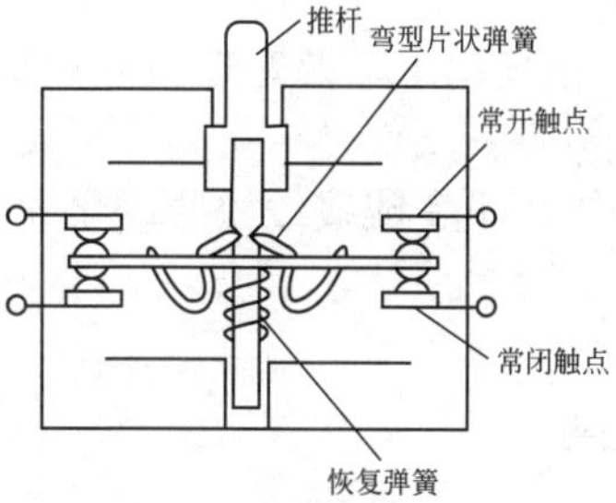 推杆、弯型片状弹簧、常开触点、常闭触点、恢复弹簧		
符号	常开触点	常闭触点	复合触点
	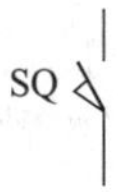 SQ	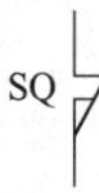 SQ	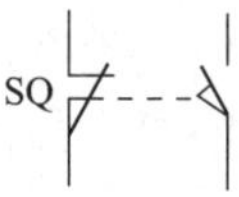 SQ

（2）行程开关的选用原则　选用行程开关时，主要考虑动作要求、安装位置及触点数量，具体如下。

① 根据使用场合及控制对象选择种类。

② 根据安装环境选择防护形式。

③ 根据控制回路的额定电压和额定电流选择系列。

④ 根据行程开关的传力与位移关系选择合理的操作头形式。

（3）行程开关的常见故障及处理措施　见表3-19。

表3-19　行程开关常见故障及处理措施

故障现象	故障分析	处理措施
挡铁碰撞位置开关后，触点不动作	安装位置不准确	调整安装位置
	触点接触不良或接线松脱	清理触点或紧固接线
	触点弹簧失效	更换弹簧
杠杆已经偏转或无外界机械力作用，但触点不复位	复位弹簧失效	更换弹簧
	内部撞块卡阻	清扫内部杂物
	调节螺钉太长，顶住开关按钮	检查调节螺钉

（4）行程开关的使用注意事项

① 行程开关安装时，安装位置要准确，安装要牢固；滚轮的方向不能装反，挡铁与其碰撞的位置应符合控制线路的要求，并确保能可靠地与挡铁碰撞。

② 行程开关在使用中，要定期检查和保养，除去油垢及粉尘，清理触点，经常检查其动作是否灵活、可靠，及时排除故障。防止因行程开关触点接触不良或接线松脱产生误动作而导致设备和人身安全事故。

3.2.12　电磁铁

（1）电磁铁的用途及分类　电磁铁是一种把电磁能转换为机械能的电气元件，被用来远距离控制和操作各种机械装置及液压、气压阀门等。另外它可以作为电器的一个部件，如接触器、继电器的电磁系统。

电磁铁利用电磁吸力来吸持钢铁零件，操纵、牵引机械装置以完成预期的动作等。电磁铁主要由铁芯、衔铁、线圈和工作机构组成。类型有牵引电磁铁、制动电磁铁、起重电磁铁、电磁离合器等。常见的制动电磁铁与TJ2型闸瓦制动器配合使用，共同组成电磁抱闸制动器，如图3-14所示。

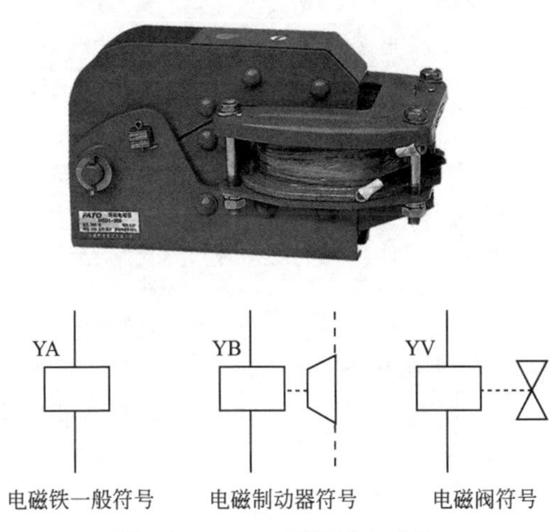

图3-14 MZDI型制动电磁铁

电磁铁的分类如图3-15所示。

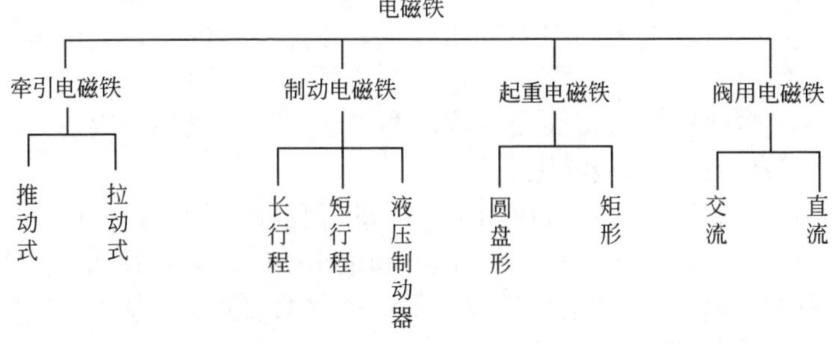

图3-15 电磁铁的分类

（2）电磁铁的选用原则　电磁铁在选用时应遵循以下原则。

① 根据机械负载的要求选择电磁铁的种类和结构形式。

② 根据控制系统电压选择电磁铁线圈电压。

③ 电磁铁的功率应不小于制动或牵引功率。

（3）电磁铁的常见故障及处理措施　见表3-20。

表3-20 电磁铁的常见故障及处理措施

故障现象	故障分析	处理措施
电磁铁通电后不动作	电磁铁线圈开路或短路	测试线圈阻值，修理线圈
	电磁铁线圈电源电压过低	调高电源电压
	主弹簧张力过大	调整主弹簧张力
	杂物卡阻	清除杂物
电磁铁线圈发热	电磁铁线圈短路或接头接触不良	修理或调换线圈
	动、静铁芯未完全吸合	修理或调换电磁铁铁芯
	电磁铁的工作制或容量规格选择不当	调换容量规格或工作制合格的电磁铁
	操作频率太高	降低操作频率
电磁铁工作时有噪声	铁芯上短路环损坏	修理短路环或调换铁芯
	动、静铁芯极面不平或有油污	修整铁芯极面或清除油污
	动、静铁芯歪斜	调整对齐
线圈断电后衔铁不释放	机械部分被卡住	修理机械部分
	剩磁过大	增加非磁性垫片

（4）电磁铁的使用注意事项

① 安装前应清除灰尘和杂物，并检查衔铁有无机械卡阻。

② 电磁铁要牢固地固定在底座上，并在紧固螺钉下放弹簧垫圈锁紧。

③ 电磁铁应按接线图接线，并接通电源，操作数次，检查衔铁动作是否正常以及有无噪声。

④ 定期检查衔铁行程的大小，该行程在运行过程中由于制动面的磨损而增大。当衔铁行程达不到正常值时，即进行调整，以恢复制动面和转盘间的最小空隙。不让行程增加到正常值以上，因为这样可能引起吸力的显著降低。

⑤ 检查连接螺钉的旋紧程度，注意可动部分的机械磨损。

3.3 小型变电所的配电系统及配电线路连接

小型变电所的配电系统如图3-16所示，高压侧装有高压隔离开关与熔断器。为了防止雷电波沿架空线路侵入变电所，应安装避雷器F，为了测量各相负荷电流与测量电能消耗，低压侧装设有电流互感器。有的变电所在高压侧也装置电流互感器，可测量包括变压器在内的有功与无功电能消耗。

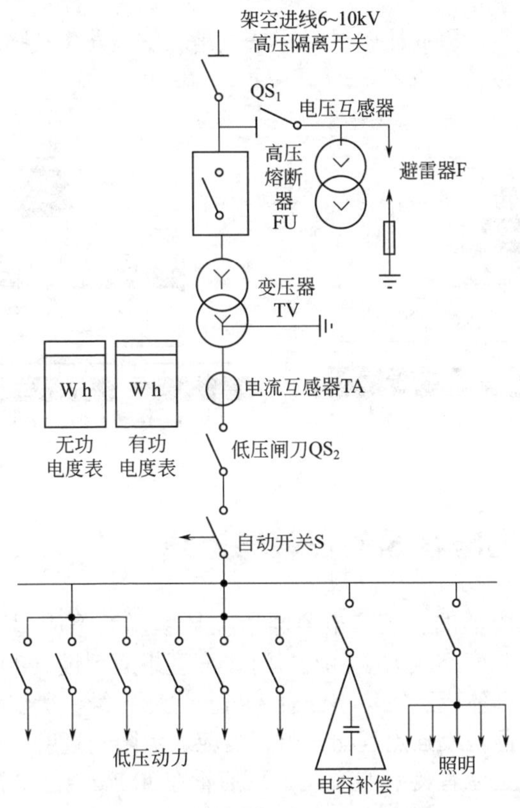

图3-16 小型变电所的配电系统

工厂的变电所与配电所是全厂供电的枢纽，它的位置应尽量靠近厂内的负荷中心（即用电最集中的地方），并应考虑到进线和出线方便。

配电线路连接方式有放射式和干线式两种。

放射式如图3-17所示。这种接线方式是每一独立负载或一群集中负载均由单独的配电线供电。这种配电线路的优点是供电可靠性强、维护方便，某一配电线路发生故障不会影响其他线路的运行，缺点是导线消耗量大、配电设备多、费用较大。

干线式如图3-18所示。这种方式是每一独立负载或一群负载按其所在位置依次接到某一配电干线上。这种线路所用导线和电器均较放射式少，因此比较经济，缺点是当干线发生故障时，接在它上面的所有设备均将停电。

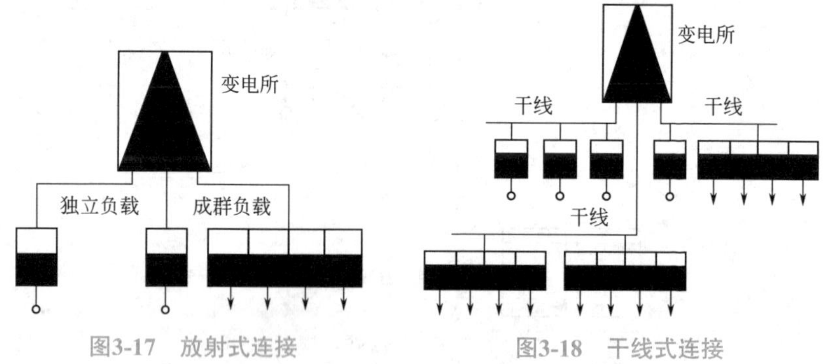

图3-17　放射式连接　　图3-18　干线式连接

3.4　电力电容器的安装与接线

（1）电容器的安装　电容器所在环境温度不应超过40℃、周围空气相对湿度不应大于80%、海拔高度不应超过1000m；周围不应有腐蚀性气体或蒸气、不应有大量灰尘或纤维；所安装环境应无易燃、易爆危险或强烈震动。电容器应避免阳光直射。

电容器室应有良好的通风。总油量在300kg以上的高压电容器应安装在单独的防爆室内；总油量在300kg以下的高压电容器和低压电容器应视其总油量的多少安装在有防爆墙的间隔内或有隔板的间隔内。

电容器分层安装时层与层之间不得有隔板，以免阻碍通风；电容器之间的距离不得小于50mm；下层之间的净距不应小于20cm；下层电容器底面对地高度不宜小于30cm。电容器铭牌应面向通道。

电容器外壳和钢架必须采取接地的措施。电容器应有合格的放电装置。总容量在60kvar及以上的低压电容器组应装电压表。

（2）电容器的接线　三相电容器内部一般为三角形接线；单相电容器应根据其额定电压和线路的额定电压确定接线方式；电容器额定电压与线路线电压相符时，应采用三角形接线；电容器额定电压与线路相电压相符时，应采用星形接线。

为了使补偿效果最佳，应将电容器分成若干组分别接向电容器母线。每组电容器应能分别控制、保护和放电。电容器的几种基本接线方式如图3-19所示。

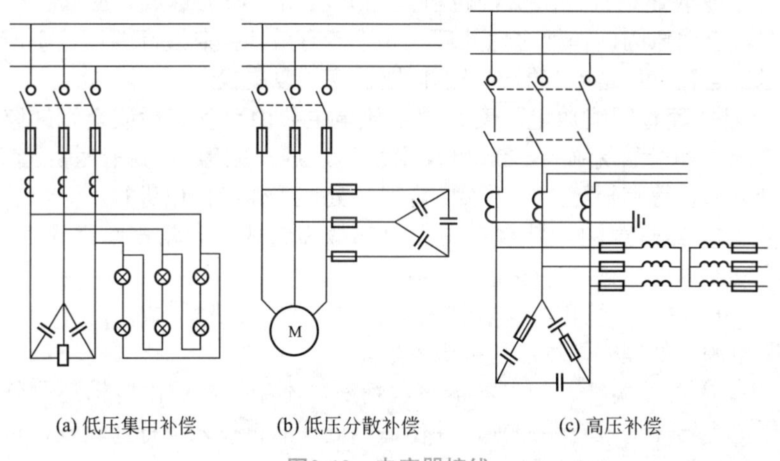

(a) 低压集中补偿　(b) 低压分散补偿　(c) 高压补偿

图3-19　电容器接线

应该指出，若电容器采用三角形连接，任一电容器击穿短路时，将造成三相线路的两相短路，产生很大的短路电流有可能引起电容器爆炸，这时高压电容器是非常危险的。因此，GB 50053—2013《20kV及以下变电所设计规范》规定：高压电容器组宜接成中性点不接地星形，低压电容器组可接成三角形或星形。

（3）电力电容器保护　低压电容器组总容量不超过100kvar时，可用交流接触器、刀开关、熔断器或刀熔开关保护和控制；总容量在100kvar以上时，应采用低压断路器保护和控制。

低压电容器用熔断器保护时，单台电容器可按电容器额定电流的1.5～2.5倍选用熔体的额定电流，多台电容器可按电容器额定电流之和的1.3～1.8倍选用熔体的额定电流。

（4）电力电容器故障判断及处理

① 渗漏油。渗漏油主要由产品质量不高或运行维护不当造成。外壳轻度渗油时，应将渗油处除锈、补焊、涂漆，予以修复，严重渗漏油时，应予以更换。

② 外壳膨胀。外壳膨胀主要由电容器内部分解出气体或内部部分元件击穿造成。外壳明显膨胀，应更换电容器。

③ 温度过高。温度过高主要由过电流（电压过高或电源有谐波）或散热条件差造成，也可能由介质损耗增大造成。应严密监视，查明原因，作针对性处理。如不能有效地控制过高温度，则应退出运行；如是电容器本身的问题，应予以更换。

④ 套管闪络放电。套管闪络放电主要由套管脏污或套管缺陷造成。如套管无损坏，放电仅由脏污造成，应停电清扫，擦净套管；如套管有损坏，应更换电容器。处理工作应停电进行。

⑤ 异常声响。异常声响由内部故障造成。异常声响严重时，应立即退出运行，并停电更换电容器。

⑥ 电容器爆破。电容器爆破由内部严重故障造成。应立即切断电源，处理完现场后更换电容器。

⑦ 熔丝熔断。如电容器熔丝熔断，不论是高压电容器还是低压电容器，均应查明原因，并作适当处理后再投入运行。否则，可能产生很大的冲击电流。

3.5 计量仪表的接线

3.5.1 电压互感器与电流互感器

（1）电压互感器　电压互感器是一种特殊的双绕组变压器。用于高压测量线路中，可使电压表与高压电路隔开，不但扩大了仪表量程，并且保证了工作人员的安全。

图3-20为电压互感器的外形。在测量电压时，电压互感器匝数多的高压绕组接被测线路，匝数少的低压绕组接电压表，如图3-21所示。虽然低压绕组接上了电压表，但电压表阻抗甚大，加之

低压绕组电压不高，因而，工作中的电压互感器在实际上相当于普通单相变压器的空载运行状态。根据 $U_1 \approx \frac{W_1}{W_2} U_2 = K_U U_2$ 可知，被测高电压数值，等于次级测出的电压乘上互感器的变压比。

图3-20 电压互感器的外形

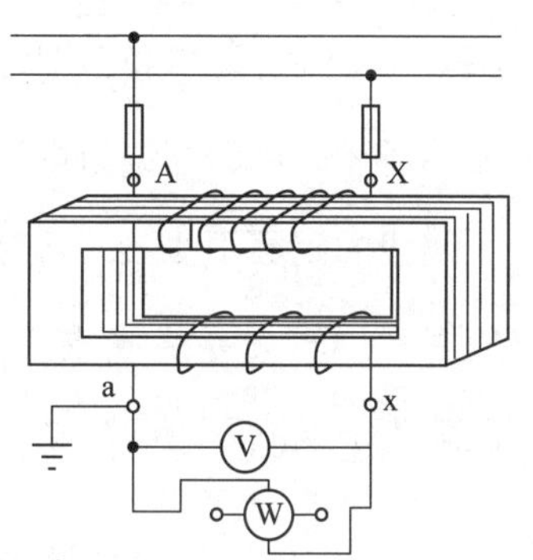

图3-21 电压互感器接线图

电压互感器的铁芯大都采用性能较好的硅钢片制成，并尽量减小磁路中的气隙，使铁芯处于不饱和状态。在绕组绕制上，尽量设法减少两个绕组间的漏磁。

电压互感器的准确度可分为0.2、0.5、1.0和3.0等四级。电压互感器有干式、油浸式、浇注绝缘式等。电压互感器符号的含义见表3-21，数字部分表示高压侧额定电压，单位千伏。例JDJJ1-35，即表示35kV单相油浸式具有接地保护的电压互感器。JDJJ1中的“1”表示第一次改型设计。

表3-21 电压互感器型号中符号含义

第一个符号	J	电压互感器	第二个符号	D	单相	第三个符号	J	油浸式	第四个符号	F	胶封式
							G	干式		J	接地保护
				S	三相		C	瓷箱式		W	五柱三线圈
	HJ	仪用电压互感器		C	串级结构		Z	浇注绝缘		B	三柱带补偿线圈

使用电压互感器时，必须注意副边绕组不可短路，工作中不应使副边电流超过额定值，否则会使互感器烧毁。此外，电压互感器的副绕组和铁壳必须可靠接地。如不接地，万一高、低压绕组间的

绝缘损坏，低压绕组和测量仪表对地将出现一高电压，这对工作人员来说，是非常危险的。

（2）电流互感器　在大电流的交流电路中，常用电流互感器将大电流转换为一定比例的小电流（一般为5A），以供测量和继电器保护之用。如图3-22（a）所示，电流互感器在使用中，它的原绕组与待测负载串联，副绕组与电流表联成一闭合回路［图（b）］。如前所述，原、副绕组电流之比$\frac{I_1}{I_2}=\frac{W_2}{W_1}$。为使副边获得较小电流，原绕线的匝数很少（一匝或几匝），用粗导线绕成，副绕组的匝数较多，用较细导线绕成。根据$I_1=\frac{W_2}{W_1}I_2=K_I I_2$可知，被测的负载电流就等于电流表的读数乘上电流互感器的变流比。

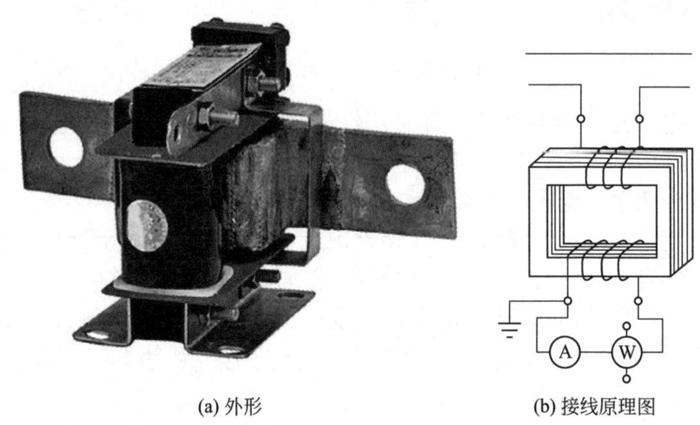

(a) 外形　　(b) 接线原理图

图3-22　电流互感器的外形与接线原理图

【提示】在使用中，电流互感器的次级切不可开路，这是电流互感器与普通变压器的不同之处。普通变压器的初级电流I_1的大小由次级电流I_2的大小决定，但电流互感器的情况就不一样，其初级电流大小不取决于次级电流，而是取决于待测电路中负载的大小，即不论次级是接通还是开路，原绕组中总有一定大小的负载电流流过。为什么电流互感器的次级不可开路呢？若副绕组开路，则原绕组的磁势将使铁芯的磁通剧增，而副绕组的匝数又多，其感应电动势很高，将会击穿绝缘、损坏设备并危及人身安全。为安全起见，电流互感器的副绕组和铁壳应可靠接地。电流互感器的准确度分为0.2、0.5、1.0、3.0、10.0五级。

电流互感器的原边额定电流可为0～15000A，而副边额定电流通常都采用5A。有的电流互感器具有圆环形铁芯，使被测线路的导线可在其圆环形铁芯上穿绕几匝（称为穿心式），以实现不同变流比。

3.5.2 电压测量电路

采用一个转换开关和一个电压表测量三相电压的方式为电压测量方法，测量三个线电压的电路如图3-23所示。其工作原理是：当扳动转换开关SA，使它的1-2、7-8触点分别接通时，电压表测量的是A、B两相之间的电压U_{AB}；扳动SA使5-6、11-12触点分别接通时，测量的是U_{BC}；当扳动SA使其触点3-4、9-10分别接通时，测量的是U_{AC}。

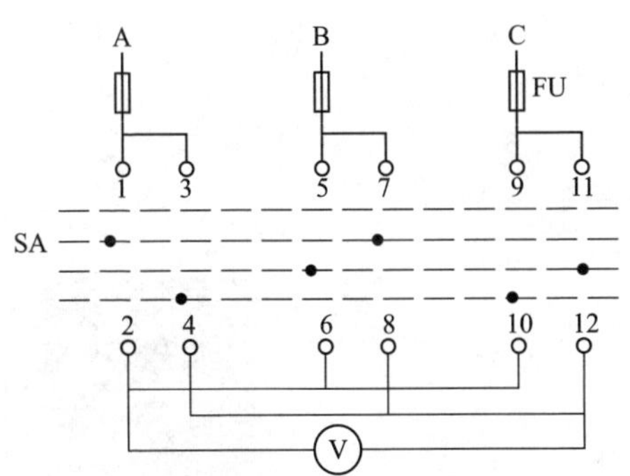

图3-23　电压测量电路

3.5.3 电流测量电路

电流测量电路如图3-24所示。图中TA为电流互感器，每相一个，其一次绕组串接在主电路中，二次绕组各接一个电流表。三个

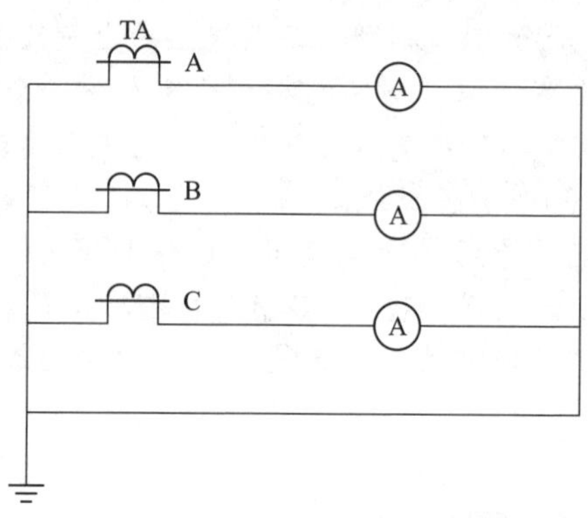

图3-24　电流测量电路

电流互感器的二次绕组接成星形，其公共点必须可靠接地。

3.5.4　电度表的接线

（1）单相电度表的接线　选好单相电度表后，应进行检查安装和接线。如图3-25所示是交叉接线图，图中的1、3为进线，2、4接负载，接线柱1要接相线（即火线），这种电度表目前在我国最常见而且应用最多。

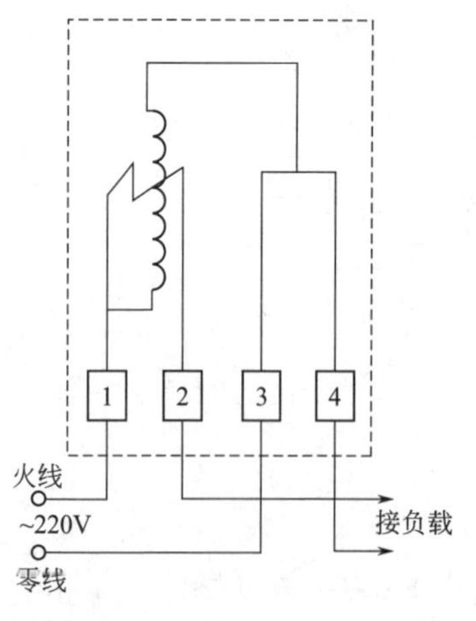

图3-25　单相电度表的接线

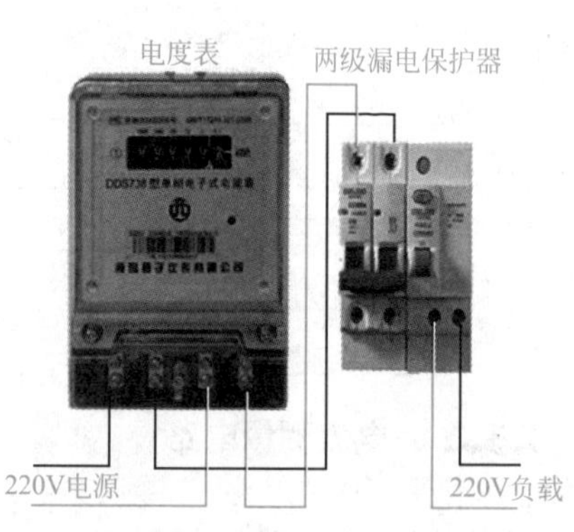

图3-26　单相电度表与漏电保护器的安装接线

（2）单相电度表与漏电保护器的安装接线　单相电度表与漏电保护器一起安装接线的示意图如图3-26所示。

（3）三相四线制交流电度表的安装接线　三相四线制交流电度表共有11个接线端子，其中1、4、7端子分别接电源相线，3、6、9是相线出线端子，10、11分别是中性线（零线）进、出线接线端子，而2、5、8为电度表三个电压线圈连接接线端子。电度表电源接上后，通过连接片分别接入电度表三个电压线圈，这样电度表才能正常工作。图3-27（a）为三相四线制直接接线的安装示意图。图3-27（b）为三相四线制交流电度表的接线示意图。图3-27（c）为三相四线制安装连接片的接线示意图。

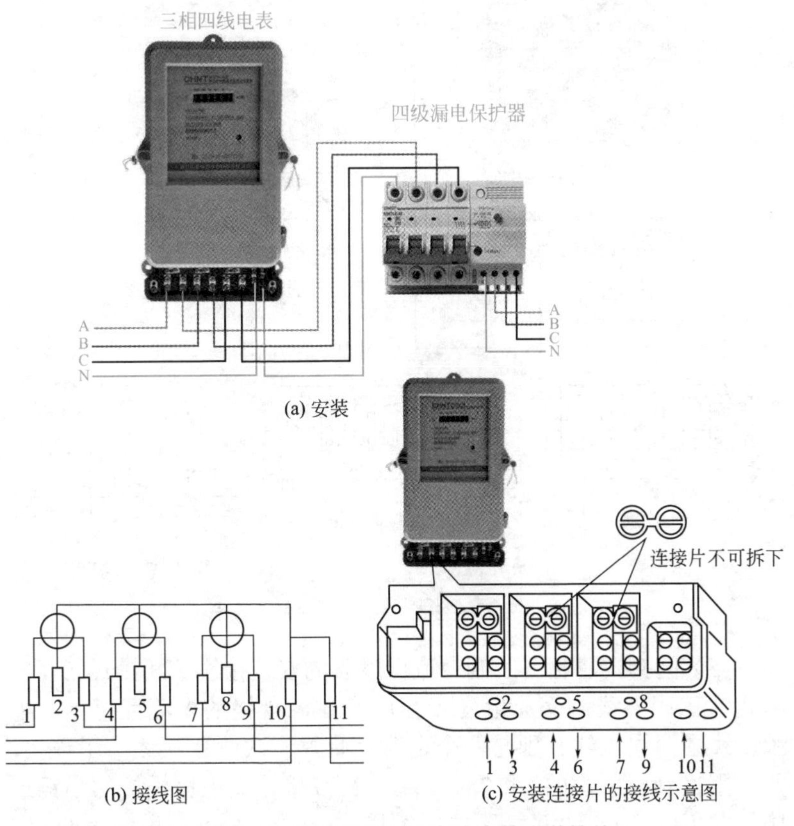

图3-27　三相四线制交流电度表的安装接线

（4）三相三线制交流电度表的安装接线　三相三线制交流电度表有8个接线端子，其中1、4、6为相线进线端子，3、5、8为出线端子，2、7两个接线端子空着，目的是与接入的电源相线通过连接片连接取到电度表工作电压并接入到电度表电压线圈上。图3-28（a）为三相三线制交流电度表的安装示意图，图3-28（b）为三相三线制交流电度表接线示意图。

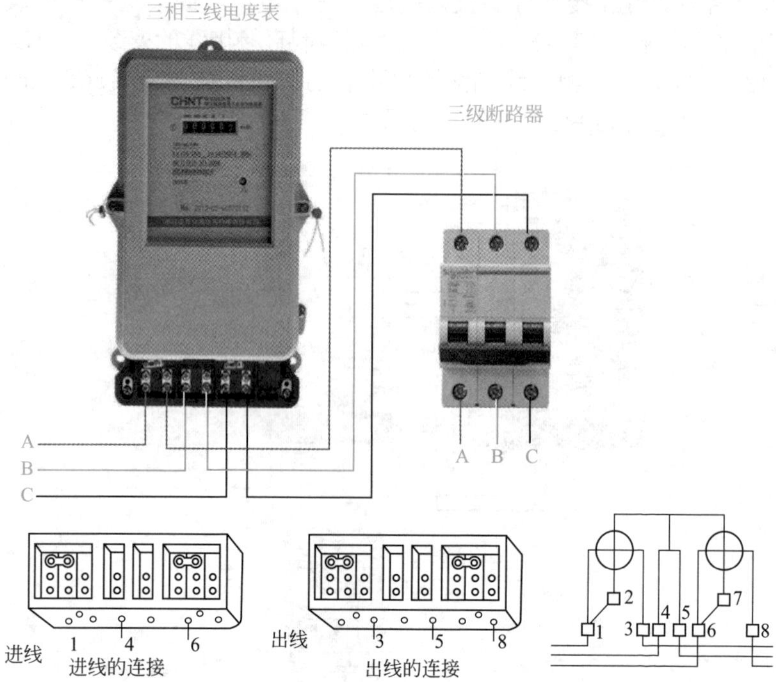

(a) 安装图　　(b) 接线图

图3-28　三相三线制交流电度表的安装接线

（5）间接式三相三线制交流电度表的安装接线　间接式（互感器式）三相三线制交流电度表配两个相同规格的电流互感器，电源进线中两根相线分别与两个电流互感器一次侧L_1接线端子连接，并分别接到电度表的2和7接线端（2、7接线端上原先接的小铜连接片需拆除）；电流互感器二次侧K_1接线端子分别与电度表的1和

6接线端子相连；两个K_2接线端子相连后接到电度表的3和8接线端并同时接地。电源进线中的最后一根相线与电度表的4接线端相连接并作为这根相线的出线。互感器一次侧L_2接线端子作为另两相的出线。互感器式三相三线制电度表的安装如图3-29（a）所示，互感器式三相三线制电度表的接线线路如图3-29（b）所示。

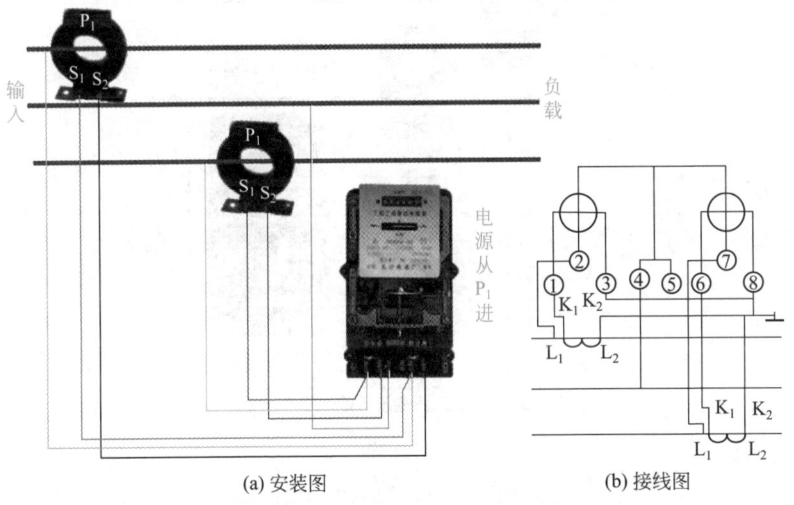

(a) 安装图　　(b) 接线图

图3-29　间接式三相三线制交流电度表的安装接线

（6）间接式三相四线制交流电度表的安装接线　间接式三相四线制电度表由一个三相电度表配用3个规格相同、比率适当的电流互感器组成，以扩大电度表量程。接线时3根电源相线的进线分别接在3个电流互感器一次绕组接线端子L_1上，3根电源相线的出线分别从3个互感器一次绕组接线端子L_2引出，并与总开关进线接线端子相连。然后用3根铜芯绝缘分别从3个电流互感器一次绕组接线端子L_1引出，与电度表2、5、8接线端子相连。再用3根同规格的绝缘铜芯线将3个电流互感器二次绕组接线端子K_1与电度表1、4、7接线端子K_2和电度表3、6、9接线端子相连，最后将3个K_2接线端子用1根导线统一接零线。由于零线一般与大地相连，使各互感器K_2接线端子均能良好接地。如果三相电度表中如1、2、4、5、7、8接线端子之间有连接片，应事先将连接片拆除。互感器式三相四线制电度表的安装如图3-30（a）所示，互感器式三相四线制电度表的接线线路如图3-30（b）所示。

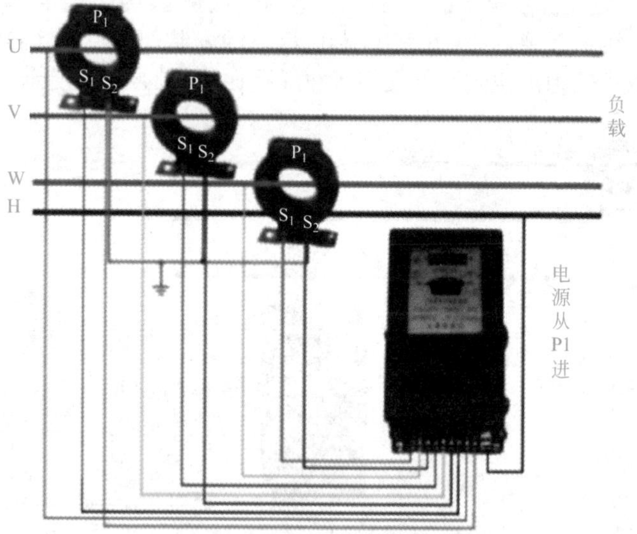

(a) 安装图

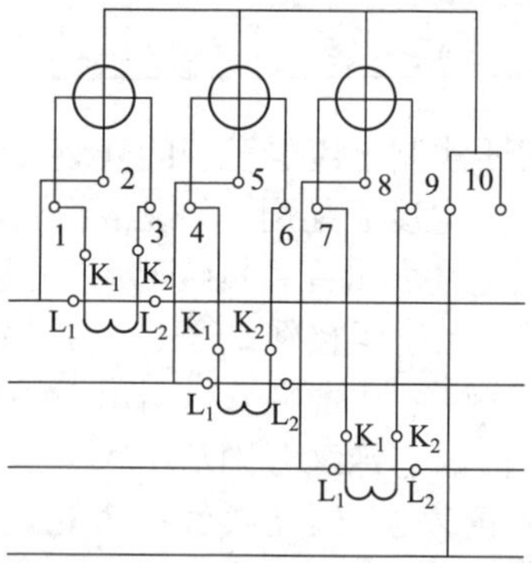

(b) 接线图

图3-30　间接式三相四线制交流电度表的安装接线

（7）电子式电度表的原理和接线

① 电子式电度表的电气原理图如图3-31所示。

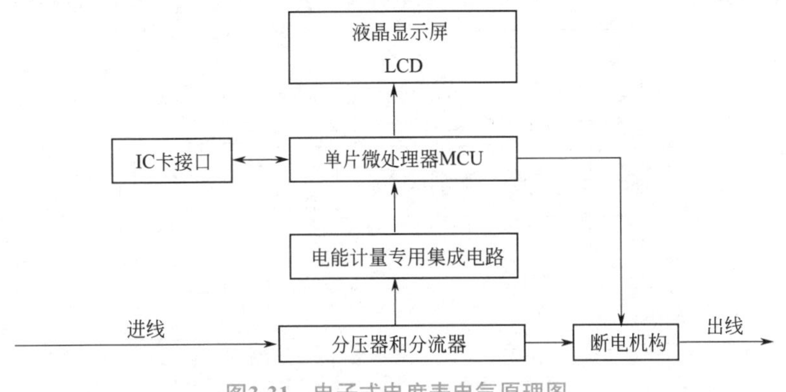

图3-31 电子式电度表电气原理图

② 单相电子式电度表实物及接线如图3-32所示。

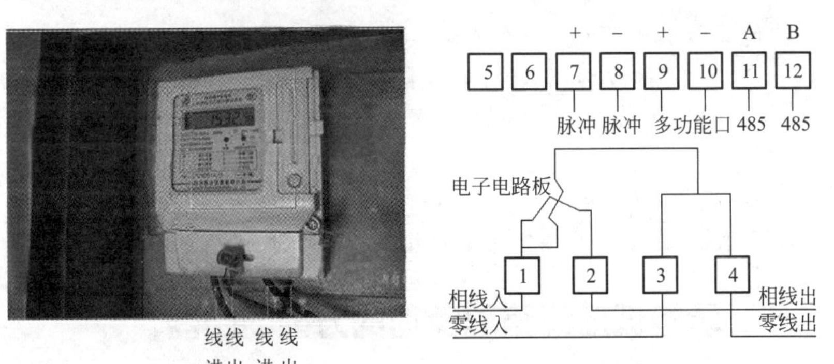

图3-32 单相电子式电度表实物及接线图

3.5.5 配电屏上的功率表、功率因数表的测量线路接线

在配电屏上常采用功率表（W）、功率因数表cosφ、频率表（Hz）、三个电流表（A）经两个电流互感器TA和两个电压互感器TV的联合接线线路，如图3-33所示。

接线时注意以下几点。

① 三相有功功率表（W）的电流线圈、三相功率因数表（cosφ）的电流线圈以及电流表（A）的电流线圈，与电流互感器

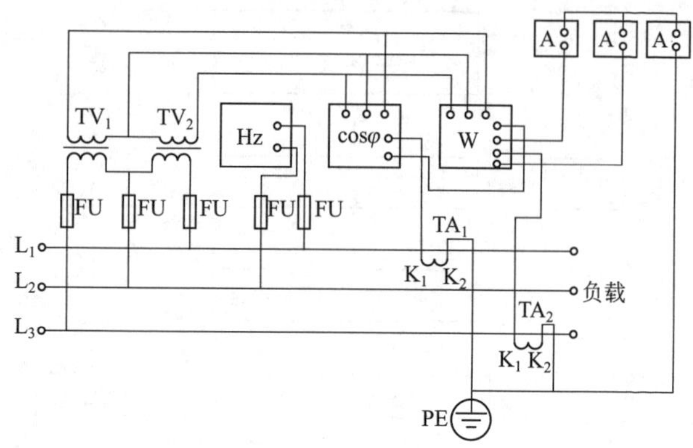

图3-33　功率表和功率因数表测量线路的方法

二次侧串联成电流回路。但A相、C相两电流回路不能互相接错。

② 三相有功功率表（W）的电压线圈、三相功率因数表（cosφ）的电压线圈，与电压互感器二次侧并联成电压回路，但各相电压相位不可接错。

③ 电流互感器二次侧“K_2”或“-”端，与第三个电流表（A）末端相连接，并需作可靠接地。

3.6　承担低压线路总负荷的万能断路器

在现代企业的变配电系统中，几乎全部采用万能式断路器对低压电力负荷进行控制，下面以NA1-2000～6300万能式断路器进行介绍。

如图3-34所示，NA1-2000～6300万能式断路器（以下简称断路器）适用于交流50Hz、60Hz，额定工作电压400V、690V，额定工作电流6300A及以下的配电网络中，用来分配电能和保护线路及电源设备免受过载、欠电压、短路、单相接地等故障的危害。该断路器具有智能化保护功能，选择性保护精确，能提高供电可靠性，避免不必要的停电。该断路器能广泛适用于电站、工厂、矿山（特别是690V）和现代高层建筑，特别是智能楼宇中的配电系统。

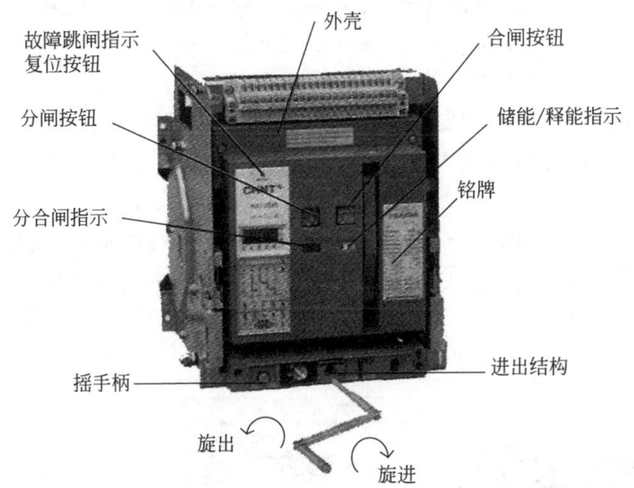

图3-34　NA1-2000～6300万能式断路器外形和结构

3.6.1　NA1-2000～6300万能式断路器安装接线

（1）抽屉式断路器的安装　如图3-35所示。将抽屉座固定在配电柜安装板上，并用四个M10螺栓紧固。

(a)　(b) 安装在垂直托架上　(c) 放入本体　(d) 推入操作　(e) 转动手柄操作

图3-35　抽屉式断路器的安装

拉出导轨，将断路器本体按图所示放置在导轨上。将断路器本体向内推入，直至推不动为止。

抽出手柄，并将手柄六角头完全插入抽屉座手柄孔内，顺时针转动手柄，直至位置指示器转至“连接”位置，并能听到抽屉室内两侧发出“咔嗒”两声，然后将拉出手柄并放入原位。

（2）固定式断路器的安装　将断路器放在安装支架上并紧固，将主回路母线直接连接到固定式断路器母线上。如图3-36所示。

（3）断路器主电路连接　电源进线：NA1-2000 ～ 6300万能式断路器既可以上进线也可以下进线，这样方便了配电柜内的安装。如图3-37所示。

图3-36　固定式断路器安装

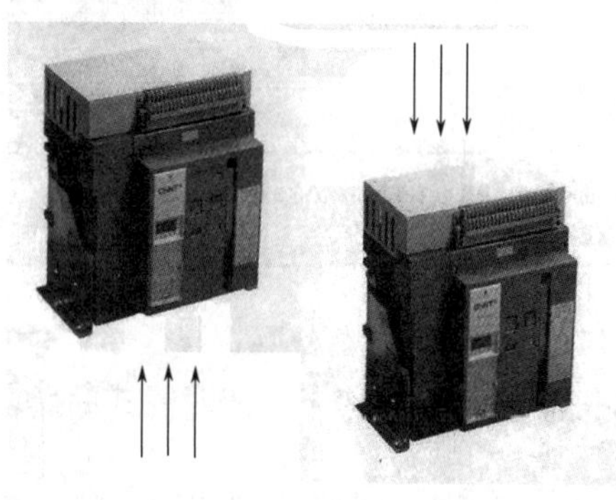

图3-37　断路器主电路进线

① 母排连接，如图3-38所示。

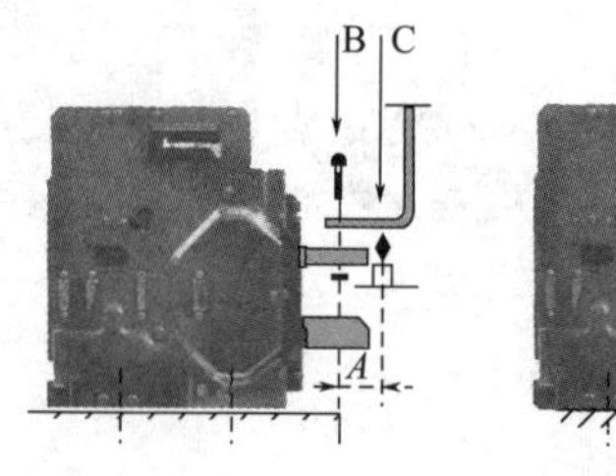

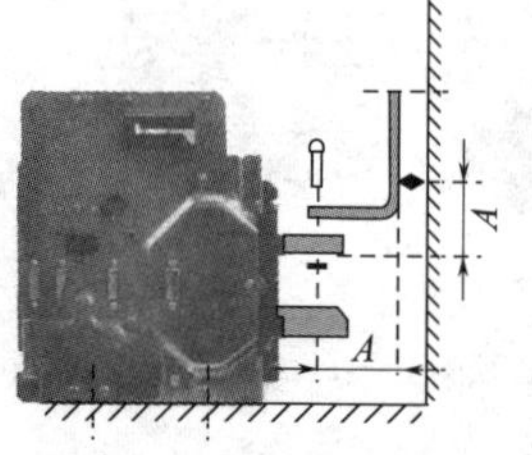

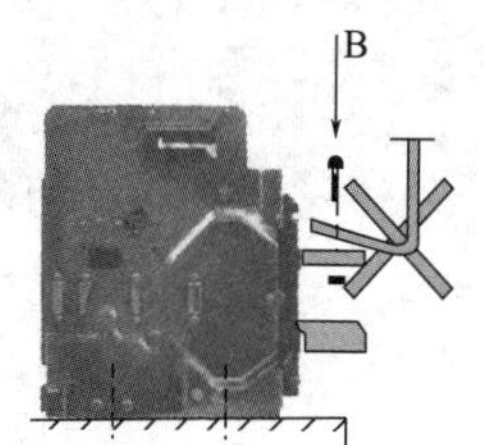

图3-38　断路器母排连接

② 电缆连接如图3-39所示。

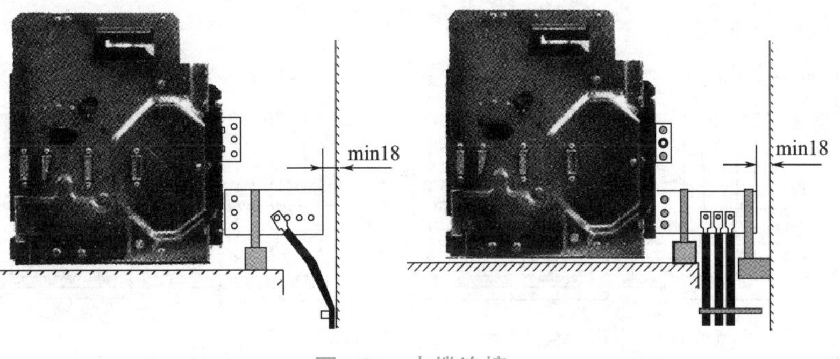

图3-39　电缆连接

3.6.2　NA1-2000～6300万能式断路器控制电路的接线（图3-40）

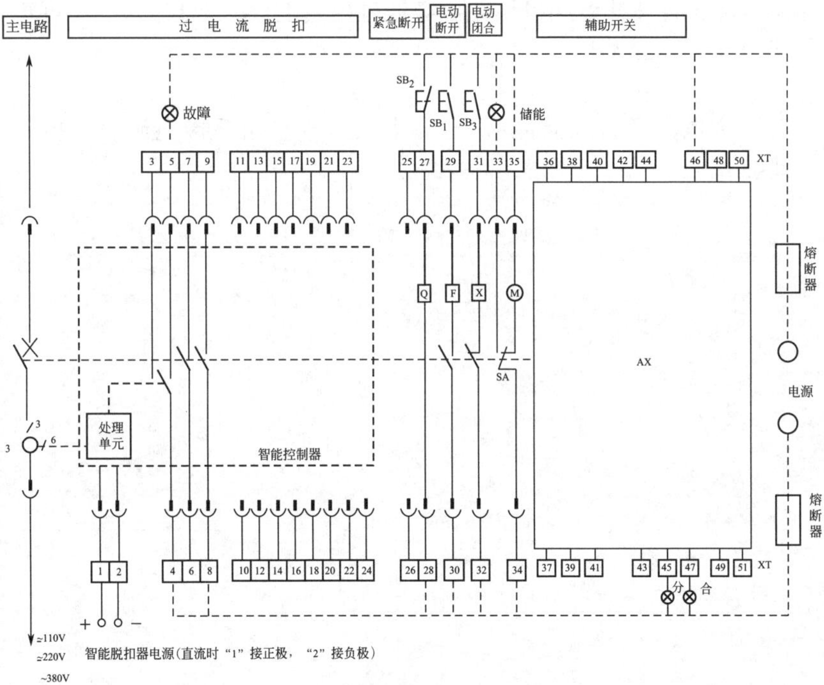

主电路　过电流脱扣　紧急断开　电动断开　电动闭合　辅助开关

SB2　SB1　SB3　故障　储能

3 5 7 9　11 13 15 17 19 21 23　25 27　29　31 33 35　36 38 40 42 44　46 48 50　XT

Q　F　X　M　SA　AX

熔断器　电源　熔断器

处理单元　智能控制器

1 2　4 6 8　10 12 14 16 18 20 22 24　26 28　30　32　34　37 39 41　43 45 47　49 51　XT

分　合

+　−

≂110V
≂220V
~380V

智能脱扣器电源(直流时“1”接正极，“2”接负极)

图3-40

供用户使用AX辅助开关形式：

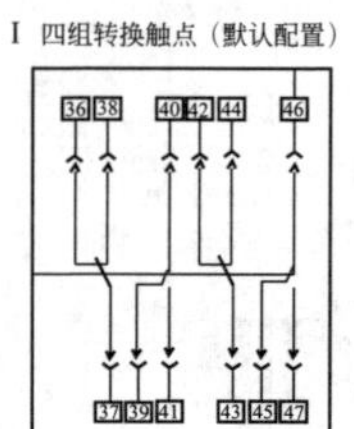

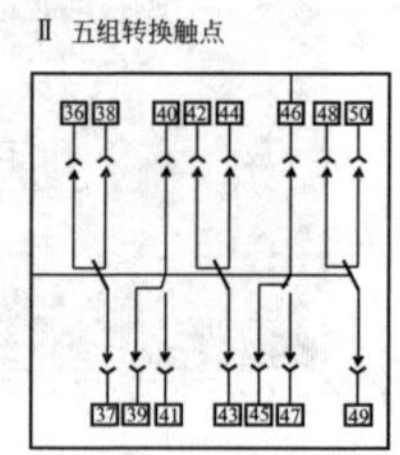

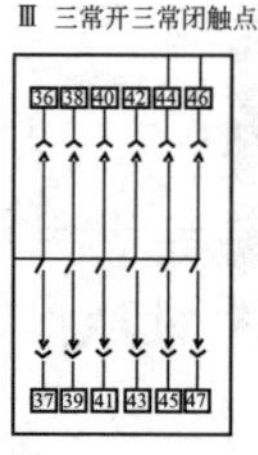

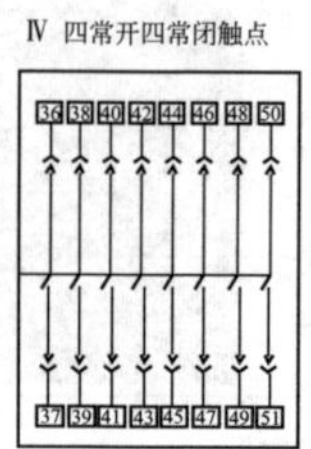

图3-40 万能式断路器控制电路的接线

SB_1为分励按钮、SB_2为紧急分闸按钮，SB_3为合闸按钮，Q为欠压脱扣器，F为分励脱扣器，X为合闸电磁铁，M为储能电机，XT为接线端子，SA为行程开关。需要注意的是，如果Q、F、X的控制电源电压不同，则需分别接不同电源，智能脱扣器电源为直流时，如有外挂电源模块，务必通过模块上U1、U2输入，不可直接加入到1、2端。

信号输出回路中，控制回路注意加熔断器保护，端子35可直接接电源（自动储能），也可串联常开按钮后接电源（手控预储能）。

chapter 4

室内照明线路及线路配线

4.1 室内照明线路

4.1.1 白炽灯照明线路

（1）灯具

① 灯泡　灯泡由灯丝、玻璃壳和灯头三部分组成。灯头有螺口和插口两种。白炽灯按工作电压分有6V、12V、24V、36V、110V和220V六种，其中36V以下的灯泡为安全灯泡。在安装灯泡时，必须注意灯泡电压和线路电压一致。

② 灯座　如图4-1所示。

③ 开关　如图4-2所示。

（2）白炽灯照明线路原理图

① 单联开关控制白炽灯　接线原理图如图4-3所示。

② 双联开关控制白炽灯　接线原理图如图4-4所示。

（3）照明线路的安装

① 圆木的安装（如图4-5所示）。

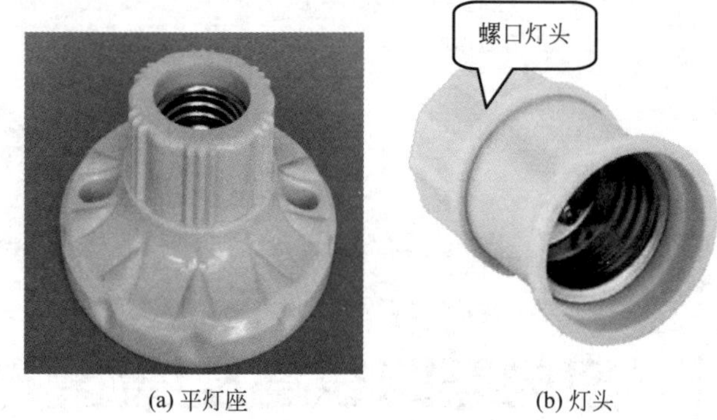

(a) 平灯座　　(b) 灯头

图4-1　常用灯座实物

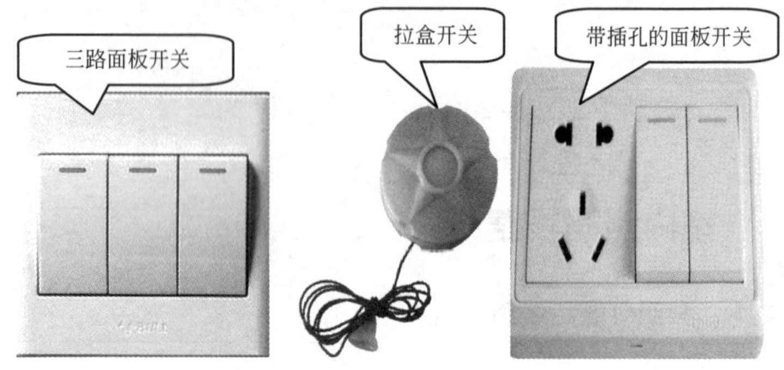

图4-2　常用灯开关

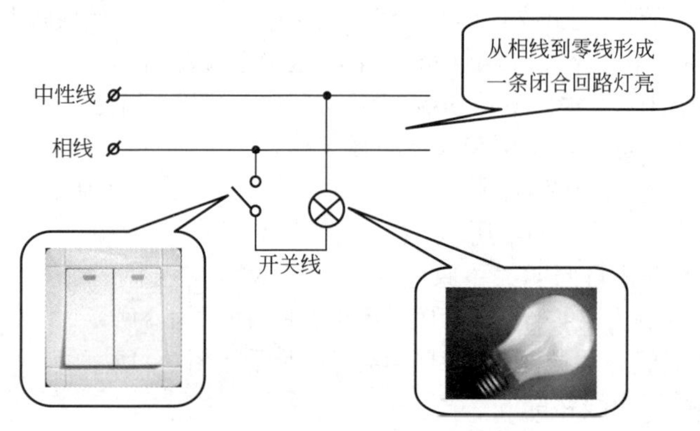

图4-3　单联开关控制白炽灯接线原理图

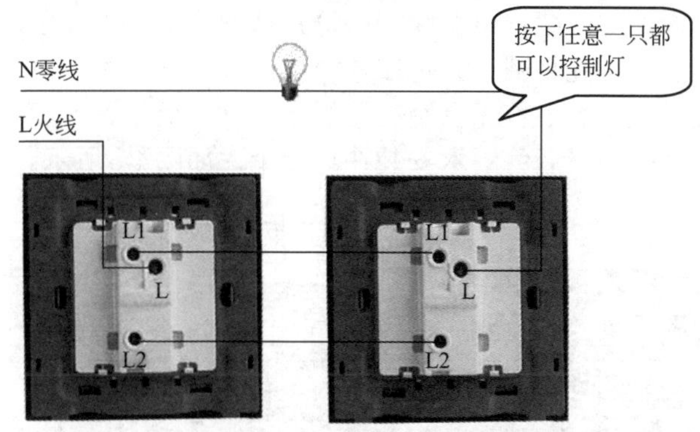

图4-4　双联开关控制白炽灯接线原理图

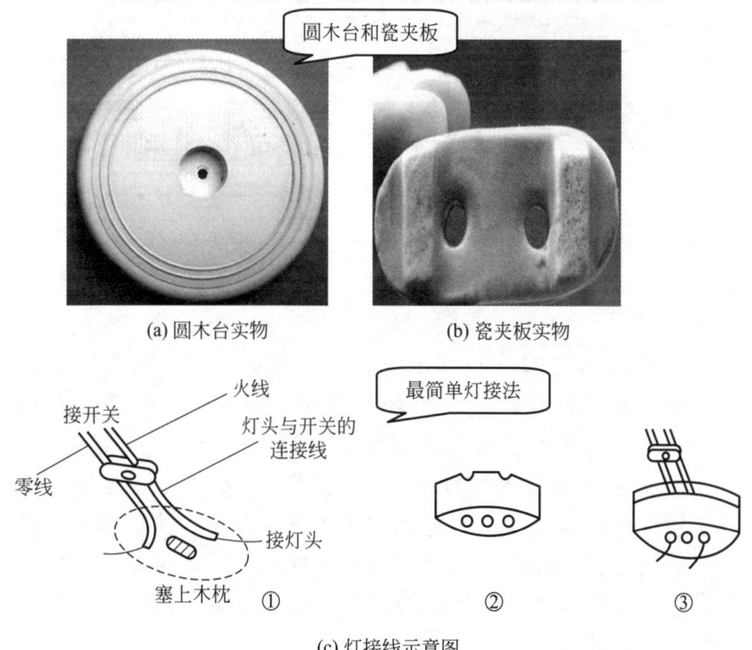

(a) 圆木台实物　　(b) 瓷夹板实物

(c) 灯接线示意图

图4-5　普通式安装

先在准备安装挂线盒的地方打孔，预埋木榫或膨胀螺栓。在圆木底面用电工刀刻两条槽；在圆木中间钻3个小孔。将两根导线嵌入圆木槽内，并将两根电源线端头分别从两个小孔中穿出，用木螺钉通过第三个小孔将圆木固定在木榫上。

在楼板上安装：首先在空心楼板上选好弓板位置，然后按图示方法制作弓板，最后将圆木安装在弓板上，如图4-6所示。

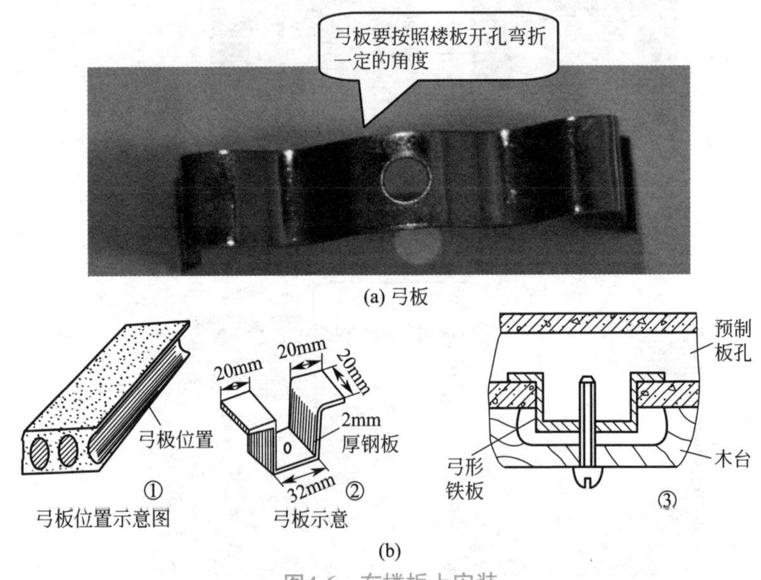

图4-6　在楼板上安装

② 挂线盒的安装（如图4-7所示）。将电源线由吊盒的引线孔穿出。确定好吊线盒在圆木上的位置后，用螺钉将其紧固在圆木上。一般为方便木螺钉旋入，可先用钢锥钻一个小孔。拧紧螺钉，将电源线接在吊线盒的接线柱上。按灯具的安装高度要求，取一段铜芯软线作挂线盒与灯头之间的连接线，上端接挂线盒内的接线柱，下端接灯头接线柱。为了不使接头处承受灯具重力，吊灯电源线在进入挂线盒盖后，在离接线端头50mm处打一个结（电工扣）。

③ 灯头的安装

a．吊灯头的安装如图4-8所示：把螺口灯头的胶木盖子卸下，将软吊灯线下端穿过灯头盖孔，在离导线下端约30mm处打一电工扣，把去除绝缘层的两根导线下端芯线分别压接在两个灯头接线端子上，旋上灯头盖。

【注意】火线应接在跟中心铜片相连的接线柱上，零线应接在与螺口相连的接线柱上。

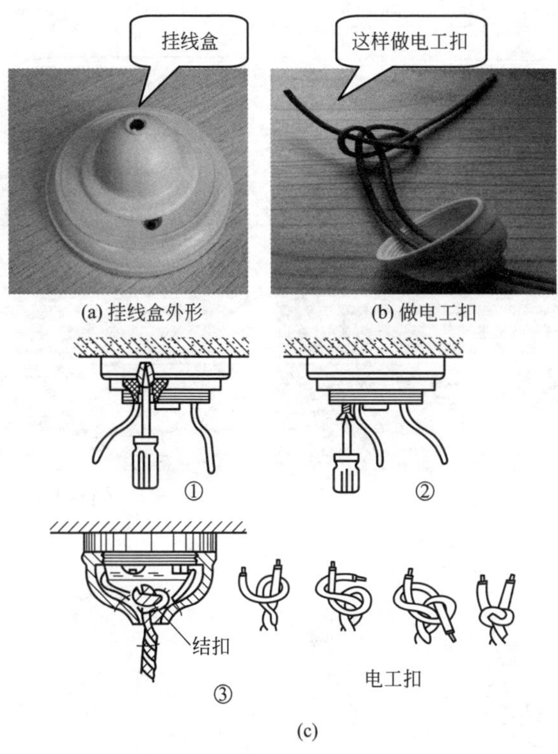

(a) 挂线盒外形 (b) 做电工扣

(c)

图4-7 挂线盒的安装图

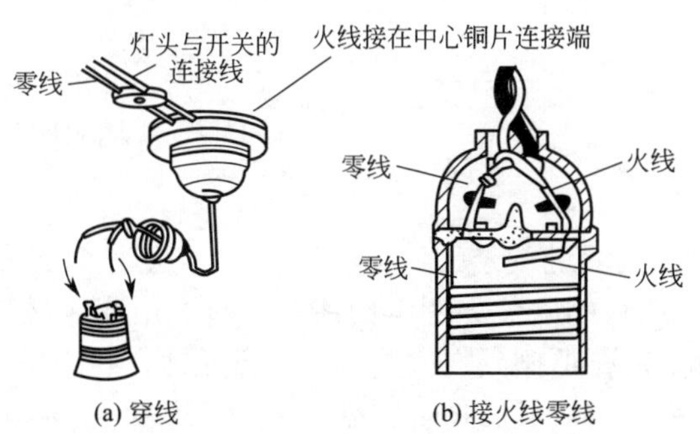

(a) 穿线 (b) 接火线零线

图4-8 吊灯头的安装图

b．平灯头的安装如图4-9所示：平灯座在圆木上的安装与挂线盒在圆木上的安装方法大体相同，只是由穿出的电源线直接与平灯座两接线柱相接，而且现在多采用圆木与灯座一体结构的灯座。

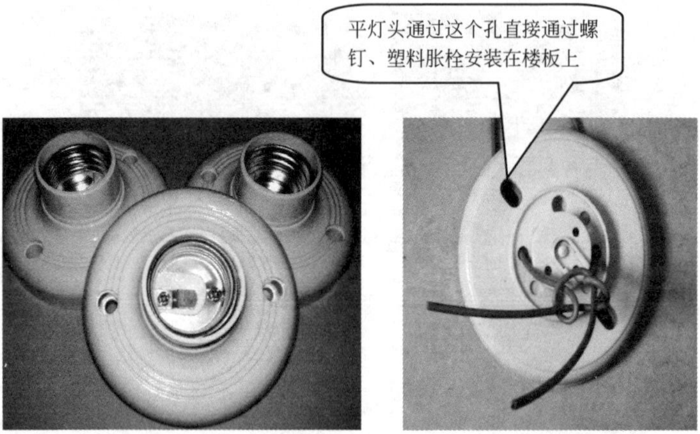

(a) 平灯头

(b) 做电工扣

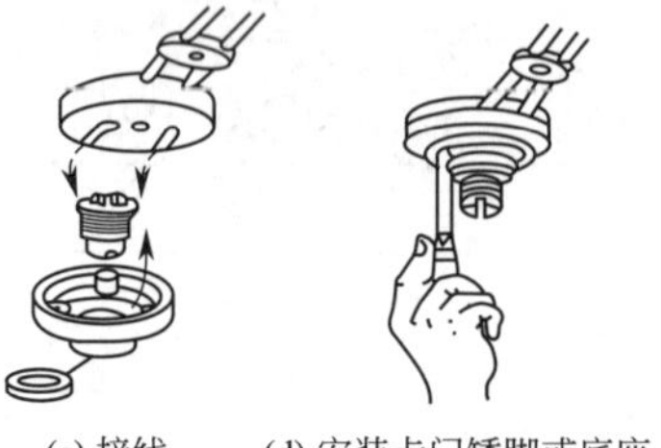

(c) 接线

(d) 安装卡门矮脚或底座

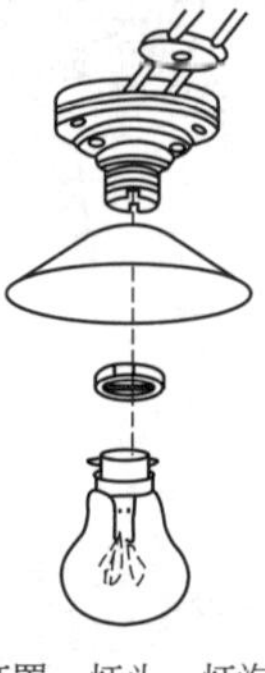

(e) 灯罩、灯头、灯泡组装

图4-9　平灯头的安装图

④ 吸顶式灯具的安装

a．较轻灯具的安装如图4-10所示：首先用膨胀螺栓或塑料胀管将过渡板固定在顶棚预定位置。在底盘元件安装完毕后，再将电源线由引线孔穿出，然后托着底盘穿过渡板上的安装螺栓，上好螺母。安装过程中因不便观察而不易对准位置时，可用十字螺丝刀

（螺钉旋具）穿过底盘安装孔，顶在螺栓端部，使底盘轻轻靠近，沿铁丝顺利对准螺栓并安装到位。

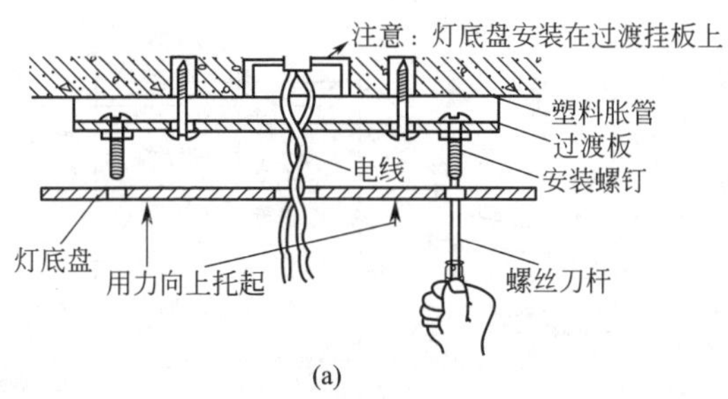

(a)

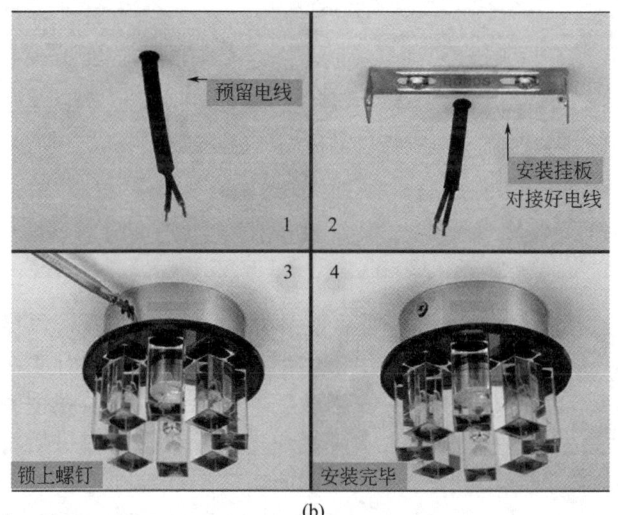

(b)

图4-10 较轻灯具的安装

安装家庭常用较轻灯具时，需要用膨胀螺栓或塑料胀管将灯底座直接固定在顶棚上，步骤如图4-11所示。固定完毕直接将装饰护罩卡扣卡好即可。

b．较重灯具的安装如图4-12所示：用直径为6mm、长约8cm的钢筋做成图示的形状，再做一个图示形状的钩子，钩子的下段铰6mm螺纹，将钩子勾住后再送入空心楼板内。做一块和吸顶灯座大小相似的木板，在中间打个孔，套在钩子的下段上并用螺母固

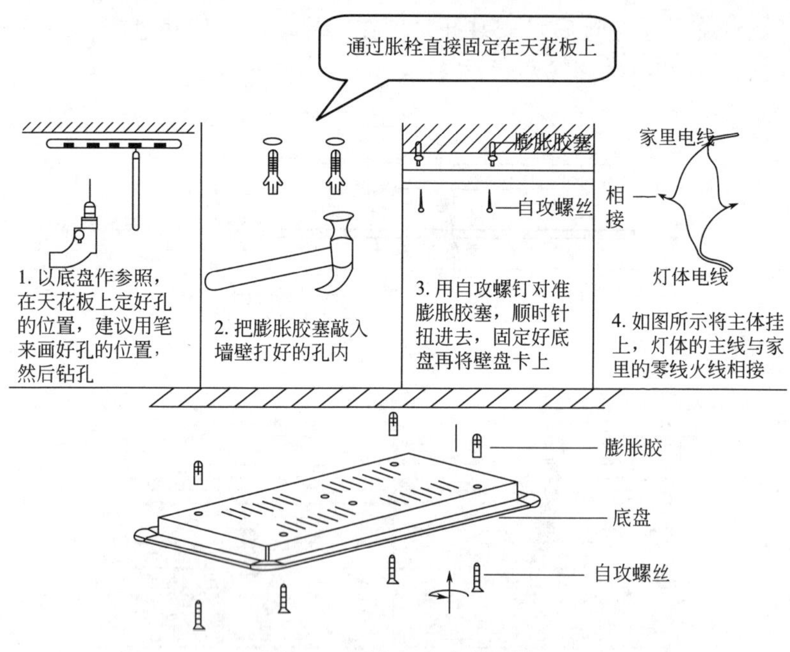

图4-11　固定灯底座在顶棚

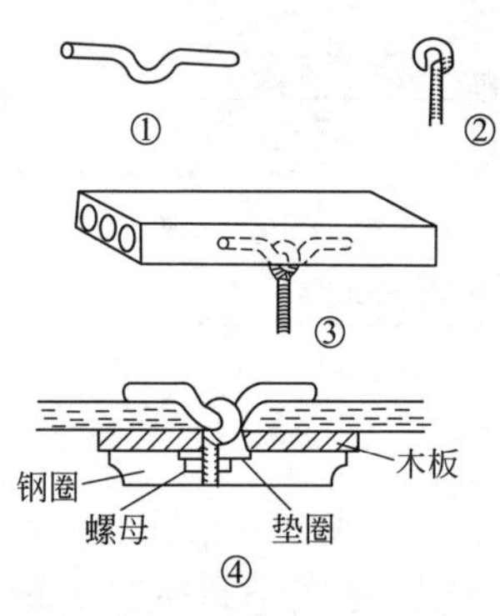

图4-12　较重灯具的安装图

定。在木板上另打一个孔，以穿电磁线用，然后用木螺钉将吸顶灯底座板固定在木板上，接着将灯座装在钢圈内木板上，经通电试验合格后，最后将玻璃罩装入钢圈内，用螺栓固定。

⑤ 嵌入式灯具的安装。嵌入式灯具（图4-13）安装主要是制作吊顶时，应根据灯具的嵌入尺寸预留孔洞，安装灯具时，将其嵌在吊顶上。步骤如下所示。

a. 利用开孔器按照灯具的开孔尺寸在天花板上开孔。如图4-14所示。

b. 把灯具的电线和电网电线接好，并用电工胶布包扎好接口处。如图4-15所示。

图4-13　嵌入式灯具

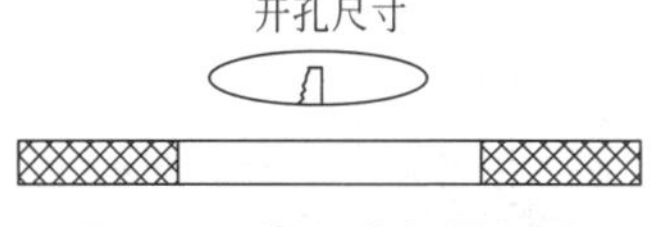

图4-14　嵌入式灯具开孔

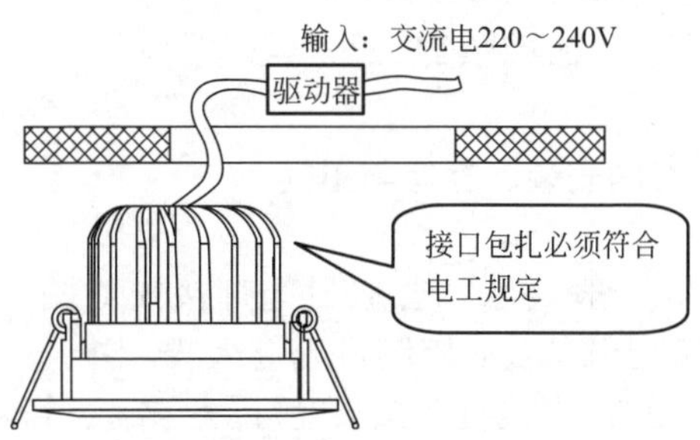

图4-15　嵌入式灯具接线

c．用手把灯具的两个扭簧向上压到与水平垂直。如图4-16所示。

d．压着灯具扭簧的手不放，直到把灯具及扭簧塞到天花板孔里为止。如图4-17所示。

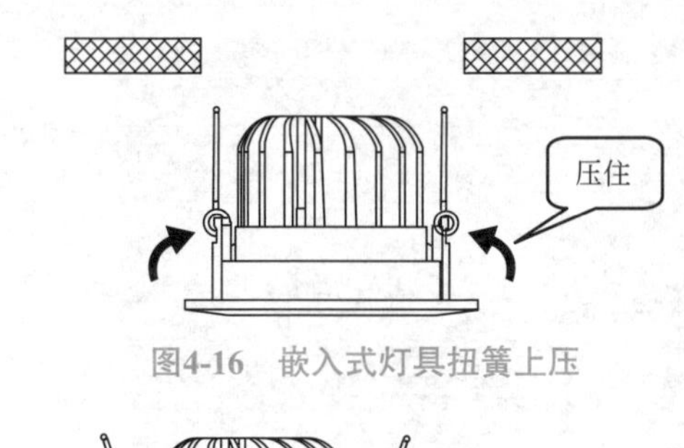

图4-16　嵌入式灯具扭簧上压

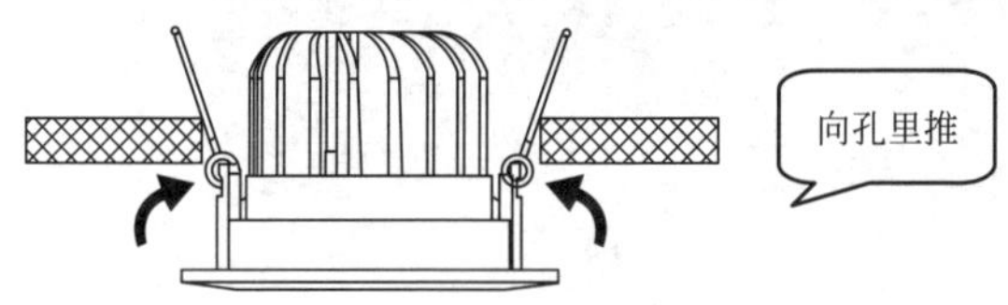

图4-17　嵌入式灯具送入开孔

e．灯具及扭簧已经塞进孔里，压住天花灯外环，调整到合适的位置。如图4-18所示。

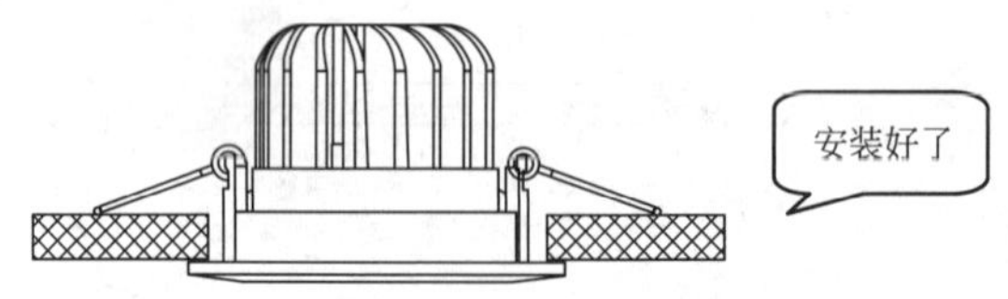

图4-18　嵌入式灯具安装完毕

4.1.2　日光灯的安装、检修与更换

（1）日光灯一般接法　普通日光灯接线如图4-19所示。安装时开关S应控制日光灯火线，并且应接在镇流器一端，零线直接接日光灯另一端，日光灯启辉器并接在灯管两端即可。

安装时，镇流器、启辉器必须与电源电压、灯管功率相配套。

双日光灯线路一般用于厂矿和户外广告要求照明度较高的场所，在接线时应尽可能减少外部接头，如图4-20所示。

（2）日光灯的安装步骤与方法

① 组装接线如图4-21所示：启辉器座上的两个接线端分别与

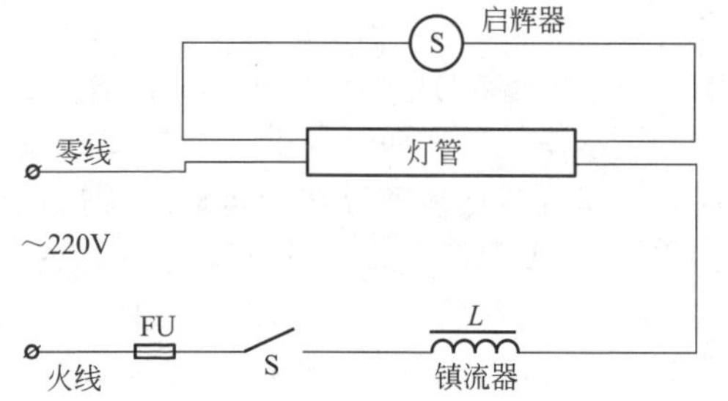

图4-19　日光灯一般的接法

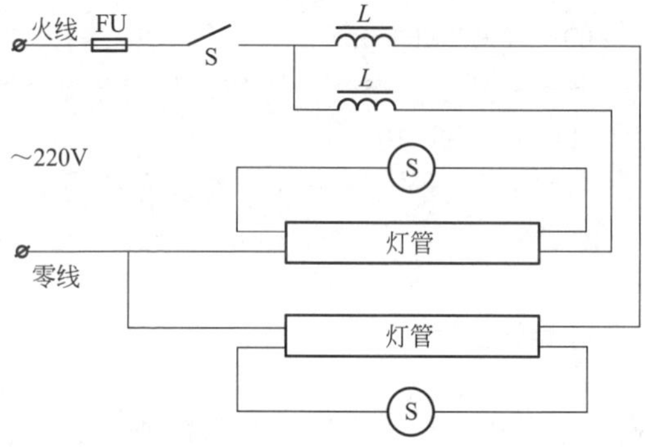

图4-20　双日光灯的接法

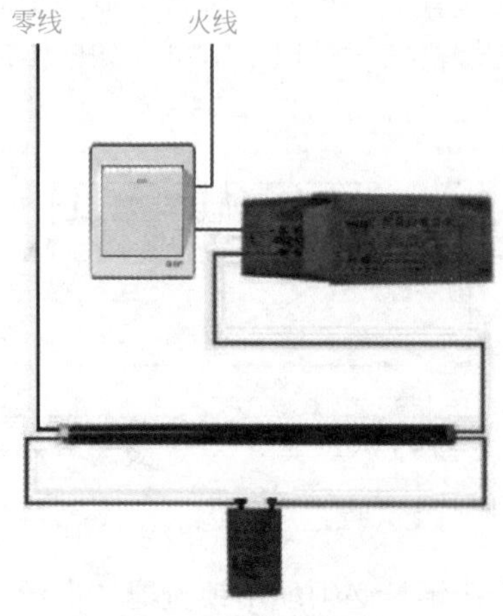

图4-21　组装接线图

两个灯座中的一个接线端连接，余下的接线端，其中一个与电源的中性线相连，另一个与镇流器的一个出线头连接。镇流器的另一个出线头与开关的一个接线端连接，而开关的另一个接线端则与电源中的一根相线相连。与镇流器连接的导线既可通过瓷接线柱连接，也可直接连接。接线完毕，要对照电路图仔细检查，以免错接或漏接。

② 安装灯管：安装灯管时，对插入式灯座，先将灯管一端灯脚插入带弹簧的一个灯座，稍用力使弹簧灯座活动部分向外退出一小段距离，另一端趁势插入不带弹簧的灯座。对开启式灯座，先将灯管两端灯脚同时卡入灯座的开缝中，再用手握住灯管两端头旋转约1/4圈，灯管的两个引脚即被弹簧片卡紧使电路接通。

③ 安装启辉器：开关、熔断器等按白炽灯安装方法进行接线，在检查无误后，即可通电试用。

近几年发展使用了电子式日光灯，安装方法是用塑料胀栓直接固定在顶棚之上即可。

4.1.3 其他灯具的安装

（1）水银灯　高压水银荧光灯应配用瓷质灯座；镇流器的规格必须与荧光灯泡功率一致。灯泡应垂直安装。功率偏大的高压水银灯由于温度高，应装置散热设备。对自镇流水银灯，没有外接镇流器，直接拧到相同规格的瓷灯口上即可，如图4-22所示。

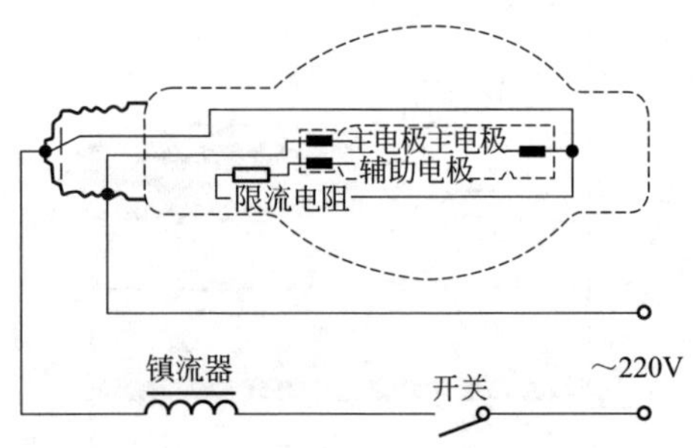

图4-22　高压水银荧光灯的安装图

（2）钠灯　高压钠灯必须配用镇流器，电源电压的变化不应该大于±5%。高压钠灯功率较大，灯泡发热厉害，因此电源线应有

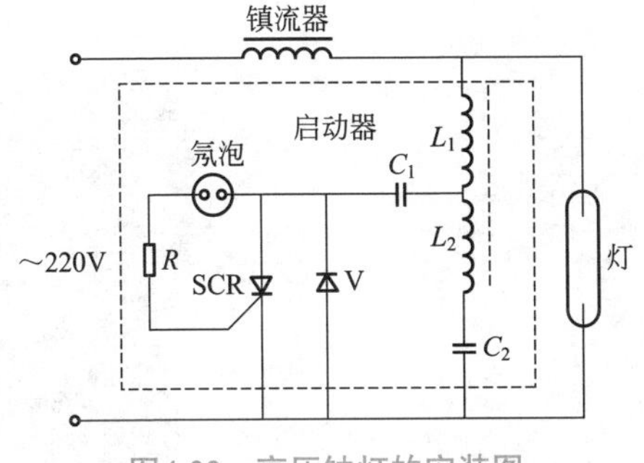

图4-23　高压钠灯的安装图

足够平方数。高压钠灯的安装图如图4-23所示。

（3）碘钨灯的安装　碘钨灯必须水平安装，水平线偏角应小于4°。灯管必须装在专用的有隔热装置的金属灯架上，同时，不可在灯管周围放置易燃物品。在室外安装，要有防雨措施。功率在1kW以上的碘钨灯，不可安装一般电灯开关，而应安装漏电保护器。碘钨灯的安装图如图4-24所示。

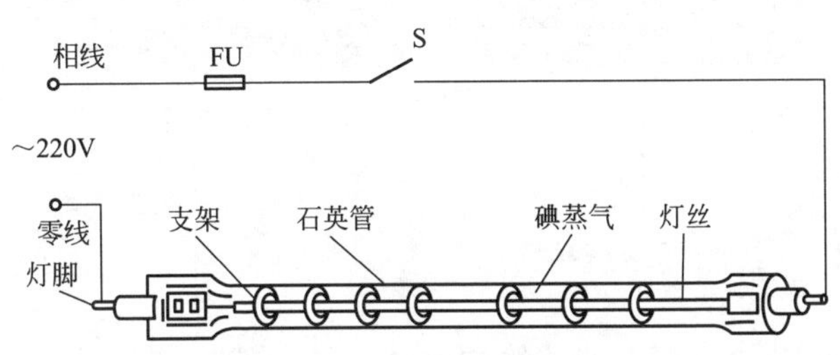

图4-24　碘钨灯的安装图

4.2　插座与插头的安装

4.2.1　三孔插座的安装

将导线剥去15mm左右绝缘层后，分别接入插座接线柱中，将插座用平头螺钉固定在开关暗盒上，压入装饰钮，如图4-25所示。

(a) 面板插座外形

(b) 面板插座接线结构

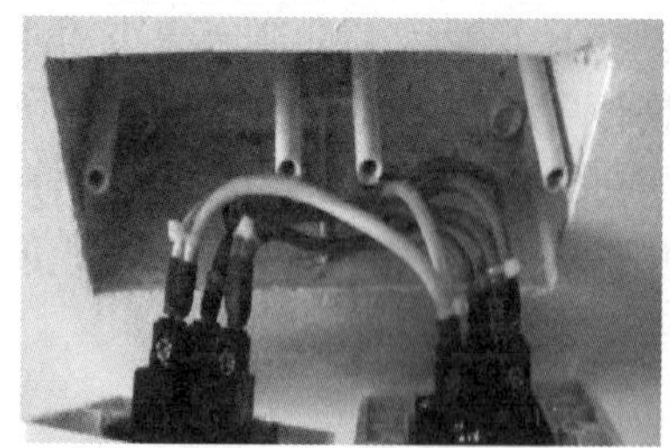

图4-25　三孔插座的安装

4.2.2　两脚插头的安装

将两根导线端部的绝缘层剥去，在导线端部附近打一个电工扣；拆开端头盖，将剥好的多股线芯拧成一股，固定在接线端子上。注意不要露铜丝毛刷，以免短路。盖好插头盖，拧上螺钉即可。两脚插头的安装如图4-26所示。

4.2.3　三脚插头的安装

三脚插头的安装与两脚插头的安装类似，不同的是导线一般选用三芯护套软线，其中一根带有黄绿双色绝缘层的芯线接地线，其余两根一根接零线，一根接火线，如图4-27所示。

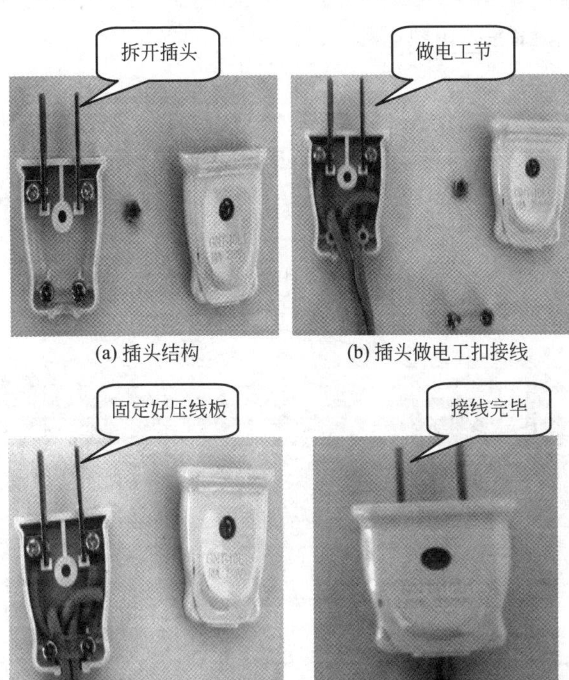

(a) 插头结构　(b) 插头做电工扣接线

(c) 用线压接板固定　(d) 插头接好图

图4-26　两脚插头的安装

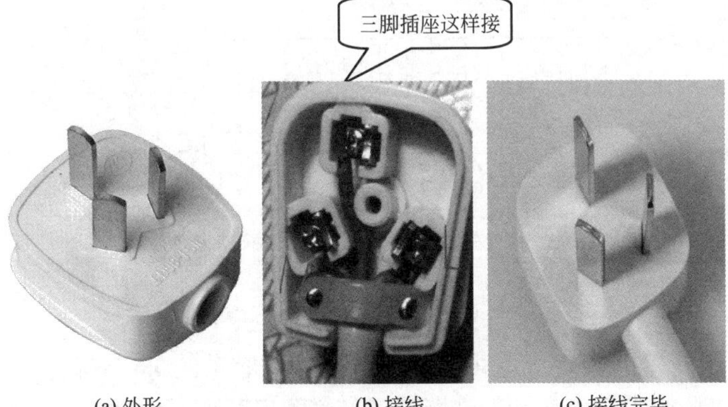

(a) 外形　(b) 接线　(c) 接线完毕

图4-27　三脚插头的安装

4.2.4 各种插座接线电路

（1）单相三线插座接线电路　单相三线插座电路由电源开关S、熔断器FU、导线及三芯插座XS_1～XS_n等构成，其接线方法如图4-28所示。

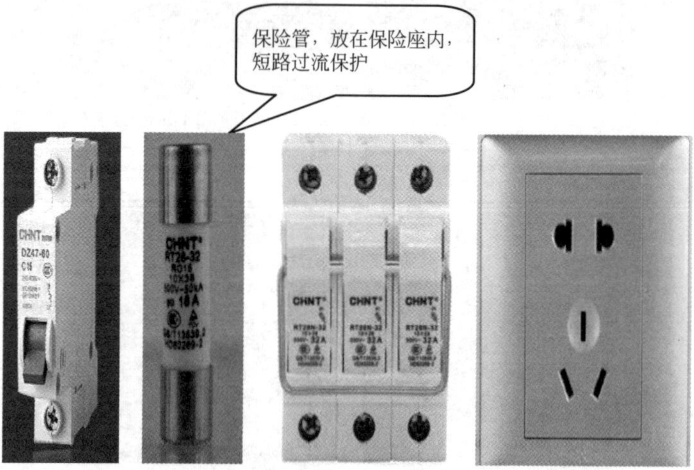
保险管，放在保险座内，
短路过流保护

(a) 元器件外形

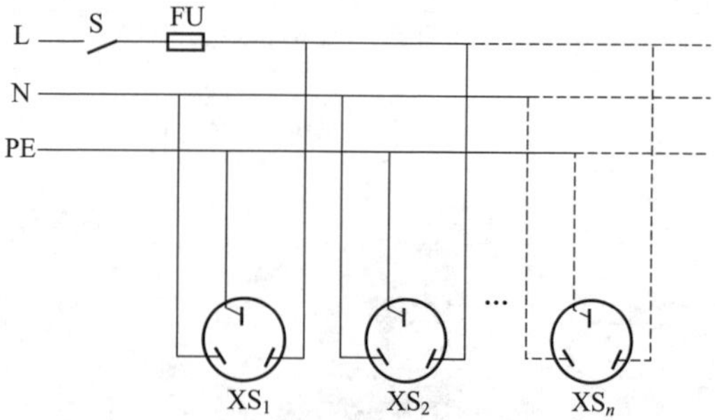
L
S
FU
N
PE
…
XS_1
XS_2
XS_n

(b)

图4-28　单相三线插座接线电路

熔断器的额定容量可按电路导线额定容量的0.8倍确定，开关S也可选用带漏电保护的断路器（又称漏电断路器或漏电开关）。

（2）四孔三相插座接线电路　如图4-29所示为四孔三相插座

电路，它由电源开关、连接导线和四芯插座等组成。

图4-29中L_1、L_2、L_3分别为三相相线，QF为三相插座的电源控制开关，PEN为中性线，XS_1 ～ XS_n为四孔三相插座。四孔三相插座下方的三个插孔之间的距离相对近些，分别用来连接三相相线，面对插座从左到右接L_1、L_2、L_3接线；上方单独有一个插孔，用来连接PEN线。所有四孔三相插座都按统一约定接线，并且插头与负载的接线也对应一致。

(a) 元器件外形

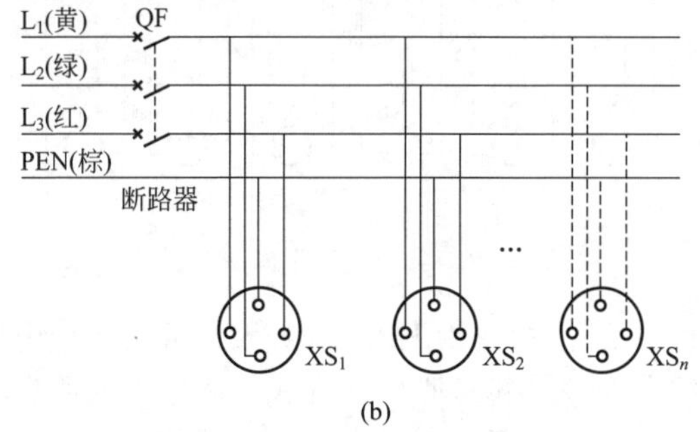

(b)

图4-29　四孔三相插座接线电路

为了方便安装和检修，统一按黄（L_1）、绿（L_2）、红（L_3）、棕（PEN）的顺序配线，各相色线不得混合安装，以防相位出错。

（3）房屋装修用配电板电路　房屋装修用配电板线路常见的有：单相三线配电板和三相三线配电板两种。

① 单相三线配电板电路。它由带漏电保护的电源开关SD、电源指示灯HL、三芯电源插座XS_1 ～ XS_6以及绝缘导线等组成，其电路如图4-30所示。

(a) 元器件外形

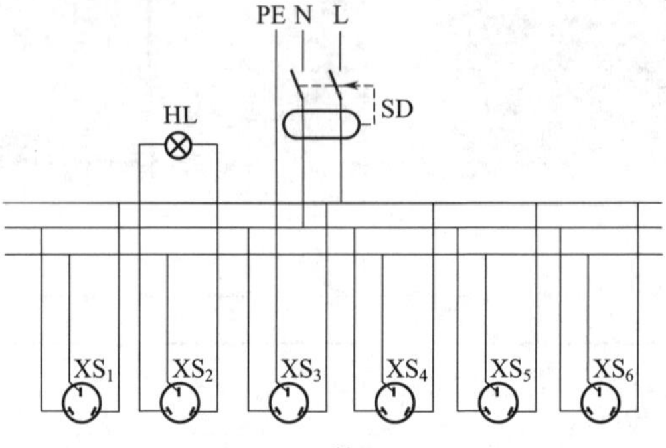

(b)

图4-30　单相三线配电板电路

由于单相三线配电板使用得非常频繁，故引入配电板的电源线要用优质的护套橡胶三芯多股软铜导线。配电板的所有配线均安装在配电板的反面，然后用三合板或其他合适的木板封装，并且用油漆涂刷一遍。每次使用配电板之前，均应对护套绝缘电源线进行安全检查，如有破损，应处理后再用。电源工作零线与保护零线要严格区别开来，不能相互交叉接线。

当合上电源开关SD后，若信号灯点亮，则表示配电板上的电路和插座均已带电。装修作业时，应将配电板放在干燥、没有易燃物品、没有金属物品相接触的安全地段。配电板通常垂直安放，也可倾斜一定的角度安放，尽量避免平仰放置。

② 三相五线配电板线路。三相五线配电板电路由一个漏电开关（SD）、一个四芯插座、六个三芯插座以及若干绝缘导线等组成，其线路如图4-31所示。

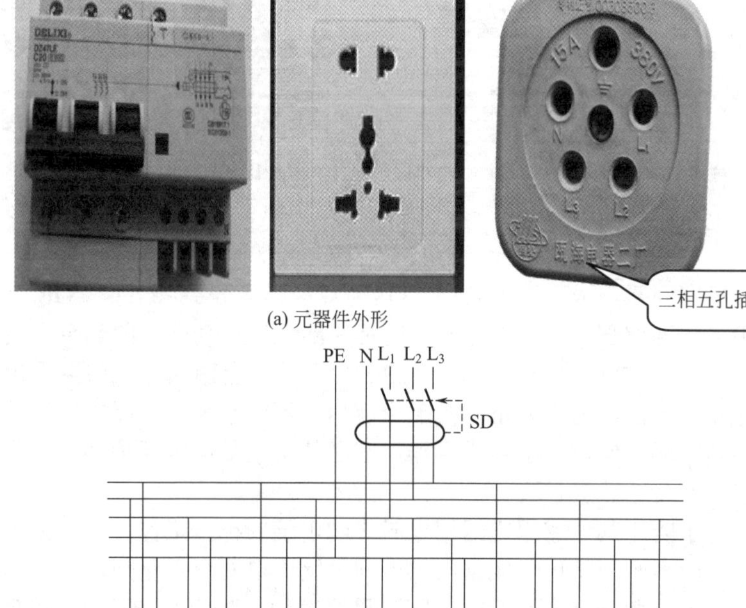

图4-31　三相五线配电板电路

由于装修用三相五线配电板使用频繁，故引入配电板的电源线要用优质的护套橡胶五芯多股软铜导线。配电板的所有配线安装在配电板的反面，然后用三合板或其他合适的木板封装，并且用油漆刷一遍。每次使用配电板之前，均应对护套绝缘电源线进行安全检查，如有破损，应处理后再用。电源工作零线与保护零线要严格区分开来，不能相互交叉接线。

使用中，配电板要远离可燃气体，也不要与水接触，以防电路短路，影响安全。如果作业现场人手较杂，应设法将配电板安置在安全的地方，例如固定在墙上或牢固的支架上，不得随意丢放，如果通过人行道，在必要时还应加穿管防护。

4.3 配电电路与安装

4.3.1 一室一厅配电电路

住宅小区常采用单相三线制，电能表集中装于楼道内。一室一厅配电电路如图4-32所示。

一室一厅配电电路由厨房、卫生间回路、照明回路、空调回路、插座回路组成。图4-32中，QS为双极隔离开关；QF_1 ～ QF_3为双极低压断路器，其中QF_2 ～ QF_3具有漏电保护功能（即剩余电流保护器，俗称漏电断路器，又叫RCD）。对于空调回路，如果采用壁挂式空调器，因为人不易接触空调器，可以不采用带漏电保护功能的断路器，但对于柜式空调器，则必须采用带漏电保护功能的断路器。

为了防止其他家用电器用电时影响电脑的正常工作，可以把图4-32中的插座回路再分成家电供电和电脑供电两个插座回路，如图4-32所示。两路共同受QF_3控制，只要有一个插座漏电，QF_3就会立即跳闸断电，PE为保护接地线。

4.3.2 两室一厅配电电路

一般居室的电源线都布成暗线，需在建筑施工中预埋塑料空心管，并在管内穿好细铁丝，以备引穿电源线。待工程安装完工时，把电源线经电能表及用电器控制闸刀后通过预埋管引入居室内的客厅，客厅墙上方预留有一暗室，暗室前为木制开关板，装有总电源

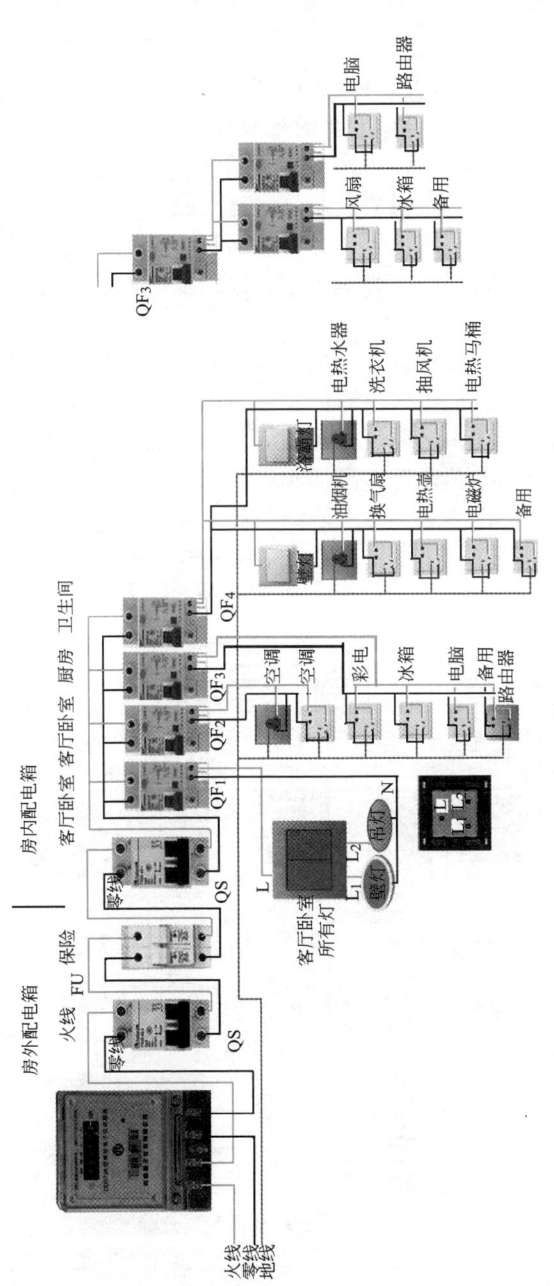

图4-32　一室一厅配电电路

闸刀，然后分别把暗线经过开关引向墙上壁灯。

吊灯以及电扇电源线分别引向墙上方天花板中间处，安装吊灯和吊扇时，两者之间要有足够的安全距离或根据客厅的大小来决定。如果是长方形客厅，可在客厅中间的一半中心安装吊灯，另一半中心安装吊扇，也可只安装吊灯（这对有空调的房间更为适宜）。安装吊扇处要在钢筋水泥板上预埋吊钩，再把电源线引至客厅的彩电电源插座、台灯插座、音响插座、冰箱插座以及备用插座等用电设施。

卧室应考虑安装壁灯、吸顶灯及一些插座。厨房要考虑安装抽油烟机电源插座、换气扇电源插座以及电热器具插座。

卫生间要考虑安装壁灯电源插座、抽风机电源插座以及洗衣机三眼单相插座和电热水器电源插座等。总之要根据居室布局尽可能地把电源插座一次安装到位。两室一厅居室电源布线分配线路参考方案如图4-33所示。

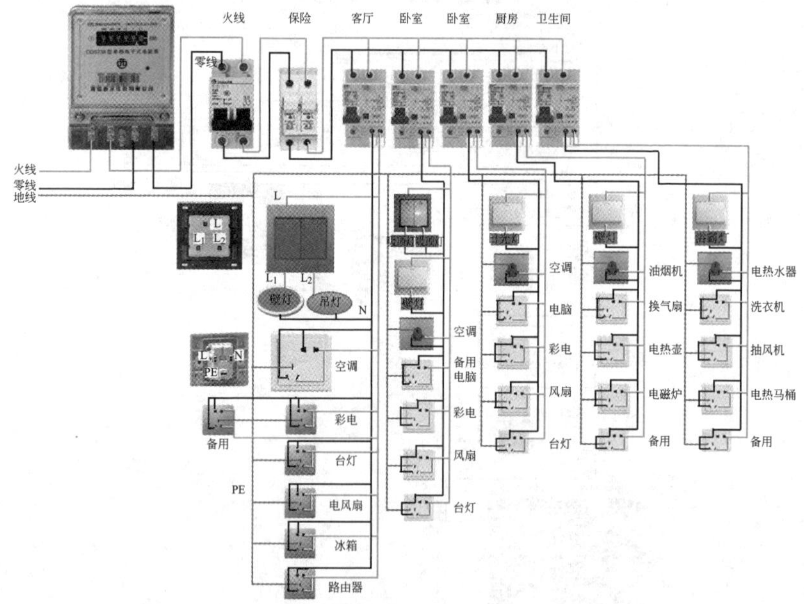

图4-33　两室一厅居室电源布线分配线路

4.3.3 三室两厅配电电路

如图4-34所示为三室两厅配电电路，它共有10个回路，总电源处不装漏电保护器。这样做主要是由于房间面积大，分路多，漏电电流不容易与总漏电保护器匹配，容易引起误动或拒动。另外，还可以防止回路漏电引起总漏电保护器跳闸，从而使整个住房停电。而在回路上装设漏电保护器就可克服上述缺点。

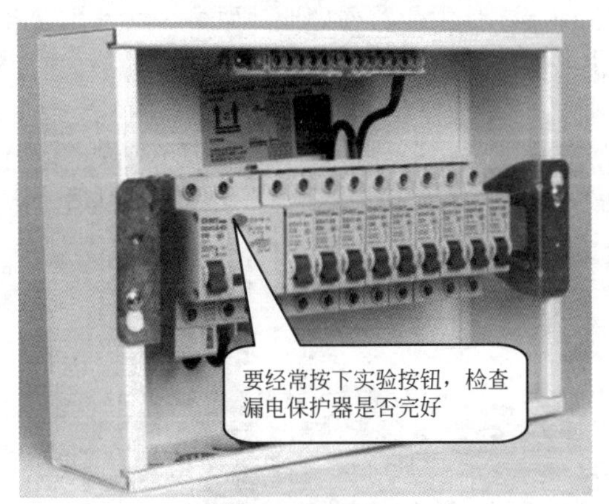

(a) 元器件外形

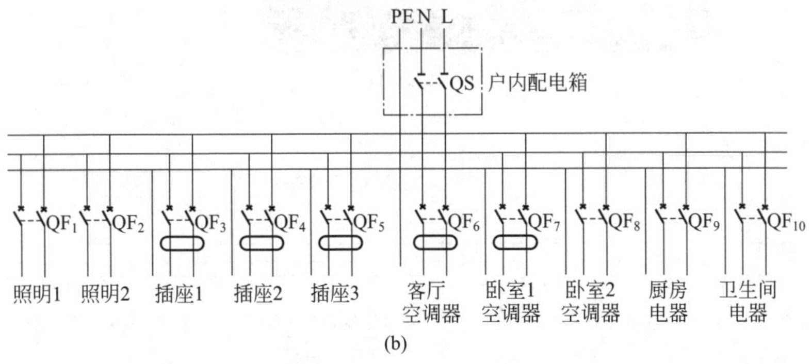

(b)

图4-34　三室两厅配电电路

元器件选择：总开关采用双极63A隔离开关，照明回路上安装6A双极断路器，空调器回路根据容量不同可选用15A或20A的断路器；插座回路可选用10A或15A的断路器。电路进线采用截面积16mm²的塑料铜导线，其他回路都采用截面积为2.5mm²或4mm²、6mm²的塑料铜导线。

4.3.4 四室两厅配电电路

如图4-35所示为四室两厅配电电路，它共有11个回路，比如：照明、插座、空调等。其中两路作照明，如果一路发生短路等故障时，另一路能提供照明，以便检修。插座有三路，一路送客厅，两路送卧室，厨房、卫生间单独控制，这样插座电磁线不至于超负荷，起到分流作用。六路空调回路，通至各室，即使目前不安装，也须预留，为将来要安装时做好准备，若空调为壁挂式，则可不装漏电保护断路器。

(a) 元器件外形

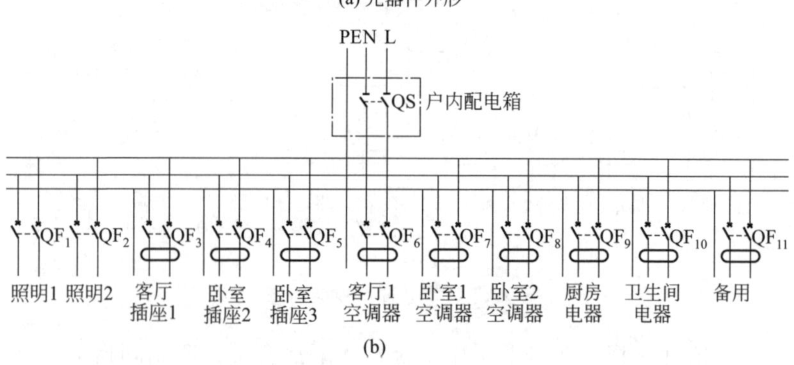

(b)

图4-35 四室两厅配电电路

4.3.5 家用单相三线闭合型安装电路

家用单相三线闭合型安装电路如图4-36所示，它由漏电保护开关SD、分线盒子X_1～X_4以及环形导线等组成。

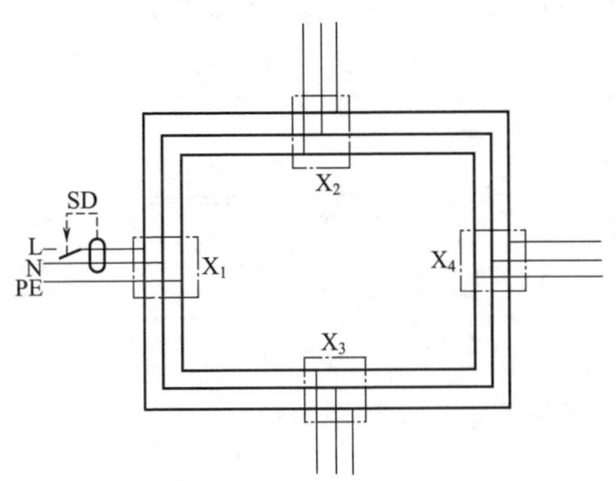

图4-36 家用单相三线闭合型安装电路

一户作为一个独立的供电单元，可采用安全可靠的三线闭合电路安装方式，该电路也可以用于一个独立的房间。如果用于一个独立的房间，则四个方向中的任意一处都可以作为电源的引入端，当然电源开关也应随之换位，其余分支可用来连接负载。

在电源正常的条件下，闭合型电路中的任意一点断路都会影响其他负载的正常运行。在导线截面积相同的条件下，与单回路配线比较，其带负载能力提高1倍。闭合型电路灵活方便，可以在任一方位的接线盒内装入单相负载，不仅可以延长电路使用寿命，而且可以防止发生电气火灾。

【注意】 无论哪种配电线路，所有漏电保护器的零线不能共用，否则会造成接通某路电器时跳闸。

4.4 室内线路配线

室内配线方式分为：绝缘子配线、瓷夹板配线、槽板配线、塑料护套线配线和电线管配线。

4.4.1 绝缘子配线

绝缘子配线是利用绝缘子支持导线的一种配线方式，机械强度较大，适用于用电量较大且比较潮湿的场合。

绝缘子分为鼓形（瓷柱）、蝶形（茶台）、针形（伞形）以及悬式（盒子）等几大类，如图4-37所示。

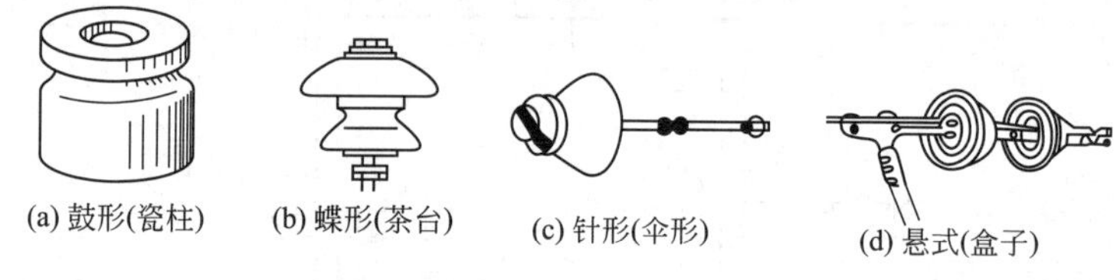

图4-37　绝缘子的种类

（1）绝缘子的固定方法（图4-38）

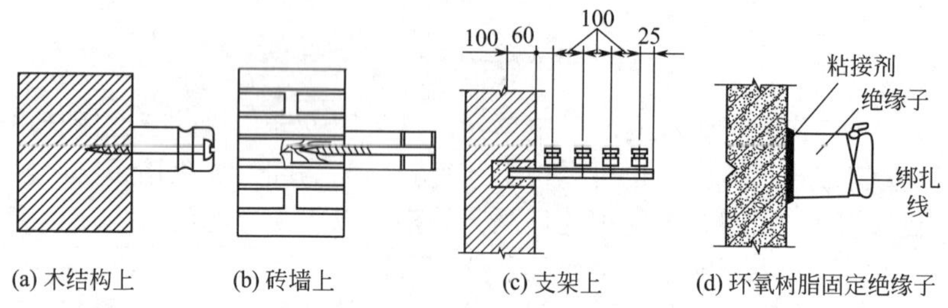

图4-38　绝缘子的固定

① 在木结构墙上：在木结构墙上只能用鼓形绝缘子，可用木螺钉直接拧入。

② 在砖墙上：在砖墙上可利用预埋的木榫和木螺钉来固定鼓形绝缘子，或用预埋的支架和螺栓来固定鼓形绝缘子、蝶形绝缘子和针形绝缘子等。此外，也可用缠着铁丝的木螺钉和膨胀螺栓来固定鼓形绝缘子，如图4-39所示。

③ 在混凝土墙上：在混凝土墙上固定绝缘子可用缠着铁丝的木螺钉和膨胀螺栓来固定，也可用环氧树脂粘接剂来固定绝缘子。

（2）导线的绑扎方法　导线的绑扎应先从一端开始，先将一端的导线绑扎在绝缘子的颈部（如果导线弯曲，应事先调直），然后将导线的另一头收紧绑扎固定，最后把中间导线绑扎牢固，绑扎线需用绝缘线。绑扎的方法有单绑法及双绑法，如图4-40所示。

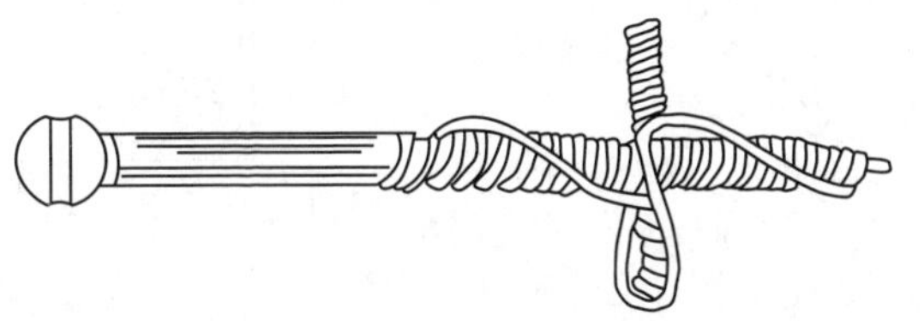

图4-39　缠有铁丝的木螺钉

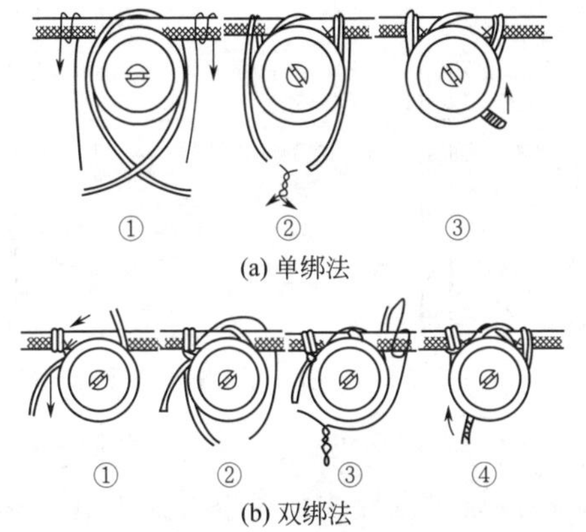

图4-40　直线段导线的绑扎

（3）绝缘子配线的注意事项

① 在建筑物的侧面或斜面配线时，必须将导线绑在绝缘子的上方，如图4-41所示为在建筑物的侧面绑扎。

② 导线在同一平面内，如有曲折，绝缘子必须装设在导线曲折角的内侧，如图4-42所示为曲折时的绑扎。

③ 导线在不同的平面上曲折时，在凸角的两面上应装两个绝缘子，如图4-43所示。

④ 导线分支时，必须在分支处设置绝缘子。用于支持导线互相交叉时，应在距建筑物近的导线上套装保护管。

⑤ 平行的两根导线，应在两绝缘子的同一侧或在两绝缘子的外侧，不能放在两绝缘子的内侧，如图4-44所示为平行导线的做法。

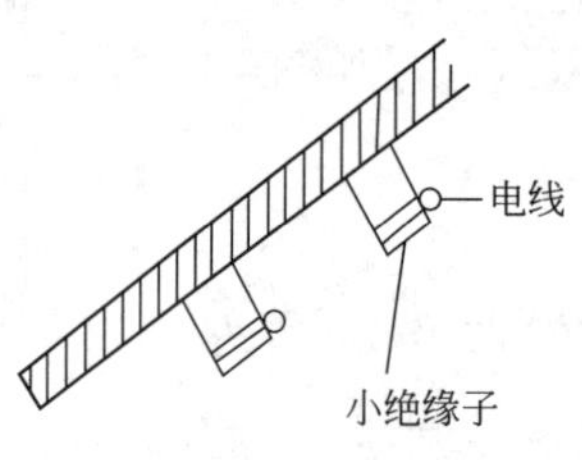

图4-41 绝缘子在建筑物的侧面时导线的绑扎

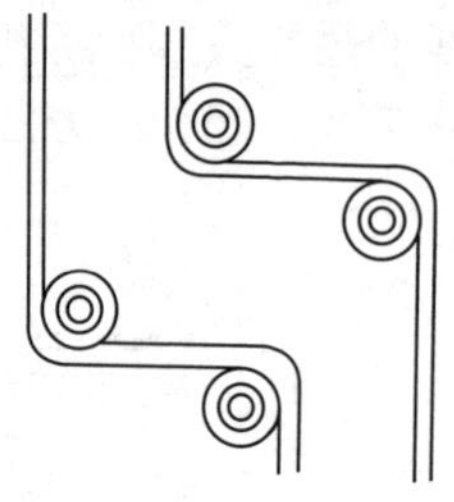
图4-42 绝缘子在同一平面的转弯做法

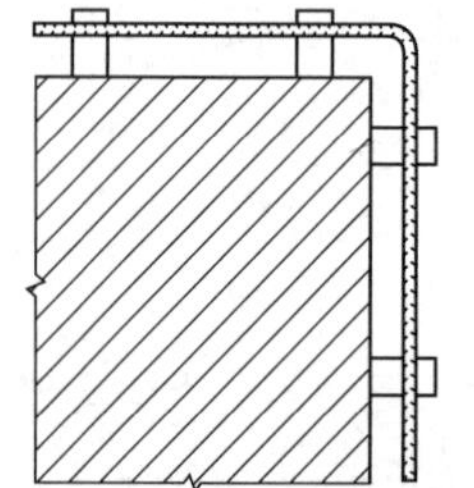
图4-43 绝缘子在不同平面的转弯做法

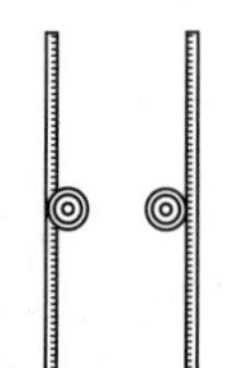
图4-44 平行导线在绝缘子上的绑扎

⑥ 绝缘子沿墙壁垂直排列敷设时，导线弛度也不得大于5mm，沿屋架或水平支架敷设时，导线弛度不得大于10mm。

4.4.2 瓷夹板配线

（1）瓷夹板配线

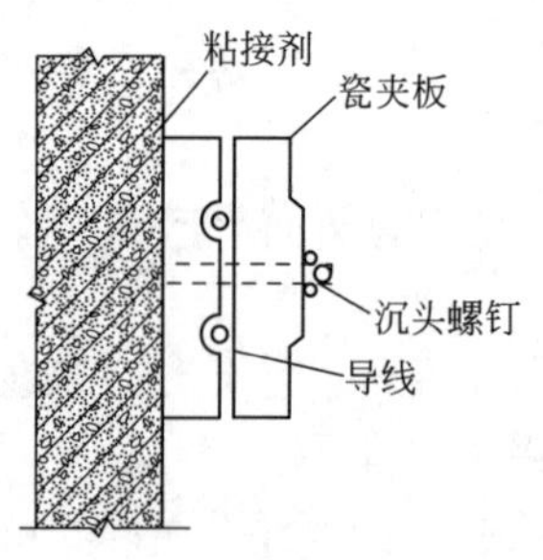

图4-45 瓷夹板的粘接剂固定法

① 瓷夹板固定 在木结构上，可用木螺钉直接固定瓷夹板；在砖结构上固定瓷夹板，利用预埋的木榫或塑料胀栓固定；最简单的办法是用环氧树脂粘接固定（如图4-45所示）。用环氧树脂粘接时，底部必须要清洁，涂料要均匀，不能太厚，粘接时用手边压边转，使粘接面有良好的接触，

粘接后保持1～2天即可。

② 导线敷设　先将导线的一端固定在瓷夹板内，拧紧螺钉压牢导线，然后用抹布或螺钉旋具把导线捋直，如图4-46所示。

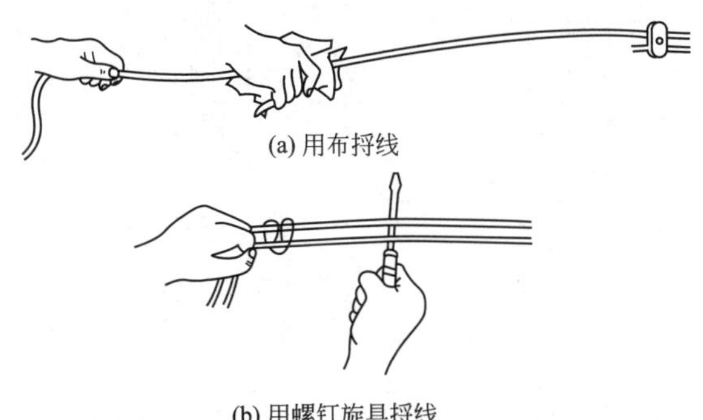

(a) 用布捋线

(b) 用螺钉旋具捋线

图4-46　瓷夹板内导线的敷设方法

（2）瓷夹板配线的注意事项

① 瓷夹板配线的导线截面积一般在1～6mm^{2}之间。

② 导线在转弯时，应在转弯处装两副瓷夹板，如图4-47（a）所示；要把导线弯成圆角，避免损伤导线。

③ 导线绕过梁柱头时，要适当加垫瓷夹板，以保证导线与建筑物表面有一定的距离，做法如图4-47（b）、（c）所示。

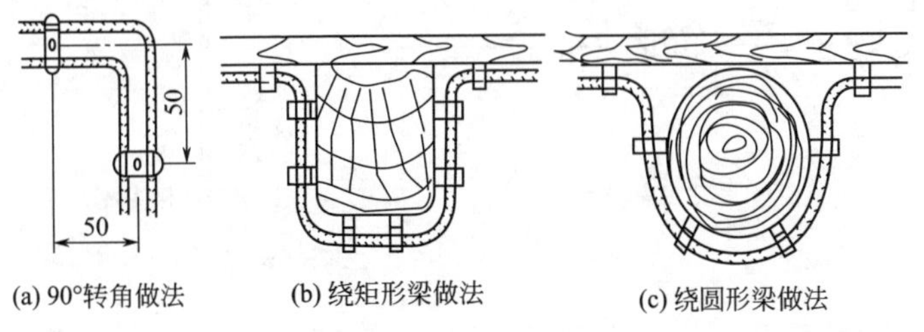

(a) 90°转角做法　(b) 绕矩形梁做法　(c) 绕圆形梁做法

图4-47　瓷夹板配线

④ 两条电路的四根导线相互交叉时，应在交叉处分装四副瓷夹板，压在下面的两根导线上需套一根塑料管或瓷管，管的两端导线都要用瓷夹板夹住，如图4-48所示。

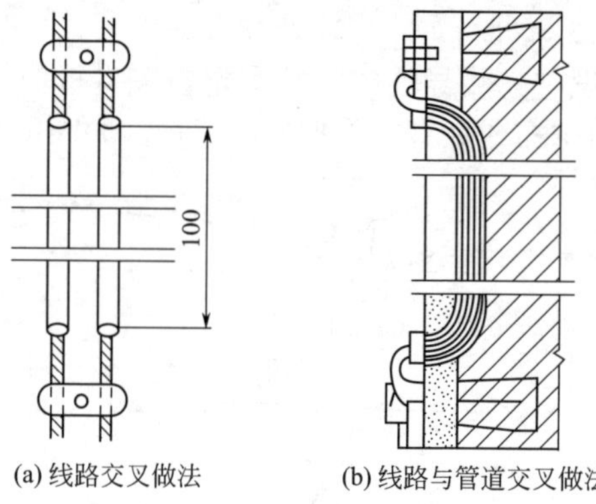

(a) 线路交叉做法　　(b) 线路与管道交叉做法

图4-48　交叉做法

⑤ 线路跨越水管、热力管时，应在跨越的导线上套防热管保护。

⑥ 线路最好沿房屋的线脚、横梁、墙角等处敷设，不得将导线接头压在瓷夹板内，做法如图4-49所示。

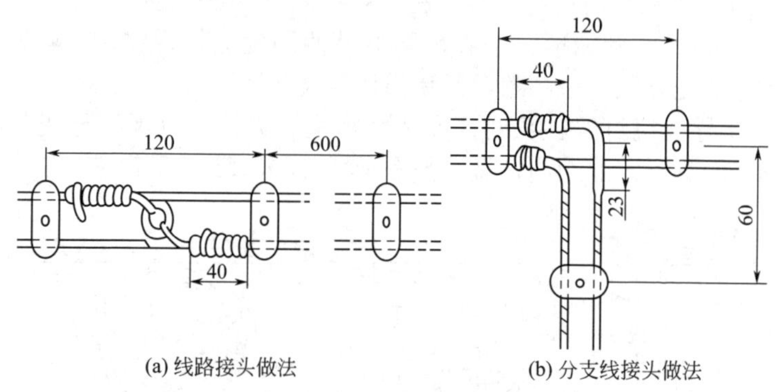

(a) 线路接头做法　　(b) 分支线接头做法

图4-49　线路接头与分支线接头

⑦ 水平敷设线路距地面高度一般应在2.5m以上；距开关、插座、灯具和接线盒以及导线转角的两边5cm处均应安置瓷夹板；开关、插座，一般与地面距离不应低于1.3m；导线穿越楼板时，在楼板离地面1.3m处的部分导线应套管保护。做法如图4-50所示。

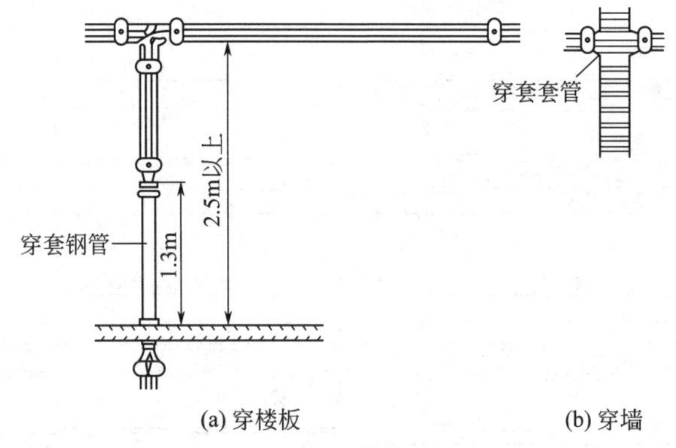

图4-50　电线穿墙和穿楼板

4.4.3　槽板配线

（1）槽底板的固定　槽板配线的定位和划线方法与瓷夹板配线方法相同。每块槽板都有一定的长度，在此，首先要考虑每块槽底板两端的位置。在每块槽底板两端头40mm处要有一个固定点，其余各固定点间的距离在500mm以内，如图4-51所示。

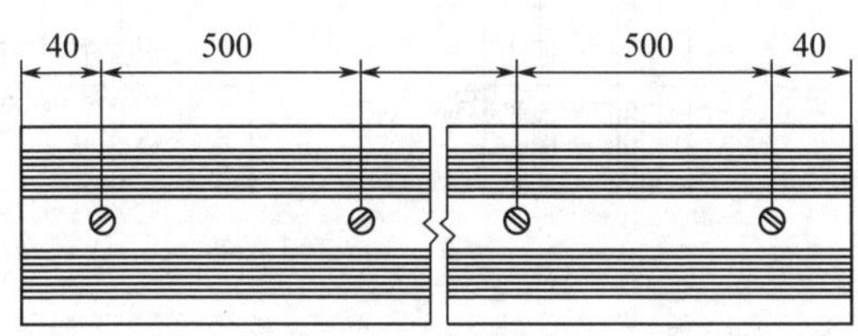

图4-51　槽底板固定

在安装、固定槽底板时，要做到横平、竖直、美观大方。将槽底板用铁钉或木螺钉固定在埋设好的木榫上，铁钉都要钉在底板中间的槽脊上。

槽底板对接及盖板对接如图4-52所示。

槽底板、盖板拐角做法如图4-53所示。

槽底板、盖板分支接头做法如图4-54所示。

槽底板、盖板拼接做法如图4-55所示。

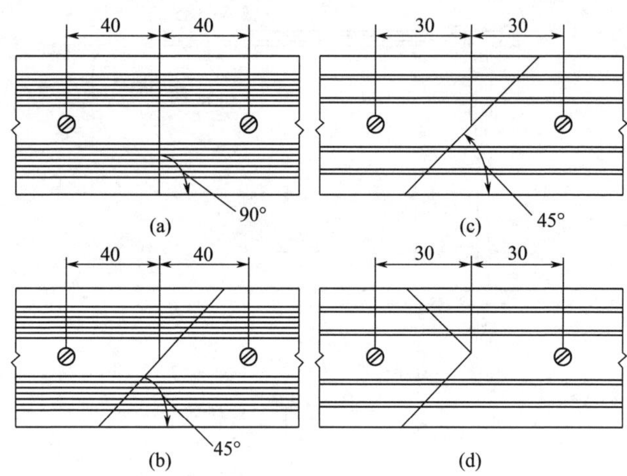

图4-52　槽底板、盖板对接形状

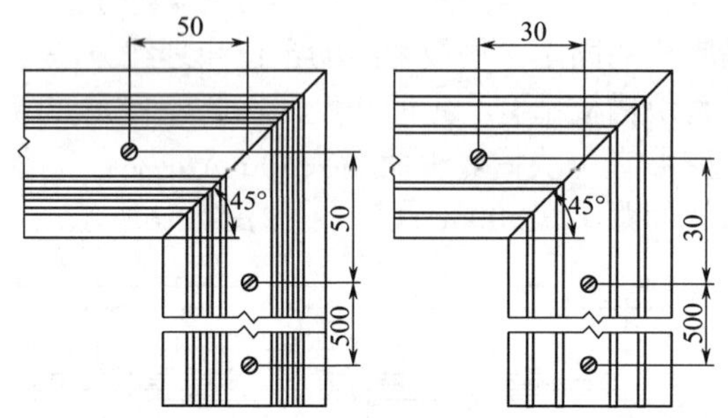

图4-53　槽底板、盖板拐角形状

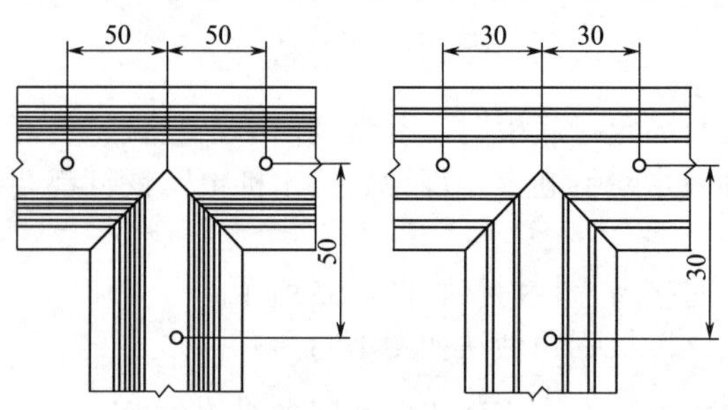

图4-54　槽底板、盖板分支接头形状

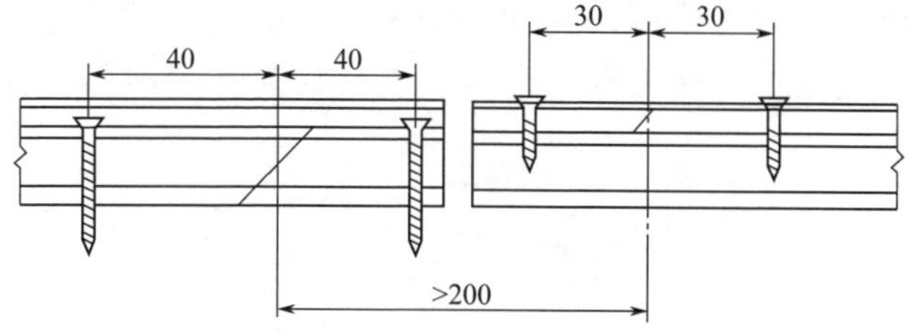

图4-55　槽底板、盖板拼接

在进行槽板拼接时，端口一般要锯成45°斜面，两线槽对准。在实际施工中，常采用一根方木条，锯削一个45°的槽口，作为锯削槽板的靠板，使得每次锯削的槽板都能保持45°斜面；使对接或拐角时槽板都能合拢，并能使敷设的槽板接缝一致。其方法如图4-56所示。

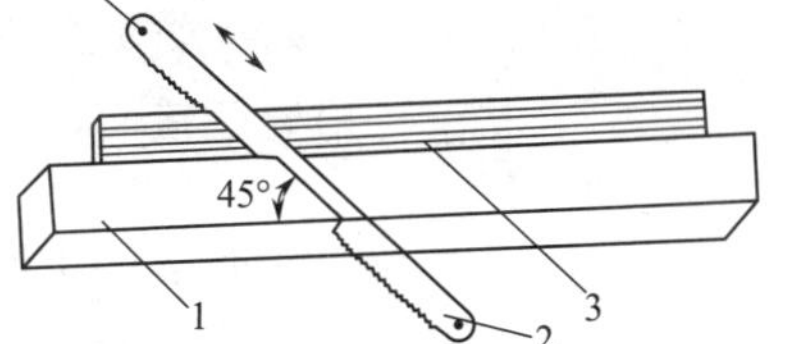

图4-56　用木条靠模锯削槽板

1—方木条靠模；2—锯条；3—槽板

槽底板固定好之后在线槽内敷设导线，灯具、开关和插座一般用木台进行固定。在槽底板进入或通过木台处，应将木台在槽底板进口位置，按其槽底板、盖板合拢后的截面积尺寸挖掉一块，使槽底板一头进入木台。槽底板应伸入木台空腔的2/3以上，避免木台内导线与墙壁相碰引起对地短路故障；槽底板通过木台时，槽底板不需割断，槽盖板伸入木台5～10mm即可。做法如图4-57所示。

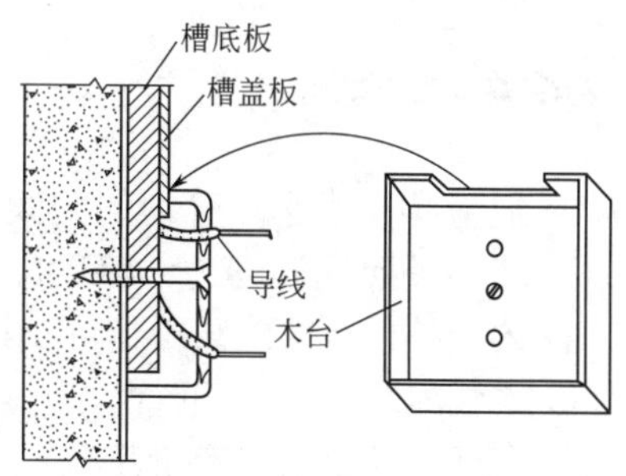

图4-57　槽底板伸入木台

（2）敷设导线与固定盖板

通常边敷设导线边将盖板固定在槽底板上。木槽盖板可用铁钉直接钉在槽底板的木脊上，钉子钉入过程中不能碰到导线；钉子之间的距离大约为300mm，如图4-58所示；盖板连接时，盖板接口与底板接口应错开，其间距应大于400mm；导线在槽内要放平直，待敷设到终端进入木台后一般留100mm出线头，以便连接灯具等。

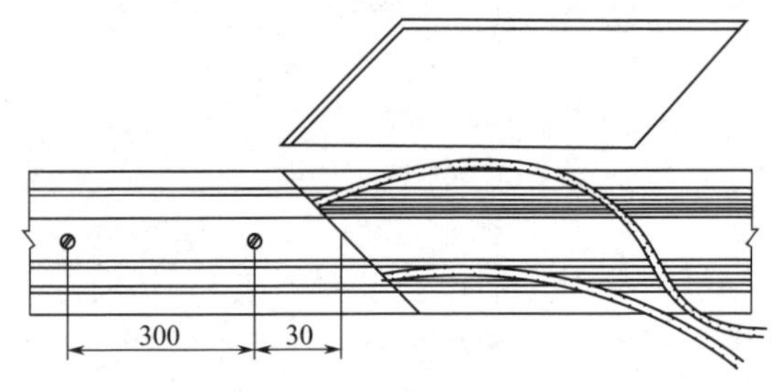

图4-58 固定槽盖板

① 槽板所敷设的导线应采用绝缘线，铜导线的线芯截面积不应小于0.5mm^2，铝导线的线芯截面积不应小于1.5mm^2。

② 槽板在转角处连接时，需将线槽内侧削成圆形，以免在敷设导线时碰伤导线绝缘。

③ 靠近热力管的地方不应采用塑料槽板。

④ 槽板在分支处连接时，在连接处把槽板的筋用锯锯掉、铲平，以便导线通过。

⑤ 槽板内的导线不应有接头，尽可能采用接线盒连接。

4.4.4 线管配线

把绝缘导线穿在管内的配线称为线管配线。适用于室内外照明和动力线路的配线。是目前使用最广泛的一种。线管配线操作可扫描二维码详细学习。

线管配线有明配和暗配两种。明配是把线管敷设在墙上以及其他明露处，要求配得横平竖直，且要求管路短、弯头少。暗配是把线管埋设在墙内、楼板内或其他看不见的地方，不要求横平竖直，仅要求尽量节约材料。

chapter 5

电动机接线、布线、调试与维修

5.1 电动机直接启动控制线路

5.1.1 直接启动控制线路

电动机直接启动，其启动电流通常为额定电流的6～8倍，一般应用于小功率电动机。常用的启动电路有开关直接启动。

电动机的容量应低于电源变压器容量20%时，才可直接启动，如图5-1所示。使用时，将空开推向闭合位置，则QF中的三相开关全部接通，电动机运转，如发现运转方向和我们所要求的相反，任意调整空开下口两根电源线，则转向和前述相反。

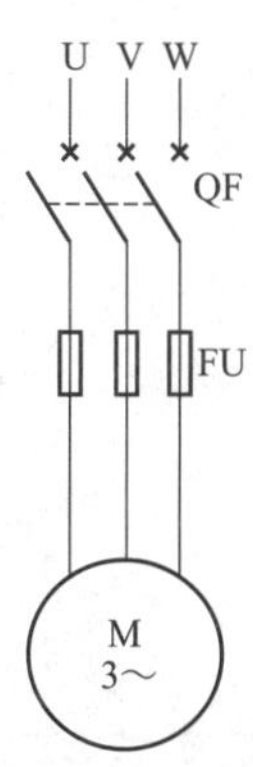

图5-1 开关启动控制线路

5.1.2 电路所选元器件及其作用（表5-1）

表5-1 电动机直接启动电路所选元器件及作用

名 称	符 号	元器件外形	作 用
断路器	QF		主回路过流保护
保险	FU		全压起动
电动机	M（M 3～）		拖动、运行

5.1.3 直接启动电路布线组装与故障排除

①按照A、B、C、三相分别以三色线布线连接。如图5-2所示。

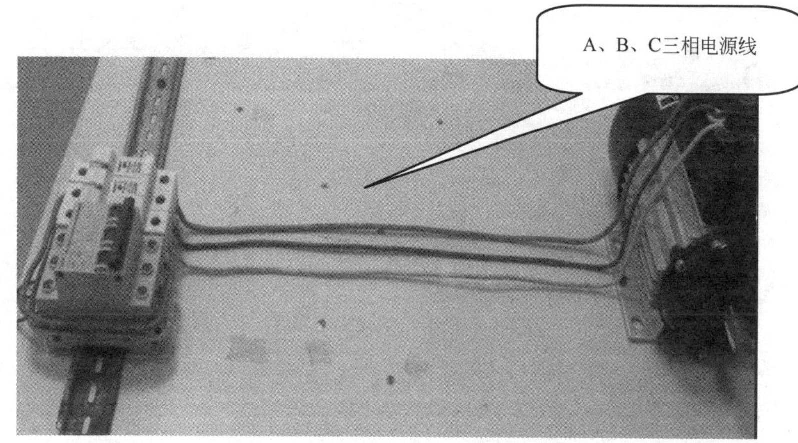

图5-2　直接启动电路布线

②合上空开，电机启动运行。如图5-3所示。

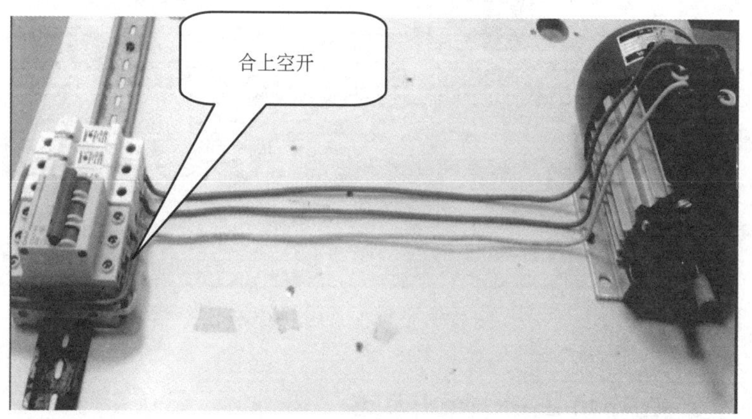

图5-3　电机启动

故障排除：

①电机不转，检查保险部分，保险管是否熔断。如图5-4所示。

②保险管完好，需要检查接线部分是否接触不良，把线路接好问题就可以解决。如图5-5所示。

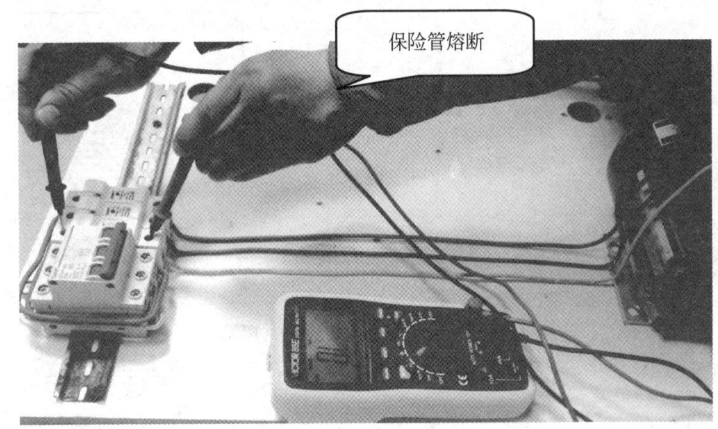

图5-4　检查保险

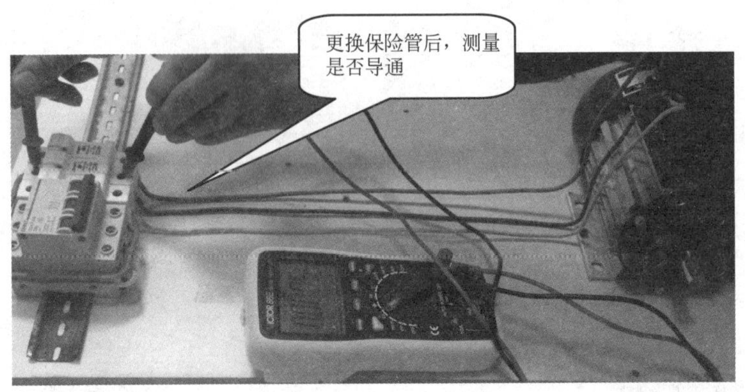

图5-5　更换保险后测量

5.2　电动机点动控制线路

5.2.1　接触器点动控制线路

如图5-6所示，当合上空开QF时，电动机不会启动运转，因为KM线圈未通电，只有按下SB_2，使线圈KM通电，主电路中的主触头KM闭合，电动机M即可启动。这种只有按下按钮电动机才

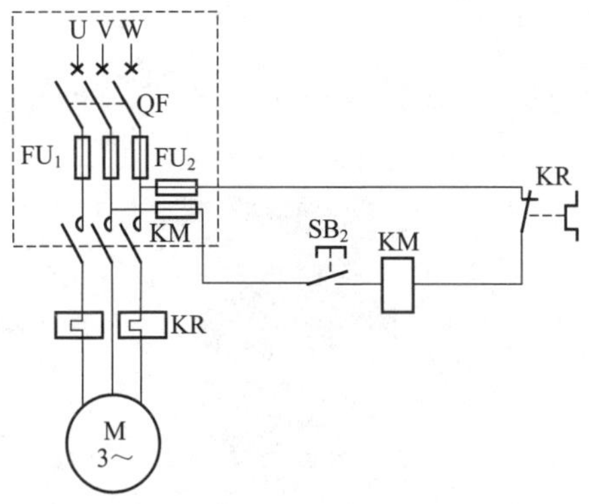

图5-6 接触器点动控制线路

会运转，松开按钮即停转的线路，称点动控制线路，利用接触器来控制电动机优点，减轻劳动强度，操作小电流的控制电路就可以控制大电流主电路，能实现远距离控制与自动化控制。

5.2.2 接触器点动控制线路启动所选元器件及其作用（表5-2）

表 5-2 接触器点动电路所选元器件及作用

名 称	符 号	元器件外形	作 用
断路器	QF		主回路过流保护
保险	FU		当线路大负荷超载或短路电流增大时保险丝被熔，起到切断电流，保护电路和电气作用

续表

名称	符号	元器件外形	作用
按钮	SB E-\		启动或停止控制的设备
交流接触器	KM		接触器在电路中作用是快速切断交流主回路的电源，实现开启或停止设备的工作
电动机	M M 3～		拖动、运行

5.2.3 接触器点动控制线路布线与组装

接触器点动控制线路布线、组装及故障排除可扫二维码学习。

5.3 接触器自锁控制电动机正转线路

5.3.1 控制线路

交流接触器通过自身的常开辅助触头使线圈总是处于得电状态的现象叫做自锁。这个常开辅助触头就叫做自锁触头。在接触器线圈得电后，利用自身的常开辅助触点保持回路的接通状态，一般对象是对自身回路的控制。如把常开辅助触点与启动按钮并联，这样，当启动按钮按下，接触器动作，辅助触点闭合，进行状态保持，此时再松开启动按钮，接触器也不会失电断开。

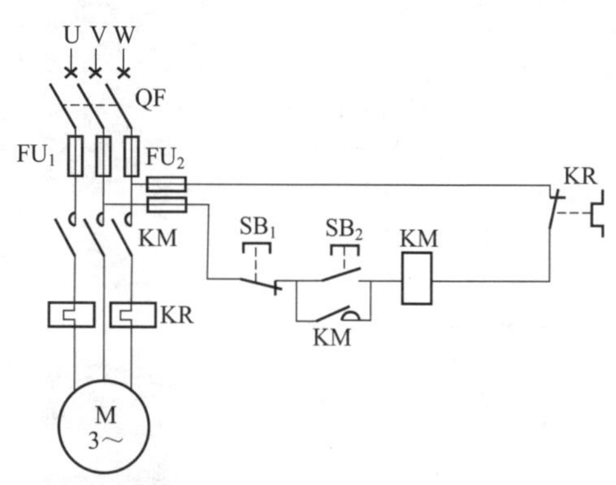

图5-7　接触器自锁控制线路

一般来说，在启动按钮和辅助触点并联之外，还要再串联一个按钮，起停止作用。点动开关中作启动用的选择常开触点，做停止用的选常闭触点。如图5-7所示。

①启动：合上电源开关QF，按下启动按钮SB_2，KM线圈得电，KM辅助触头闭合，同时KM主触头闭合，电动机启动连续运转。

②当松开SB_2，其常开触头恢复分断后，因为接触器KM的常开辅助触头闭合时已将SB_2短接，控制控制电路仍保持导通，所以接触器KM继续得电，电动机M实现连续运转。

③停止：按下停止按钮SB_1其常闭触头断开，接触器KM的自锁触头切断控制电路，解除自锁，KM主触头分断，电动机停转。

5.3.2　接触器自锁控制线路所选元器件及其作用（表5-3）

表5-3　接触器自锁控制线路所选元器件及其作用

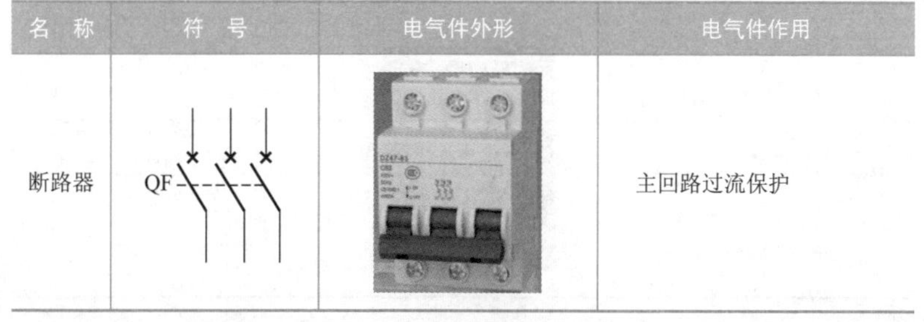

名　称	符　号	电气件外形	电气件作用
断路器	QF		主回路过流保护

续表

名称	符号	电气件外形	电气件作用
保险	FU 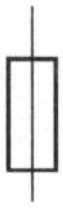		当线路大负荷超载或短路电流增大时保险丝被熔断，起到切断电流，保护电路和电气作用
按钮	SB 		启动或停止控制的设备
按钮	SB 		启动或停止控制的设备
交流接触器	KM 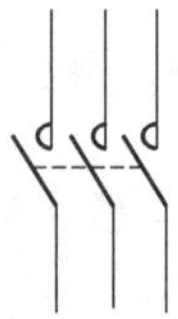	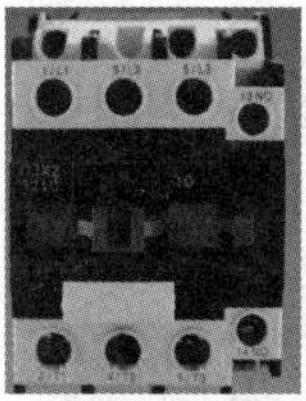	接触器在电路中作用是快速切断交流主回路的电源，实现开启或停止设备的工作

续表

名称	符号	电气件外形	电气件作用
电动机	M (M 3～)		拖动、运行

5.3.3 接触器自锁控制线路布线和组装

接触器自锁控制线路布线和组装可扫二维码学习。

5.3.4 接触器自锁控制线路故障排除

①按下启动按钮后电动机不运转，首先检查主电路接线是否完好，如果接触不良重新接线故障就可排除。如图5-8所示。

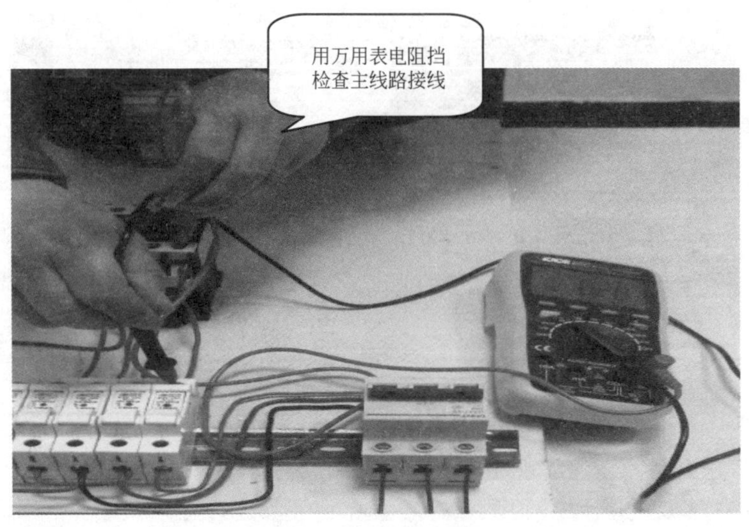

图5-8 检查主线路

②按下启动按钮后电动机不运转，检查控制线路接线情况。如图5-9、图5-10所示。

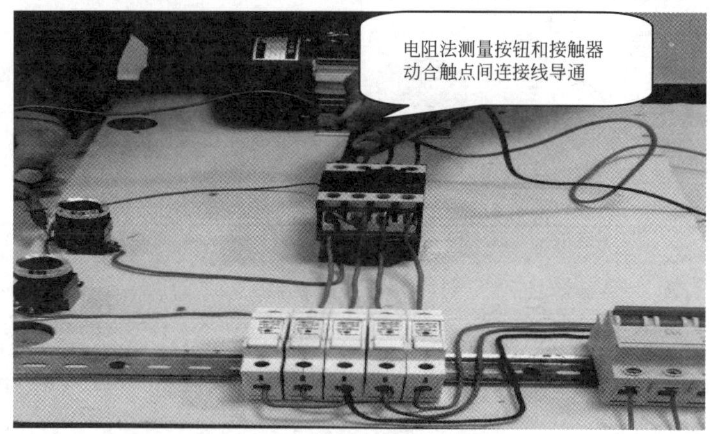

图5-9　检查控制线路

图5-10　发现故障点

5.4 带热继电器保护自锁控制线路

5.4.1 控制线路

①启动：如图5-11所示，合上空开QF，按下启动按钮SB_2，KM线圈得电后常开辅助触头闭合，同时主触头闭合，电动机M启动连续运转。

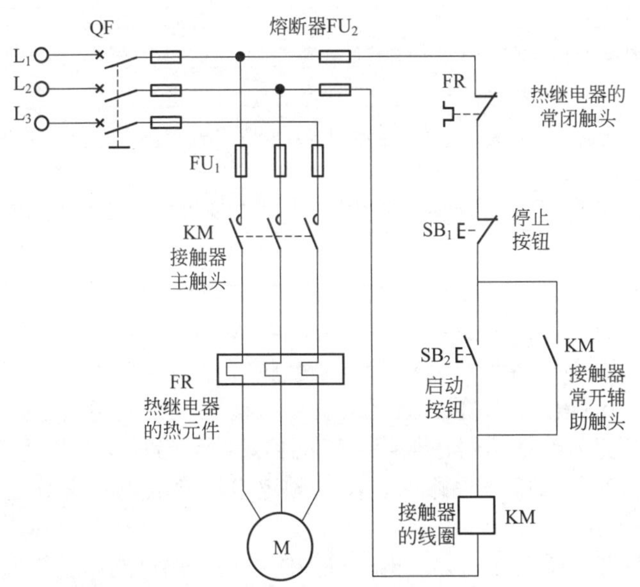

图5-11 带热继电器保护自锁正转控制线路原理

当松开SB_2，其常开触头恢复分断后，因为接触器KM的常开辅助触头闭合时已将SB_2短接，控制电路仍保持接通，所以接触器KM继续得电，电动机M实现连续运转。

②停止：按下停止按钮SB_1，KM线圈断电，自锁辅助触头和主触头分断，电动机停止转动。当松开SB_1，其常闭触头恢复闭合后，因接触器KM的自锁触头在切断控制电路时已分断，解除了自

锁，SB_2也是分断的，所以接触器KM不能得电，电动机M也不会转动。

③线路的保护设置

a．短路保护：由熔断器FU_1、FU_2分别实现主电路与控制电路的短路保护。

b．过载保护：因为电动机在运行过程中，如果长期负载过大或启动操作频繁，或者缺相运行等原因，都可能使电动机定子绕组的电流增大，超过其额定值。而在这种情况下，熔断器往往并不熔断，从而引起定子绕组过热使温度升高，若温度超过允许温升就会使绝缘损坏，缩短电动机的使用寿命，严重时甚至会使电动机的定子绕组烧毁。因此，采用热继电器对电动机进行过载保护。过载保护是指电动机出现过载时能自动切断电动机电源，使电动机停转的一种保护。

在照明、电加热等一般电路里，熔断器FU既可以作短路，也可以作过载保护。但对三相异步电动机控制线路来说，熔断器只能用作短路保护。这是因为三相异步电动机的启动电流很大（全压启动时的启动电流能达到额定电流的4～7倍），若用熔断器作过载保护，则选择熔断器的额定电流就应等于或略大于电动机的额定电流，这样电动机在启动时，由于启动电流大大超过了熔断器的额定电流，使熔断器在很短的时间内爆断，造成电动机无法启动。所以熔断器只能作短路保护，其额定电流应取电动机额定电流的1.5～3倍。

热继电器在三相异步电动机控制线路中也只能作过载保护，不能作短路保护。这是因为热继电器的热惯性大，即热继电器的双金属片受热膨胀弯曲需要一定的时间．当电动机发生短路时，由于短路电流很大，热继电器还没来得及动作，供电线路和电源设备可能已经损坏。而在电动机启动时，由于启动时间很短，热继电器还未动作，电动机已启动完毕。总之，热继电器与熔断器两者所起作用不同，不能相互代替。如图5-11所示。

5.4.2 带热继电器保护自锁正转控制线路所选元器件及其作用（表5-4）

表5-4 所选元器件及其作用

名 称	符 号	电气件外形	电气件作用
断路器	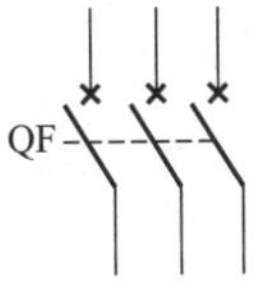 QF	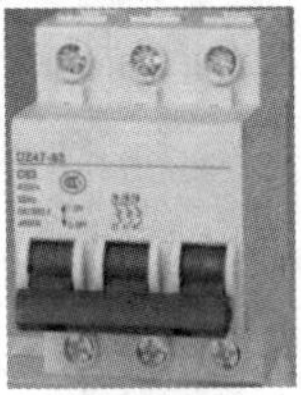	主回路过流保护
保险	 FU		当线路大负荷超载或短路电流增大时保险丝被熔断，起到切断电流、保护电路和电气作用
按钮	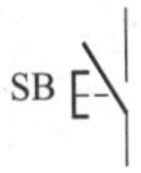 SB		启动或停止控制的设备
按钮	 SB		启动或停止控制的设备

续表

名称	符号	电气件外形	电气件作用
热继电器	FR		热继电器是用于电动机或其他电气设备、电气线路的过载保护的保护电器
交流接触器	KM		接触器在电路中作用是快速切断交流主回路的电源，实现开启或停止设备的工作
电动机	M M 3～		拖动、运行

5.4.3 带热继电器保护自锁正转控制线路接线组装

带热继电器保护自锁正转控制线路接线组装可扫二维码学习。

5.5 带急停开关保护接触器自锁正转控制线路

5.5.1 带急停开关控制接触器自锁正转控制线路

急停按钮最基本的作用就是在紧急情况下的紧急停车，避免机械事故或人身事故。

急停按钮都是使用常闭触头，急停按钮按下后能够自锁在分断的状态，只有旋转后才能复位，这样能防止误动解除停止状态。急停按钮都是红色，蘑菇头，便于拍击，有些场合为防止误碰，还加一个防误碰的盖。翻开保护盖后才能按下急停按钮。

如图5-12所示，在电路中我们利用急停开关SB_0的常闭触头串联在控制回路中，当紧急情况发生，按下急停按钮，接触器KM辅助触头和线圈断电，主触头断开，从而使电机停止转动。

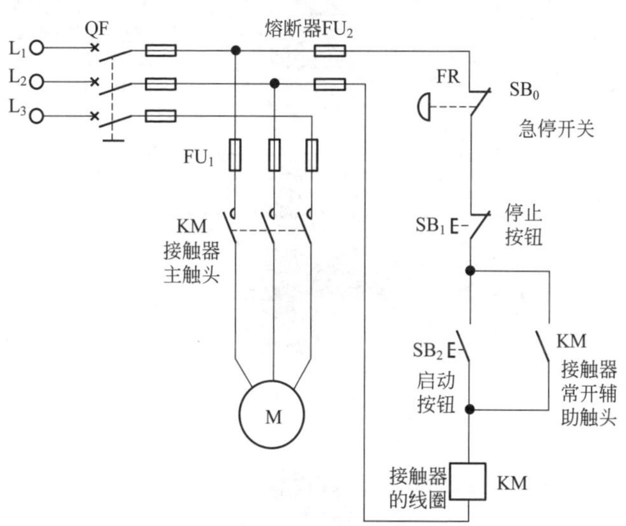

图5-12 带急停开关控制接触器自锁正转控制线路

5.5.2 带急停开关保护控制接触器自锁正转控制线路所选元器件及其作用（表5-5）

表5-5 电路所选元器件及其作用

名 称	符 号	电气件外形	电气件作用
断路器	QF		主回路过流保护

续表

名称	符号	电气件外形	电气件作用
保险	FU 		当线路大负荷超载或短路电流增大时保险丝被熔断，起到切断电流，保护电路和电气作用
按钮	SB 		启动或停止控制的设备
按钮	SB 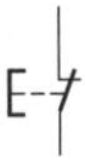		启动或停止控制的设备
急停开关	SB 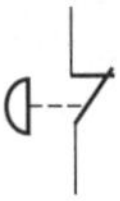		用于紧急情况下停止设备运行

续表

名称	符号	电气件外形	电气件作用
交流接触器	KM		接触器在电路中作用是快速切断交流主回路的电源，实现开启或停止设备的工作
电动机	M　M 3～		拖动、运行

5.5.3 带急停开关保护控制接触器自锁正转控制线路布线和组装

带急停开关保护控制线路可扫二维码学习。

5.6 电动机定子串电阻降压启动控制线路

5.6.1 定子串电阻降压启动控制线路

图5-13所示是定子串电阻降压启动控制线路。电动机启动时在三相定子电路中串接电阻，使电动机定子绕组电压降低，启动后再将电阻短路，电动机仍然在正常电压下运行。这种启动方式由于不受电动机接线形式的限制，设备简单，因而在中小型机床中也有应用。机床中也常用这种串接电阻的方法限制点动调整时的启动电流。图5-13所示控制线路的工作过程如下。

按SB_2 —┬→ KM_1得电（电动机串电阻启动）
　　　　　└→ KT得电延时 一段时间后 KM_2 得电（短接电阻，电动机正常运行）

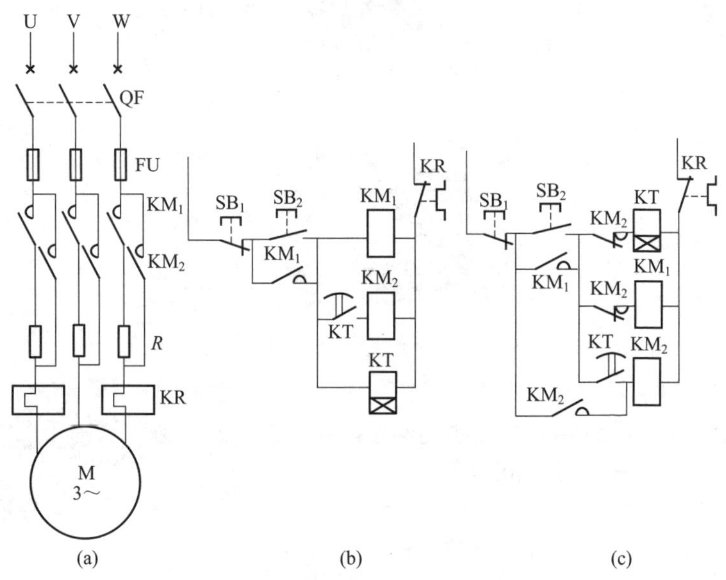

图5-13 电动机定子串电阻降压启动控制线路

只要KM_2得电就能使电动机正常运行。但线路图3-8（b）在电动机启动后KM_1与KT一直得电动作，这是不必要的。线路图5-13（c）就解决了这个问题，接触器KM_2得电后，其动断触点将KM_1及KT断电，KM_2自锁。这样，在电动机启动后，只要KM_2得电，电动机便能正常运行。

补偿器QJ3、QJ5系列都是手动操作，XJ01系列则是自动操作的自耦降压启动器。补偿器降压启动适用于容量较大和正常运行时定子绕组接成Y形、不能采用Y-△启动的笼型电动机。这种启动方式设备费用高，通常用来启动大型和特殊用途的电动机，机床上应用得不多。

5.6.2 电动机定子串电阻降压启动控制线路所选元器件及其作用（表5-6）

表5-6 电路所选元器件及其作用

名　称	符　号	电气件外形	电气件作用
断路器	QF		主回路过流保护
保险	FU		当线路大负荷超载或短路电流增大时保险丝被熔，起到切断电流，保护电路和电气作用
按钮	SB		启动或停止控制的设备

续表

名　称	符　号	电气件外形	电气件作用
按钮	SB 		启动或停止控制的设备
交流接触器	KM 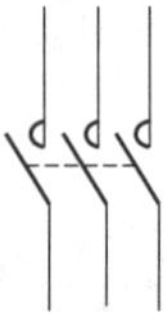		接触器在电路中作用是快速切断交流主回路的电源，实现开启或停止设备的工作
降压电阻	RB 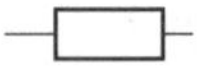	 RX21-10W 30KJ	降压电阻主要是通电阻值，降低启动的电流
时间继电器	KT 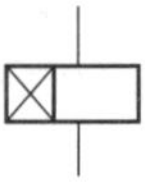		时间继电器是一种当电器或机械给出输入信号时，在预定的时间后输出电气关闭或电气接通信号的继电器
电动机	M 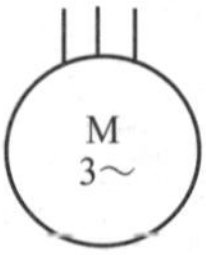　M 3～		拖动、运行

5.6.3 电动机定子串电阻降压启动控制线路接线和组装（见二维码）

5.6.4 电动机定子串电阻降压启动控制线路故障排除

①按动启动按钮，电机串电阻启动，启动后短接启动电阻的接触器不吸合，电机始终工作在降压启动过程中。通过此故障现象说明电机串电阻接触器和其控制线路没有故障，故障部位发生在短接接触器部分，此种情况大部分是由于时间继电器接触不良造成（时间继电器属于插接件，使用中容易松脱或生锈接触不良），用一只好的时间继电器代换就可判断出时间继电器好坏。如图5-14所示。

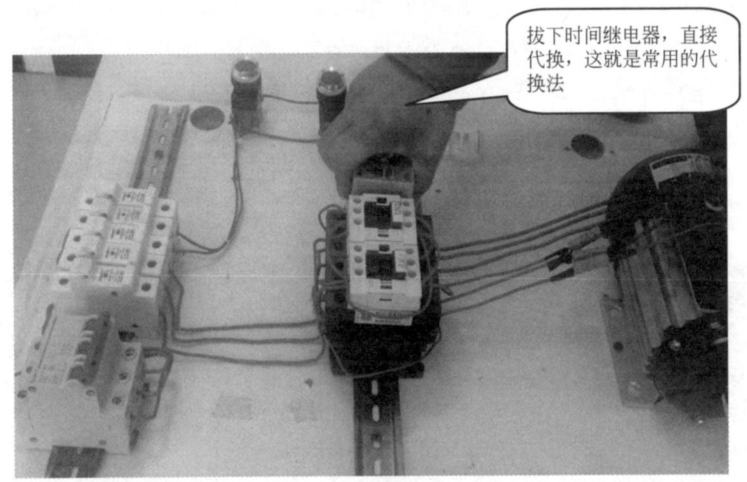

图5-14 代换法判断时间继电器好坏

②按动启动按钮，电机串电阻启动，启动后短接启动电阻的接触器不断开，代换时间继电器后故障没有排除，说明时间继电器没有问题，此时我们需要检查串电阻接触器的控制线路，用万用表检查短接接触器线圈和时间控制器及带电阻启动接触器触点间互锁接线。发现互锁接线未接好，故障排除。如图

5-15、图5-16所示。

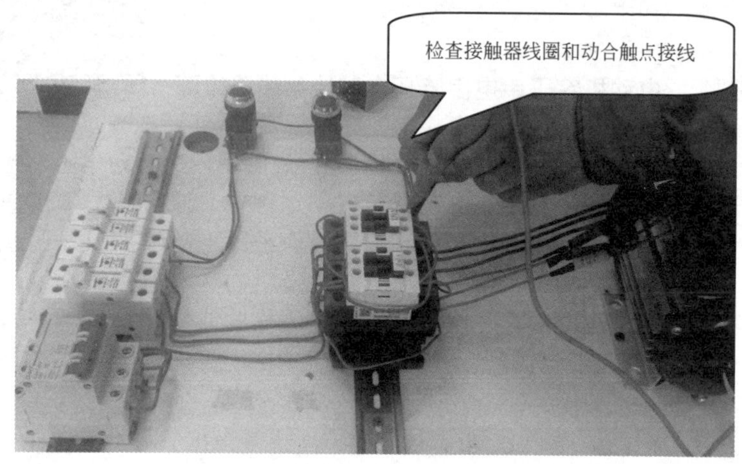

图5-15　检查接触器互锁线路

图5-16　故障点找到

5.7 电动机星角降压启动电路

5.7.1 星-三角形降压启动控制线路

在正常运行时，电动机定子绕组是连成三角形的，启动时把它连接成星形，启动即将完毕时再恢复成三角形。目前4kW以上的三相异步电动机定子绕组在正常运行时，都是接成三角形的，对这种电动机就可采用星-三角形（Y-△）降压启动。

图5-17所示是一种Y-△启动线路。从主回路可知，如果控制线路能使电动机接成星形（即KM_1主触点闭合），并且经过一段延时后再接成三角形（即KM_1主触点打开，KM_2主触点闭合），则电动机就能实现降压启动，而后再自动转换到正常速度运行。控制线路的工作过程如下。

首先合上QF：

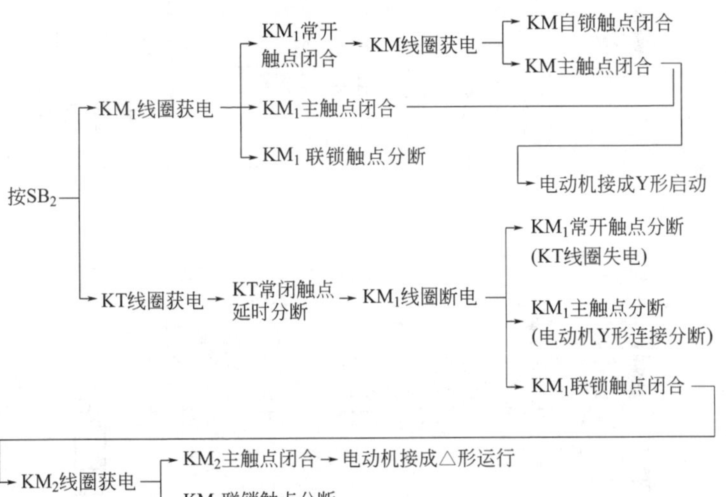

图5-18所示是用两个接触器和一个时间继电器进行Y-△转换的降压启动控制线路。电动机连成Y或△都是由接触器KM_2完成的。KM_2断电时电动机绕组由其动断触点连接成Y；KM_2通电时电动机绕组由其动合触点连接成△。对4～13kW的电动机，可采用图5-18所示的两个接触器的控制线路，电动机容量大时可采用三个接触器控制线路。图5-18与图5-17的工作原理基本相同，可自行分析。

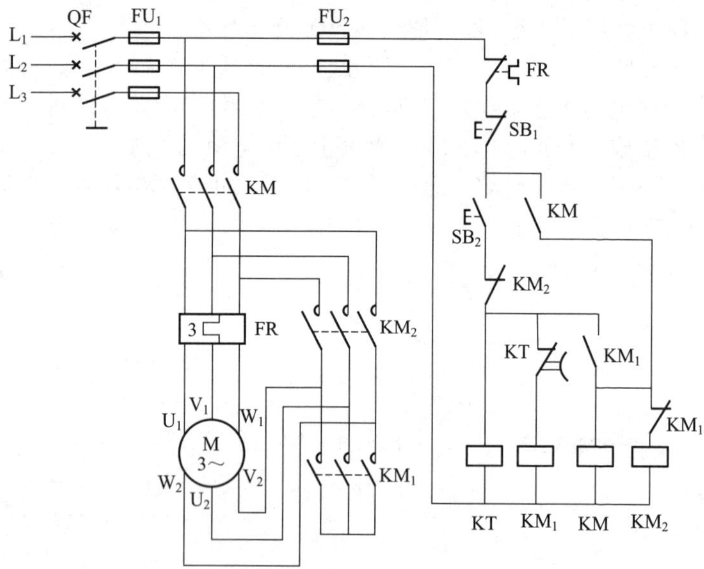

图5-17　时间断电器控制Y-△降压启动控制线路

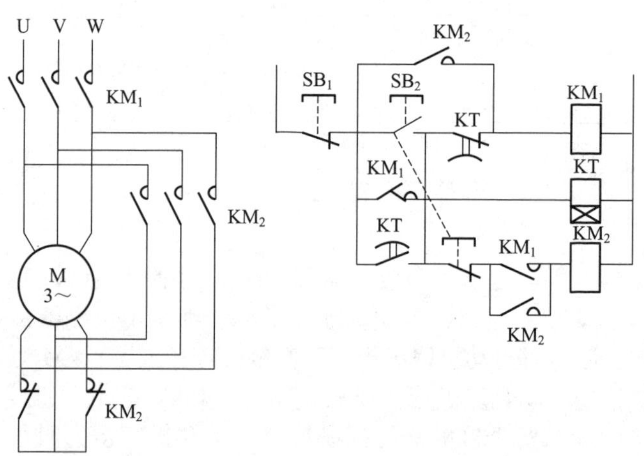

图5-18　Y-△降压启动控制线路

5.7.2 电动机星-三角形降压启动控制线路所选元器件及其作用（表5-7）

表5-7 电路所选元器件及其作用

名 称	符 号	电气件外形	电气件作用
断路器	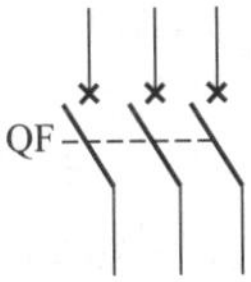 QF	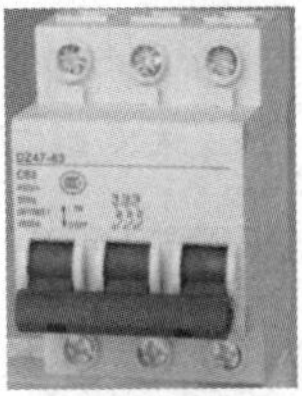	主回路过流保护
保险	 FU		当线路大负荷超载或短路电流增大时保险丝被熔，起到切断电流，保护电路和电气作用
按钮	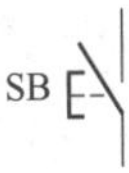 SB		启动或停止控制的设备
按钮	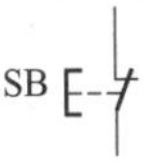 SB		启动或停止控制的设备

续表

名称	符号	电气件外形	电气件作用
交流接触器	KM		接触器在电路中作用是快速切断交流主回路的电源，实现开启或停止设备的工作
交流接触器	KM		接触器在电路中作用是快速切断交流主回路的电源，实现开启或停止设备的工作
热继电器	FR		热继电器是用于电动机或其他电气设备、电气线路的过载保护的保护电器
时间继电器	KT		时间继电器是一种当电器或机械给出输入信号时，在预定的时间后输出电气关闭或电气接通信号的继电器
电动机	M M 3～		拖动、运行

5.7.3 电动机星-三角形降压启动控制线路布线与组装（见二维码）

5.7.4 电动机星-三角形降压启动控制线路故障检修

①按下启动按钮电机未动作，根据故障现象，初步判断故障点应该在控制电路，检查启动按钮动合触点和停止按钮动断触点完好，代换时间继电器故障依旧，用万用表测量热继电器常闭触点，发现触点不通，更换热继电器，故障排除。如图5-19所示。

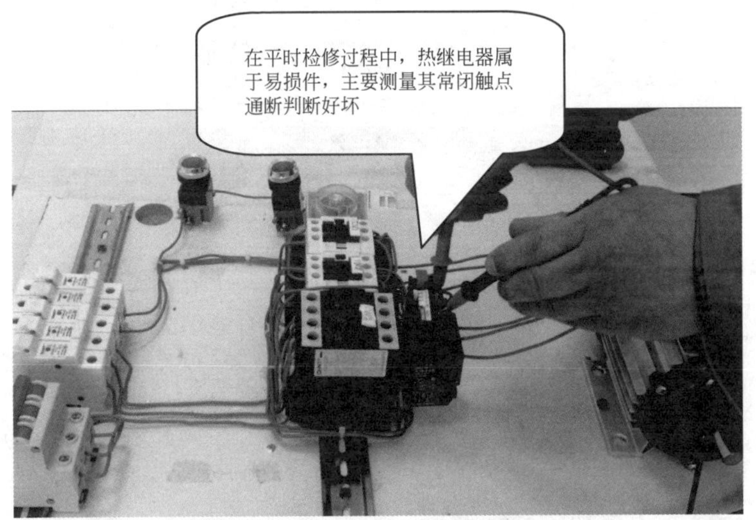

图5-19 热继电器触点检查

②按动启动按钮，电动机星接降压启动，但延时时间到后角接接触器不动作，电动机始终工作在星接降压启动状态，判断故障点在时间继电器和星接及角接互锁控制电路，检查时间继电器到角接接触器线路正常，用万用表测量星接及角接互锁线路不通，故障点在它们互锁KM_1接触器动合断开接点的接线到KM_2线圈接线接触不好。重新接线故障排除。如图5-20、图5-21所示。

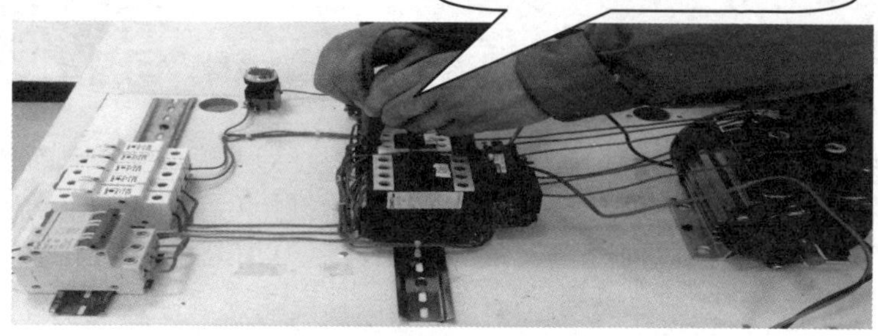

图5-20　对接触器互锁线路检查

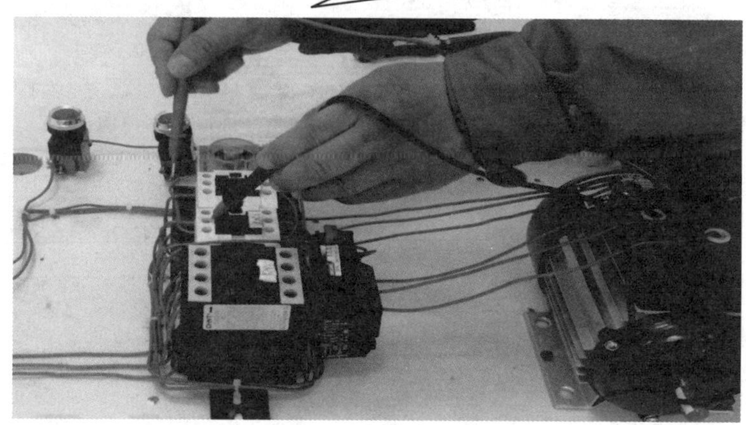

图5-21　互锁接线虚接

5.8　电动机正反转控制线路

5.8.1　电动机正反转线路

由图5-22（b）可知，按下SB_2，正向接触器KM_1得电动作，

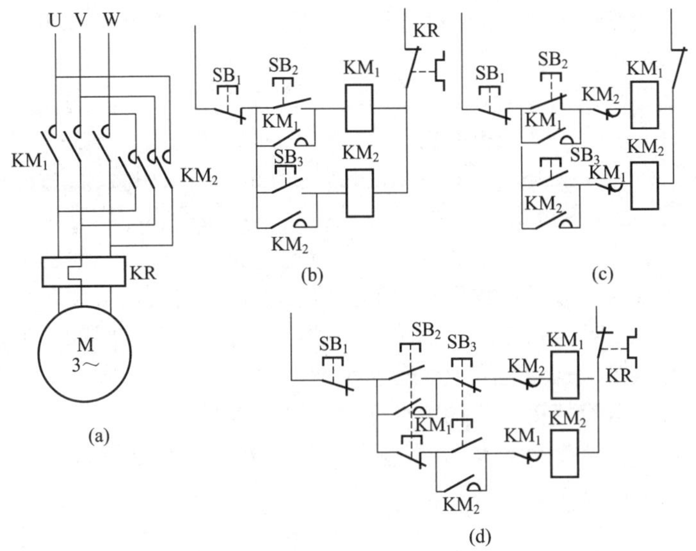

图5-22　异步电动机正反转控制线路

主触点闭合，使电动机正转。按停止按钮SB_1，电动机停止。按下SB_3，反向接触器KM_2得电动作，其主触点闭合，使电动机定子绕组与正转时相比相序反了，则电动机反转。

从主回路图5-22（a）看，如果KM_1、KM_2同时通电动作，就会造成主回路短路，在线路图5-22（b）中如果按了SB_2又按了SB_3，就会造成上述事故，因此这种线路是不能采用的。线路图5-22（c）把接触器的动断辅助触点互相串联在对方的控制回路中进行联锁控制。这样当KM_1得电时，由于KM_1的动断触点打开，使KM_2不能通电，此时即使按下SB_3按钮，也不能造成短路，反之也是一样。接触器辅助触点这种互相制约关系称为“联锁”或“互锁”。

在机床控制线路中，这种联锁关系应用极为广泛。凡是有相反动作，如工作台上下、左右移动；机床主轴电动机动必须在液压泵电动机动作后才能启动，工作台才能移动等，都需要有类似这种联锁控制。

如果现在电动机正在正转，想要反转，则线路图5-22（c）必须先按停止按钮SB_1后，再按反向按钮SB_3才能实现，显然操作不方便。线路图5-22（d）利用复合按钮SB_2、SB_3就可直接实现正反转的相互转换。

很显然采用复合按钮，还可以起联锁作用，这是由于按下SB_2时、只有KM_1可得电动作，同时KM_2回路被切断。同理按下SB_3时，只有KM_2得电，同时KM_1回路被切断。但只用按钮进行联锁，而不用接触器动断触点之间的联锁，是不可靠的。在实际中可能出现这样的情况，由于负载短路或大电流的长期作用，接触器的主触点被强烈的电弧“烧焊”在一起，或者接触器的机构失灵，使衔铁卡住总是在吸合状态，这都可能使触点不能断开，这时如果另一个接触器动作，就会造成电源短路事故。

如果用的是接触器动断动作，不论什么原因，只要一个接触器是吸合状态，它的联锁动断触点就必将另一个接触器线圈电路切断，这就能避免事故的发生。

5.8.2 电动机正反转电路所选元器件及其作用（表5-8）

表5-8 电动机正反转电路所选电气件及作用

名称	符号	电气件外形	电气件作用
断路器	QF		主回路过流保护
保险	FU		当线路大负荷超载或短路电流增大时保险丝被熔，起到切断电流，保护电路和电气作用

续表

名 称	符 号	电气件外形	电气件作用
复合按钮	SB		启动或停止控制的设备
复合按钮	SB		启动或停止控制的设备
按钮	SB		启动或停止控制的设备
交流接触器	KM		接触器在电路中作用是快速切断交流主回路的电源，实现开启或停止设备的工作

续表

名　称	符　号	电气件外形	电气件作用
电动机	M　M 3～		拖动、运行

5.8.3　电路布线和组装（见二维码）

5.8.4　电动机正反转电路故障排除

①按下电机正转按钮，电动机不动作，按下电机反转按钮，电动机也不动作，根据故障现象判断故障点在电动机正反转电路的主线路，用万用表电阻挡测量空气开关下接线端口到接触器上接线端口，A相和B相阻值无穷大，故障就在这段，检查接线和保险座内保险，发现保险断路，更换后故障排除。如图5-23所示。

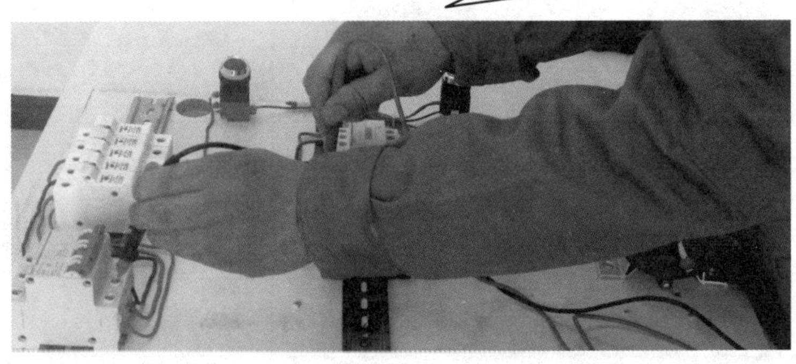

图5-23　检查断路器到接触器主线路连接情况

②按下反转启动按钮，电动机不能反转，怀疑故障是保险烧毁，用万用表电阻挡测量保险，正常零欧姆，因此按正转按钮，电机正转，遂判断故障在接触器控制线路互锁电路，用万用表测量，发现互锁接线故障，重新接线故障排除。如图5-24、图5-25所示。

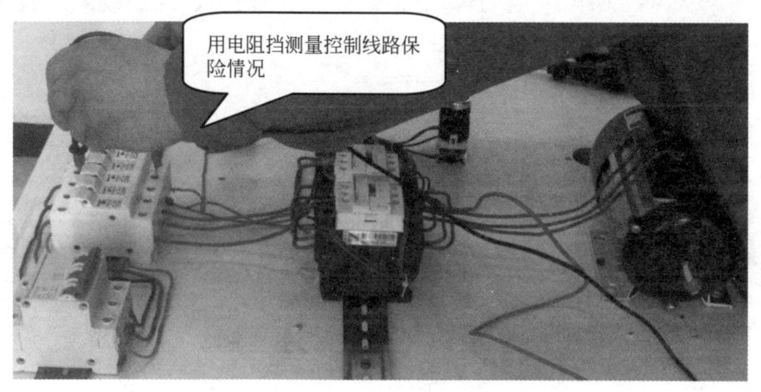

图5-24　检查保险好坏

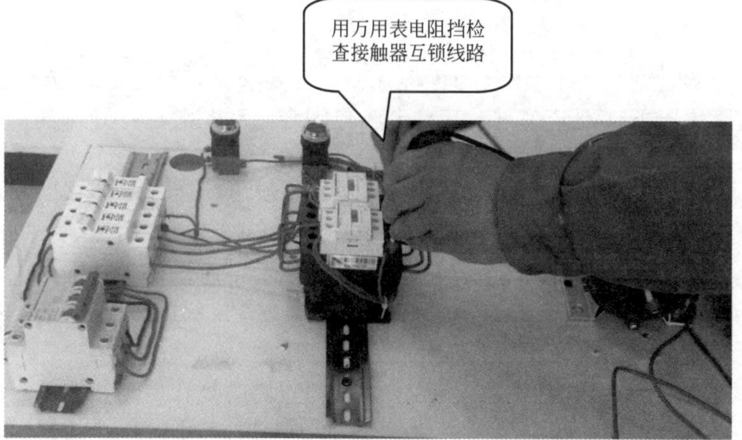

图5-25　检查接触器互锁线路

5.9 电动机正反转自动循环控制线路

5.9.1 正反转自动循环线路

图5-26所示是机床工作台往返循环的控制线路，实质上是用行程开关来自动实现电动机正反转的，组合机床、龙门刨床、铣床的工作台常用这种线路实现往返循环。

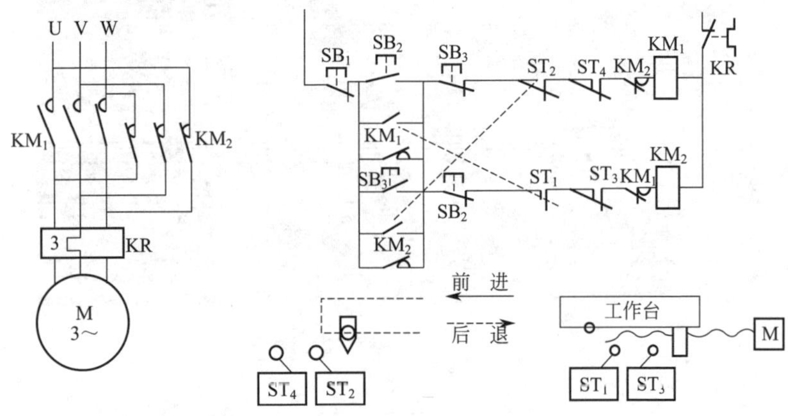

图5-26 行程开关控制的正反转线路

ST_1、ST_2、ST_3、ST_4为行程开关，按要求安装在固定的位置上，当撞块压下行程开关时，其动合触点闭合，动断触点打开。其实这是按一定的行程用撞块压行程开关，代替了人按按钮。

按下正向启动按钮SB_2，接触器KM_1得电动作并自锁，电动机正转使工作台前进。当运行到ST_2位置时，撞块压下ST_2，ST_2动断触点使KM_1断电，但ST_2的动合触点使KM_2得电动作并自锁，电动机反转使工作台后退。当撞块又压下ST_1时，KM_2断电，KM_1又得电动作，电动机又正转使工作台前进，这样可一直循环下去。

SB_1为停止按钮。SB_2与SB_3为不同方向的复合启动按钮。之所以用复合按钮，是为了满足改变工作台方向时，不按停止按钮可直接操作。限位开关ST_3与ST_4安装在极限位置，起限位保护作用。

当由于某种故障，工作台到达ST_1（或ST_2）位置时，未能切断KM_2（或KM_1）时，工作台将继续移动到极限位置，压下ST_3（或ST_4），此时最终把控制回路断开。

上述这种用行程开关按照机床运动部件的位置或机件的位置变化所进行的控制，称作按行程原则的自动控制，或称行程控制。行程控制是机床和生产自动线应用最为广泛的控制方式之一。

5.9.2 电动机利用行程开关正反转自动循环线路所选元器件及其作用（表5-9）

表5-9 电路所选元器件及其作用

名 称	符 号	电气件外形	电气件作用
断路器	QF		主回路过流保护
保险	FU		当线路大负荷超载或短路电流增大时保险丝被熔，起到切断电流，保护电路和电气作用
复合按钮	SB		启动或停止控制的设备

续表

名　称	符　号	电气件外形	电气件作用
复合按钮	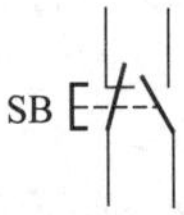 SB		启动或停止控制的设备
按钮	 SB		启动或停止控制的设备
行程开关	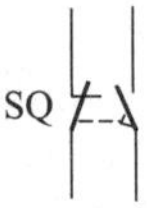 SQ		利用生产机械运动部件的碰撞使其触头动作来实现接通或分断控制电路，达到自动控制目的
交流接触器	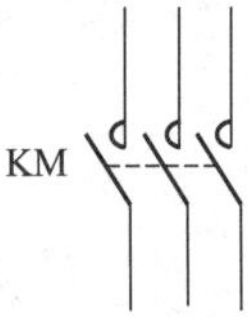 KM		接触器在电路中作用是快速切断交流主回路的电源，实现开启或停止设备的工作
电动机	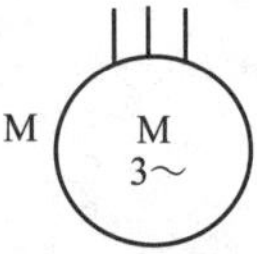 M　M 3～		拖动、运行

5.9.3 电动机利用行程开关正反转自动循环线路接线和组装（见二维码）

5.10 电动机能耗制动控制线路

5.10.1 能耗制动控制线路

能耗制动是在三相异步电动机要停车时切除三相电源的同时，把定子绕组接通直流电源，在转速为零时切除直流电源。

控制线路就是为了实现上述的过程而设计的，这种制动方法，实质上是把转子原来储存的机械能转变成电能，又消耗在转子的制动上，所以称作能耗制动。

图5-27（b）、（c）分别是用复合按钮与时间继电器实现能耗制动的控制线路。图中整流装置由变压器和整流元件组成。KM_2为制动用接触器；KT为时间继电器。图5-27（b）所示为一种手动控制的

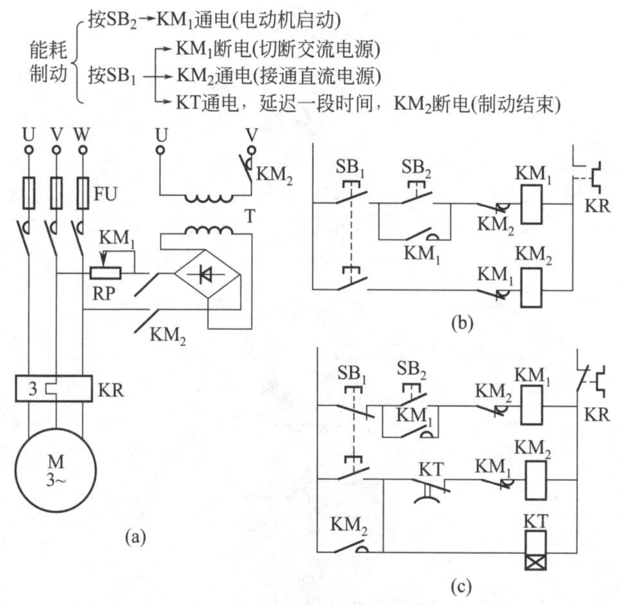

图5-27　能耗制动控制线路

简单能耗制动线路，要停车时按下SB_1按钮，到制动结束放开按钮。图5-27（c）可实现自动控制，简化了操作，控制线路工作过程如下。

制动作用的强弱与通入直流电流的大小和电动机转速有关，在同样的转速下电流越大制动作用越强。一般取直流为电动机空载电流的3～4倍，过大会使定子过热。图5-27（a）直流电源中串接的可调电阻RP，可调节制动电流的大小。

5.10.2 电动机能耗制动线路所选元器件及其作用（表5-10）

表5-10 电路所选元器件及其作用

名称	符号	电气件外形	电气件作用
断路器	QF		主回路过流保护
保险	FU		当线路大负荷超载或短路电流增大时保险丝被熔，起到切断电流，保护电路和电气作用
复合按钮	SB		启动或停止控制的设备

续表

名　称	符　号	电气件外形	电气件作用
按钮	SB		启动或停止控制的设备
变压器	TM		变压器是用来将某一数值的交流电压（电流）变成频率相同的另一种或几种数值不同的电压（电流）的设备
整流模块	U		整流桥的作用就是通过二极管的单向导通性将交流电转换为直流电
交流接触器	KM		接触器在电路中作用是快速切断交流主回路的电源，实现开启或停止设备的工作
电动机	M　M 3～		拖动、运行

5.10.3 电动机能耗制动线路布线和组装（见二维码）

5.11 电动机变频器控制电路

5.11.1 电动机变频器原理

实际使用的变频器主要采用交-直-交方式（VVVF即调压调频

或矢量控制变频），其原理是先把工频交流电源通过整流器转换成直流电源，然后再把直流电源转换成频率、电压均可控制的交流电源以供给电动机。

VVVF变频器主要由整流（交流变直流）部分、滤波部分、再次整流（直流变交流）部分、制动单元部分（可选）、微处理控制的驱动、检测部分等组成的。原理框图如图5-28所示。

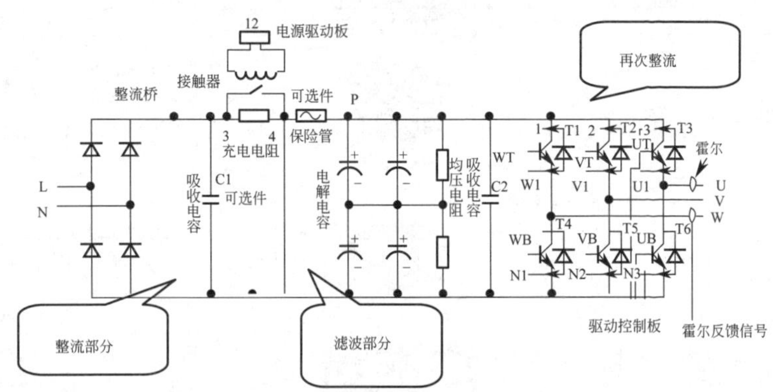

图5-28　VVVF变频器原理框图

5.11.2　电动机变频器电路所选元器件及其作用（表5-11）

表5-11　电路所选元器件及其作用

名　称	符　号	电气件外形	电气件作用
断路器	QF		主回路过流保护

续表

名称	符号	电气件外形	电气件作用
保险	 FU		当线路大负荷超载或短路电流增大时保险丝被熔，起到切断电流，保护电路和电气作用
制动电阻	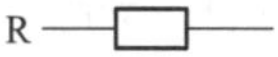 R		制动电阻消耗电能为热能，使电机的转速降低
变频器	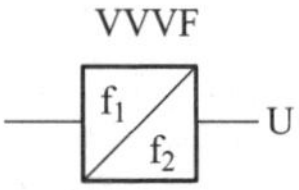 VVVF f_1 f_2 U		改变电机工作电源频率方式来控制交流电动机的转速
电动机	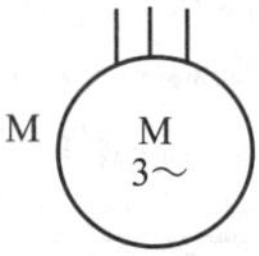 M M 3～		拖动、运行

5.11.3 电动机变频器线路的接线

（1）变频器基本接线图如图5-29所示。

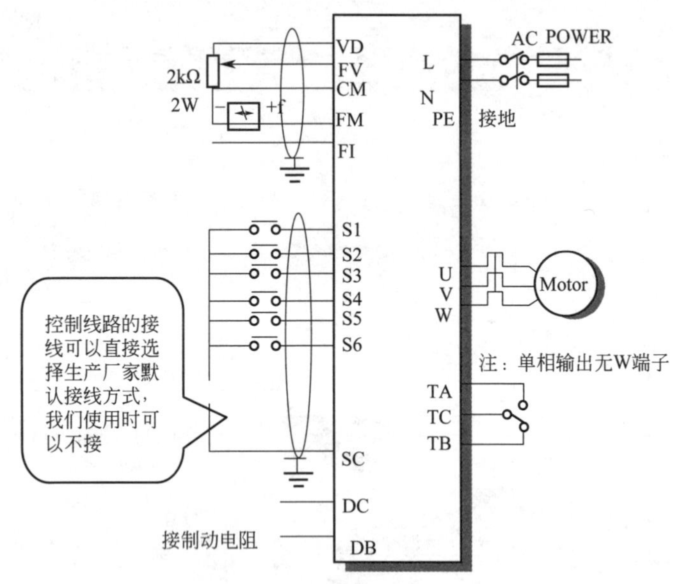

图5-29　变频器基本接线图

（2）主线路接线端子介绍

端子名称	端子功能
L	电源输入端子220V相线（火线）
N	电源输入端子零线
PE	地线
U	变频器输出端子U
V	变频器输出端子V
W	变频器输出端子W（单相输出无W端子）
DB	制动电阻接线端
DC	制动电阻接线端

元器件准备及接线见二维码。

变频器控制线路接线端子功能（可以直接选择厂家默认优化方式，线路初学者可以不用改动）见表5-12。

表5-12 变频器接线端子

端子符号	名 称	功 能
TA	状态输出继电器	正常运转时“TC”与“TB”相通。出现故障时“TC”与“TA”相通。本接点使用容量达DC 30V 5A，AC 250V 5A 出厂时设置为故障报警
TC		
TB		
SC	信号地	S1～S7端子的公共端
S1	多功能输入端子	出厂时设置为正转运行指令
S2	多功能输入端子	出厂时设置为反转运行指令
S3	多功能输入端子	出厂时设置为点动
S4	多功能输入端子	出厂时设置外部复位
S5	多功能输入端子	出厂时设置滑行停止
S6	多功能输入端子	出厂时设置为多段速端子1
VD	直流电压输出	10V/10mA
FV	模拟量输入端	0～10V
FI	模拟量输入端	4～20mA
FM	频率表输出端	选接

• TC，TB为常闭点，TC，TA为常开点。出厂时已设为故障时接点动作。一般情况下取常闭点的信号，当常闭点断开时即认为故障。

• S1，S2，S3，SC端子的功能：出厂时S1端子已设为正转运行端子，S2端子已设为反转运行端子，S3端子已设为点动状态端子，只需按图5-30连接S1，S2，S3，及CM端子即可实现对电机正反转及点动的控制。

图5-30中K1接通，K2，K3断开时电机正向运转，K2接通，K1，K3断开时电机反向运转（运转速度的快慢取决于变频器模拟量输入的大小，即FV值）。

K3、K1同时接通时，电机正向依点动速度运转。

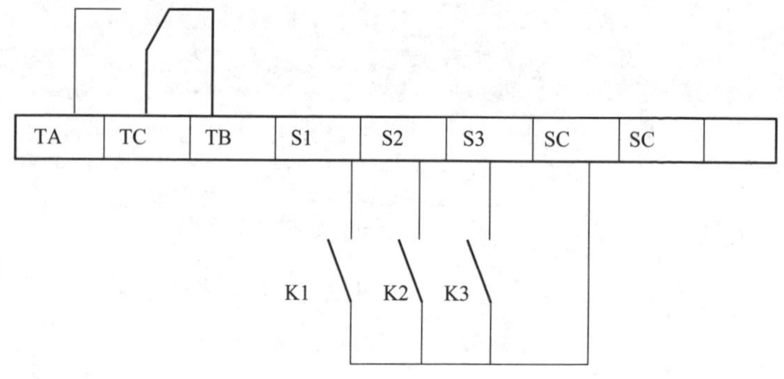

图5-30　控制线接线端

K3、K2同时接通时，电机反向依点动速度运转。

• 模拟量端子的功能及接线图：电位器的滑动接点C连接端子FV，另两个连接点A，B分别连接端子VD（正电源）和CM（模拟量公共端）。如图5-31所示。

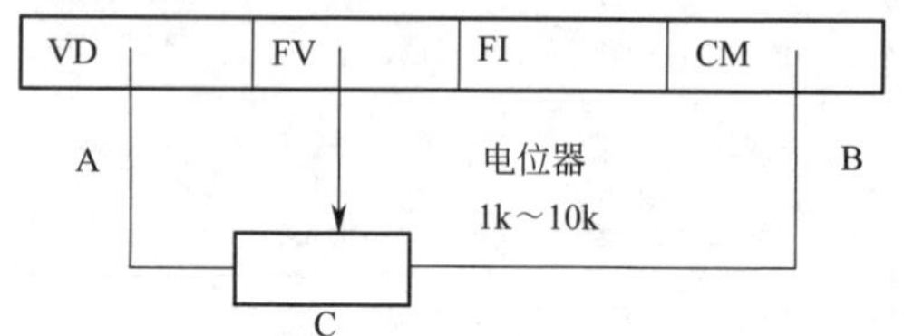

图5-31　电位器接线

当电位器的滑动接点C向A方向移动时，输出频率上升；当滑动接点向右B方向移动时，输出频率下降。电位器的阻值宜选用1k ～ 10k之间，功率1W以上的线绕式线性电位器。

5.11.4　电动机变频器控制线路故障排除

由于不同型号规格变频器的安装、接线、调试各有特点，但主要方法及注意事项基本一致。我们使用变频器时，一旦发生故障，企业的普通运行人员一般通过变频器显示保护、或故障代码进行检修。对于变频器检修问题可以直接参考生产厂家说明书，在此不再赘述。

普通维修人员通过故障代码可以判断出是线路保护故障还是变频器参数设置问题。通过故障代码我们就可以很快排除故障。

（1）变频器线路保护功能见表5-13。

表5-13　变频器线路保护功能

序　号	保护功能	显　示	说　明	保证动作
1	输出短路	E_sc	电机绕组短路或对地短路	关闭变频器输出。变频器将保持报警状态和信号显示，直到对变频器加复位信号为止，复位后故内容将存入n_074至n_089内
2	瞬时过电流	E_ocn	恒速时过流	
		E_ocA	加速时过流	
		E_ocd	减速时过流	
3	过载保护	E_oL	电机电流过载保护	
4	高过电压	E_uU	电网电压过高	
5	低电压	E_Lu	电网电压过低	
6	过热保护	E_oH	散热器温度过高保护	
7	CPU故障	Err	后三位代表功能码，表示该码数据出错，请复位后，对该码重新设定	

（2）变频器故障自诊断功能如表5-14所示。

表5-14　变频器故障自诊断功能

显　示	检查点	措　施
E_ocA	1）电源（波动在允许范围内）	将电源电压调整为适当值
	2）输出回路相间短路或相间对地短路	检查配线和电动机绕阻
	3）转矩提升（提升值过高）	调整为适当值
	4）加速时间（设定时间过短）	调整为适当值
	5）其他	选用较大容量变频器

续表

显　示	检查点	措　施
E_ocd	1）电源（波动在允许范围内）	将电源电压调整为适当值
	2）输出回路相间短路或相间对地短路	检查配线和电动机绕阻
	3）减速时间（设定时间过短）	调整为适当值
	4）其他	选用较大容量变频器，采用外部制动电阻
E_ocn	1）电源（波动在允许范围内）	将电源电压调整为适当值
	2）输出回路相间短路或相间对地短路	检查配线和电动机绕阻
	3）负载突变	消除负载波动
	4）其他	检查噪声来源及其通路
E_oL	负载过重	减小负载或选用较大容量变频器及电机
E_oH	1）环境温度（变化在允许范围内）	将变频器安装在合适的环境
	2）冷却风扇（故障）	更换
	3）负载条件（负载过重）	减小负载或选用较大容量变频器及电机
E_Lu	1）电源（波动在允许范围内）	将电源电压调整为适当值
	2）电源缺相	检查配线或更改配线
	3）电磁接触器或MCCB	确认可靠动作
	4）其他	检查电源容量

5.12　电气元器件的线槽布线和组装

上面介绍的电路为了便于观察，采用了直接布线，在日常布线、组装过程中，为了节约整理电线时间还采用线槽布线方法，其缺点是线路只能按照线槽方向走，比较浪费电源线，电路线间干扰增大。优点是线路在线槽中经过，不用整理节约时间，盖好线槽后，只看到电气元器件，看不到电源线和控制线。

电气线路的线槽布线要求：

①线槽应平整、无扭曲变形，内壁应光滑、无毛刺。

②同一回路的所有相线、中性线和保护线（如果有保护线），应敷设在同一线槽内；同一路径无防干扰要求的线路，可敷设于同一线槽内。

③电线或电缆在线槽内不宜有接头，电线、电缆和分支接头的总截面积（包括外护层）不应超过该点线槽内截面积的75%。

线槽布线如图5-32 ～图5-36所示。

图5-32　DW-1五路接触器布线

图5-33　DW-2星角启动线路布线

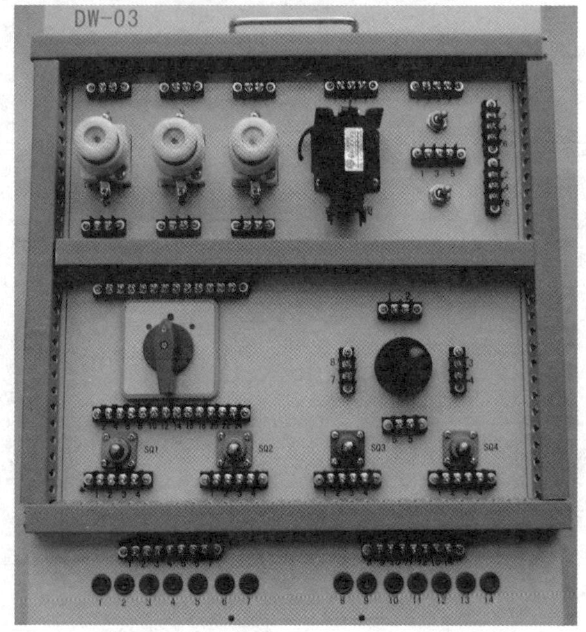

图5-34　DW-3 行程开关限位电路布线

图5-35 DW-4倒顺开关控制中间继电器布线

图5-36 线槽组合电路全图

5.13 直流电机启动控制电路

5.13.1 串励直流电动机的控制电路

（1）电路原理图 串励直流电动机的启动控制电路如图5-37所示。

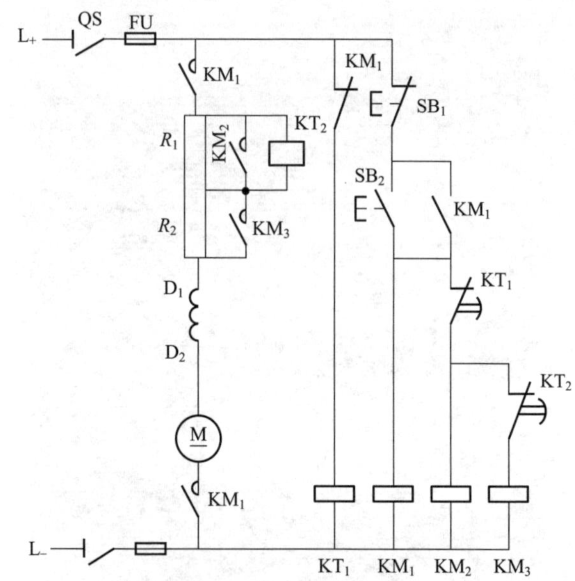

图5-37　串励直流电动机启动控制电路

（2）工作原理

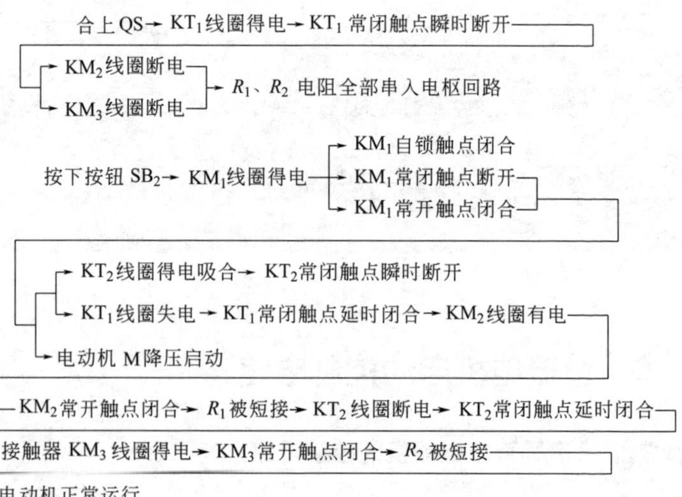

【注意】串励直流电动机不许空载启动，否则，电动机高速旋转起来，会使电枢受到极大的离心力作用而损坏，因此，串励直流电动机一般在带有20% ~ 25%负载的情况下启动。

第5章 电动机接线、布线、调试与维修

5.13.2 并励直流电动机的启动

（1）电路原理图　并励直流电动机的启动控制线路如图5-38所示。

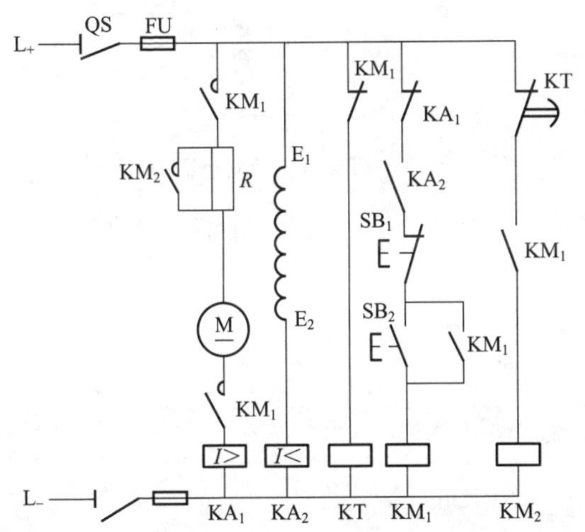

图5-38　并励直流电动机启动控制线路

（2）工作原理　图中，KA_1是过电流继电器，作直流电动机的短路和过载保护；KA_2是欠电流继电器，作励磁绕组的失磁保护。

启动时先合上电源开关QS，励磁绕组获电励磁，欠电流继电器KA_2线圈获电，KA_2常开触点闭合，控制电路通电；此时时间继电器KT线圈获电，KT常闭触点瞬时断开。然后按下启动按钮SB_2，接触器KM_1线圈获电，KM_1主触点闭合，电动机串电阻器R启动；KM_1的常闭触点断开，KT线圈断电，KT常闭触点延时闭合，接触器KM_2线圈获电，KM_2主触点闭合将电阻器R短接，电动机在全压下运行。

5.13.3 他励直流电动机的启动

（1）电路原理图　他励直流电动机的启动如图5-39所示。

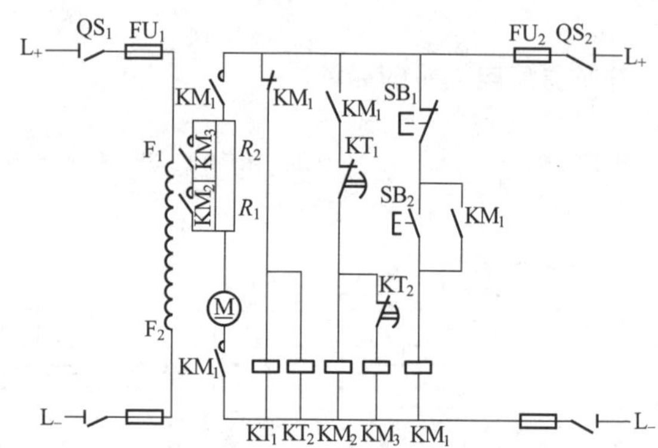

图5-39　他励直流电动机启动控制线路

（2）工作原理

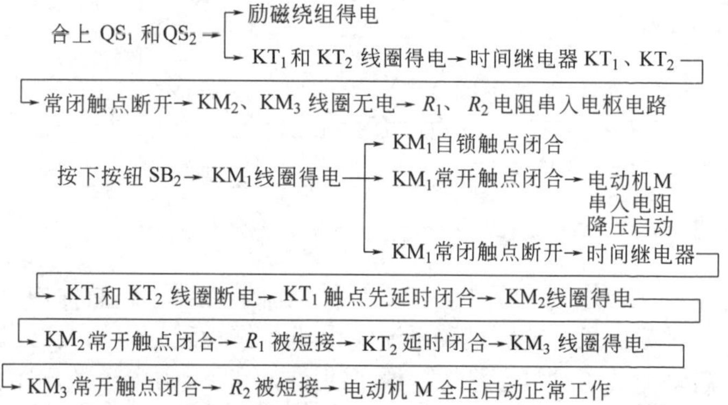

5.14 直流电动机的正、反转

5.14.1 电枢反接法直流电动机的正、反转

（1）电路原理图　电枢反接法直流电动机的正、反转控制线路如图5-40所示。

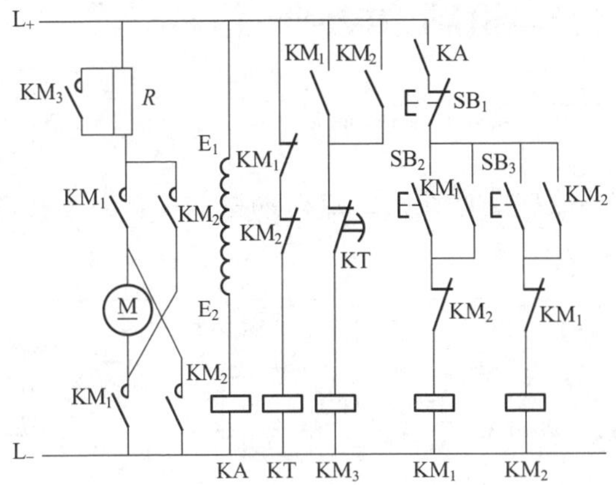

图5-40　电枢反接法直流电动机正、反转控制线路

（2）工作原理　启动时按下启动按钮SB_2，接触器KM_1线圈获电，KM_1主触点闭合，电动机正转。若要反转，则需先按下SB_1，使KM_1断电，KM_1联锁常闭触点闭合。这时再按下反转按钮SB_3，接触器KM_2线圈获电，KM_2主触点闭合，使电枢电流反向，电动机反转。

5.14.2 磁场反接法直流电动机的正、反转

（1）电路原理图　其控制线路如图5-41所示。

（2）工作原理　这种方法是改变磁场方向（即励磁电流的方向）使电动机反转。此法常用于串励电动机，因为串励电动机电枢绕组两端的电压很高，而励磁绕组两端的电压很低，反转较容易，其工作原理同电枢反接法直流电动机的正、反转相似。

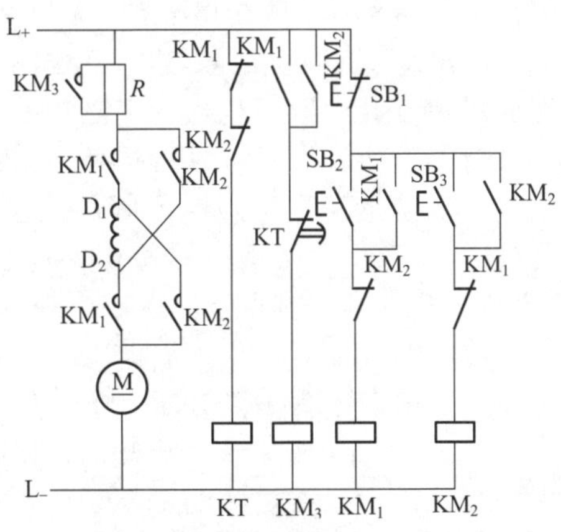

图5-41　磁场反接法直流电动机的正、反转控制线路

5.15 直流电机制动控制电路

5.15.1 直流电动机的能耗制动

（1）电路原理图　并励直流电动机的能耗制动控制线路如图5-42所示。

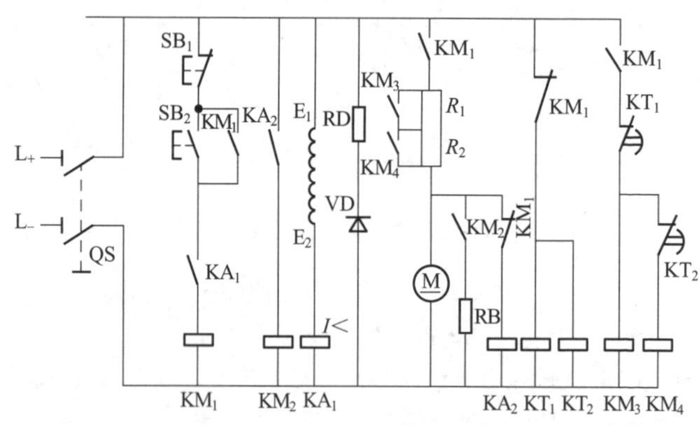

图5-42　并励直流电动机的能耗制动控制线路

（2）工作原理　启动时合上电源开关QS，励磁绕组被励磁，欠流继电器KA_1线圈得电吸合，KA_1常开触点闭合；同时时间继电器KT_1和KT_2线圈得电吸合，KT_1和KT_2常闭触点瞬时断开，这样保证启动电阻器R_1和R_2串入电枢回路中启动。

按下启动按钮SB_2，接触器KM_1线圈获电吸合，KM_1常开触点闭合，电动机M串电阻器R_1和R_2启动，KM_1两副常闭触点分别断开KT_1、KT_2和中间继电器KA_2线圈电路；经过一定的时间延时，KT_1和KT_2的常闭触点先后闭合，接触器KM_3和KM_4线圈先后获电吸合后，电阻器R_1和R_2先后被短接，电动机正常运行。

要停止进行能耗制动时，按下停止按钮SB_1，接触器KM_1线圈断电释放，KM_1常开触点断开，使电枢回路断电，而KM_1常闭触点闭合，由于惯性运转的电枢切割磁力线（励磁绕组仍接至电源上），在电枢绕组中产生感应电动势，使并励在电枢两端的中间继电器KA_2线圈获电吸合，KA_2常开触点闭合，接触器KM_2线圈获电吸合，KM_2常开触点闭合，接通制动电阻器RB回路；使电枢的感应电流方向与原来方向相反，电枢产生的电磁转矩与原来反向而成为制动转矩，使电枢迅速停转。

5.15.2 直流电动机的反接制动

（1）电路原理图　并励直流电动机的正、反转启动和反接制动控制线路如图5-43所示。

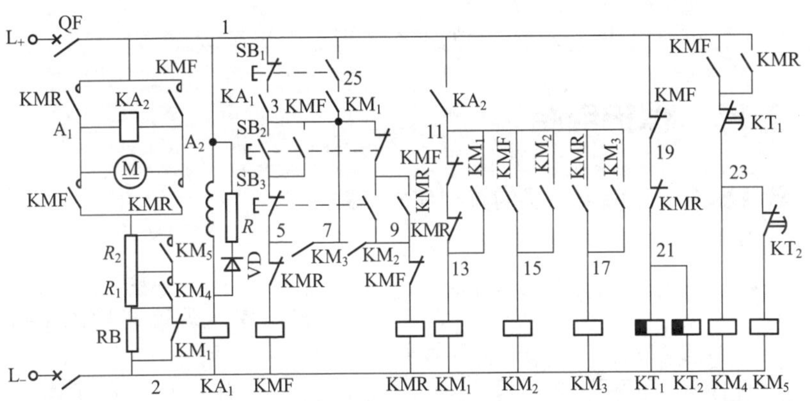

图5-43　并励直流电动机的正、反转启动和反接制动控制线路

（2）工作原理　启动时合上断路器QF，励磁绕组得电励磁；同时欠流继电器KA_1线圈得电吸合，时间继电器KT_1和KT_2线圈也获电，它们的常闭触点瞬时断开，使接触器KM_4和KM_5线圈处于断电状态，可使电动机在串入电阻下启动。按下正转启动按钮SB_2，接触器KMF线圈获电吸合，KMF主触点闭合，电动机串入电阻器R_1和R_2启动，KMF常闭触点断开，KT_1和KT_2线圈断电释放，经过一定的时间延迟，KT_1和KT_2常闭触点先后闭合，使接触器KM_4和KM_5线圈先后获电吸合，它们的常开触点先后切除R_1和R_2，直流电动机正常启动。

随着电动机转速的升高，反电动势E_a达到一定值后，电压继电器KA_2获电吸合，KA_2常开触点闭合，使接触器KM_2线圈获电吸合，KM_2的常开触点（7-9）闭合为反接制动作准备。

需停转而制动时，按下停止按钮SB_1，接触器KMF线圈断电释放，电动机惯性运转，反电动势E_a还很高，电压继电器KA_2仍吸合，接触器KM_1线圈获电吸合，KM_1常闭触点断开，使制动电阻器RB接入电枢回路，KM_1的常开触点（3-25）闭合，使接触器KMR线圈获电吸合，电枢通入反向电流，产生制动转矩，电动机进行反接制动而迅速停转。待转速接近零时，电压继电器KA_2线圈断电释放，KM_1线圈断电释放，接着KM_2和KMR线圈也先后断电释放，反接制动结束。

反向的启动及反接制动的工作原理与上述相似。

5.16 保护电路

5.16.1 直流电动机的过载保护电路

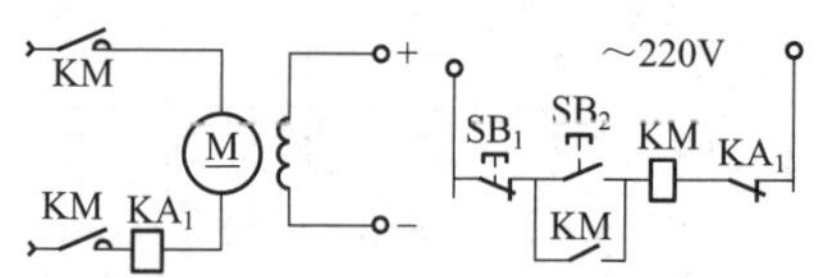

图5-44 直流电动机的过载保护电路

（1）电路原理图　直流电动机的过载保护电路如图5-44所示。

（2）工作原理　如果在运行过程中电枢电流超过了过载能力，应立即切断电源，过电流保护是靠电流继电器实现的，过电流继电器线圈串接在电动机保护线路中，以获得过电流信号，其常闭触点串接在电动机接触器线圈所在的回路中，当电动机过电流时，主回路接触器断电，使电动机脱离电源。

5.16.2 零励磁保护电路

（1）电路原理图　零励磁保护电路如图5-45所示。

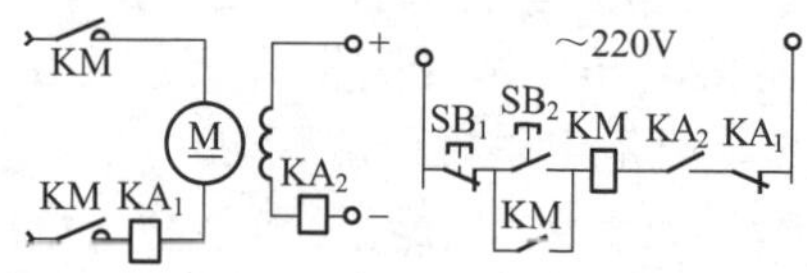

图5-45 直流电动机的零励磁保护电路

（2）工作原理　当减弱直流电动机励磁时，电动机转速升高，如果运行时，励磁电路突然断电，转速将急剧上升，通常叫“飞车”，为防止“飞车”事故，在励磁电路中串入欠电流继电器，被叫作零励磁继电器。

5.17 直流电动机调速电路识图

5.17.1 直流发电机-电动机系统电路

（1）电路原理图　直流发电机-电动机系统电路如图5-46所示。

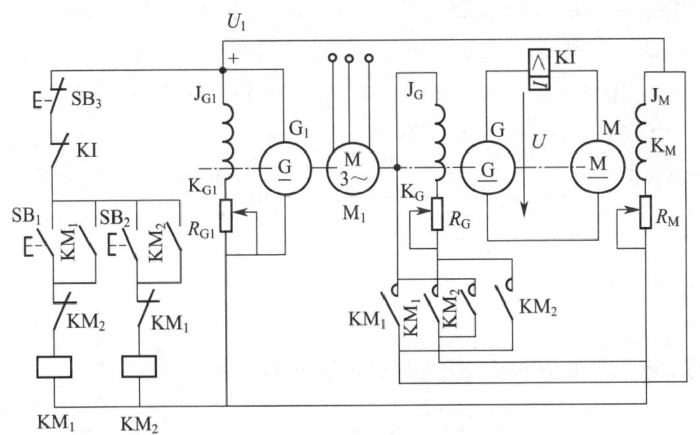

图5-46　G-M调速系统

（2）工作原理

① 励磁　先启动三相异步电动机M_1，使励磁发电机G_1和直流发电机G旋转，励磁开始发出直流电压U_1，分别为G-M机提供励磁电压和控制电路电压。

② 启动　按下启动按钮SB_1（SB_2），接触器KM_1（或KM_2）线圈获电吸合，其常开触点闭合，发电机G的励磁线圈J_G-K_G便流过一定方向的电流，发电机开始励磁，因发电机的励磁绕组有较大的电感，故励磁电流上升较慢，电动势逐渐增大，直流电动机M的电枢电压U也是从零逐渐升高的，启动时，就可避免较大的启动电流的冲击，所以启动时，在电枢回路中不需串入启动电阻，电动机

M就可平滑正向启动。

③ 调速

a. R_M和R_G分别是发电机G和电动机M的励磁绕组的调节电位器，启动前R_M调到零，R_G调到最大，其目的是使直流电压U逐步上升，电动机M则从最低速逐步上升到额定转速。

b. 当直流电动机需要调速时，可调节R_G（阻值减小）使直流发电机的励磁电流增加，于是发电机发出的电压即电动机电枢绕组上的电源电压U增加，电动机转速n增加。

c. 若要电动机在额定转速以上进行调速，应先调节R_G使电动机电枢端电压U保持为额定值不变（即R_G不变），然后调节R_M，若使阻值增大，则励磁电流减小，磁通也增大，所以转速升高。

④ 停车制动　若要电动机停车，可按停止按钮SB_3，接触器KM_1（或KM_2）线圈断电，其常开触点断开，发电机G的励磁绕组J_G-K_G断电，发电机电动势消失，直流电动机M的电枢回路电压U消失，这时电动机M作惯性运转，而励磁绕组J_M-K_M也仍有励磁电流，故这时电动机成为发电机，电流开始反向，产生制动转矩，从而实现能耗制动。

5.17.2 具有转速反馈的自动调速系统

（1）电路原理图　具有转速负反馈的电机扩大机-发电机-电动机自动调速系统如图5-47所示。

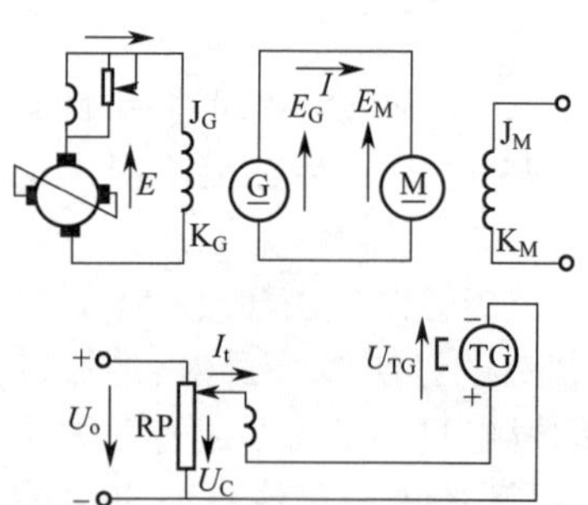

图5-47　具有转速负反馈的电机扩大机-发电机-电动机自动调速系统

（2）工作原理

① 在机械连接上，测速发电机TG与电动机M同轴，测速发电机的输出电压U_{TG}与电动机的转速n成正比，U_o为输入控制电压，U_{TG}反极性同U_C在电位器RP上综合成为负反馈连接形式，两者的差值即为电机扩大机控制绕组的输入信号电压。

② 系统在运行中，如对应于

某一给定的控制电压为U_{C1}，则此时电动机M的转速为n_1，反馈电压相应为U_{TG1}，电机扩大机控制绕组上的输入电压$U_1=U_{C1}-U_{TG1}$，系统稳定运行在一定转速上，当外界存在扰动时，电动机的转速就会受到影响而发生变化，但对这种具有转速负反馈的系统其影响是很小的。

③ 当负载转矩突然增加，则主回路电流随即增加，电流增加使发电机端电压因内部压降的增加而降低，电动机也就因电枢电压下降而使n_1下降，同时U_{TG1}下降为U_{TG2}，给定电压U_{C1}未变，则扩大机输入电压$U_2=U_{TG1}-U_{TG2}$就增加，控制绕组流过较大的电流，其所增电流将导致电机扩大机，发电机输出电压增加，所增加的电压就补偿了由于电枢电流增加而产生的电压降，而使电动机转速恢复到n_1。

④在启动开始瞬间，加入给定电压U后，电动机的转速不能突然上升，因为惯性关系，转速在瞬间仍然为零，显然反馈电压U_{TG}=0，此时，扩大机的输入电压为U_C，要比正常运转的信号电压高得多，这样，电机扩大机就处于强励磁状态，直流发电机也将产生很高的电压，电动机在此高压作用下，迅速启动，时间短暂。在启动过程中，随着电动机转速的升高，U_{TG}也随着增大，电机扩大机的输入电压逐渐减小，最后电动机稳定运行在给定电压对应转速上。

5.17.3 具有电压负反馈的自动调速系统

（1）电路原理图　具有电压负反馈的自动调速如图5-48所示。

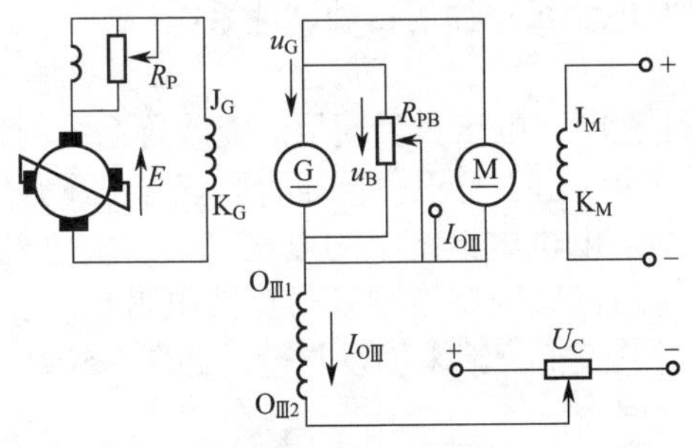

图5-48　具有电压负反馈的自动调速

（2）工作原理

①电动机的转速近似正比于其电枢端电压，因而用电动机端电压的变化来反映其转速的变化，从而以电压负反馈取代转速负反馈，具有电压负反馈的自动调速系统中，其中U_C为给定电压，R_P为调速电位器，R_P是为实现负反馈用电位器，输出电压（代表转速）同给定电压在R_P上综合后，取其差值送往电机扩大机控制绕组Ⅲ中。

② 电压负反馈的形成过程：R_{PB}并联在电枢两端，其上电压值近似与电动机转速成正比，上端为正、下端为负，它的负端接$O_{Ⅲ1}$，即其电流将流入R_{PB}的抽头，经R_P后由$O_{Ⅲ2}$流向$O_{Ⅲ1}$，而给定电压的极性，显然要使给定电流由$O_{Ⅲ1}$流向$O_{Ⅲ2}$，故两者极性相反，它们的电压在R_{PB}上综合后，取其差值送往控制绕组$O_Ⅲ$中，这就形成了电压负反馈，控制绕组$O_Ⅲ$中的电流$I_{OⅢ}$便由给定电压u_C及反馈电压u_B差值决定，当控制绕组的阻值为$R_Ⅲ$时，$I_{OⅢ}=(u_C-u_B)/R_Ⅲ$。

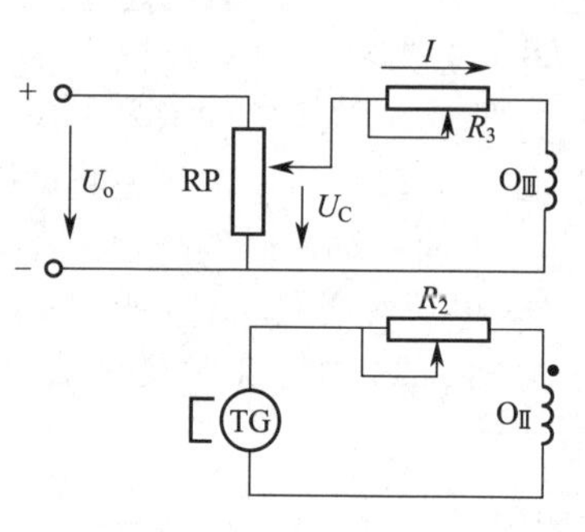

图5-49 信号电压的磁差接法

③ 电机扩大机作为调节放大元件，其输入的给定信号电压同负反馈信号电压（转速或电压负反馈）的综合方式有电差接法和磁差接法两种，如图5-49所示为磁差接法。

5.17.4 具有电流正反馈的自动调速系统

（1）电路原理图　电压负反馈虽然能改善系统的特性，但只能在一定限定内稳速，由于电压负反馈所取信号电压是发电机的端电压，故反能补偿发电机电枢绕组的电压降，而发电机的换向绕组，电动机的电枢绕组，换向绕组都处于反馈电阻R_{PB}之外，取不到补偿信号，故采用电流正反馈来加以补偿，如图5-50所示。

（2）工作原理

① 电路中RP_1为电流正反馈深度的调节电位器，R_G和R_M分别

为发电机及电动机的换向极绕组的电阻，$O_{Ⅱ}$为交磁扩大机的第2号低内阻控制绕组，用于电流控制之用，电阻器RP_1并联在两换向极绕组的两个端点上，RP_1上压降的大小反映了电枢电流即负载电流的大小。

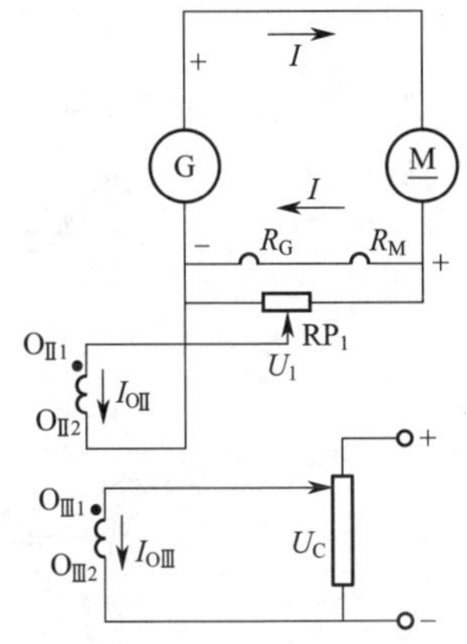

图5-50　具有电流正反馈的自动调速系统

② 电流经$O_{Ⅱ1}$流向$O_{Ⅱ2}$，其极性与控制电流$I_{OⅢ}$一致，而大小又正比于主回路的电流，故称为电流正反馈控制。

③ 控制过程如下：运行中，如负载增加，电枢回路电流就加大，RP_1上的压降也增大，则扩大机电流控制绕组$O_{Ⅱ}$中的电流也就增加，促使扩大机的输出电压上升，发电机电压也随之增高，若发电机电压增长能补偿主回路电压降，则电动机的转速在负载增加时，就能基本维持不变。

5.17.5　具有电流截止负反馈的自动调速系统

（1）电路原理图　当电动机负载突然增加得很大，甚至被堵转时，系统在两种反馈的作用下，主回路的电流能很快增长到危险程度，大的电流和产生的转矩，可能会使电动机烧坏，为此电路中可采用具有电流截止负反馈的自动调速系统，如图5-51所示。

（2）工作原理

① 在两换向极绕组上的压降U_1，反映主回路电流大小，电压U_1经二极管V_1和电位器上的电压U_b进行比较，当$U_1<U_b$时二极管V_1承受反向电压不能导通，控制绕组中没有电流，当$U_1>U_b$时，U_1承受正向电压而导通，电流从“+”端经二极管V_1和电位器抽头，再经控制绕组$O_{Ⅲ2}$–$O_{Ⅲ1}$回到“–”端，此电流产生的磁势与给定$O_{Ⅰ}$中的电流产生磁势相反，起共磁作用，于是电机扩大机和发电机的电压下降，电动机转速下降。

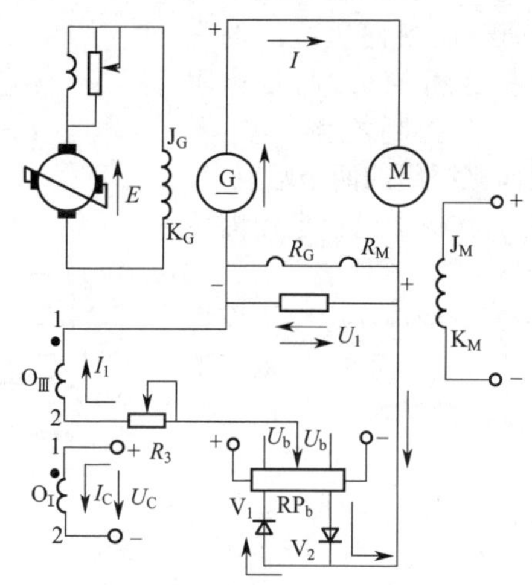

图5-51　具有电流截止负反馈的自动调速系统

② 有了电流截止负反馈环节，就可使电动机在整个启动过程中，系统由电压负反馈、电流以正反馈和电流截止负反馈同时起调节作用，电路一直处于最大允许电流之下运行，使系统在过渡过程安全的前提下尽可能快速。

5.17.6　晶闸管-直流电动机调速电路

（1）电路原理图　晶闸管-直流电动机调速电路框图及原理图如图5-52所示。在直流电动机调速中，晶闸管-直流电动机调速电路占主导地位，且多数以单相桥式半控晶闸管整流方式进行调压调速。

（2）工作原理

① 主电路　主电路采用了两个晶闸管和两个二极管组成的单相半控桥式全波整流电路，其工作过程是在交流电源的正半周时，一个晶闸管导通，在负半周时，另一个晶闸管导通，这样两个晶闸管轮流导通，就可得到全波整流的输出电压波形。

② 调节放大器及给定电压，电流正反馈电压，调节放大器及其输入信号电路

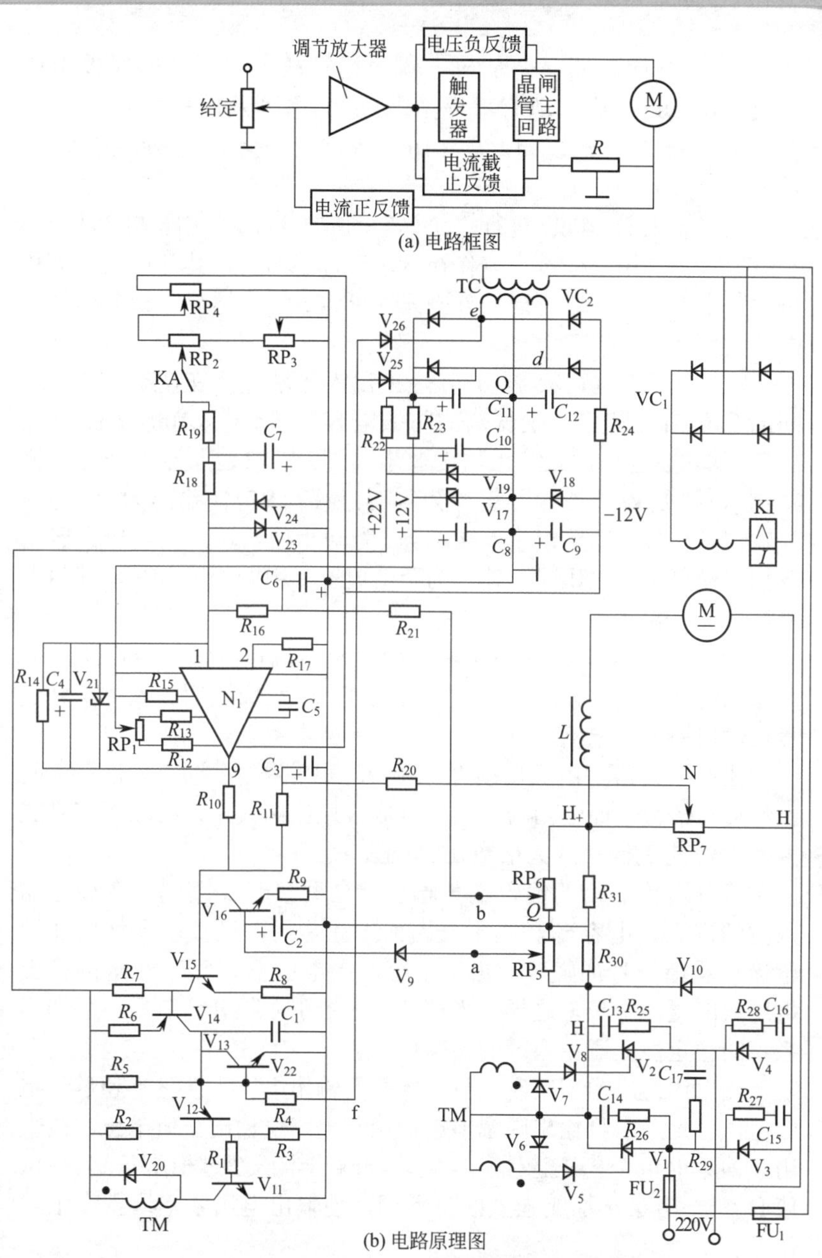

(a) 电路框图

(b) 电路原理图

图5-52　晶闸管-直流电动机调速电路框图及原理图

第5章 电动机接线、布线、调试与维修

a．调节放大器　调节放大器由运算放大器（又称线性集成电路）BG305组成，现有部标型号F0000系列及国标型号CF0000系列，引出端有8线、12线及16线等，引出端的排列也有统一规定。

运算放大器是能够进行“运算”的放大器，其电路本身是一个多级放大器，用集成技术制作在一块芯片上而成，其开环放大倍数可达数十万倍，应用不同的外围元件可组成比例运算、积分运算及微分运算。

BG305的11脚及5脚分别接±12V电源，接在6脚、10脚之间的C_5是为了防止产生振荡的防振电容，脚4串入100kΩ的R_{15}接12V，脚7接地是BG305出厂的要求，脚3与12之间接入平衡电位器RP_1，这是为了在输入信号为零时，调节RP_1使输出为零，脚9为输出端，即1为反相输入端，脚2为同相输入端，运算放大器由反相端输入正值电压时，输出为负值电压，由同相输入时，其输出极性与输入相同。

调节放大器N_1由反相端输入给定及电流正反馈信号电压，输入输出之间接反馈元件R_{14}、C_4及稳压管V_{21}组成比例放大、积分运算及输出钳位等电路。

比例放大器：由负反馈电阻R_{14}及信号源电阻之比决定了N_1的闭环放大倍数，而输出与输入电压成线性比例关系，将输入信号放大，此处N_1的闭环放大倍数在15倍左右。

积分运算：N_1的输入端与输出端之间接有反馈C_4，在稳定输入的情况下，电容C_4相当于开路而不起作用，当负载突然增加使电流正反馈信号加强时，由于电容两端电压不突变，故N_1的输出电压只能慢慢增长，这样，当调节放大器引入积分环节后，可加强系统的稳定性，避免系统的振荡。

输出钳位：为了限制运算放大器的输出电压，使它不超过一定数值，可采用多种输出限幅措施，由于电路仅输出正值电压，故采用了简单的单个稳压管钳位电路，使输出电压超过稳压管V_{21}稳压值时，V_{21}击穿，形成强烈的负反馈，使输出电压基本维持在限幅值不变。

输入保护电路：硅二极管V_{23}、V_{24}作输入保护作用，当信号电压过大时，可经过二极管旁路对地，使输入信号电压限制在0.7V左右，因为两个二极管是反向并联的，故对正负输入信号电压都起保护作用。

调节放大器的输出端：输出端接有2.7kΩ的电阻，主要起限流作用，和负一级放大电路输入信号隔离，以免输出电压与电压负反馈电压之间互相干扰。

b．给定电压和电流正反馈信号电压　给定电压由稳压电源经电位器RP_4、RP_2及RP_3分压后，再经输出滤波环节（R_{19}、C_7）及隔离电阻R_{18}送入调节放大器BG305反相输入端。R_{17}、C_7使输入信号缓慢上升，以免高速启动时，引起过大的冲击，RP_4是最高速调节电位器，RP_3为最低速调节电位器，R_{18}用于避免电流正反馈信号电压互相影响。

电流正反馈信号由回路中与分流器R_{31}并联的RP_6的抽头b点引出，经R_{21}、C_6滤波环节后，再经隔离电阻R_{16}，送入N_1的反相输入端。RP_6可调节电流正反馈强度，滤波环节可使脉动的电流信号平稳，并可使电流突变信号成为缓慢变化的信号，避免引起过大的冲击，R_{16}的作用与R_{18}相同。

c．主放大器及电压负反馈，电流截止负反馈电路

● 主放大器。主放大器由V_{14}、V_{15}两个晶体管直接耦合组成，第一级为NPN管，后一级为PNP管，电源由22V供电，其输入信号电压由调节放大器的输出及电压负反馈的信号电压，经隔离电阻R_{10}、R_{11}后，并联输入到V_{15}的基极，经过放大，由集电极输入到V_{14}的基极。V_{14}为PNP管，它的发射极接正电源和NPN型的V_{15}可以直接耦合，V_{14}的集电极与电容C_1串联。V_{14}相当于一个可变电阻，不同的基极电压，其等效电阻不同，C_1充电时间常数不同，从而可达到移相的目的，C_1上的波形为周期可调的锯齿波。

● 电压负反馈电路。主回路与放大器的公用点相接为Q，主回路负极性电压由电位器RP_7的N点引出经滤波环节R_{20}、C_3后，再经隔离电阻R_{11}，与调节放大器的正值输出信号（经隔离电阻R_{10}）同时输入到V_{15}的基极，由于两者极性相反，故构成了负反馈，电压负反馈可以补偿由于整流电源内阻造成电压降的变化。

• 电流截止负反馈。晶体管V_{16}作电流截止负反馈用。电流截止负反馈是保护环节，正常情况下V_{16}处于截止状态，当主电路中电流增大时，a点的电位升高，使V_9导通，晶体管V_{16}对调节信号分流，可控整流器输出电压降低，主回路电流降到规定值。

③ 触发脉冲电路　触发装置包括同步电路、脉冲形成及脉冲放大等部分。

• 单结晶体管V_{12}及相应元件组成脉冲形成电路，电源经晶体管V_{14}对电容C_1充电，当充电到峰点时，V_{12}导通，电容C_1放电，同时V_{12}输出脉冲通过R_1耦合到V_{11}的基极，脉冲经放大，由脉冲变压器输出足够功率及幅值的脉冲去触发晶闸管，脉冲变压器一次侧接有V_{20}，二次侧接有V_2～V_8，V_6、V_7用来旁路残留负脉冲，V_5、V_8反允许正脉冲通过，在同一时刻，只有一个晶闸管导通，两路脉冲去轮流触发晶闸管交替导通。

• 同步电路。同步电路由V_{13}及相应的元件组成，V_{13}并联在充电电容C_1两端上，其基极设有上偏电阻R_5，没有信号输入时，晶体管V_{13}导通，可是基极还接有同步电源，由控制变压器TC的二次经V_{26}全滤整流后的负端提供，当主回路电压为零时，此同步电压也过零点，晶体管V_{13}在上偏电阻R_5的作用下导通，C_1被短路，经过一定时间后，C_1充电到单结晶体管V_{12}的峰点，从而输出一定相移的触发脉冲。

④ 电动机失磁保护　电动机在启动时，要有一定的励磁电流，运行中如果没有励磁可能出现飞车，为此，电动机励磁回路中接入欠电流继电器KI。励磁回路的电源同交流电源并接，只要电源合闸，励磁电流就存在，KI吸合，系统控制电路才使电动机处于预备工作状态，这时才可能启动电动机，如果因任何情况使励磁电流低于一定数值时，欠电流继电器KI释放，系统的控制电路便切断了可控整流输出，电动机断开。

5.17.7 开环直流电动机调速器电路

（1）电路原理图　开环直流电动机调速器如图5-53所示，这

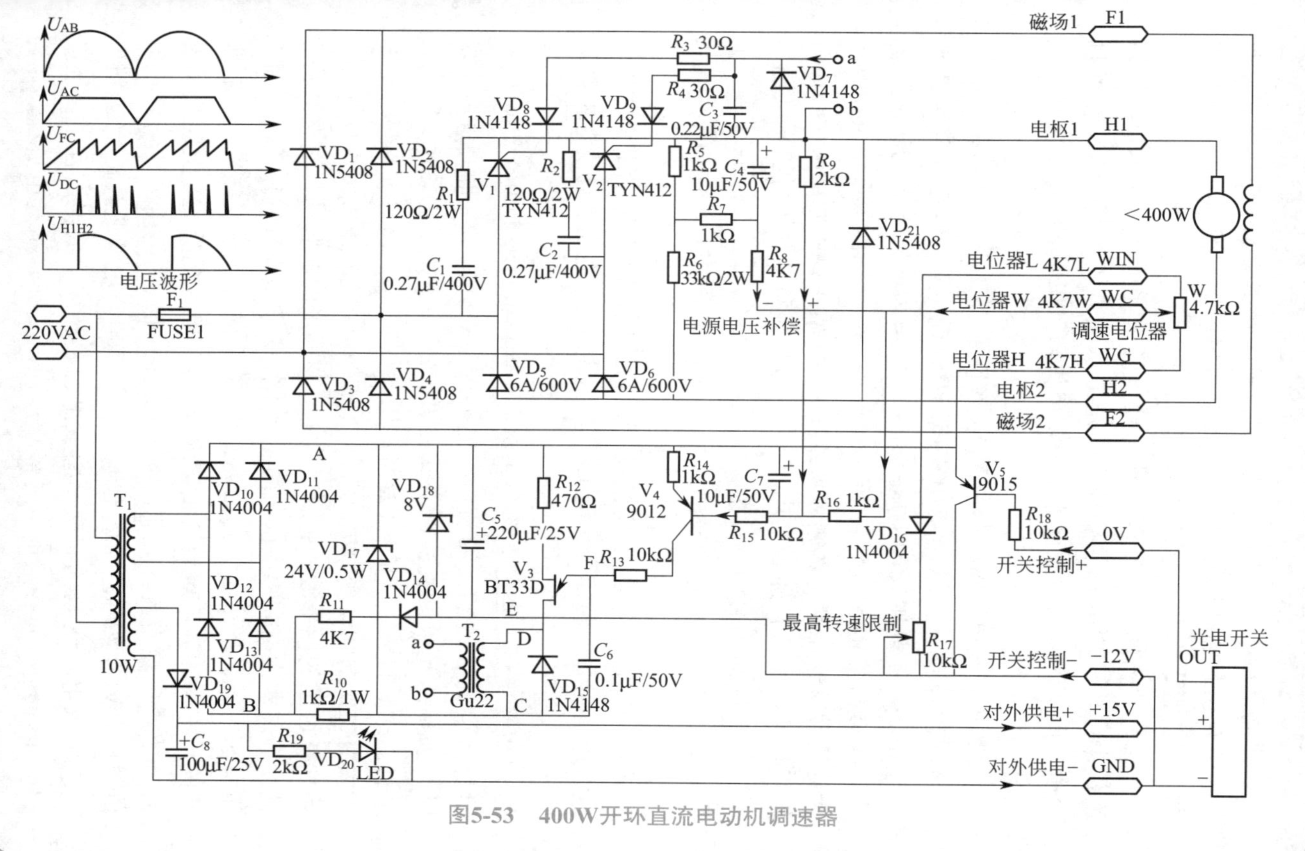

图5-53 400W开环直流电动机调速器

是一种直流开环调速电路，具有电枢电压补偿功能，可以补偿电源电压变化引起的转速变化。另外还具有启停控制输入，通过外接的光电开关、霍尔开关等控制电动机的启停。

（2）工作原理　220V交流电通过二极管VD_1～VD_4整流给磁场供电，由于电动机的磁场线圈是电感性负载，电流为稳定的直流电，而交流侧为方波交流电流，电压为100Hz的半正弦波脉动直流电。

220V交流电通过二极管VD_5、VD_6和晶闸管V_1、V_2组成的半控桥式整流电路整流给电枢供电，R_1、C_1、R_2、C_2组成尖脉冲吸收电路，限制晶闸管的电压上升率。VD_{21}为电枢电感的续流二极管。a、b两点的触发脉冲信号经过R_3、R_4分别触发V_1、V_2。VD_7释放掉触发变压器二次侧的负脉冲，R_3、R_4可以限制晶闸管的门极触发电流、减小两路触发电流大小差异，VD_8、VD_9可以保证晶闸管的门极电流只有向内流的正电流，电容C_3可以滤掉触发信号中的尖脉冲干扰。R_5、R_6对电枢电压分压取样，经过R_7、C_4滤波从C_4两端得到电枢电压取样信号，该电压经过R_8、R_9作为电枢电压对转速的补偿信号加到R_{16}的两端，与给定速度信号电压串联，对电源电压引起的转速变化给予补偿，减少电源电压变化引起的转速变化。

220V交流电经过T_1降压隔离产生两路低压控制电源。9V的一组交流电源经过VD_{19}整流、C_8滤波产生对外的12V直流供电，可以对外接的光电开关、霍尔开关等供电，VD_{20}为电源指示发光二极管。30V的一组交流电源经过VD_{10}～VD_{13}组成的桥式整流电路产生100Hz的脉动直流电。该脉动直流电经过R_{10}限流、VD_{17}钳位，得到有过零的梯形波的脉动直流电。该梯形波的脉动直流电给脉冲触发振荡器供电，零电压为同步标志，高电压为触发振荡器振荡工作电源。V_3、R_{12}、C_4、R_{13}、R_{14}、V_4等组成脉冲触发振荡器。梯形波的过零后的高电压通过R_{13}、R_{14}、V_4对电容C_4充电，充电电流的大小受V_4基极电流的控制，经过一定时间C_4的电压上升到V_1的峰值电压，V_1突然导通，C_4对T_2一次侧放电，电源通过R_{12}、V_1对T_2一次侧放电，在T_2的二次侧感应出触发脉冲。放电过程中，当C_4的电压降到V_4的谷点电压时停止放电，又开始了充电过程，在梯形波供电的时间内，C_4一般要进行多次充放电，产生多个触发脉冲，第一个触发脉冲使晶闸管触发导通。从梯形波的过零点到第一个触发脉冲的产生的时间与晶闸管的触发角对应，它的大小与V_4的基极电流有关，基极电流增大触发角减小。VD_{11}为T_2一次侧电感的续流二极管，限制电感电流减小时的负感生高电压，保护V_1。电路各点的波形如图5-53所示。

100Hz脉动直流电源经过R_{11}、VD_{18}、C_5限流稳压滤波得到8V的电压稳定的直流电源，该电源给触发角调节电路供电。VD_{14}隔离了C_5滤波电容对梯形波电源部分的影响，如果没有VD_{14}，在过零期间，C_{14}会通过R_{11}、R_{10}使梯形波的脉冲触发振荡器供电过零消失，失去了触发同步的过零信号。9V稳定的电压经过电位器W、R_{16}、R_{17}，产生可调的电压，通过R_{16}、R_{17}控制V_4的基极电流、控制触发角。C_7对该控制电压滤波，使触发角缓慢变化、电枢电压缓慢变化、转速缓慢变化。另外电枢电压的取样信号加到了R_{16}的两端，当电枢电压降低时，V_4基极电压降低、基极电流加大、触发角减小、电枢电压升高，补偿了因电源电压降低引起的电枢转速下降。R_{17}限制了V_4基极电压的最小值、限制了最小触发角、限制了电枢的最高转速。V_5可以控制电枢电压的启停，当外部控制使控制端为低电压时，V_5饱和导通，使C_4短路放电、V_4基极电压上升、发射结电压接近为0V，V_3不会产生触发脉冲，电动机停转。

5.17.8 闭环直流调速器电路

（1）电路原理图　闭环直流调速器电路如图5-54所示。380V两相工频交流电经过半控桥式整流模块整流给电枢供电，调整晶闸管的导通角，调整电枢电压，调整转速。两个0.05Ω/5W的电阻组成0.025Ω/10W的等效电阻用于电枢电流取样，电流取样信号正极经过控制板的CN_5#4、跳线S_8接入，电流取样信号负极经过控制板的电枢正A、跳线S1接地。电枢电压接控制板的A、H，板上的$R_1\sim R_4$、$C_1\sim C_4$吸收电枢整流桥整流元件的尖脉冲干扰。控制板的M+、M−外接电压表，指示电枢电压、指示电枢转速。

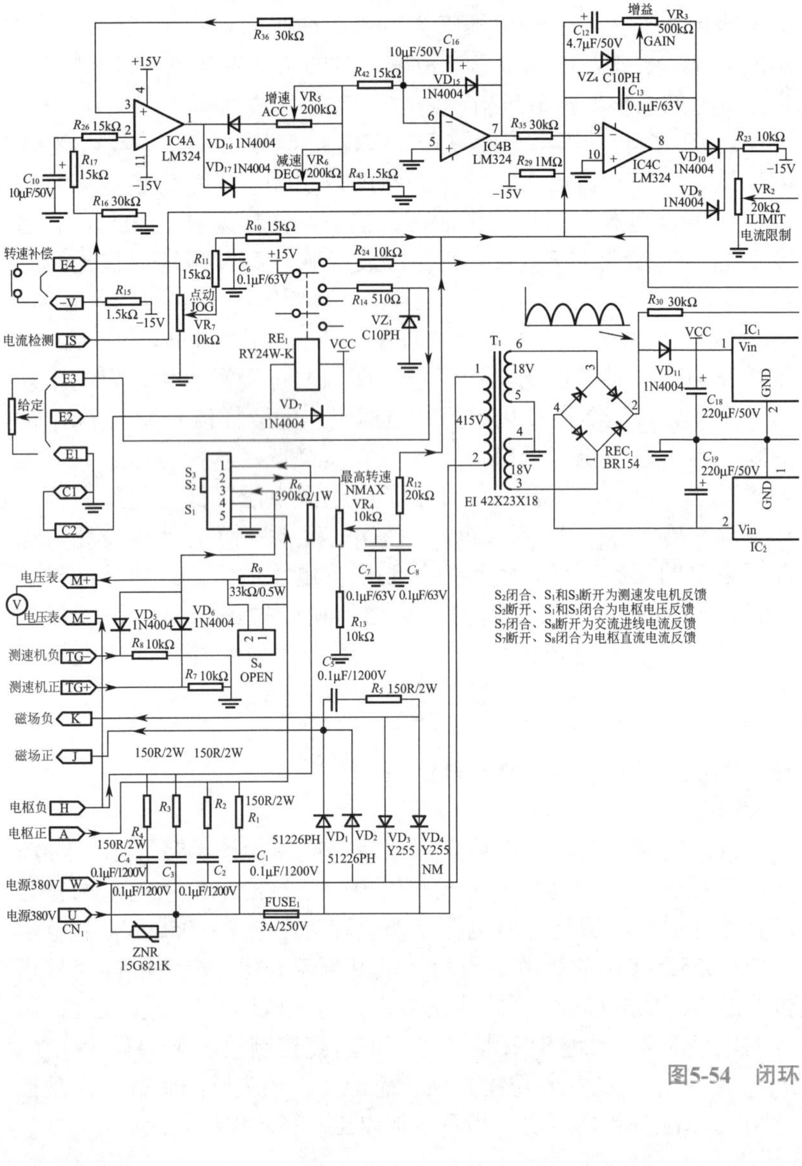
R36 30kΩ
+15V
IC4A LM324
−15V
R26 15kΩ
R17 15kΩ
C10 10μF/50V
R16 30kΩ
增速 ACC
VR5 200kΩ
VD16 1N4004
VD17 1N4004
减速 DEC
VR6 200kΩ
R42 15kΩ
R43 1.5kΩ
10μF/50V
C16
VD15 1N4004
IC4B LM324
R35 30kΩ
R29 1MΩ
−15V
C12 4.7μF/50V
增益
VR3 500kΩ GAIN
VZ4 C10PH
C13 0.1μF/63V
IC4C LM324
R23 10kΩ
−15V
VD10 1N4004
VD8 1N4004
VR2 20kΩ ILIMIT
电流限制
转速补偿
E4
−V
R15 1.5kΩ
−15V
电流检测
IS
R11 15kΩ
C6 0.1μF/63V
R10 15kΩ
点动 JOG
VR7 10kΩ
+15V
R24 10kΩ
R14 510Ω
VZ1 C10PH
RE1 RY24W-K
VCC
VD7 1N4004
给定
E3
E2
E1
C1
C2
R30 30kΩ
T1
415V
18V
18V
EI 42X23X18
REC1 BR154
VD11 1N4004
VCC
IC1
Vin
GND
C18 220μF/50V
C19 220μF/50V
IC2
S3
S2
S1
R6 390kΩ/1W
最高转速 NMAX
VR4 10kΩ
R12 20kΩ
C7
C8
0.1μF/63V
0.1μF/63V
R13 10kΩ
电压表
M+
电压表
M−
R9 33kΩ/0.5W
VD5 1N4004
VD6 1N4004
S4 OPEN
测速机负
TG−
R8 10kΩ
测速机正
TG+
R7 10kΩ
C5 0.1μF/1200V
R5 150R/2W
磁场负
K
磁场正
J
150R/2W 150R/2W
电枢负
H
电枢正
A
R4 150R/2W
R3
R2
R1 150R/2W
C4 0.1μF/1200V
C3 0.1μF/1200V
C2 0.1μF/1200V
C1 0.1μF/1200V
51226PH
VD1
VD2
51226PH
VD3 Y255
VD4 Y255
NM
电源380V
W
电源380V
U
CN1
ZNR 15G821K
FUSE1 3A/250V
S2闭合、S1和S3断开为测速发电机反馈
S2断开、S1和S3闭合为电枢电压反馈
S7闭合、S8断开为交流进线电流反馈
S7断开、S8闭合为电枢直流电流反馈

图5-54 闭环

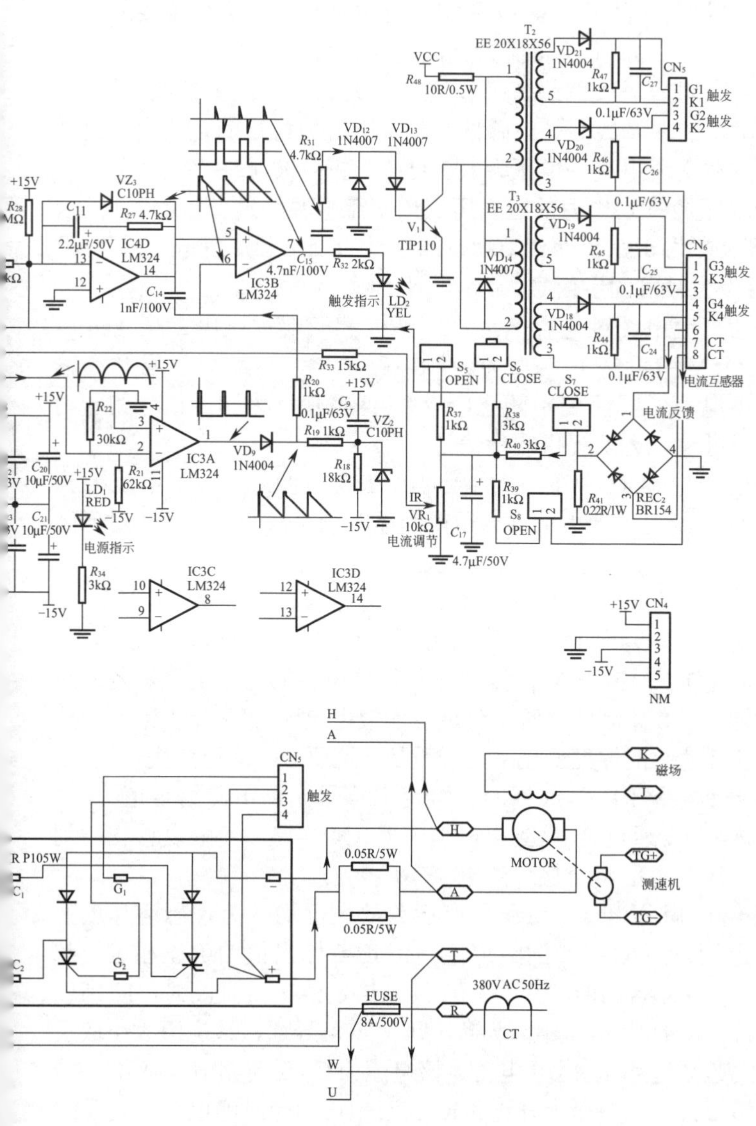

直流调速电路

（2）工作原理

① 控制电路部分　380V两相交流电从U、W接线端接入，经过VD_1、VD_2、VD_3、VD_4整流为直流电经过J、K接线端为磁场供电，R_5、C_5组成阻容吸收网络，吸收过电压尖脉冲，保护整流二极管。由于电动机的磁场线圈是电感性负载，电流为稳定的直流电，而交流侧为方波交流电流，电压为100Hz的半正弦波脉动直流电。压敏电阻ZNR吸收来自电源的过电压。该交流电源经过变压器T_1降压、REC_1整流产生正、负两组100Hz的脉动直流电源，正电源部分经过R_{30}后作为触发同步信号。

脉动直流电经过电容C_{18}～C_{23}滤波和三端稳压电路IC_1、IC_2，产生了+15V和−15V电源，为控制电路供电，VCC为触发脉冲输出部分供电。二极管VD_{11}防止电容C_{18}滤波使作为同步信号的脉动直流电不过零，无法提供同步信号。

由于继电器RE_1平时是吸合的，+15V电源经过VZ_1稳压得到+10V电源，经过调速电位器分压得到速度给定信号，高电压对应高速度，给定信号经过R_{17}、C_{10}滤波进入给定积分电路，使积分电路的输入为缓慢变化值。IC4A、IC4B、C_{14}等组成给定积分电路，C_{14}为积分电容，VD_{15}使积分电路输出不为负电压，减速时不起作用。在升速时VD_{16}导通，VR_5控制升速时积分电容的充电电流，降速时VD_{17}导通，VR_6控制降速时积分电容的放电电流，VR_5、VR_7分别控制升速和降速时的速度变化率，一般是升速要慢、降速要快。

如果继电器RE_1是放开的，给定电位器无供电，给定值为零。另一方面+15V通过R_{24}接到电流调节器IC4D#13，使触发移相达到最大值。这两方面将直接导致电枢不供电。

② 给定积分电路　对于所有运算放大器均视为理想运算放大器，稳定状态下IC4A#2的给定值与IC4B#7输出值的电压相等，都为正电压，IC4A#1和IC4B#6为0V。当给定值电压升高时，IC4A#2电压升高，IC4A#1电压下降为负电压，VD_{16}导通，该电流大小取决于VR_5、R_{42}、R_{43}和IC4A#1电压，该电流为C_{16}正向充电，使IC4B#7电压缓慢上升，当电压上升到和IC4A#2电压相等时停止。

当给定值电压降低时，IC4A#2电压降低，IC4A#1电压上升为正电压，VD_{17}导通，该电流大小取决于VR_6、R_{42}、R_{43}和IC4A#1电压，该电流为C_{16}反向充电，即放电，使IC4B#7电压缓慢下降，当电压下降到和IC4A#2电压相等时停止，该电压不会低于－0.7V，低于－0.7V时VD_{15}正向导通，对输出钳位。

直流测速发电机接TG+、TG−，经过VD_4、VD_5、R_7、R_8变换，得到和直流测速发电机极性无关的负电压的实际速度信号，该信号经过跳线S_2向VR_4传送速度反馈信号，调节后进入调节器。如果无测速发电机，可以连接跳线S_1、S_3，用负极性的电枢电压取样反馈。负极性的转速补偿、张力补偿信号接E4、−V，经过VR_7调节送入调节器。交流电流取样信号经过电流互感器接控制板的CN6#7#8，再经过整流桥REC_2整流、跳线S_7接入。电流取样信号经过VR_1调节进入调节器，电流反馈信号为正反馈。

IC4C、C_{12}、VR_3等构成比例积分调节器，输入信号有速度给定、速度反馈、速度补偿、电枢电压反馈、电流反馈。C_{12}为积分电容，VR_4调节比例系数，VZ_4对调节器的正负输出限幅，输出－0.7～10V。如果有测速机，速度负反馈可以稳定电枢转速。如果没有测速机，可以接入电枢电压负反馈，通过稳定电枢电压而稳定电枢转速。

转速补偿信号一般为张力检测信号，当两台电动机需要同步运转时接入，例如两台电动机通过滚筒输送带状物，一个拉出一个送入，要求两个滚筒之间的带状物匀速输送，而且时刻处于一定张紧力的张紧状态。如果两套驱动独立无联系，即使转速有极微小的误差，随着时间的推移，两者输送的长度会有误差，这会导致输送物拉得过紧或松弛。

如果有了张力检测的速度补偿信号，当张力过大时，略微减小拉出滚筒的转速或略微增大送入滚筒的转速，当张力过小时，略微增大拉出滚筒的转速或略微减小送入滚筒的转速，这样就既可以保证恒定的速度，又可以保证转过的距离同步。电流反馈为正反馈，当电动机负载加大、电枢电流增加时，通过正反馈进一步加大电枢电压，使电动机因负载加重引起的转速降低得到快速补偿。

③ 比例积分电路　该电路的输入点IC4C#9的输入信号有：给定值积分后的正电压、测速机或电枢电压取样的负电压、转速补偿负电压、电流反馈正电压。主要为给定转速与实际转速提供误差信

号。稳态时该输入电压接近于0V，IC4C#8的输出电压为C_{12}的存储电荷的电压，为正电压。

当实际转速由于某种原因低于给定速度时，IC4C#8的输出电压为误差电压引起的电流正向流过VR_3的电压和C_{12}放电得到的电压之和。当实际转速由于某种原因高于给定速度时，IC4C#8的输出电压为误差电压引起的电流流过VR_3的电压和C_{12}充电得到的电压之和，即输出值为输入误差的比例值与积分值之和，该电压为正值。VZ_4对该输出值钳位，使该电压在-0.7～10V之间变化，放大器不会饱和。IC4C#8的输出电压升高将降低转速，该电压降低将升高转速。调节VR_3的大小可以改变比例系数，提高调节性能。转速补偿、电枢电压取样和转速取样信号相似，电流信号反馈也相似，只是为正反馈。

电枢电压取样和转速取样信号通过VR_4调节，可以设定最高转速。电流信号反馈通过VR_1调节，可以调节电流正反馈强度，过强会引起不稳定。稳定运转时一般有很小的正转速误差，即给定值略大于实际值，即速度调节器的输入电压为很小的正电压，这会使该调节器输出为负电压而工作在负限幅的钳位状态，通过R_{29}可以为输入提供负偏置电压，而使稳定状态时速度调节器的输入电压为负电压，不会工作在负限幅的钳位状态。C_{13}用于滤掉高频，降低高频放大能力，提高稳定性。VD_8、VD_{10}二极管可以使电流检测IS和速度调节器两者中电压较高信号起作用，即较低的速度控制信号起作用。

速度调节器输出与电流反馈信号经过IC4D、C_{11}、R_{27}等组成的电流比例积分调节器后，输出给触发电路提供控制电压。该调节器与速度调节器工作原理相似，输出高电压时电枢电压升高。该调节器的输入端IC4D#13还有两个输入信号：一路通过R_{24}接继电器RE_1，当停止时接线端子C1、C2外部断路，继电器断电该路接+15V高电压，使电枢供电为0V；另一路通过S_5或S_6接电流反馈信号，当过电流时，该路电压升高，使电枢供电下降，限制了最大电流。

④ 同步触发电路　100Hz的脉动半正弦波同步信号经过R_{30}后，经过R_{21}提供的负偏压，使同步信号最低电压为负值，该信号与0V经过IC3A比较输出±15V的窄脉冲同步信号，R_{21}提供的负偏压可

以使该脉冲宽度加宽。C_9为锯齿波形成积分电容，用±15V较高电压充电可以使电压在较小范围内下降均匀、接近直线。同步窄脉冲的高电压使VZ_2的阴极电压迅速上升至击穿电压10V，同步窄脉冲过后，C_9电容经过R_{18}充电，VZ_2的阴极电压按30V电源对RC充电规律从+10V向－15V下降，当下降至－0.7V时VZ_2导通，VZ_2的阴极得到下降沿倾斜的锯齿波，该锯齿波同步通过R_{20}加到触发脉冲产生电路的IC3B#6，作为晶闸管触发的同步锯齿波信号。

触发脉冲形成电路由IC3B、V_1、T_2、T_3等组成。锯齿波同步信号和控制电压经过IC3B比较形成上升沿时间随控制电压变化、下降沿相对于同步信号固定的±15V的矩形波，经过C_{15}微分正负尖脉冲，正脉冲对应矩形波的上升沿，负脉冲对应矩形波的下降沿。正脉冲经过V_1脉冲放大，触发脉冲变压器T_2、T_3隔离变换，输出四路触发脉冲信号。

VD_{13}使触发脉冲进入V_1的基极，防止V_1发射结承受过高的反压；VD_{12}为C_{15}提供反向充电通路，使C_{15}有双向电流；LD_2为触发脉冲指示，导通角大亮度高；VD_{14}为续流二极管；VD_{18}～VD_{21}使晶闸管门极只加正脉冲触发；R_{44}～R_{47}、C_{24}～C_{27}减少晶闸管门极的干扰脉冲。

5.18 直流电动机的接线

直流电动机接线前要仔细核对电源电压是否与铭牌标志电压一致，并认清电动机出线端标志。国家标准中对直流电动机绕组出线端标志规定见表5-15。

表5-15 直流电动机绕组出线端标志

绕组名称	出线端标志		绕组名称	出线端标志	
	正端	负端		正端	负端
电枢绕组	S_1	S_2	启动绕组	Q_1	Q_2
补偿绕组	BG_1（B_1）	GB_2（B_2）	平衡导线及平衡绕组	P_1	P_2
换向绕组	H_1	H_2			
串励绕组	C_1	C_2	他励绕组	T_1（W_1）	T_2（W_2）
并励绕组	B_1（F_1）	B_2（F_2）	去磁绕组	QC_1（Q_1）	QC_2（Q_2）

接线按照规定一定不可接错，并且保证接线牢固，不得在运行中脱落或断开，否则会引起事故。各类直流电动机的内部接线关系及在接线板上出线端的标志情况如图5-55～图5-57所示。

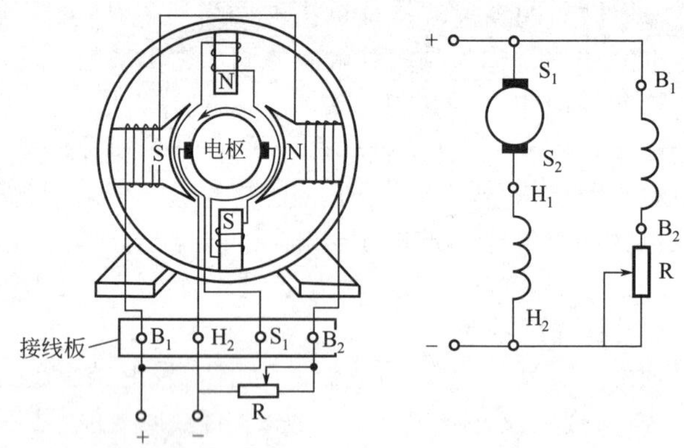

图5-55　并励直流电动机的接线

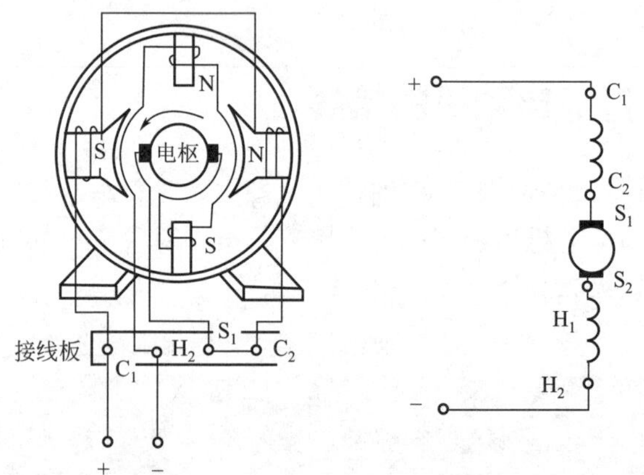

图5-56　串励直流电动机的接线

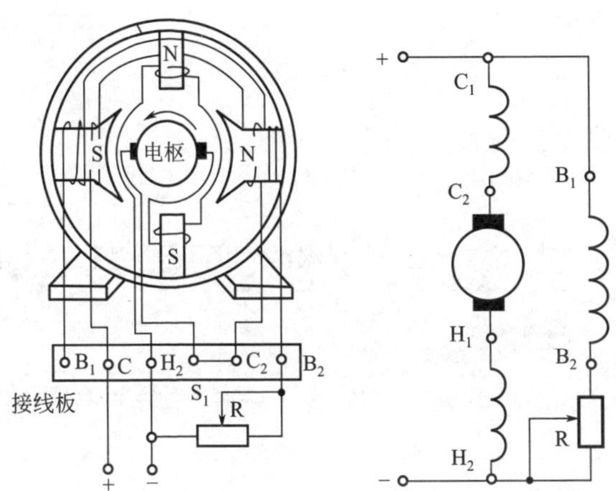

图5-57 复励直流电动机的接线

三相电动机和单相电动机绕组好坏判断可分别扫二维码学习。

5.19 单相电动机接线

小型商用电冰箱多采用单相电动机，各类型单相电动机接线原理可参考本书8.5节，单相电动机接线操作可扫二维码学习。

变压器、继电保护及变配电线路

6.1 变压器

6.1.1 变压器的分类与结构

（1）变压器的用途　变压器是一种能将某一种电压电流相数的交流电能转变成另一种电压电流相数的交流电能的电器。

变压器不仅可以用于改变电压，而且可以用来改变电流（如变流器、大电流发生器等）、改变相位（如通过改变线圈的连接方法来改变变压器的极性或组别）、变换阻抗（电子线路中的输入、输出变压器）等。

总之，变压器的作用很广，它是输配电系统、用电、电工测量、电子技术等方面不可缺少的电气设备。

（2）变压器的种类　变压器的种类很多，按相数可分为单相、三相和多相变压器（如ZSJK、ZSGK、六相整流变压器）。

按结构形式可分为芯式和壳式。

按用途可分为如下几类：

① 电力变压器——这是一种在输配电系统中使用的变压器，它的容量可由十到几十万千伏安，电压由几百到几十万伏。

② 特殊电源变压器——如电焊变压器。

③ 测量变压器——如各种电流互感器和电压互感器。

④ 各种控制变压器。

（3）电力变压器的结构　输配电系统中使用的变压器称为电力变压器。电力变压器主要由铁芯、绕组、油箱（外壳）、变压器油、套管以及其他附件所构成，如图6-1所示。

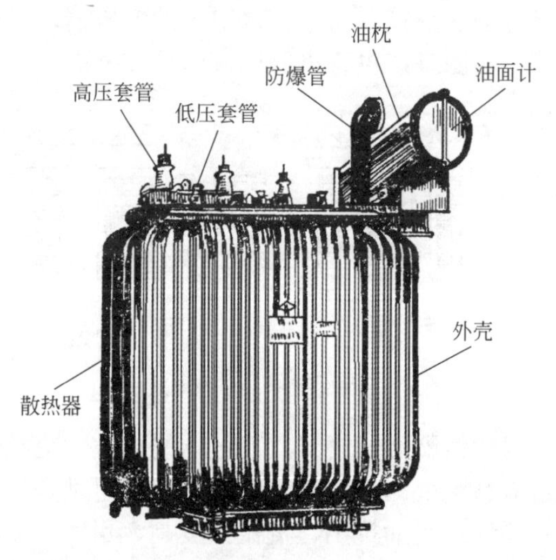

图6-1　电力变压器外形

为减少叠片接缝间隙，即减少磁阻从而降低励磁电流，铁芯装配采用叠接形式，错开上下接缝，交错叠成。

此外，还出现了一种渐开线式铁芯结构。它是先将每张硅钢片卷成渐开线状，再叠成圆柱表芯柱。铁轭用长条卷料冷轧硅钢片卷成三角形，上、下轭与芯柱对接。这种结构具备使绕组内圆空间得到充分利用，轭部磁通减少，器身高度降低，结构紧凑，体小量轻，制造检修方便，效率高等优点。如一台容量为10000kV·A的渐开线铁芯变压器，要比目前大量生产的同容量冷轧硅钢片铝线变压器的总重量轻14.7%。

装配好的变压器，其铁芯还要可靠接地（在变压器结构上是首先接至油箱）。

①绕组是变压器的电路部分，由电磁线绕制而成。通常采用纸包扁线或圆线。

变压器绕组结构有同芯式和交叠式两种，如图6-2所示。大多数电力变压器（1800kV · A以下）都采用同芯式绕组，即它的高低压绕组，套装在同一铁芯芯柱上，为便于绝缘，一般低压绕组放在里面（靠近芯柱），高压绕组套在它的外面（离开芯柱），如图6-2（a）所示。但对于容量较大而电流也很大的变压器，考虑到低压绕组引出线工艺上的困难，也有将低压绕组放在外面的。

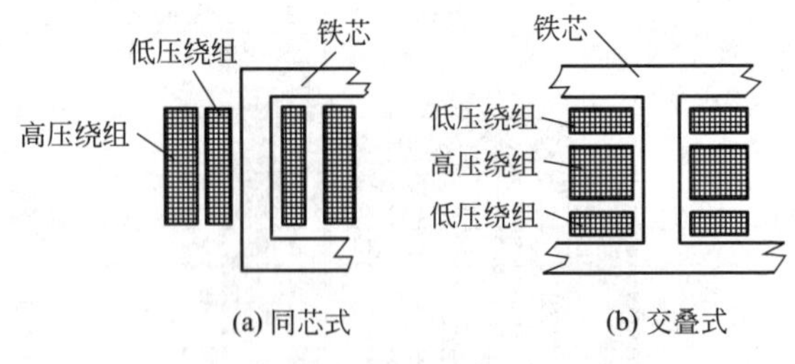

图6-2　变压器绕组的结构形式

交叠式绕组的线圈做成饼式，高低压绕组彼此交叠放置，为便于绝缘，通常靠铁轭处即最上和最下的二组绕组都是低压绕组。交叠式绕组的主要优点是漏抗小、机械强度高、引线方便，主要用于低压大电流的电焊变压器、电炉变压器和壳式变压器中，如大于400kV · A的电炉变压器绕组就是采用这样的布置方式。

同芯式绕组的结构简单，制造方便。按绕组的绕制方式的不同又分为圆筒式、螺旋式、分段式和连续式四种。不同的结构具有不同的电气、机械及热特性。

如图6-3所示为圆筒式绕组，其中图（a）的线匝沿高度（轴向）绕制，如螺旋状。制造工艺简单，但机械强度和承受短路能力都较差，所以多用在电压低于500V，容量为10 ～ 750kV · A的变压器中。如图（b）所示为多层圆筒绕组，可用在容量为10 ～ 560kV · A、电压为10kV以下的变压器中。

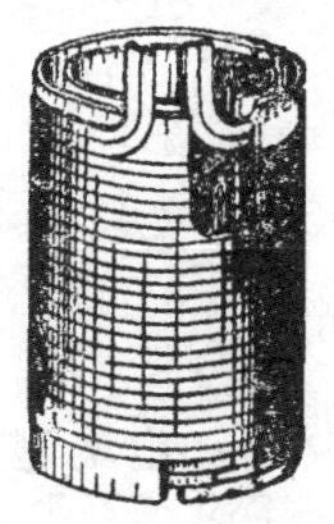

(a) 扁线绕的双层筒形线圈

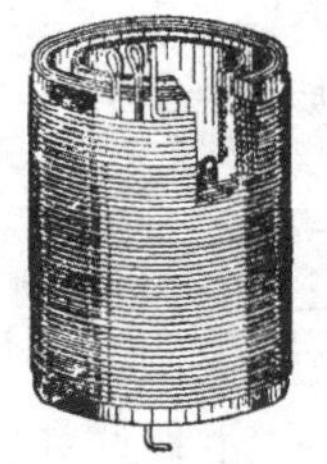

(b) 圆线绕的多层筒形线圈

图6-3　变压器绕组

绕组引出的出头标志，规定采用表6-1所示的符号。

表6-1　绕组引出的出头标志

项　目	单相变压器		三相变压器		
	起　头	末　头	起　头	末　头	中性点
高压绕组	A	X	A、B、C	X、Y、Z	O
中压绕组	Am	Xm	Am、Bm、Cm	Xm、Ym、Zm	Om
低压绕组	a	x	a、b、c	x、y、z	O

② 套管。变压器外壳与铁芯是接地的。为了使带电的高、低压线圈能从中引出，常用套管绝缘并固定导线，采用的套管根据电压等级决定，配电变压器上都采用纯瓷套管；35kV及以上电压采用充油套管或电容套管以加强绝缘。高、低压侧的套管是不一样的，高压套管高而大，低压套管低而小，一般可由套管来区分变压器的高、低压侧。

③ 分接开关。为调整二次电压，常在每相高压线圈末段的相应的位置上留有三个（有的是五个）抽头，并将这些抽头接到一个开关上，这个开关就称作分接开关。它的原理接线如图6-4所示。利用分接开关能

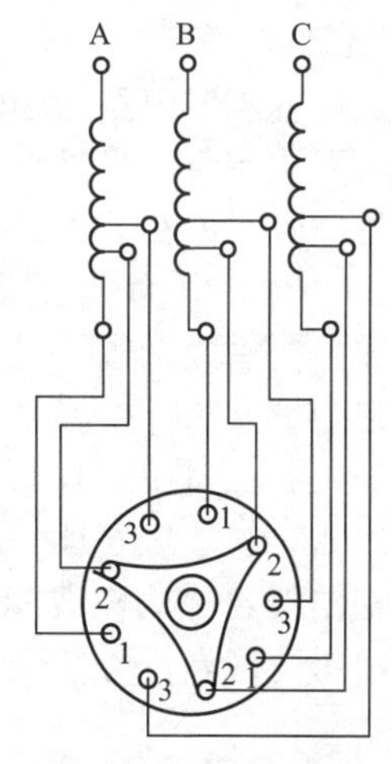

图6-4　变压器分接开关

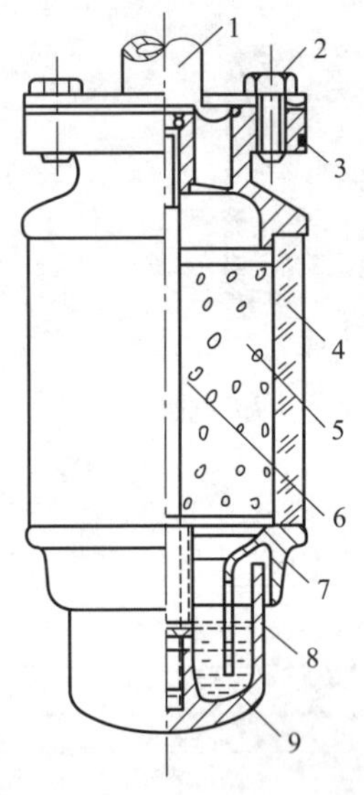

图6-5 呼吸器的构造

1—连接管；2—螺钉；3—法兰盘；4—玻璃管；5—硅胶；6—螺杆；7—底座；8—底罩；9—变压器油

调整的电压范围在额定电压的±5%以内。调节应在停电后才能进行，否则有发生人身安全和设备事故的可能。

任何一台变压器都应装有分接开关，因为当外加电压超过变压器绕组额定电压的10%时，变压器磁通密度将大大增加，使铁芯饱和而发热，增加铁损，因而不能保证安全运行。所以变压器应根据电压系统的变化来调节分接头，以保证电压不致过高而烧坏用户的电机、电器，以及确保不会因电压过低而引起电动机过热或其他电器不能正常工作等情况。

④ 呼吸器。呼吸器的构造如图6-5所示。

呼吸器的构造如图6-5所示，在呼吸器内装有变色硅胶，油枕内的绝缘油通过呼吸器与大气连通，内部干燥剂可以吸收空气中的水分和杂质，以保持变压器内绝缘油的良好绝缘性能。呼吸器内的硅胶在干燥情况下呈浅蓝色，当吸潮达到饱和状态时，渐渐变为淡红色，这时，应将硅胶取出在140℃高温下烘焙8h，即可以恢复原特性。

（4）电力变压器的型号　电力变压器的型号由两部分组成：拼音符号部分表示其类型和特点；数字部分斜线左方表示额定容量，单位为kV·A，斜线右方表示原边电压，单位kV。如SFPSL-31500/220，表示三相强迫油循环三线圈铝线31500kV·A、220kV电力变压器。又如SL-800/10（旧型号为SJL-800/10）表示三相油浸自冷式双线圈铝线800kV·A、10kV电力变压器。型号中所用拼音代表符号含义见表6-2。

表6-2 电力变压器型号中代表符号含义

项目	类别	代表符号	
		新型号	旧型号
相数	单相 三相	D S	D S
线圈外冷却介质	矿物油 不燃性油 气体 空气 成型固体	不标注 B Q K C	J 未规定 未规定 G 未规定
箱壳外冷却方式	空气自冷 风冷 水冷	不标注 F W	不标注 F S
循环方式	油自然循环 强迫油循环 强迫油导向循环 导体内冷	不标注 P D N	不标注 P 不标注 N
线圈数	双圈 三圈 自耦（双圈及三圈）	不标注 S O	不标注 S O
调压方式	无励磁调压 有载调压	不标注 Z	不标注 Z
导线材质	铝线	不标注	L

注：为最终实现用铝线生产变压器，新标准中规定铝线变压器型号中不再标注“L”字样。但在由用铜线过渡到用铝线的过程中，事实上，生产厂在铭牌所示型号中仍沿用以“L”代表铝线，以示与铜线区别。

6.1.2 变压器的安装与接线

变压器室内安装时应安装在基础的轨道上，轨距与轮距应配合；室外一般安装在平台上或杆上组装的槽钢架上。轨道、平台、钢架应水平；有滚轮的变压器轮子应转动灵活，安装就位后应用止轮器将变压器固定；装在钢架上的变压器滚轮悬空并用镀锌铁丝将器身与杆绑扎固定；变压器的油枕侧应有1%～1.5%的升高坡度。变压器安装过程中的吊装作业应由起重工配合，任何时候都不得碰击套管、器身及各个部件，不得发生严重的冲击和振动，要轻起轻放。吊装时钢索必须系在器身供吊装的耳环上。吊装及运输过程中应有防护措施和作业指导书。

（1）杆上变压器台的安装接线　杆上变压器台有三种形式，一种是双杆变压器台，即将变压器安装在线路方向上单独增设的两根杆的钢架上，再从线路的杆上引入10kV电源。如果低压是公用线路，则再把低压用导线送出去与公用线路并接或与其他变压器台并列；如果是单独用户，则再把低压用硬母线引入到低压配电室内的总柜上或低压母线上去，如图6-6所示。

另外一种是借助原线路的电杆，在其旁再另立一根电杆，将变压器安装在这两根电杆间的钢架上，其他同上。因为只增加了一根电杆，因此称单杆变压器台，如图6-7所示。

另外，还有一种变压器台，是指容量在100kV · A以下，将其直接安装在线路的单杆上，不需要增加电杆，又常设在线路的终端，为单台设备供电，如深井泵房或农村用电，如图6-8所示，称本杆变压器台。

（2）杆上变压器台　安装方便，工艺简单。主要有立杆、组装金具构架及电气元件、吊装变压器、接线、接地等工序。

① 变压器支架通常用槽钢制成，用U形抱箍与杆连接，变压器安装在平台横担的上面，应使油枕侧偏高，有1%～1.5%的坡度，支架必须安装牢固，一般钢架应有斜支撑。

② 跌落式熔断器的安装　跌落式熔断器安装在高压侧丁字形的横担上，用针式绝缘子的螺杆固定连接，再把熔断器固定在连板上，如图6-9所示。其间隔不小于500mm，以防弧光短路，熔管轴线与地面的垂线夹角为15°～30°，排列整齐，高低一致。

跌落式熔断器安装前应确保其外观零部件齐全，瓷件良好，瓷釉完整无裂纹、无破损，接线螺钉无松动，螺纹与螺母配套，固定板与瓷件结合紧密无裂纹，与上端的鸭嘴和下端挂钩结合紧密无松动；鸭嘴、挂钩等铜铸件不应有裂纹、砂眼，鸭嘴触头接触良好紧密，挂钩转轴灵活无卡，用电桥或数字万用表测其接触电阻应符合要求，按图6-9所示，放置时鸭嘴触头一经由下向上触动即断开，一推动熔管或上部合闸挂环即能合闸，且有一定的压缩行程，

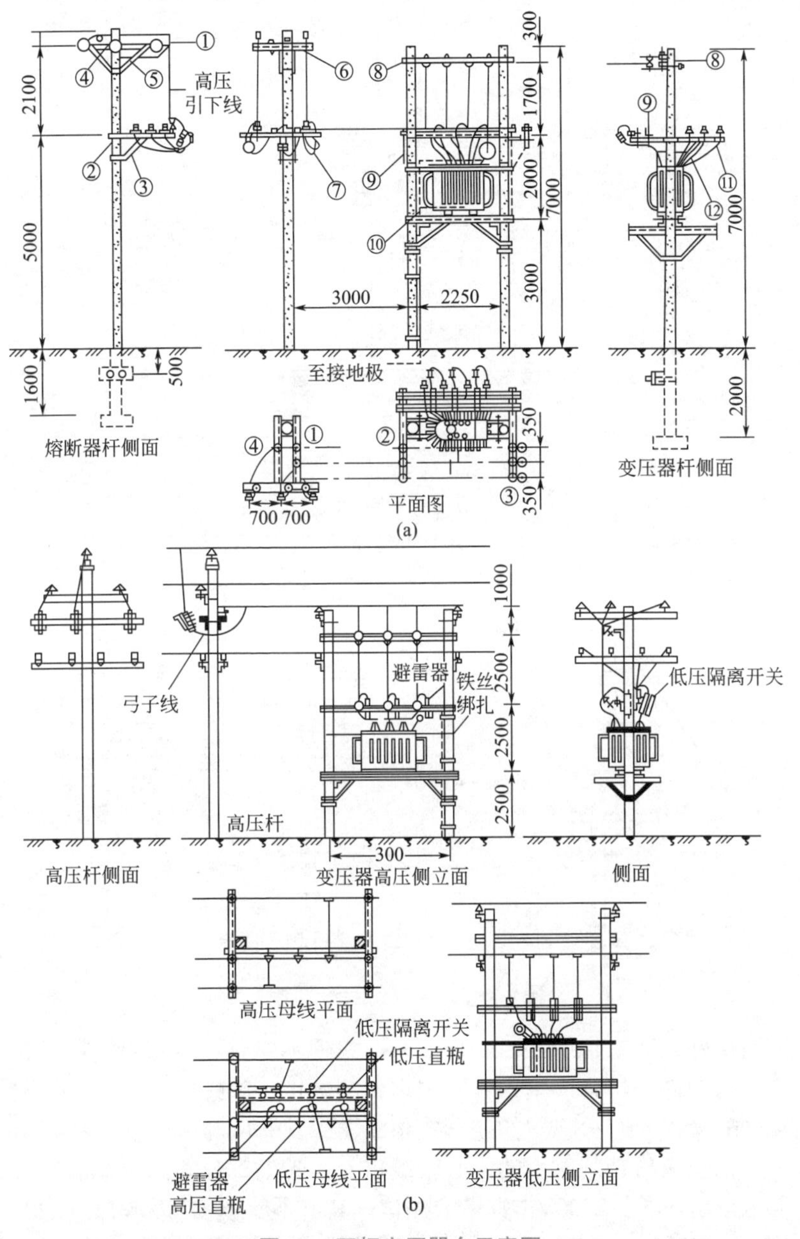

图6-6 双杆变压器台示意图

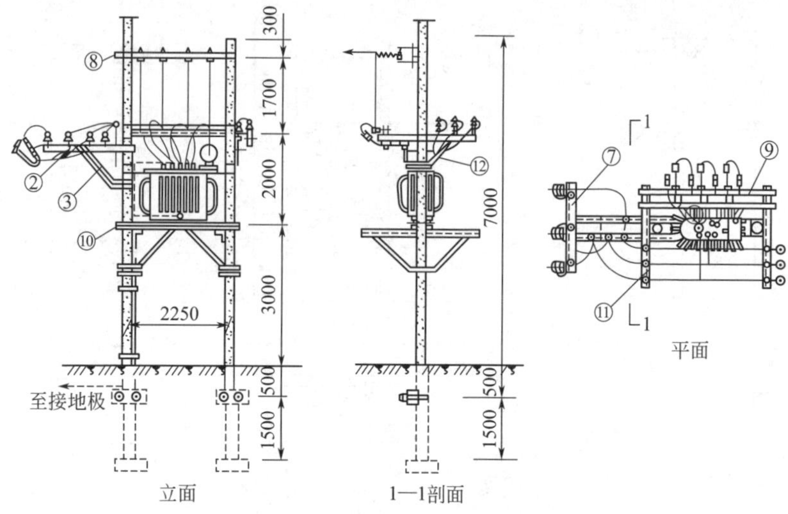

图6-7　单杆变压器台示意图

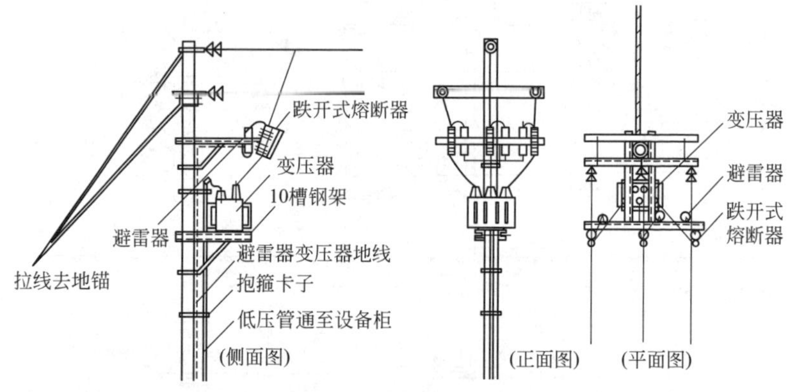

图6-8　本杆变压器台示意图

接触良好，即一捅就开，一推即合；熔管不应有吸潮膨胀或弯曲现象，与铜件的结合应紧密；固定熔丝的螺钉，其螺纹完好，与元宝螺母配套；装有灭弧罩的跌落式熔断器，其罩应与鸭嘴固定良好，中心轴线应与合闸触头的中心轴线重合；带电部分和固定板的绝缘电阻须用1000～2500V的兆欧表测试，其值不应小于1200MΩ，35kV的跌落式熔断器须用2500V的兆欧表测试，其值不应小于3000MΩ。

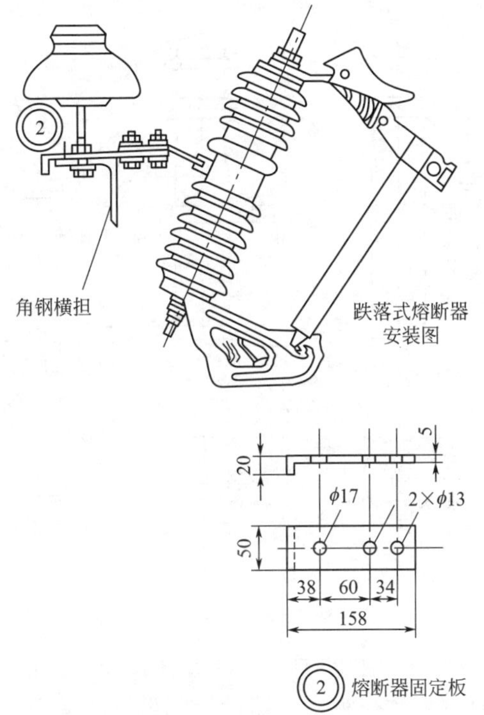

图6-9 跌落式熔断器安装示意图

③ 避雷器的安装 避雷器通常安装在距变压器高压侧最近的横担上，可用直螺钉单独固定，如图6-10所示。其间隔不小于350mm，轴线应与地面垂直，排列整齐，高低一致，安装牢固，抱箍处要垫2～3mm厚的耐压胶垫。

安装前的检查与跌落式熔断器基本相同，但无可动部分，瓷套管与铁法兰间应良好结合，其顶盖与下部引线处的密封物应无龟裂或脱落，摇动器身应无任何声响。用2500V兆欧表测试其带电端与固定抱箍的绝缘电阻应不小于2500MΩ。

避雷器和跌落式熔断器必须有产品合格证，没有试验条件的，应到当地供电部门进行试验。避雷器和跌落式熔断器的规格型号必须与设计相符，不得使用额定电压小于线路额定电压的避雷器和跌落式熔断器。

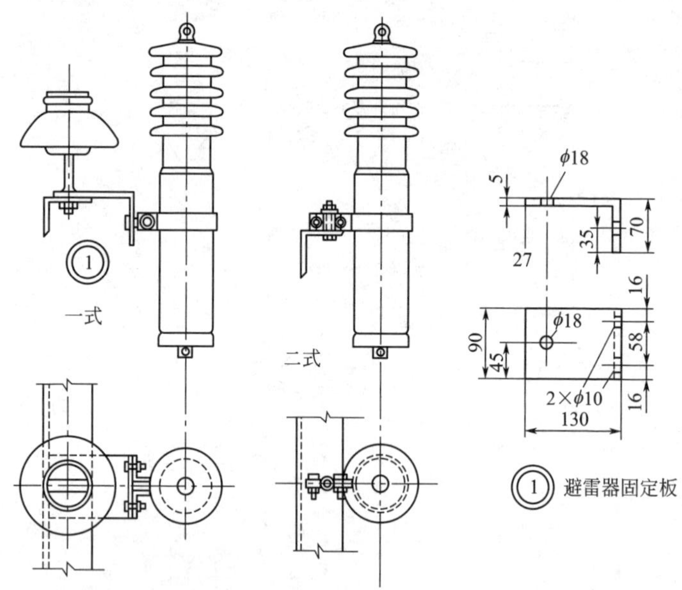

图6-10　避雷器安装示意图

④ 低压隔离开关的安装　有的设计在变压器低压侧装有一组隔离开关，通常装设在距变压器低压侧最近的横担上，有三极的，也有单极的，目的是更换低压熔断器方便，其外观检查和测试基本与低压断路器相同，但要求瓷件良好，安装牢固，操动机构灵活无卡，隔离刀刃合闸后应接触紧密，分闸时有足够的电气间隙（≥200mm），三相联动动作同步，动作灵活可靠。用500V兆欧表测试绝缘电阻应大于2MΩ。

（3）变压器的接线　变压器安装必须经供电部门认可的试验单位试验合格，并有试验报告。室外变压器台的安装主要包括变压器的吊装、绝缘电阻的测试和接线等作业内容。

①接线要求。

- 和电器连接必须紧密可靠，螺栓应有平垫及弹垫，其中与变压器和跌落式熔断器、低压隔离开关的连接，必须压接线鼻子过渡连接，与母线的连接应用T形线夹，与避雷器的连接可直接压接连接。与高压母线连接时，如采用绑扎法，绑扎长度不应小于

200mm。

• 导线在绝缘子上的绑扎必须按前述要求进行。

• 接线应短而直，必须保证线间及对地的安全距离，跨接弓子线在最大风摆时要保证安全距离。

• 避雷器和接地的连接线通常使用绝缘铜线，避雷器上引线不小于16mm²，下引线不小于25mm²，接地线一般为25mm²。若使用铝线，上引线不小于25mm²，下引线不小于35 mm²，接地线不小于35 mm²。

②接线工艺。以图6-11来说明接线工艺过程。

• 将导线撑直，绑扎在原线路杆顶横担上的直瓶上和下部丁字横担的直瓶上，与直瓶的绑扎应采用终端式绑扎法，如图6-11所示。同时将下端压接线鼻子，与跌落式熔断器的上闸口接线柱连接拧紧，如图6-12所示。导线的上端应暂时团起来，先固扎在杆上。

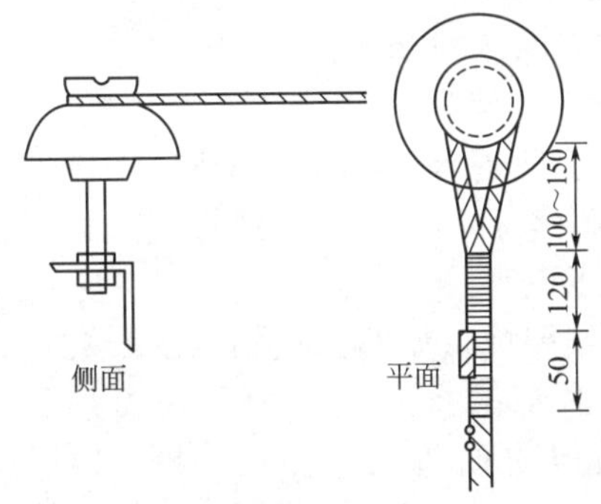

图6-11　导线在直瓶上的绑扎

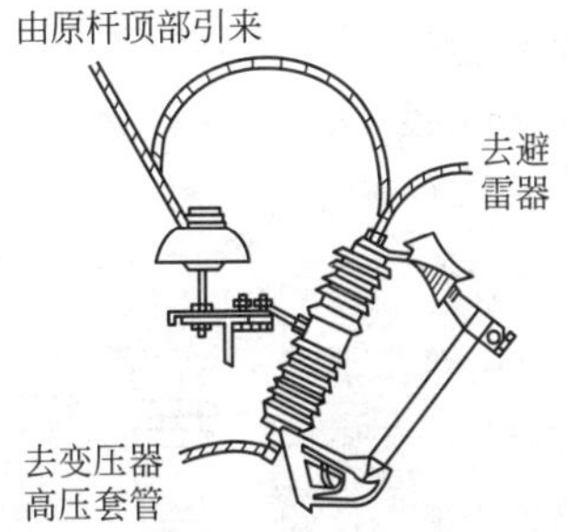

图6-12　导线与跌落式熔断器的连接

• 高压软母线的连接。首先将导线撑直，一端绑扎在跌落式熔断器丁字横担上的直瓶上，另一端水平通至避雷器处的横担上，并绑扎在直瓶上，与直瓶的绑扎方式如图6-11所示。同时丁字横担直瓶上的导线按相序分别采用弓子线的形式接在跌落式熔断器的下闸口接线柱上。弓子线要做成铁链自然下垂的形式，见图6-11平面图，其中U相和V相直接由跌落式熔断器的下闸口由丁字横担的下方翻至直瓶上按图6-11的方法绑扎，而W相则由跌落式熔断器的下闸口直接上翻至T形横担上方的直瓶上，并按图6-13的方法绑扎。

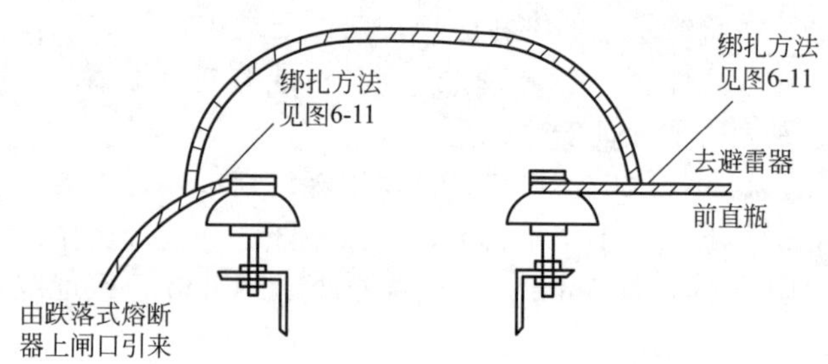

图6-13　导线在变压器台上的过渡连接示意图

而软母线的另侧，均应上翻，接至避雷器的上接线柱，方法如图6-13所示。

其次将导线撑直，按相序分别用T形线夹与软母线连接，连接处应包缠两层铝包带，另一端直接引至高压套管处，压接线鼻子，按相序与套管的接线柱接好，这段导线必须撑紧。

• 低压侧的接线。将低压侧三只相线的套管，直接用导线引至隔离开关的下闸口（这里要注意，这全是为了接线的方便，操作时必须先验电后操作），导线撑直，必须用线鼻子过渡。

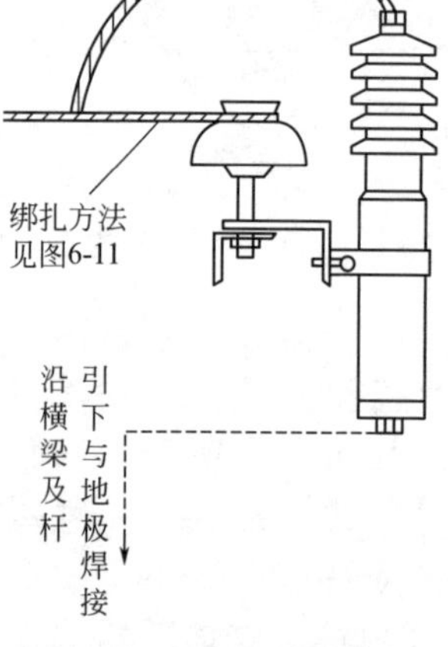

图6-14　导线与避雷器的连接示意图

将线路中低压的三根相线及一根零线，经上部的直瓶直接引至隔离开关上方横担的直瓶上，绑扎如图6-14所示，直瓶上的导线与隔离开关上闸口的连接如图6-15所示，其中跌落式熔断器与导线的连接可直接用上面的元宝螺栓压接，同时按变压器低压侧额定电流的1.25倍选择与跌落式熔断器配套的熔片，装在跌落式熔断器上，其中零线直接压接在变压器中性点的套管上。

如果变压器低压侧直接引入低压配电室，则应安装硬母线将变压器二次侧引入配电室内。如果变压器专供单台设

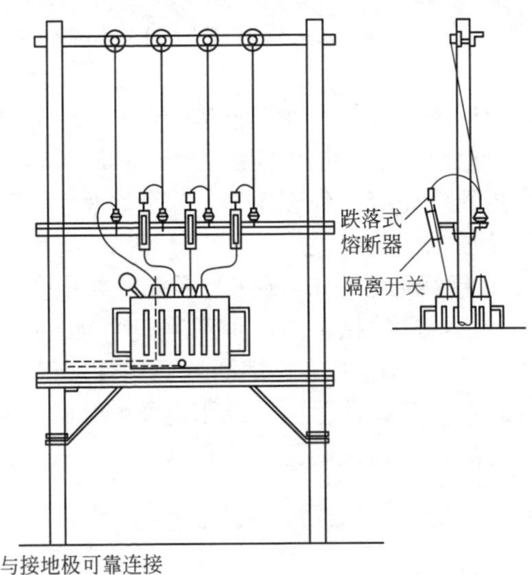

图6-15　低压侧连接示意图

备用电，则应设管路将低压侧引至设备的控制柜内。

- 变压器台的接地。变压器台的接地共有三个点，即变压器外壳的保护接地，低压侧中性点的工作接地，再一个是避雷器下端的防雷接地，三个接地点的接地线必须单独设置，接地极则可设一组，但接地电阻应小于4Ω。接地极的设置同前述架空线路的防雷接地，并将其引至杆处上翻1.20m处，一杆一根，一根接避雷器，另一根接中性点和外壳。

接地引线应采用25mm^{2}及以上的铜线或4mm×40mm镀锌扁钢，其中，中性点接地应沿器身翻至杆处，外壳接地应沿平台翻至杆处；与接地线可靠连接；避雷器下端可用一根导线串接而后引至杆处，与接地线可靠连接，如图6-16所示。其他同架空线路。

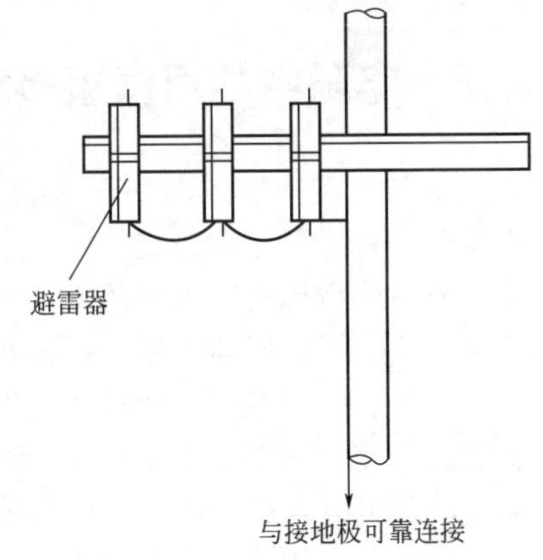

图6-16　杆上变压器台避雷器的接地示意图

装有低压隔离开关时，其接地螺钉也应另外接线，与接地体可靠连接。

• 变压器台的安装要求。变压器应安装牢固，水平倾斜不应大于1/100，且油枕侧偏高，油位正常；一、二次接线应排列整齐，绑扎牢固；变压器应完好，外壳干净，试验合格；应可靠接地，接地电阻符合设计要求。

• 全部装好接线后，应检查有无不妥，并把变压器顶盖、套管、分接开关等用棉丝擦拭干净，重新测试绝缘电阻和接地电阻并确保其符合要求。将高压跌落式熔断器的熔管取下，按表6-3选择高压熔丝，并将其安装在熔管内。高压熔丝安装时必须伸直，且有一定的拉力，然后将其挂在跌落式熔断器下边的卡环内。

表6-3　高压跌落式熔断器的选择

变压器容量/kV	100/125	160/200	250	315/400	500
熔断器规格/A	50/15	50/20	50/30	50/40	50/50

与供电部门取得联系，在线路停电的情况下，先挂好临时接地线，然后将三根高压电源线与线路连接，通常用绑扎或T形线夹的方法进行连接，要求同前。接好后再将临时接地线拆掉，并与供电部门联系，请求送电。

6.2　电源中性点直接接地的低压配电系统

在电力系统中，当变压器或发电机的三相绕组为星形连接时，其中性点有两种运行方式：中性点接地和中性点不接地。中性点直接接地系统常称为大电流接地系统，中性点不接地和中性点经消弧线圈（或电阻）接地的系统称为小电流接地系统。

中性点运行方式的选择主要取决于单相接地时电气设备的绝缘要求及从电可靠性。如图6-17所示为常用的电力系统中性点运行方式，图中电容C为输电线路对地分布电容。

目前，在我国电力系统中，110kV以上高压系统，为降低绝缘设备要求，多采用中性点直接接地运行方式；6～35kV中压系统

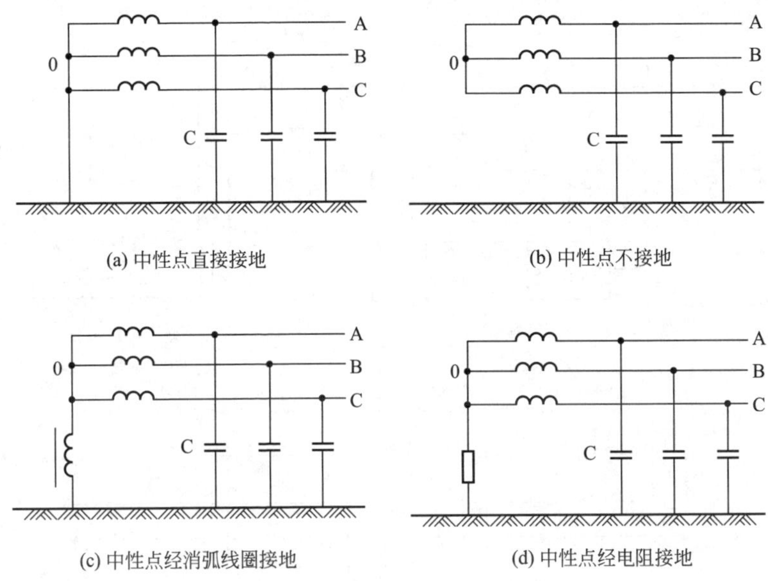

(a) 中性点直接接地　(b) 中性点不接地

(c) 中性点经消弧线圈接地　(d) 中性点经电阻接地

图6-17　电力系统中性点运行方式

中，为提高从电可靠性，首选中性点不接地运行方式。当接地系统不能满足要求时，可采用中性点经消弧线圈或电阻接地的运行方式；低于1kV的低压配电系统中，考虑到单相负荷的使用，通常均为中性点直接接地的运行方式。

电源中性占直接接地的三相低压配电系统中，从电源中性点引出有中性线（代号N）、保护线（代号PE）或保护中性线（代号PEN）。

（1）低压电力网接地形式分类

① 低压电力网接地形式分类　电源中性点直接接地的三相四线制低压配电系统可分成3类：TN系统、TT系统和IT系统。其中TN系统又分为TN-S系统、TN-C系统和TN-C-S系统3类。

TN系统和TT系统都是中性点直接接地系统，且都引出有中性线（N线），因此都称为“三相四线制系统”。但TN系统中的设备外露可导电部分（如电动机、变压器的外壳，高压开关柜、低压配电柜的门及框架等）均采取与公共的保护线（PE线）或保护中性线（PEN线）相的保护方式，如图6-18所示；而TT系统中的设

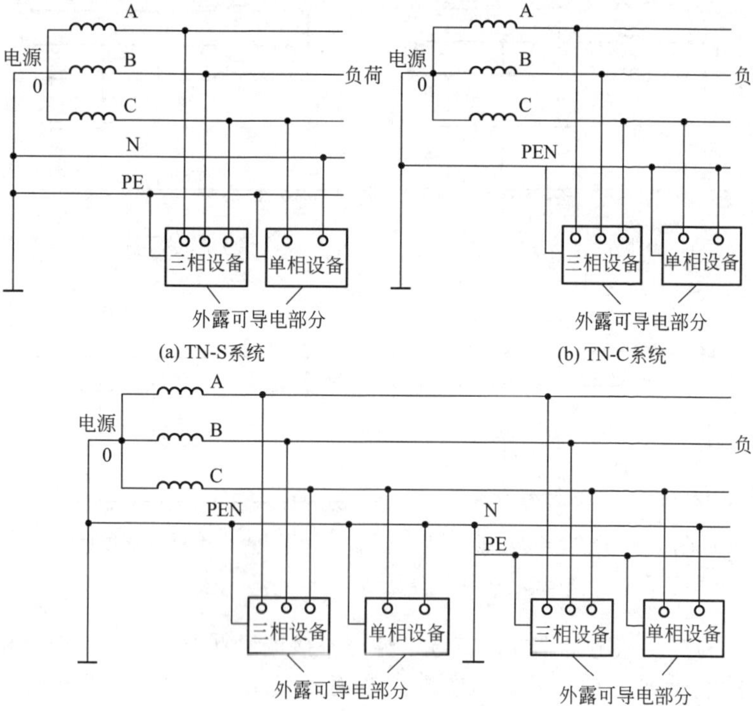

(a) TN-S系统

(b) TN-C系统

(c) TN-C-S系统

图6-18　低压配电的TN系统

备外露可导电部分则采取经各自的PE线直接接地的保护方式，如图6-19所示。IT系统的中性点不接地或经电阻（约1000Ω）接地，且通常不引出中性线，因它一般为三相三线制系统，其中设备的外露可导电部分与TT系统一样，也是经各自的PE线直接接地，如图6-20所示。

所谓“外露可导电部分”是指电气装置中能被触及到的导电部分。它在正常情况时不带电，但在故障情况下可能带电，一般是指金属外壳，如高低压柜（屏）的框架、电机机座、变压器或高压多油开关的箱体及电缆的金属外护层等。“装置外导电部分”也称为“外部导电部分”。它并不属于电气装置，但也可能引入电位（一般是地电位），如水、暖气、煤气、空调等的金属管道及建筑物的金属结构。

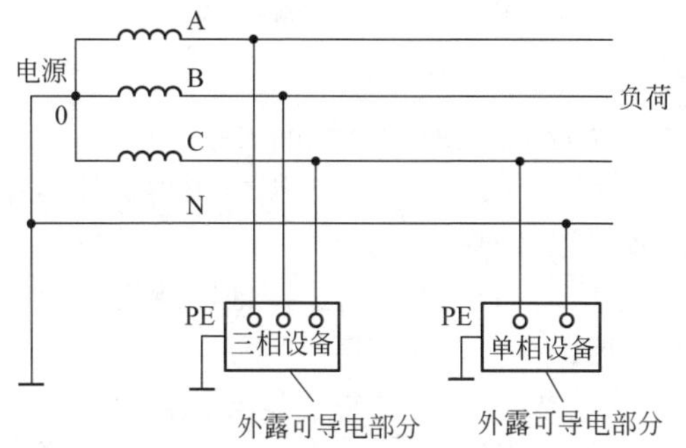

图6-19　低压配电的TT系统

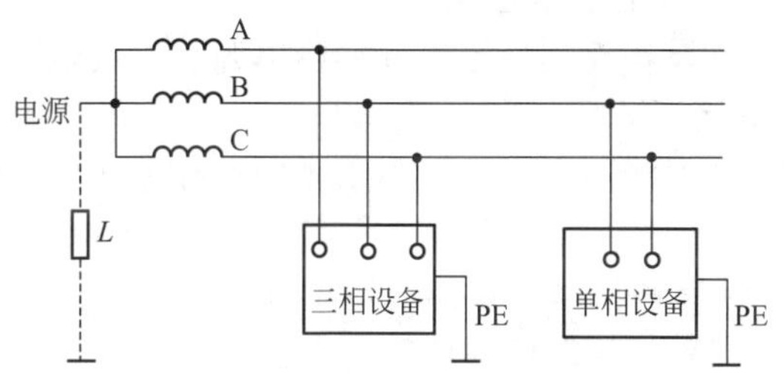

图6-20　低压配电的IT系统

中性线（N线）是与电力系统中性点相连能起到传导电能作用的导体。N线是不容许断开的，在TN系统的N线上不得装设熔断器或开关。

保护线与用电设备外露的可导电部分（指在正常工作状态下不带电，在发生绝缘损坏故障时有可能带电，而且极有可能被操作人员触及的金属表面）可靠连接，其作用是在发生单相绝缘损坏对地短路时，一是使电气设备带电的外露可导电部分与大地同电位，可有效避免触电事故的发生，保证人身安全；二是通过保护线与地之间的有效连接，能迅速形成单相对地短路，使相关的低压保护设备动作，快速切除短路故障。

保护中性线（PEN线）兼有PE线和N线的功能，用于保护性和功能性结合在一起的场合，如图6-18（b）所示的TN-C系统，但首先必须满足保护性措施的要求，PEN线不用于由剩余电流保护装置RCD保护的线路内。

② 接地系统字母符号含义

a．第一个字母表示电源端与地的关系：

T——电源端有一点（一般为配电变压器低压侧中性点或发电机中性点）直接接地。

I——电源端所有带电部分均不接地，或有一点（一般为中性点）通过阻抗接地。

b．第二个字母表示电气设备（装置）正常不带电的外露可导电部分与地的关系：

T——电气设备外露可导电部分独立直接接地，此接地点与电源端接地点在电气上不相连接。

N——电气设备外露可导电部分与电源端的接地点有用导线所构成的直接电气连接。

c．“-”（半横线）后面的字母表示中性导体（中性线）与保护导体的组合情况：

S——中性导体与保护导体是分开的。

C——中性导体与保护导体是合一的。

（2）TN系统　TN系统是指在电源中性点直接接地的运行方式下，电气设备外露可导电部分用公共保护线（PE线）或保护中性线（PEN线）与系统中性点0相连接的三相低压配电系统。TN系统又分3种形式：

① TN-S系统　整个供电系统中，保护线PE与中性线N完全独立分开，如图6-18（a）所示。正常情况下，PE线中无电流通过，因此对连接PE线的设备不会产生电磁干扰。而且该系统可采用剩余电流保护，安全性较高。TN-S系统现已广泛应用在对安全要求及抗电磁干扰要求较高的场所，如重要办公楼、实验楼和居民住宅楼等民用建筑。

② TN-C系统　整个供电系统中，N线与PE线是同一条线（也称为保护中性线PEN，简称PEN线），如图6-18（b）所示。PEN线中可能有不平衡电流流过，因此通过PEN线可能对有些设备产生电磁干扰，且该系统不能采用灵敏度高的剩余电流保护来防止人员遭受电击。因此，TN-C系统不适用于对抗电磁干扰和安全要求

较高的场所。

③ TN-C-S系统　在供电系统中的前一部分，保护线PE与中性线N合为一根PEN线，构成TN-C系统，而后面有一部分保护线PE与中性线N独立分开，构成TN-S系统，如图6-18（c）所示。此系统比较灵活，对安全要求及抗电磁干扰要求较高的场所采用TN-S系统配电，而其他场所则采用较经济的TN-C系统。

不难看出，在TN系统中，由于电气设备的外露可导电部分与PE或PEN线连接，因此在发生电气设备一相绝缘损坏，造成外露可导电部分带电时，则该相电源经PE或PEN线形成单相短路回路，可导致大电流的产生，引起过电流保护装置动作，切断供电电源。

（3）TT系统　TT系统是指在电源中性点直接接地的运行方式下，电气设备的外露可导电部分与电源引出线无关的各自独立接地体连接后，进行直接接地的三相四线制低压配电系统，如图6-19所示。由于各设备的PE线之间无电气联系，因此相互之间无电磁干扰。此系统适用于安全要求及抗电磁干扰要求较高的场所。国外这种系统较普遍，现我国也开始推广应用。

在TT系统中，若电气设备发生单相绝缘损坏，外露可导电部分带电，则该相电源经接地体、大地与电源中性点形成接地短路回路，产生单相故障电流不大，一般需设高灵敏度的接地保护装置。

（4）IT系统　IT系统的电源中性点不接地或经约1000Ω电阻接地，其中所有电气设备的外露可导电部分也都各自经PE线单独接地，如图6-20所示。此系统主要用于对供电连续性要求较高及存在易燃易爆危险的场所，如医院手术室、矿井下等。

6.3 用户供电系统及主接线

6.3.1 电力用户供电系统的组成

电力用户供电系统由外部电源进线、用户变配电所、高低压配电线路和用电设备组成。按供电容量的不同，电力用户可分为大型（10000kV·A以上）、中型（1000～10000kV·A）、小型（1000kV·A及以下）。

（1）大型电力用户供电系统　大型电力用户的供电系统，采用的外部电源进线供电电压等级为35kV及以上，一般需要经用户总降压变电所和车间变电所两级变压。总降压变电所将进线电压降为6～10kV的内部高压配电电压，然后经高压配电线路引至各车间变电所，车间变电所再将电压变为220/380V的低压供用电设备使用。其结构如图6-21所示。

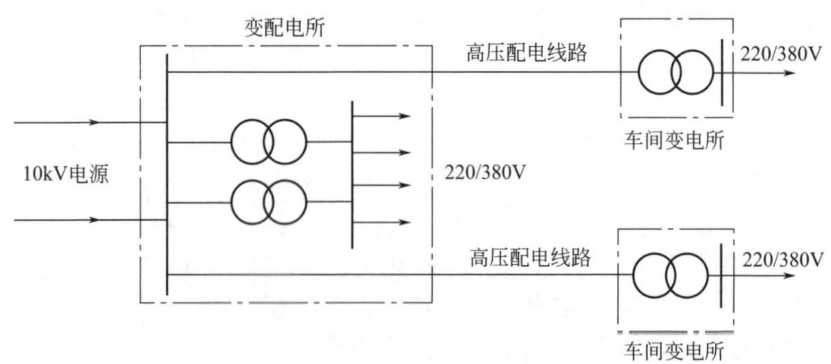

图6-21　大型电力用户供电系统

某些厂区的环境和设备条件许可的大型电力用户，也有的采用“高压深入负荷中心”的供电方式，即35kV的进线电压直接一次降为220/380V的低电压。

（2）中型电力用户供电系统　中型电力用户一般采用10kV的外部电源进线供电电压，经高压配电所和10kV用户内部高压配电线路馈电给各车间变电所，车间变电所再将电压变换成220/380V的低电压供用电设备使用。高压配电所通常与某个车间变电所全建，其结构如图6-22所示。

（3）小型电力用户供电系统　一般的小型电力用户也用10kV外部电源进线电压，通常只设有一个相当于建筑物变电所的降压变电所，容量特别小的小型电力用户可不设变电所，采用低压220/380V直接进线。

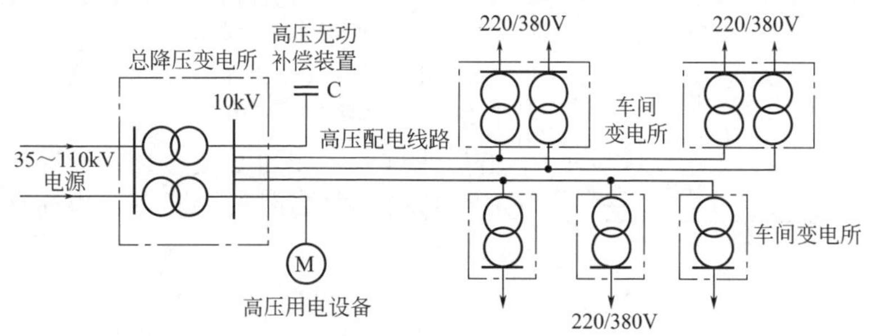

图6-22　中型电力用户供电系统

6.3.2　电气主接线的基本形式

变配电所的电气主要接线是以电源进线和引出线为基本环节，以母线为中间环节构成的电能输配电电路。变电所的主接线（或称一次接线、一次电路）是由各种开关设备（断路器、隔离开关等）、电力变压器、避雷器、互感器、母线、电力电缆、移相电容器等电气设备按一定次序相连接组成的具有接收和分配电能的电路。

母线又称汇流排，它是电路中的一个电气节点，由导体构成，起着汇集电能和分配电能的作用，它将变压器输出的电能分配给各用户馈电线。

如果母线发生故障，则所有用户的供电将全部中断，因此要求母线应有足够的可靠性。

变电所主接线形式直接影响到变电所电气设备的选择、变电所的布置、系统的安全运行、保护控制等许多方面。因此，正确确定主接线的形式是建筑供电中一个不可缺少的重要环节。

考虑到三相系统对称，为了分析清楚和方便起见，通常主接线图用单线图表示。如果三相不尽相同，则局部可以用三线图表示。主接线的基本形式按有无母线通常分为有母线接线和无母线接线两大类。有母线的主接线接母线设置的不同，又有单母线接线、单导线分段接线和双母线接线3种接线形式。无母线接线有线路-变压器接线和桥接线两种接线形式。

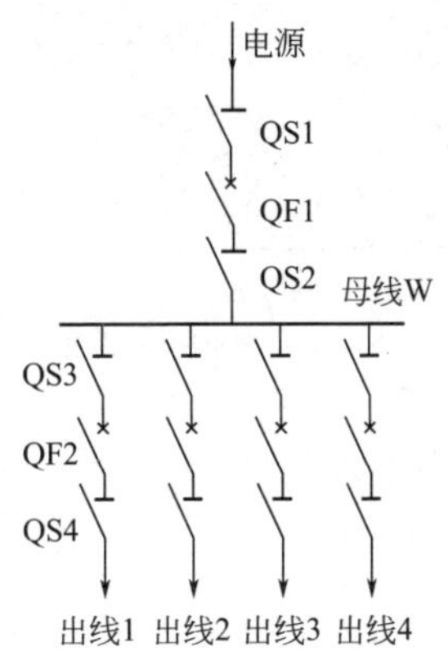

图6-23　单母线不分段接线

（1）单母线不分段接线　如图6-23所示，每条引入线和引出线的电路中都装有断路器和隔离开关，电源的引入与引出是通过同一组母线连接的。断路器（QF1、QF2）主要用来切断负荷电流或故障电流，是主接线中最主要的开关设备。隔离开关（QS）有两种：靠近母线侧的称为母线隔离开关（QS2、QS3），作为隔离母线电源，以便检修母线、断路器QF1、QF2；靠近线路侧的称为线路隔离开关（QS1、QS4），防止在检修断路器时从用户（负荷）侧反向供电，或防止雷电过电压沿线路侵入，以保证维修人员安全。

隔离开关与断路器必须实行联锁操作，以保证隔离开关“先通后断”，不带负荷操作。如出线1送电时，必须先合上QS3、QS4，再合上断路器QF2；如停止供电，必须先断开QF2，然后再断开QS3、QS4。

单母线接线简单，使用设备少，配电装置投资少，但可靠性、灵活性较差。当母线或母线隔离开关故障或检修时，必须断开所有回路，造成全部用户停电。

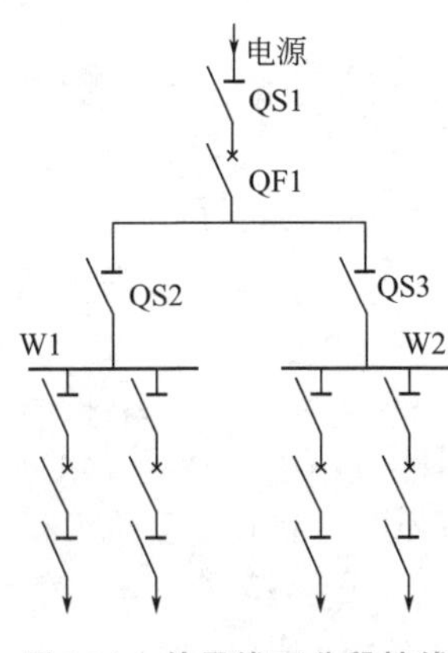

图6-24　单母线不分段接线的改进

这种接线适用于单电源进线的一般中、小型容量且对供电连接性要求不高的用户，电压为6～10kV级。

有时为了提高供电系统的可靠性，用户可以将单母线不分段接线进行适当的改进，如图6-24所示。改进的单母线不分段接线，增加了一个电源进线的母线隔离开关（QS2、QS3），并将一段母线分为两段（W1、W2）。当某段母线故障或检修时，先将电源切断（QF1、QS1分断），再将故障或需要检修的母线W1（或W2）的电源侧母线隔离开关QS2（或

QS3）打开，使故障或需检修的母线段与电源隔离。然后，接通电源（QS1、QF1闭合），可继续对非故障母线段W2（或W1）供电。这样，缩小了因母线故障或检修造成的停电范围，提高了单母线不分段接线方式供电的可靠件。

（2）单母线分段接线　当出线回路数增多且有两路电源进线时，可用隔离开关（或断路器）将母线分段，成为单母线分段接线。如图6-25所示，QSL（或QFL）为分段隔离开关（或断路器）。母线分段后，可提高供电的可靠性和灵活性。在正常工作时，分段隔离开关（或断路器）既可接通也可断开运行。即单母线分段接线可以分段运行，也可以并列运行。

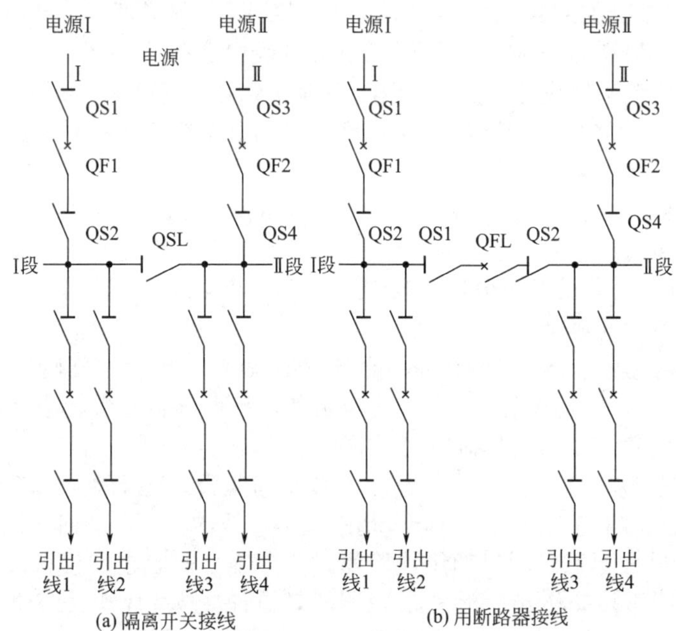

图6-25　单母线分段接线

① 分段运行　采用分段运行时，各段相当于单母线不分段接线。各段母线之间在电气上互不影响，互相分列，母线电压按非同期（同期指的是两个电源的频率、电压幅值、电压波形、初相角完全相同）考虑。

任一路电源故障或检修时，如其余电源容量还能负担该电源的全部引出线负荷时，则可经过“倒闸操作”恢复对故障或检修部分引出线的供电，否则该电源所带的负荷将全部或部分停止运行。当任意一段母线故障或检修时，该段母线的全部负荷将停电。

单母线分段接线方式根据分段的开关设备不同，有以下几种：

a．用隔离开关分段，如图6-25（a）所示。对于用隔离开关QSL分段的单母线接线，由于隔离开关不能带电流操作，因此当需要切换电源（某一电源故障停电或开关检修）时，会造成部分负荷短时停电。如母线Ⅰ的电源Ⅰ停电，需要电源Ⅱ带全部负荷时，首先将QF1、QS2断开，再将Ⅰ段母线各引出线开关断开，然后将母线隔离开关QDL闭合。这时，Ⅰ段母线由电源Ⅱ供电，可分别合上该段各引出线开关恢复供电。当母线故障或检修时，则该段母线上的负荷将停电。当需要检修母线隔离开关QS2时，需要将两段母线上的部分负荷停电。

b．用隔离开关分段的单母线接线方式，适用于由双回路供电、允许短时停电的二级负荷。

c．用负荷开关分段。其性能与特点与用隔离开关分段的单母线基本相同。

d．用断路器分段，接线如图6-25（b）所示。分段断路器QFL，除具有分段隔离开关的作用外，该断路器一般都装有继电保护装置，能切断负荷电流或故障电流，还可实现自动分、合闸。当某段母线故障时，分段断路器QFL与电源进线断路器（QF1或QF2）的继电保护动作将同时切断故障母线的电源，从而保证了非故障母线正常运行。当母线检修时，也不会引起正常母线段的停电，可直接操作分段断路器，拉开隔离开关进行检修，其余各段母线继续运行。用断路器分段接线，可靠性提高。如果有后备措施，一般可以对一级负荷供电。

② 并列运行　采用并列运行时，相当于单母线不分段接线形式。当某路电源停电或检修时，无需整个母线停电，只需断开停电或故障电源的断路器及其隔离开关，调整另外电源的负荷量即可，但当某段母线故障或检修时，将会引起正常母线段

的短时停电。

母线可分段运行，也可不分段运行。实际运行中，一般采取分段运行的方式。单母线分段便于分段检修母线，减小母线故障影响范围，提高了供电的可靠性和灵活性。这种接线适用于双电源进线的比较重要的负荷，电压为6～10kV级。

（3）带旁路母线的单母线接线　单母线分段接线，不管是用隔离开关分段还是用断路器分段，在母线检修或故障时，都避免不了使该母线的用户停电。另外，单母线接线在检修引出线断路器时，该引出线的用户必须停电（双回路供电用户除外）。为了克服这一缺点，可采用单母线加旁路母线。单母线带旁路接线方式如图6-26所示，增加了一条母线和一组联络用开关电器、多个线路侧隔离开关。

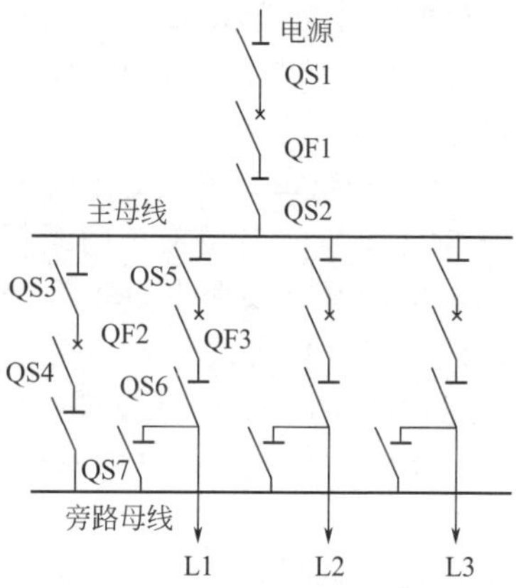

图6-26　带旁路母线的单母线接线

当对引出线断路器QF3检修时，先闭合隔离开关QS7、QS4、QS3，再闭合旁路母线断路器QF2，QF3断开，打开隔离开关QF5、QF6；引出线不需停电就可进行断路器QF3的检修，保证供电的连续性。

这种接线适用于配电线路较多、负载性质较重要的主变电所或高压配电所。该运行方式灵活，检修设备时可以利用旁路母线供电，减少停电。

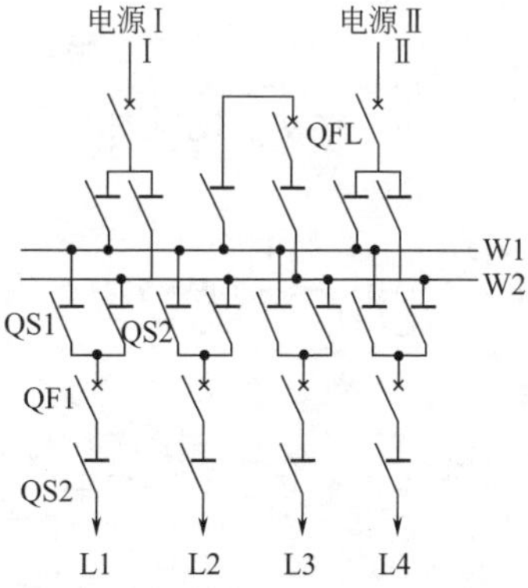

（4）双母线接线　双母线接线方式如图6-27所示。其中，母线W1为工作母线，母线W2为备用母

图6-27　双母线接线

线，两段母线互为备用。任一电源进线回路或负荷引出线都经一个断路器和两个母线隔离开关接于双母线上，两个母线通过母线断路器QFL隔离开关相连接。其工作方式可分为两种。

① 两组母线分列运行　其中一组母线运行，一组母线备用，即两组母线分为运行或备用状态。与W1连接的母线隔离开关闭合，与W2连接的母线隔离开关断开，母线联络断路器QFL在正常运行时处于断开状态，其两侧与之串接的隔离开关为闭合状态。当工作母线W1故障或检修时，经“倒闸操作”即可由备用母线继续供电。

② 两组母线并列运行　两组母线并列运行，但互为备用。将电源进线与引出线路与两组母线连接，并将所有母线隔离开关闭合，母线联络断路器QFL在正常运行时也闭合。当某组母线故障或检修时，仍可经“倒闭操作”，将全部电源和引出线路均接于另一组母线上，继续为用户供电。

由于双母线两组互为备用，大大提高了供电可靠性和主接线工作的灵活性。一般用在对供电可靠性要求很高的一级负荷，如大型建筑物群总降压变电所的35～110kV主接线系统中，或有重要高压负荷或有自备发电厂的6～10kV主接线系统。

（5）线路-变压器组接线电路如图6-28所示。

① 图6-28（a）所示为一次侧电源进线和一台变压器的接线方式。断路器QF1用来切断负荷或故障电流，线路隔离开关QF1用

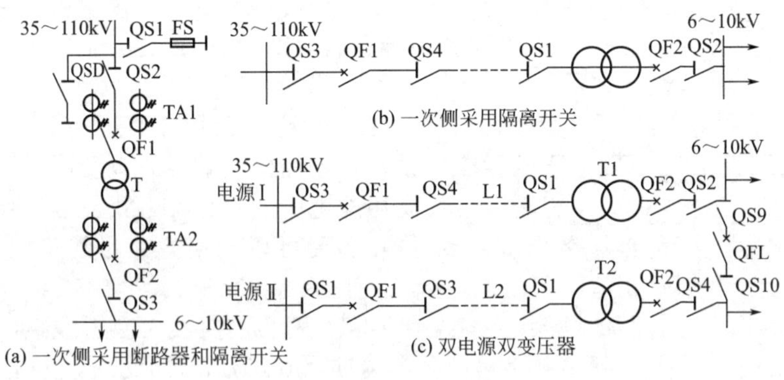

图6-28　线路-变压器组接线

来隔离电源，以便安全检修变压器或断路器等电气设备。在进线的线路隔离开关QS1上，一般带有地刀闸QSD，在检修时可通过QSD将线路与地短接。

② 如图6-28（b）所示接线，当电源由区域变电所专线供电，且线路长度在2~3km，变压器容量不大，系统短路容量较小时，变压器高压侧可不装设断路器，只装设隔离开关QS1，由电源侧引出线断路器QF1承担对变压器及其线路的保护。

若切除变压器，先切除负荷侧的断路器QF2，再切除一次侧的隔离开关QS1；投入变压器时，则操作顺序相反，即先合上一次侧的隔离开关QS1，再使二次侧断路器QF2闭合。

利用线路隔离开关QS1进行空载变压器的切除和投入时，若电压为35kV以内，则电压为110kV的变压器，容量限制在3200kV·A以内。

③ 如图6-28（c）所示接线，采用两台电力变压器，并分别由两个电源供电，二次侧母线设有自投装置，可极大提高供电的可靠性。二次侧可以并联运行，也可分列运行。

该接线的特点是直接将电能送至用户，变压侧无用电设备，若电气线路发生故障或检修时，需停变压器；变压器故障或检修时，所有负荷全部停电。该接线方式适用于引出线为二级、三级负荷，只有1～2台变压器的单电源或双电源进线的供电。

（6）桥式接线　对于具有双电源进线、两台变压器的终端总降压变电所，可采用桥式接线。桥式接线实质上是连接了两个35～110kV线路-变压器组的高压侧，其特点是有一条横连跨桥的“桥”。桥式接线比分段单母线结构简单，减少了断路器的数量，二路电源进线只采用3台断路器就可实现电源的互为备用。根据跨接桥横连位置的不同，分内桥接线和外桥接线。

① 内桥接线　图6-29（a）为内桥接线，跨接桥接在进线断路器之下而靠近变压器侧，桥断路器（QF3）装在线路断路器（QF1、QF2）之内，变压器高压侧仅装隔离开关，不装断路器。采用内桥接线可以提高输电线路运行方式的灵活性。

如果电源进线I失电或检修时，先将QF1和QS3断开，然后合上QF3（其两侧的QS7、QS8应先合上），即可使两台主变压器T1、

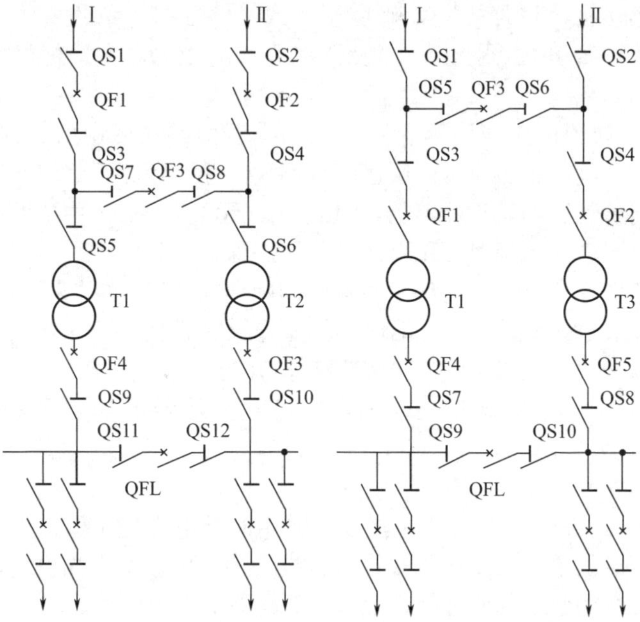

(a) 内桥接线　　(b) 外桥接线

图6-29　桥式接线

T2均由电源进线Ⅱ供电，操作比较简单。如果要停用变压器T1，则需先断开QF1、QF3及QF4，然后断开QS5、QS9，再合上QF1和QF3，使主变压器T2仍可由两路电源进线供电。

内桥接线适用于：变电所对一级、二级负荷供电；电源线路较长；变电所跨接桥没有电源线之间的穿越功率；负荷曲线较平衡，主变压器不经常退出工作；终端型总降压变电所。

② 外桥接线　图6-29（b）为外桥接线，跨接桥接在进线断路器之上而靠近线路侧，桥断路器（QF3）装在变压器断路器（QF1、QF2）之外，进线回路仅装隔离开关，不装断路器。

如果电源进线Ⅰ失电或检修时，需断开QF1、QF3，然后断开QS1，再合上QF1、QF3，使两台主变压器T1、T2均由电源进线Ⅱ供电。如果要停用变压器T1，只要断开QF1、QF1即可；如果要停用变压器T2，只要断开QF2、QF5即可。

外桥接线适用于：变压所对一级、二级负荷供电；电源线路较短；允许变电所高压进线之间有较稳定的穿越功率；负荷曲线变化大，主变压器需要经常操作；中间型总降压变电所，易于构成环网。

6.3.3 变电所的主接线

高压侧采用电源进线经过跌落式熔断器接入变压器。结构简单经济，供电可靠性不高，一般只用于630kV · A及以下容量的露天的变电所，对不重要的三级负荷供电，如图6-30（a）所示。

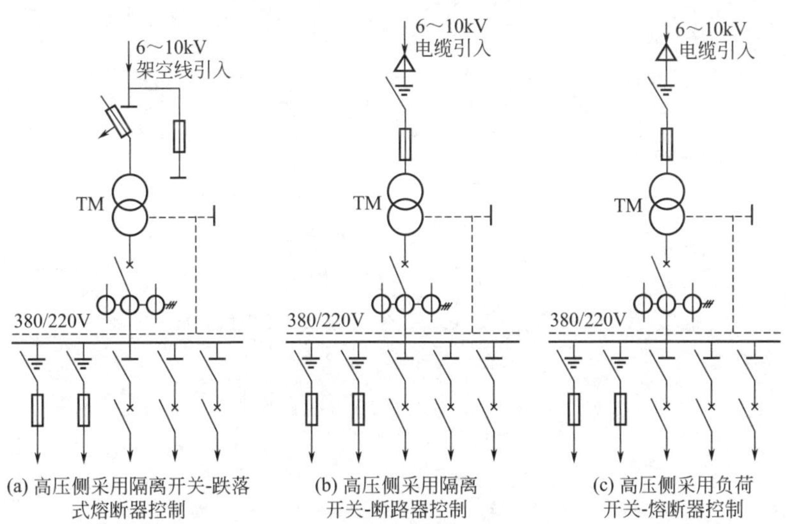

图6-30　一般民用建筑变电所主接线

高压侧采用隔离开关-户内高压熔断器断路器控制的变电所，通过隔离开关和户内高压熔断器接入进线电缆。这种接线由于采用了断路器，因此变电所的停电、送电操作灵活方便。但供电可靠性仍不高，一般只用于三级负荷。如果变压器低压侧有与其他电源的联络线时，则可用于二级负荷，如图6-30（b）所示，一般用于320kV · A及以下容量的室内变电所，且变压器不经常进行投切操作。

高压侧采用负荷开关-熔断器控制，通过负荷开关和高压熔断器接入进线电缆。结构简单、经济，供电可靠性仍不高，但操作比上述方案要简便灵活，也只适用于不重要的三级负荷容量在320kVA以上的室内变电所，如图6-30（c）所示。

两路进线、高压侧无母线、两台主变压器、低压侧单母线分段的变电所主接线，如图6-31所示。这种接线可靠性较高，供二、三级负荷。

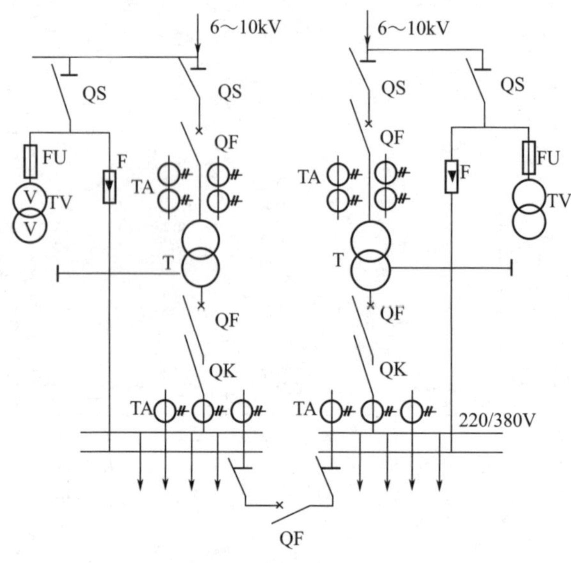

图6-31　两路进线、高压侧无母线、两台主变压器、低压侧单母线分段的变电所主接线

一路进线、高压侧单母线、两台主变压器、低压侧单母线分段的变电所主接线，如图6-32所示。这种接线可靠性也较高，可供二、三级负荷。

两路进线、高压侧单母线分段、两台主变压器、低压侧单母线分段的变电所主接线，如图6-33所示。这种接线可靠性高，可供一、二级负荷。

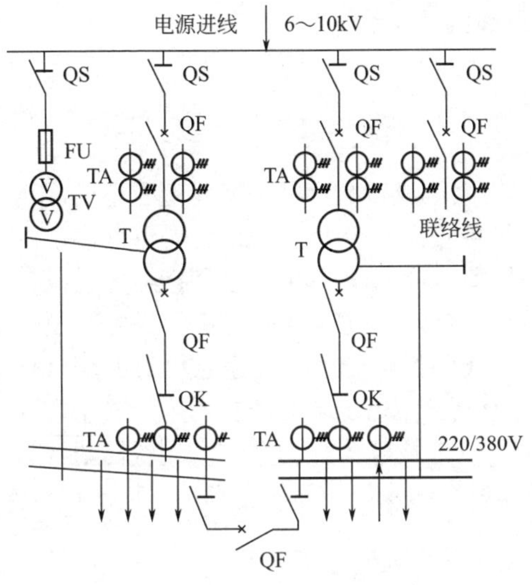

图6-32　一路进线、高压侧单母线、两台主变压器、低压侧单母线分段的变电所主接线

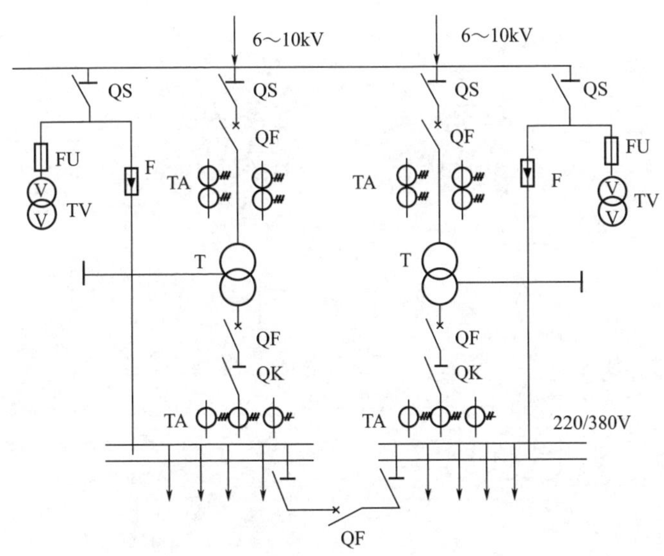

图6-33　两路进线、高压侧单母线分段、两台主变压器、低压侧单母线分段的变电所主接线

6.3.4 供配线路的接线方式

（1）供配线路的接线方式　高压配电线路的接线方式有放射式、树干式及环式。

① 放射式　高压放射式接线是指由变配电所高压母线上引出的任一回线路，只直接向一个变电所或高压用电设备供电，沿线不分接其他负荷，如图6-34（a）所示。这种接线方式简单，操作维护方便，便于实现自动化。但高压开关设备用得多、投资高，线路故障或检修时，由该线路供电的负荷要停电。为提高可靠性，根据具体情况可增加备用线路，如图6-34（b）所示为采用双回路放射式线路供电，如图6-34（c）所示为采用公共备用线路供电，如图6-34（d）所示为采用低压联络线供电线路等，都可以增加供电的可靠性。

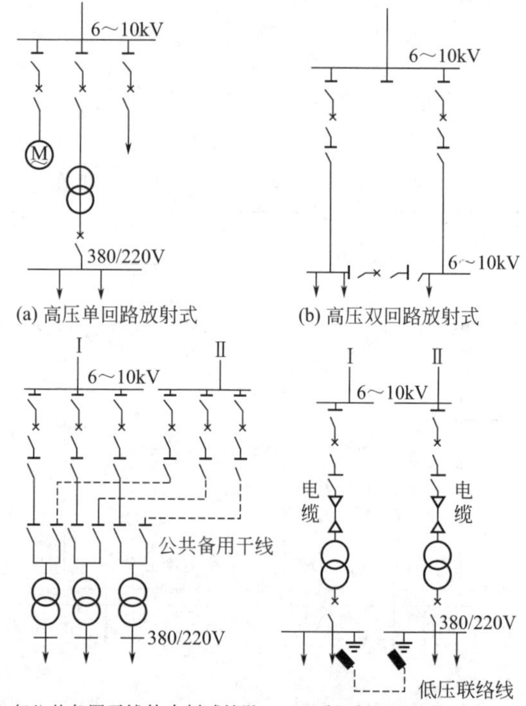

(a) 高压单回路放射式　(b) 高压双回路放射式　(c) 有公共备用干线的发射式线路　(d) 采用低压联络线供电线路

图6-34　高压放射式接线

② 树干式　高压树干式接线是指由建筑群变配电所高压母线上引出的每路高压配电干线上，沿线要分别连接若干个建筑物变电所用电设备或负荷点的接线方式，如图6-35（a）所示。这种接线从变配电所引出的线路少，高压开关设备相对应用得少。配电干线少可以节约有色金属，但供电可靠性差，干线检修将引起干线上的全部用户停电。所以，一般干线上连接的变压器不得超过5台，总容量不应大于3000kV · A。为提高供电可靠性，同样可采用增加备用线路的方法。如图6-35（b）所示为采用两端电源供电的单回路树干式供电，若一侧干线发生故障，还可采用另一侧干线供电。另外，不可采用树干式供电和带单独公共备用线路的树干式供电来提高供电可靠性。

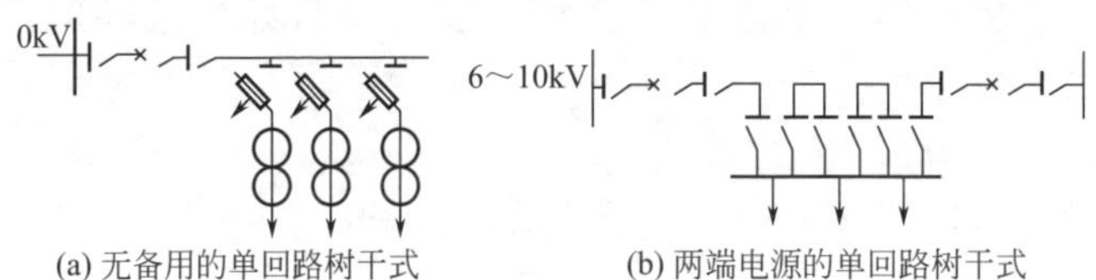

图6-35　高压树干式接线

③ 环式　对建筑供电系统而言，高压环式接线其实是树干式接线的改进，如图6-36所示，两路树干式线路连接起来就构成了环式接线。这种接线运行灵活，供电可靠性高。当干线上任何地方发生故障时，只要找出故障段，拉开其两侧的隔离开关，把故障段切除后，全部线路可以恢复供电。由于闭环运行时继电保护整定比较复杂，因此正常运行时一般均采用开环运行方式。

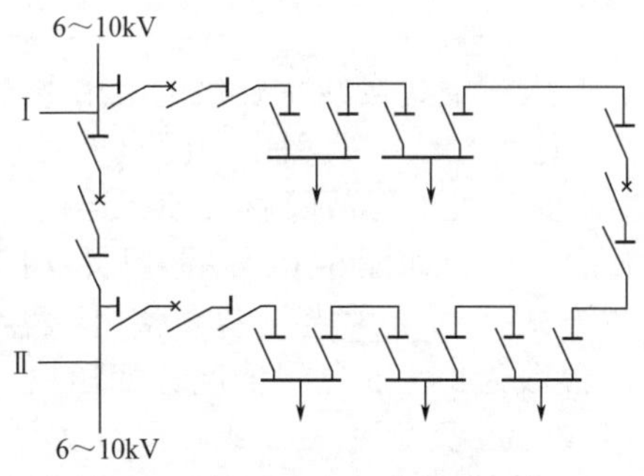

图6-36　高压环式接线

以上简单分析了3种基本接线方式的优缺点，实际上，建筑高压配电系统的接线方式往往是几种接线方式的组合，究竟采用什么接线方式，应根据具体情况，经技术经济综合比较后才能确定。

（2）低压配电线路的接线方式　低压配电线路的基本接线方式可分为放射式、树干式和环式3种。

① 放射式　低压放射式接线如图6-37所示，由变配电所低压配电屏供电给主配电箱，再经放射式分配至分配电箱。由于每个配电箱由单独的线路供电，这种接线方式供电可靠性较高，所用开关设备及配电线路也较多，因此，多用于用电设备容量大，负荷性质重要，建筑物内负荷排列不整齐及有爆炸危险的厂房等情况。

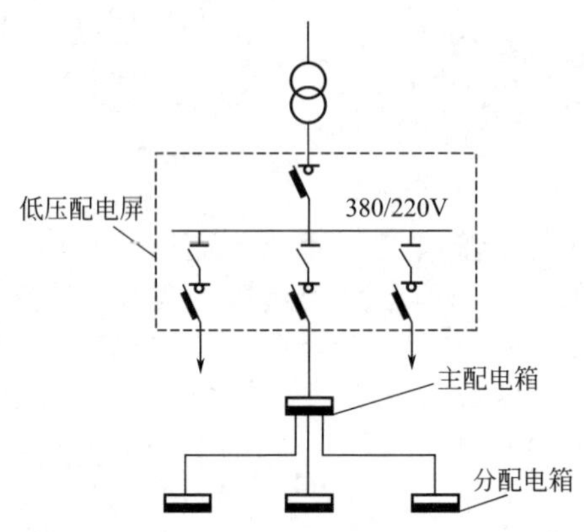

图6-37　低压放射式接线

② 树干式　低压树干式接线主要供电给用电容量较小且分布均匀的用电设备。这种接线方式引出的配电干线较少，采用的开关设备自然较少，但干线出现故障就会使所连接的用电设备受到影响，供电可靠性较差。如图6-38所示为几种树干式接线方式。图中，链式接线方式适用于用电设备距离近，容量小（总容量不超过10kW），台数为3～5台的情况。变压器-干线式接线方式的二次侧引出线经过负荷开关（或隔离开关）直接引至建筑物内，省去了变电所的低压侧配电装置，简化了变电所结构，

减少了投资。

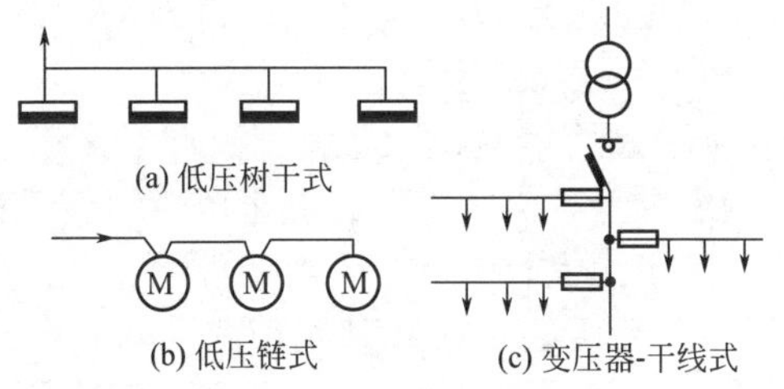

图6-38　低压树干式接线

③ 环式　建筑群内各建筑物变电所的低压侧，可以通过低压联络线连接起来，构成一个环，如图6-39所示。这种接线方式供电可靠性高，一般线路故障或检修只是引起短时停电或不停电，经切换操作后就可恢复供电。环式接线保护装置整定配合比较复杂，因此低压环形供电多采用开环运行。

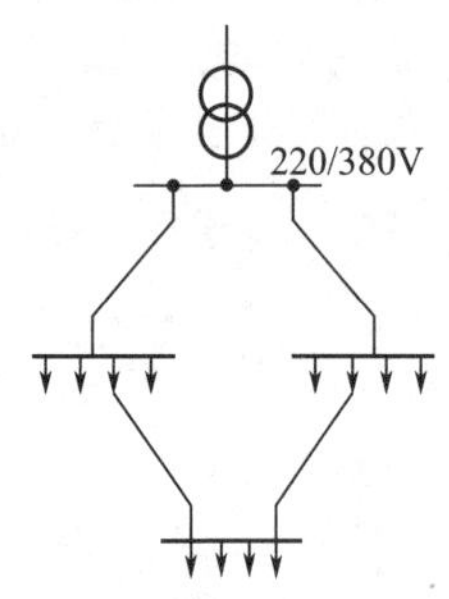

图6-39　低压环式接线

实际工厂低压配电系统的接线，也往往是上述几种接线方式的组合，可根据具体实际情况而定。

6.4　电气主电路图的识读

当你拿到一张图纸时，若看到有母线，就知道它是变配电所的主电路图。然后，再看看是否有电力变压器，若有电力变压器就是变电所的主电路图，若无则是配电所的主电路图。但是不管是变电所的还是配电所的主电路图，它们的分析（识图）方法一样，都是从电源进线开始，按照电能流动的方向进行识图。

电气主电路图是变电所、配电所的主要图纸，有些主电路图又比较复杂，要想读懂它必须掌握一定的读图方法，一般从变压器开始，然后向上、向下读图。向上识读电源进线，向下识读配电出线。

① 电源进线　看清电源进线回路的个数、编号、电压等级、

进线方式（架空线、电缆及其规格型号）、计算方式、电流互感器、电压互感器和仪表规格型号数量、防雷方式和避雷器规格型号数量。

② 了解主变压器的主要技术数据　这些技术数据（主变压器的规格型号、额定容量、额定电压、额定电流和额定频率）一般都标在电气主电路图中，也有另列在设备表内的。

③ 明确各电压等级的主接线基本形式　变电所都有二或三级电压等级，识读电气主电路图时应逐个阅读，明确各个电压等级的主接线基本形式，这样，对复杂的电气主电路图就能比较容易地读懂。

对变电所来说，主变压器高压侧的进线是电源，因此要先看高压侧的主接线基本形式，是单母线还是双母线，是不分段的还是分段的，是带旁路母线的还是不带旁路母线的；是不是桥式，是内桥还是外桥。如果主变压器有中压侧，则最后看中压侧的主接线基本形式，其思考方法与看高压侧的相同。还要了解母线的规格型号。

④ 了解开关、互感器、避雷器等设备配置情况　电源进线开关的规格型号及数量、进线柜的规格型号及台数、高压侧联络开关规格型号；低压侧联络开关（柜）规格型号；低压出线开关（柜）的规格型号及台数；回路个数、用途及编号；计量方式及仪表；有无直控电动机或设备及其规格型号、台数、启动方法、导线电缆规格型号。对主变压器、线路和母线等，与电源有联系的各侧都应配置有断路器，当它们发生故障时，就能迅速切除故障；断路器两侧一般都应该配置隔离开关，且刀片端不应与电源相连接；了解互感器、避雷器配置情况。

⑤ 电容补偿装置和自备发电设备或UPS的配置情况　了解有无自备发电设备或UPS，其规格型号、容量与系统连接方式及切换方式，切换开关及线路的规格型号，计量方式及仪表，电容补偿装置的规格型号及容量，切换方式及切换装置的规格型号。

（1）电流互感器的接线方案　在电气主电路中电流互感器的画法如图6-40所示。

电流互感器在三相电路中常见有4种接线方案，如图6-41所示。

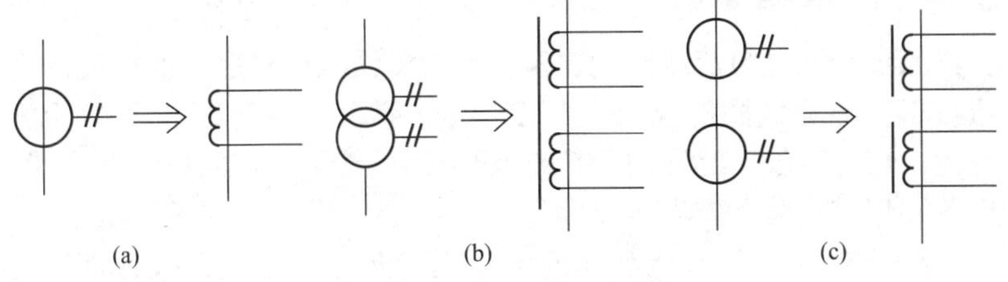

图6-40 变电所主电路中电流互感器的画法

① 一相式接线，如图6-41（a）所示。这种接线在二次侧电流线圈中通过的电流，反映一次电路对应相的电流。这种接线通常用于负荷平衡的三相电路，供测量电流和作过负荷保护装置用。

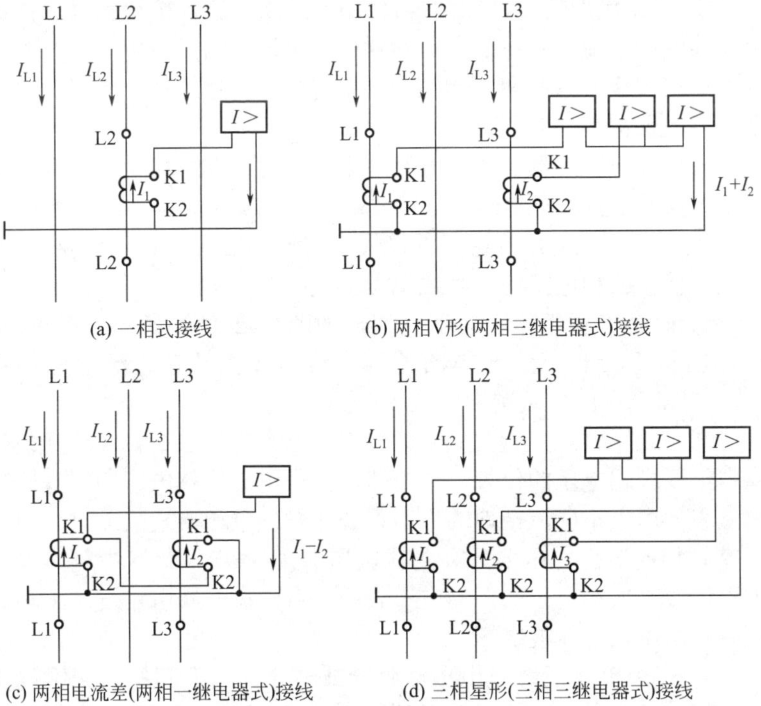

(a) 一相式接线

(b) 两相V形(两相三继电器式)接线

(c) 两相电流差(两相一继电器式)接线

(d) 三相星形(三相三继电器式)接线

图6-41 电流互感器的4种常用接线方案

② 两相电流接线（两相V形接地），如图6-41（b）所示。这

种接线也叫两相不完成星形接线，电流互感器通常接于L1、L3相上，流过二次侧电流线圈的电流，反映一次电路对应相的电流，而流过公共电流线圈的电流为$I_1+I_3=-I_2$，它反映了一次电路L2相的电流。这种接线广泛应用于6～10kV高压线路中，测量三相电能、电流和作过负荷保护用。

③ 两相电流差接线，如图6-41（c）所示。这种接线也常把电流互感器接于L1、L3相上，在三相短路对称时流过二次侧电流线圈的电流为$I=I_1-I_3$，其值为相电流的$\sqrt{3}$倍。这种接线在不同短路故障下，反映到二次侧电流线圈的电流各自不同，因此对不同的短路故障具有不同的灵敏度。这种接线主要用于6～10kV高压电路中的过电流保护。

④ 三相星形接线，如图6-41（d）所示。这种接线流过二次侧电流线圈的电流分别对应主电路的三相电流，它广泛用于负荷不平衡的三相四线制系统和三相三线制系统中，用作电能、电流的测量及过电流保护。

（2）电压互感器的接线方案　电压互感器在三相电路中常见的接线方案有4种，如图6-42所示。

① 一个单相电压互感器的接线，如图6-42（a）所示。供仪表、继电器接于三相电路的一个线电压上。

② 两个单相电压互感器接线，如图6-42（b）所示。供仪表、继电器接于三相三线制电路的各个线电压上，它广泛地应用在6～10kV高压配电装置中。

③ 三个单相电压互感器接线（Y0/Y0），如图6-42（c）所示。供电给要求相电压的仪表、继电器，并供电给接相电压的绝缘监察电压表。由于小电流接地的电力系统在发生单相接地故障时，另外两完好相的对地电压要升高到线电压的$\sqrt{3}$倍，因此绝缘监察电压表不能接入按相电压选择的电压表中，否则在一次电路发生单相接地时，电压表可能被烧坏。

④ 三个单相三绕组电压互感器或一个三相五芯柱三绕组电压互感器接成Y0/Y0/（开口三角形），如图6-42（d）所示。接成Y0的二绕组，供电给需相电压的仪表、继电器及作为绝缘监察的电压表，而接成开口三角形的辅助二绕组，供电给用作绝缘监察的电

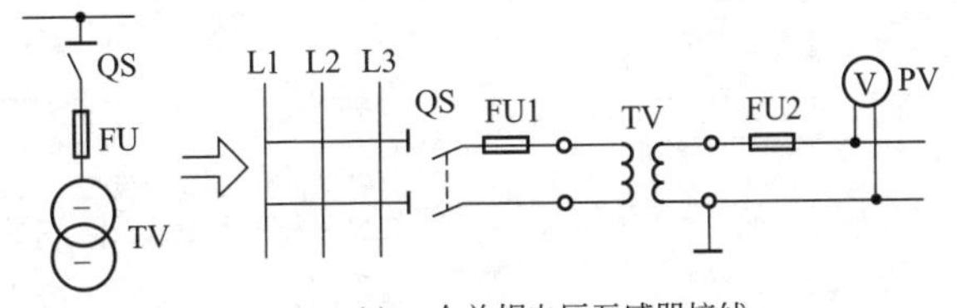

(a) 一个单相电压互感器接线

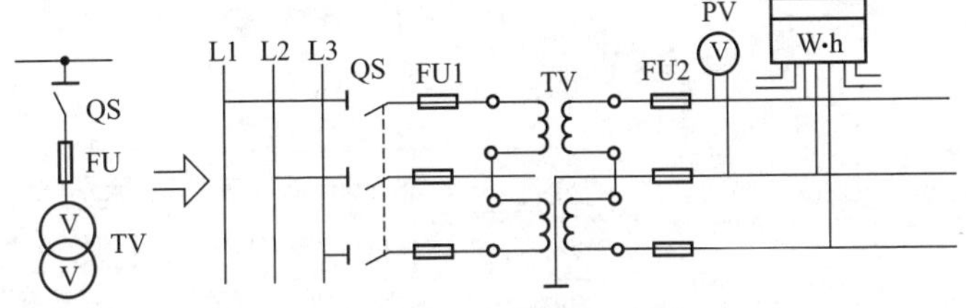

(b) 两个单相电压互感器接线

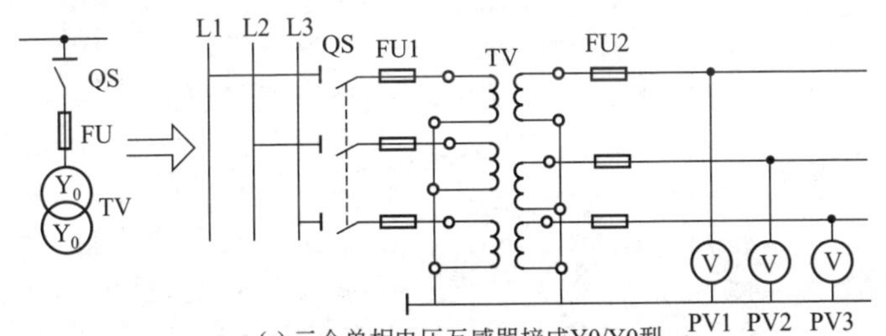

(c) 三个单相电压互感器接成Y0/Y0型

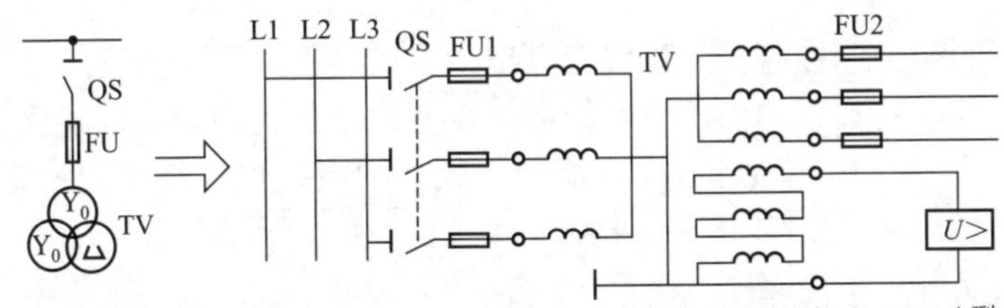

(d)三个单相三绕组电压互感器或一个三相五芯柱三绕组电压互感器接成Y0/Y0/△型

图6-42 电压互感器的接线方案

压继电器，一次电路正常工作时，开口三角形两端的电压接近于无序，当某一相接地时，开口三角形两端将出现近100V的零序电压，使继电器动用，发出信号。

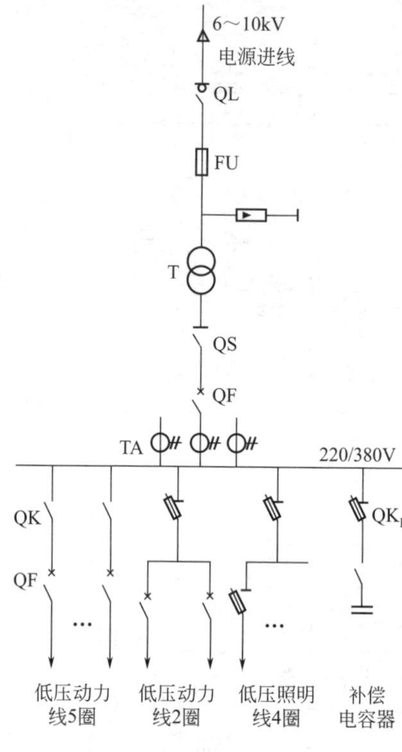

图6-43　系统式主电路图

（3）变电所的主电路图有两种基本绘制方式——系统式主电路图和装置式主电路图　系统式主电路图是按照电能输送和分配的顺序，用规定的图形符号和文字符号来表示设备的相互连接关系，表示出了高压、低压开关柜相互连接关系。这种主电路图全面、系统，但未标出具体安装位置，不能反映出其成套装置之间的相互排列位置，如图6-43所示。这种图主要在设计过程中，进行分析、计算和选择电气设备时使用，在运行中的变电所值班室中，作为模拟演示供配电系统运行状况用。

在工程设计的施工设计阶段和安装施工阶段，通常需要把主电路图转换成另外一种形式，即按高压或低压配电装置之间的相互连接和排列位置而画出的主接线图，称为装置式主电路图，各成套装置的内部设备的接线以及成套装置之间的相互连接和排列位置一目了然。这样才能便于成套配电装置订货和安装施工。以系统式主电路如图6-43所示，经过转换，可以得出如图6-44所示的装置式主电路图。

识图示例如下：

（1）有两台主变压器的降压变电所的主电路　电路如图6-45所示，该变电所的负荷主要是地区性负荷。变电所110kV侧为外桥接线，10kV侧采用单母线分段接线。这种接线要求10kV各段母线上的负荷分配大致相等。

① 主变压器。1主变压器与2主变压器的一、二次侧电压为

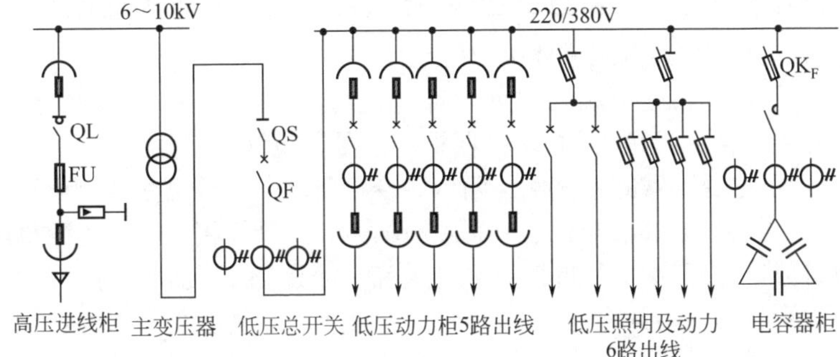

图6-44　装置式主电路图

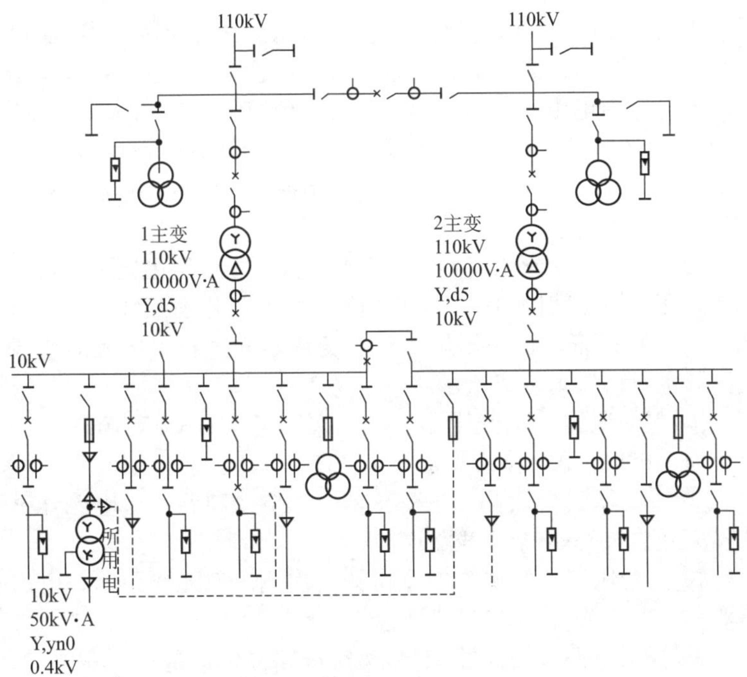

图6-45　两台主变压器的降压变电所的主电路

110kV/10kV，其容量都是10000kV·A，而且两台主变压器的接线组别也相同，都为Y，d5接线。主电路图一般都画成单线图，局部地方可画成多线图。由这些情况得知，这两台主变压器既可单独运行也可并列运行。电源进线为110kV。

② 在110kV电源入口处，都有避雷器、电压互感器和接地隔离开关（俗称接地刀闸），供保护、计量和检修之用。

③ 主变压器的二次侧。两台主变压器的二次侧出线各经电流互感器、断路器和隔离开关，分别与两段10kV母线相连。这两段母线由母线联络开关（由两个隔离开关和一个断路器组成）进行联络。正常运行时，母线联络开关处于断开状态，各段母线分别由各自主变压器供电。当一台主变压器检修时，接通母线联络开关，于是两段母线合成一段，由另一台主变压器供电，从而保证不间断向用户供电。

④ 配电出线。在每段母线上接有4条架空配电线路和2条电缆配电线路。在每条架空配电线路上都接有避雷器，以防线被雷击损坏。变电所用电由变压器供给，这是一台容量为50kV · A，接线组别为Y，yn0的三相变压器，它可由10kV两段母线双受电，以提高用电的可靠性。此外，在两段母线上还各接有电压互感器和避雷器作为计量和防雷保护用。

（2）有一台主变压器附备用电源的降压变电所主电路　对不太重要、允许短时间停电的负荷供电时，为使变电所接线简单、节省电气元件和投资，往往采用一台主变压器并附备用电源的接线方式，其主电路如图6-46所示。

① 主变压器　主变压器一、二次侧电压为35kV/10kV，额定容量为6300kV · A，接线组别为Y，d5。

② 主变压器一次侧　主变压器一次侧经断路器、电流互感器和隔离开关与35kV架空线路连接。

③ 主变压器二次侧　主变压器二次侧出口经断路器、电流互感器和隔离开关与10kV母线连接。

④ 备用电源　为防止35kV架空线路停电，备有一条10kV电缆电源线路，该电缆经终端电缆头变换成三相架空线路，经隔离开关、断路器、电流互感器和隔离开关也与10kV母线连接。正常供电时，只使用35kV电源，备用电源不投入；当35kV电源停用时，方投入备用电源。

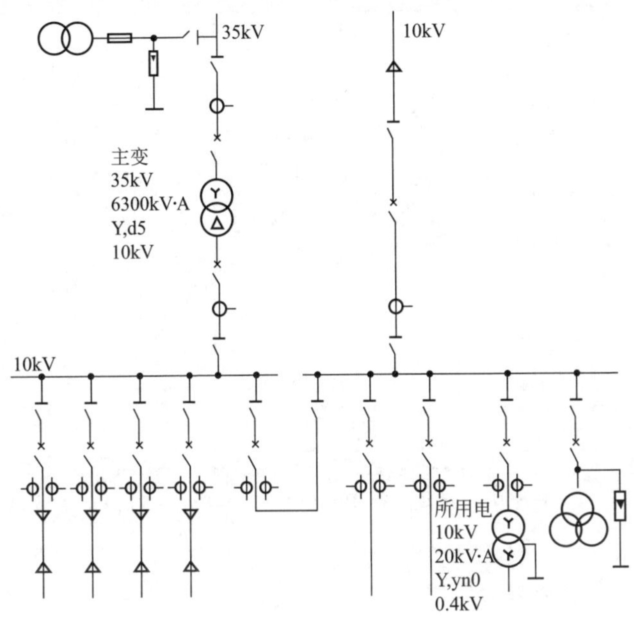

图6-46 一台主变压器附备用电源的变电所主电路

⑤ 配电出线 10kV母线分成两段，中间经母线联络开关联络。正常运行时，母线联络开关接通，两段母线共同向6个用户供电。同时，还通过一台20kV · A三相变压器向变电所供电。此外，母线上还接电压互感器和避雷器，用作测量和防雷保护，电压互感器三相户内式，由辅助二次线圈接成开口三角形。

（3）组合式成套变电所 组合式成套变电所又叫箱式变电所（站），其各个单元部分都是由制造厂成套供应，易于在现场组合安装。组合式成套变电所不需建造变压器室和高、低压配电室，并且易于深入负荷中心。如图6-47所示为XZN-1型户内组合式成套变电所的高、低压主电路。

其电气设备分为高压开关柜，变压器柜和低压柜3部分。高压开关柜采用CFC-10A型手车式高压开关柜，在手车上装有N4-10C型真空断路器；变压器柜主要装配SCL型环氧树脂浇注干式变压器，防护工可拆装结构，变压器装有滚轮，便于取出检修；低压柜采用BFC-10A型抽屉式低压配电柜，主要装配ME型低压断路器等。

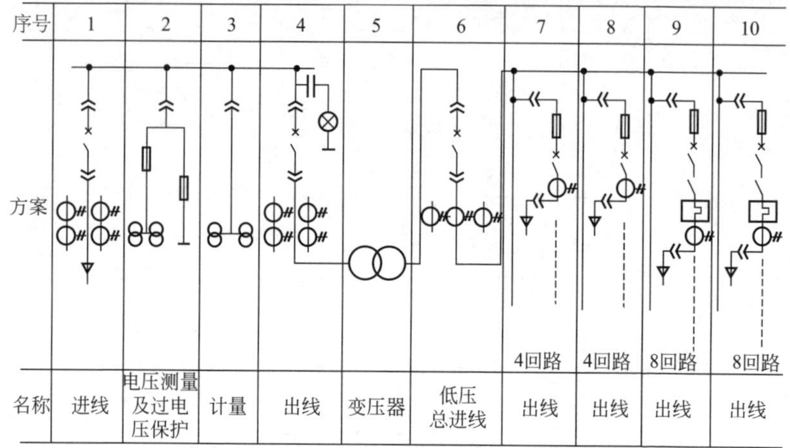

1～4—4台GFC-10A型手车式高压开关柜；5—变压器柜；
6—低压总过线柜；7～10—4台BFC-10A型抽屉式低压柜

图6-47 XZN-1型户内组合式成套变电所的高、低压主电路

（4）低压配电线路 低压配电线路一般是指从低压母线或总配电箱（盘）送到各低压配电箱的低电线路。如图6-48所示为低压

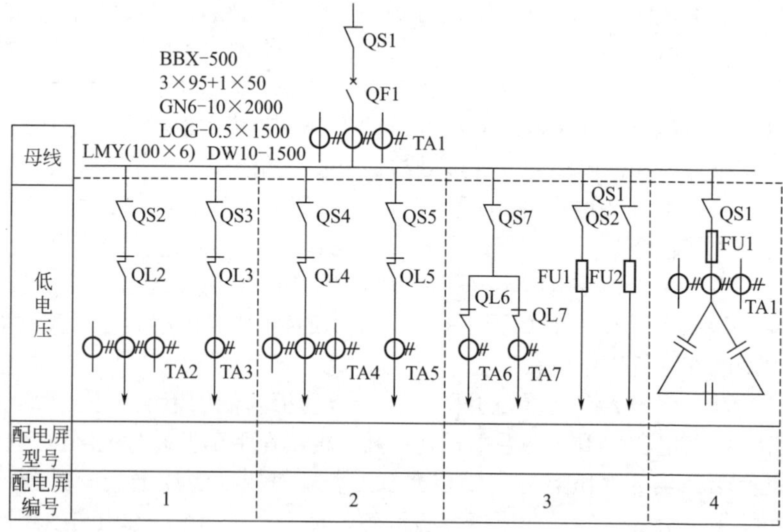

图6-48 低压配电线路

配电线路。电源进线规格型号为BBX-500，3×95+1×50，这种线为橡胶绝缘铜芯线，三根相线截面积为95mm^2，一根零线的截面积50mm^2。电源进线先经隔离开关，用三相电流互感器测量三相负荷电流，再经断路器作短路和过载保护，最后接到100×6的低压母线，在低压母线排上接有若干个低压开关柜，可根据其使用电源的要求分类设置开关柜。

该线路采用放射式供电系统。从低压母线上引出若干条支路直接接支路配电箱（盘）或用户设备配电，沿线不再接其他负荷，各支路间无联系，因此这种供电方式线路简单，检修方便，适合用于负荷较分散的系统。

母线上方是电源及进线。380/220V三相四线制电源，经隔离开关QS1、断路器QF1送至低压母线。QF1用作短路与过载保护。三相电流互感器TA1用于测量三相负荷电流。

在低压母线排上接有若干个低压开关柜，在配电回路上都接有隔离开关、断路器或负荷开关，作为负荷的控制和保护装置。

6.5 继电保护装置的操作电源与二次回路

继电保护装置的操作电源是继电保护装置的重要组成部分。要使继电保护可靠动作，就需要可靠地操作电源。对于不同的变、配电所，采用各种不同形式的继电保护装置，因而就要配置不同形式的操作电源。继电保护常用的操作电源有以下几种。

6.5.1 交流操作电源

交流操作的继电保护，广泛用于10kV变、配电室中，交流操作电源主要取自于电压互感器，变、配电所内用的变压器、电流互感器等。

（1）交流电压作为操作电源

这种操作电源常作为变压器的瓦斯或温度保护的操作电源。断路器操作机构一般可用C82型手力操动机构，配合电压切断掉闸（分励脱扣）机构。操作电源取自电压互感器（电压100V）或变、配电所内用的变压器（电压220V）。

这种操作电源，实施简单、投资省、维护方便，便于实施断路器的远程控制。

交流电压操作电源的主要缺点是受系统电压变化的影响，特别是当被保护设备发生三相短路故障时，母线电压急剧下降，影响继电保护的动作，使断路器不能掉闸，造成越级掉闸，可能使事故扩大。这种操作电源不适用作变、配电所主要保护的操作电源。

（2）交流电流作为操作电源　对于10kV反时限过流保护，往往采用交流电流操作，操作电源取自于电流互感器。这种操作电源一般分为以下几种操作方式。

① 直接动作式交流电流操作的方式，如图6-49所示。以这种操作方式构成的保护，结构简单、经济实用，但是，动作电流精度不高、误差较大，适用于10kV以下的电动机保护或用于一般的配电线路中。

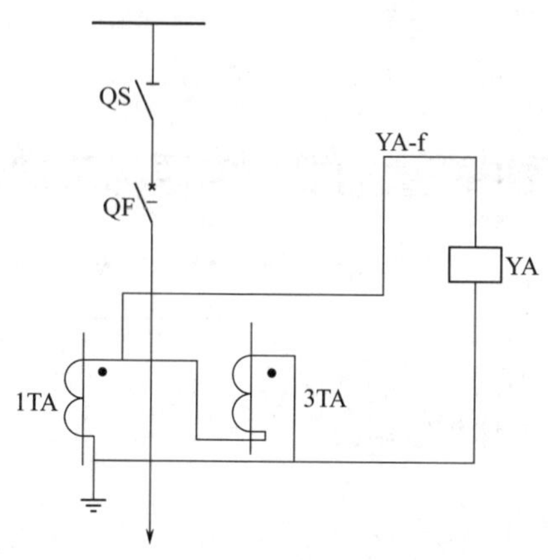

图6-49　直接动作式交流电流操作

② 采用去分流式交流电流的操作方式。这种操作方式继电器应采用常闭式触点，结构比较简单，如图6-50所示。

③ 应用速饱和变流器的交流电流的操作方式。这种操作方式还需要配置速饱和变流器。继电器常用常开式触点，这种方式可以限制流过继电器和操作机构电流线圈的电流，接线相对简单，如图6-51所示。

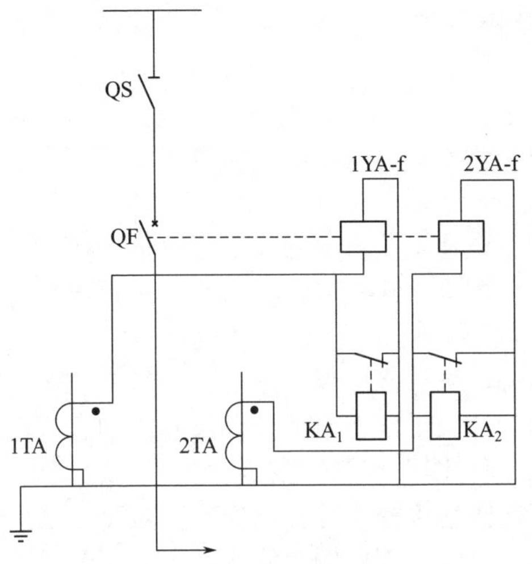

图6-50　去分流式交流电流操作

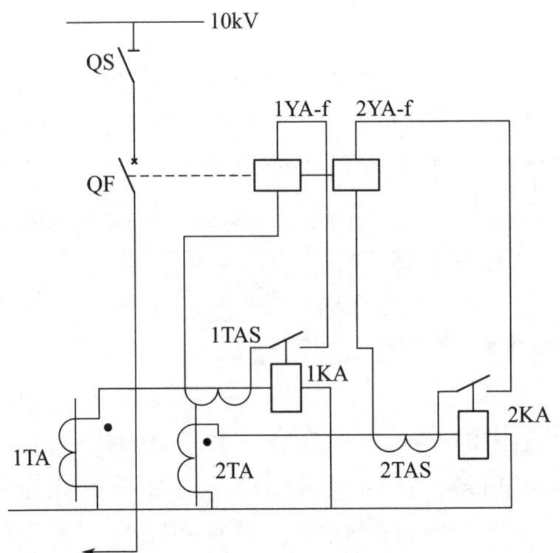

图6-51　速饱和变流器的交流电流操作

在应用交流电流的操作电源时，应注意选用适当型号的电流继电器以及适当型号的断路器操作机构掉闸线圈。

6.5.2 直流操作电源

直流操作电源适用于比较复杂的继电保护，特别是有自动装置时，更为必要。常用的直流操作电源分为固定蓄电池室和硅整流式直流操作电源。

（1）固定蓄电池组的直流操作电源　这种操作电源对于大、中型变、配电所，配电出线较多，或双路电源供电，有中央信号系统并需要电动合闸时，较为适当（多用于发电厂）。它可以应用蓄电池组作直流电源，供操作、保护、灯光信号、照明、通信以及自动装置等使用。往往用于建蓄电池室，设专门的直流电源控制盘，这种操作电源是一种比较理想的电源。

（2）硅整流操作电源　这种操作电源是交流经变压、整流后得到的。和固定蓄电池组相比较经济实用，无需建筑直流室和增设充电设备。适用于中、小型变、配电所采用直流保护或具有自动装置的场合。为使操作电源具有可靠性，应采用独立的两路交流电源供电，硅整流操作电源接线原理如图6-52所示。

如果操作电源供电的合闸电流不大，硅整流柜的交流申源，可由电压互感器供电，同时为了保证在交流系统整个停电或系统发生短路故障的情况下，继电保护仍能可靠动作掉闸，硅整流装置还要采用直流电压补偿装置。常用的直流电压补偿装置是在直流母线上增加电容储能装置或镉镍电池组。

6.5.3 继电保护装置的二次回路

供电、配电用的回路，往往有较高的电压、电流，输送的功率很大，称为一次回路，又叫做主回路。为一次回路服务的检测计量回路、控制回路、继电保护回路、信号回路等叫做二次回路。

继电保护装置，由六个单元构成，因而继电保护二次回路就包含了若干回路。这些回路，按电源性质分为：交流电流回路，主要是电流互感器的二次回路；交流电压回路，主要是电压互感器的二次回路；直流操作回路、控制回路及交流操作回路等。按二次回路的主要用途分为：继电保护回路，自动装置回路，开关控制回路，

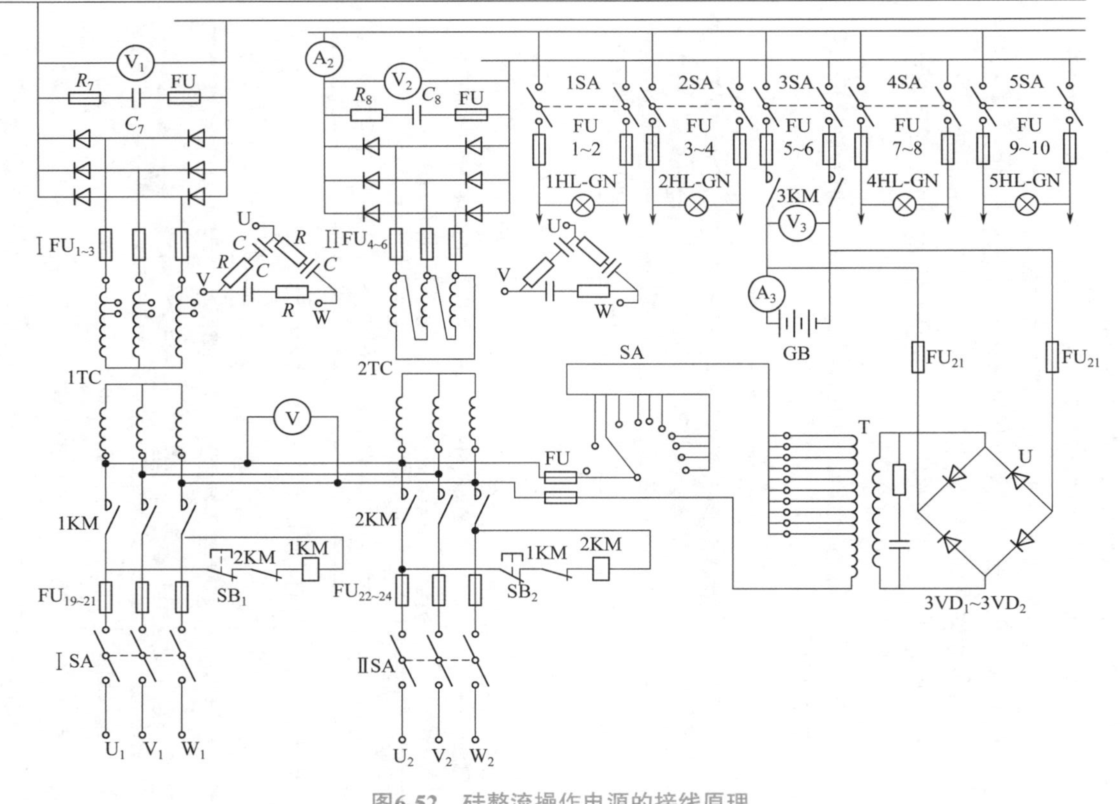

图6-52 硅整流操作电源的接线原理

灯光及音响的信号回路，隔离开关与断路器的电气联锁回路，断路器的分、合闸操作回路及仪表测量回路等。

绘制继电保护装置二次回路接线图、原理图应遵循以下原则。

（1）必须按照国家标准的电气图形符号绘制。

（2）继电保护装置二次回路中，还要标明各元件的文字标号，这些标号也要符合国家标准。常用的文字标号见表6-4。

（3）继电保护二次回路接线图（包括盘面接线图）中回路的数字标号，又称线号，应符合下述规定。

①继电保护的交流电压、电流、控制、保护、信号回路的数字标号见表6-4。

表6-4　交流回路文字标号组

回路名称	互感器的文字符号	回路标号组			
		U相	V相	W相	中性线
保护装置及测量表计的电流回路	TA	U401-409	V401-409	W401-409	N401-409
	1TA	U411-419	V411-419	W411-419	N411-419
	2TA	U421-429	V421-429	W421-429	N421-429
保护装置及测量表计的电压回路	TV	U601-609	V601-609	W601-609	N601-609
	1TV	U611-619	V611-619	W611-619	N611-619
	2TV	U621-629	V621-629	W621-629	N621-629
控制，保护信号回路		U1-399	V1-399	W1-399	N1-399

② 继电保护直流回路数字标号见表6-5。

表6-5　直流回路数字标号组

回路名称	数字标号组			
	Ⅰ	Ⅱ	Ⅲ	Ⅳ
+电源回路	1	101	201	301
–电源回路	2	102	202	302
合闸回路	3-31	103-131	203-231	303-331
绿灯或合闸回路监视继电器的回路	5	105	205	305

续表

回路名称	数字标号组			
	Ⅰ	Ⅱ	Ⅲ	Ⅳ
跳闸回路	33-49	133-149	233-249	333-349
红灯或跳闸回路监视继电器的回路	35	135	235	335
备用电源自动合闸回路	50-69	150-169	250-269	350-369
开关器具的信号回路	70-89	170-189	270-289	370-389
事故跳闸音响信号回路	90-99	190-199	290-299	390-399
保护及自动重合闸回路	01-099（或J1-J99）			
信号及其他回路	701-999			

③ 继电保护及自动装置用交流、直流小母线的文字符号及数字标号见表6-6。

表6-6　小母线标号

小母线名称		小母线标号	
		文字标号	数字标号
控制回路电源小母线		+WB-C －WB-C	101 102
信号回路电源小母线		+WB-S －WB-S	701　703　705 702　704　706
事故音响小母线	用于配电设备装置内	WB-A	708
预报信号小母线	瞬时动作的信号	1WB-PI	709
		2WB-PI	710
	延时动作的信号	3WB-PD	711
		4WB-PD	712

续表

小母线名称	小母线标号	
	文字标号	数字标号
直流屏上的预报信号小母线（延时动作信号）	5WB-PD 6WB-PD	725 724
在配电设备装置内瞬时动作的预报小母线	WB-PS	727
控制回路短线预报信号小母线	1WB-CB 2WB-CB	713 714
灯光信号小母线	–WB-L	
闪光信号小母线	（+）WB-N-FLFI	100
合闸小母线	+WB-N-WBF-H	
“掉牌未复归”光字牌小母线	WB-R	716
指挥装置的音响小母线	WBV-V	715
公共的V相交流电压小母线	WBV-V	V600
第一组母线系统或奇数母线段的交流电压小母线	1WBV-U	U640
	1WBV-W	W640
	1WBV-N	N640
	1WBV-Z	Z640
	1WBV-X	X640
第二组母线系统或偶数母线段的交流电压小母线	2WBV-U	U640
	2WBV-W	W640
	2WBV-N	N640
	2WBV-Z	Z640
	2WBV-X	X640

④ 继电保护的操作、控制电缆的标号规定变、配电所中的继电保护装置、控制与操作电缆的标号范围是100 ～ 199，其中111 ～ 115为主控制室至6 ～ 10kV的配电设备装置，116 ～ 120为主控制室至35kV的配电设备装置，121 ～ 125为主控制室至110kV的配电设备装置，126 ～ 129为主控制室至变压器，130 ～ 149为

主控制室至室内屏间联络电缆，150 ～ 199为其他各处控制电缆标号。

同一回路的电缆应当采用同一标号，每一电缆的标号后可加脚注a、b、c、d等。

主控制室内电源小母线的联络电缆，按直流网络配电电缆标号，其他小母线的联络电缆用中央信号的安装单位符号标注编号。

6.6 电流保护回路的接线

电流保护的接线，根据实际情况和对继电保护装置保护性能的要求，可采用不同的接线方式。凡是需要根据电流的变化而动作的继电保护装置，都需要经过电流互感器，把系统中的电流变换后传送到继电器中去。实际上电流保护的电流回路的接线，是指变流器（电流互感器）二次回路的接线方式。为说明不同保护接线的方式，对系统中各种短路故障电流的反应，进一步说明各种接线的适用范围，对每种接线的特点作以下介绍。

6.6.1 三相完整星形接线

三相完整星形接线如图6-53所示。电流保护完整星形接线的特点如下。

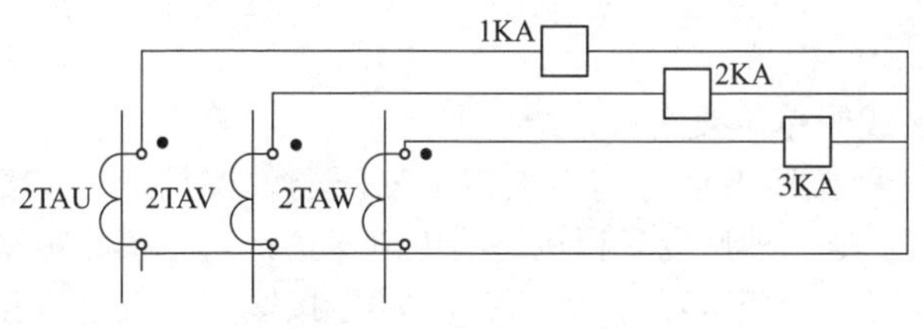

图6-53 三相完整星形接线

① 这是一种合理的接线方式，用于三相三线制供电系统的中性点不接地、中性点直接接地和中性点经消弧电抗器接地的三相系统中，也适用三相四线制供电系统。

② 对于系统中各种类型短路故障的短路电流，灵敏度较高，

保护接线系数等于1。因而对系统中三相短路、两相短路、两相对地短路及单相短路等故障，都可起到保护作用。

③ 保护装置适用于10～35kV变、配电所的进、出线保护和变压器。

④ 这种接线方式，使用的电流互感器和继电器数量较多，投资较高，接线比较复杂，增加了维护及试验的工作量。

⑤ 保护装置的可靠性较高。

6.6.2 三相不完整星形接线（V形接线）

V形接线是三相供电系统中10kV变、配电所常用的一种接线，如图6-54所示。

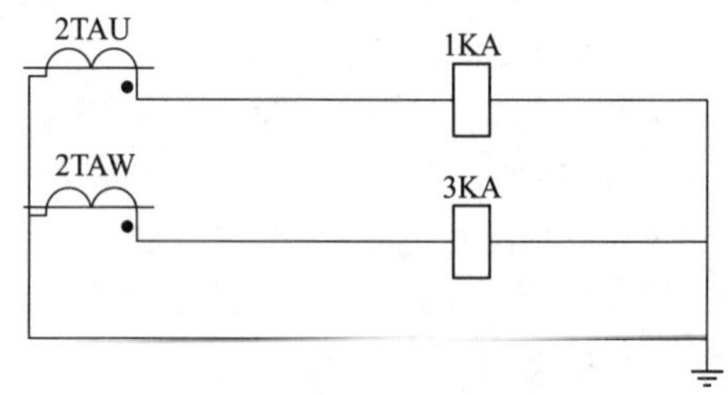

图6-54 三相不完整星形接线

电流保护不完整星形接线的特点如下。

① 应用比较普遍，主要用于10kV三相三线制中性点不接地系统的进、出线保护。

② 接线简单、投资省、维护方便。

③ 这种接线不适宜作为大容量变压器的保护，V形接线的电流保护主要是一种反应多相短路的电流保护，对于单相短路故障不起保护作用，当变压器为“Y，Y / Y0”接线，未装电流互感器的发生单相短路故障时，保护不动作。用于“Y，Y / A”接线的变压器中，如保护装置设于Y侧，而A侧发生U、V两相短路，则保护装置的灵敏度将要降低，为了改善这种状态，可以采用改进型的V形接线，即两相装电流互感器，采用三个电流继电器的接线，如图6-55所示。

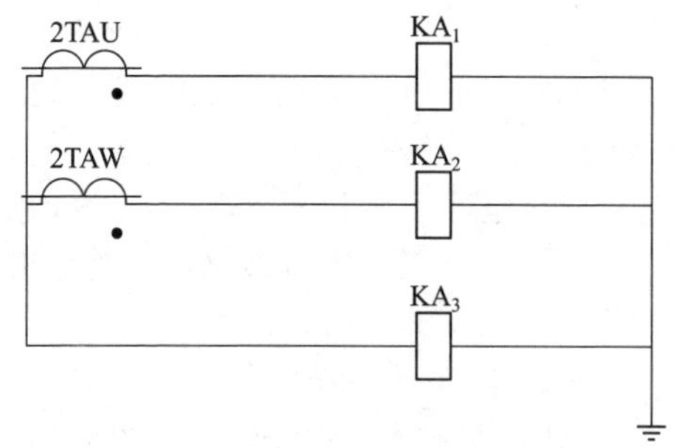

图6-55　改进型V形接线

④ 采用不完整星形接线（V形接线）的电流保护，必须用在同一个供电系统中，不装电流互感器的相应该一致。否则，在本系统内发生两相接地短路故障（恰恰发生在两路配电线路中的没有保护的两相上）时，保护装置将拒绝动作，这样就会造成越级掉闸事故，延长故障切除时间，使事故影响面扩大。

6.6.3 两相差接线

这种保护接线采用两相接电流互感器，只能用一个电流继电器的接线方式，其原理接线如图6-56所示。

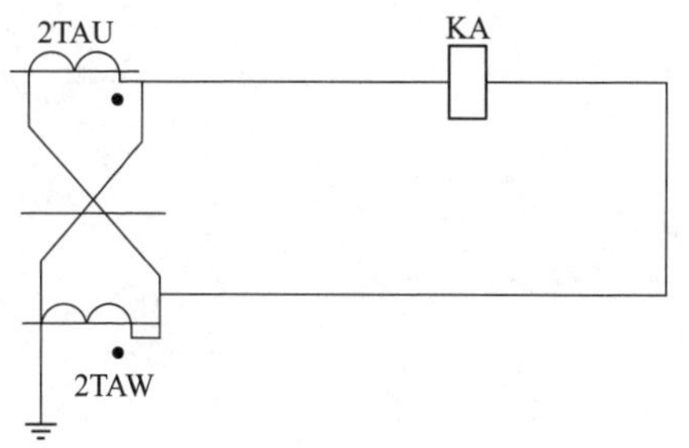

图6-56　两相差接线

这种接线的电流保护其特点如下。

① 保护的可靠性差，灵敏度不够，不适于所有形式的短路故障。

② 投资少，使用的继电器最少，结构简单，可以用作保护系

统中多相短路的故障。

③ 只适用于10kV中性点不接地系统的多相短路故障，因此，常用作10kV系统的一般线路和高压电动机的多相短路故障的保护。

接线系数大于完整星形接线和V形接线，接线系数为$\sqrt{3}$。

接线系数是指故障时反应到电流继电器绕组中的电流值与电流的互感器二次绕组中的电流的比值，即

$$K_{jc}=\frac{\text{继电器绕组中的电流值}}{\text{电流互感器二次绕组中的电流值}}$$

继电保护的接线系数越大，其灵敏度越低。

chapter 7

变频器与PLC控制线路

7.1 通用变频器的基本结构原理

7.1.1 变频器基本结构

通用变频器的基本结构原理图如图7-1所示。由图可见，通用变频器由功率主电路和控制电路及操作显示三部分组成，主电路包括整流电路、直流中间电路、逆变电路及检测部分的传感器（图中未画出）。直流中间电路包括限流电路、滤波电路和制动电路，以及电源再生电路等。控制电路主要由主控制电路、信号检测电路、保护电路、控制电源和操作、显示接口电路等组成。

高性能矢量型通用变频器由于采用了矢量控制方式、在进行矢量控制时需要进行大量的运算，其运算电路中往往还有一个以数字信号处理器DSP为主的转矩计算用CPU及相应的磁通检测和调节电路。应注意不要通过低压断路器来控制变频器的运行和停止，而应采用控制面板上的控制键进行操作。符号U、V、W是通用变频器的输出端子，连接至电动机电源输入端，应根据电动机的转向要

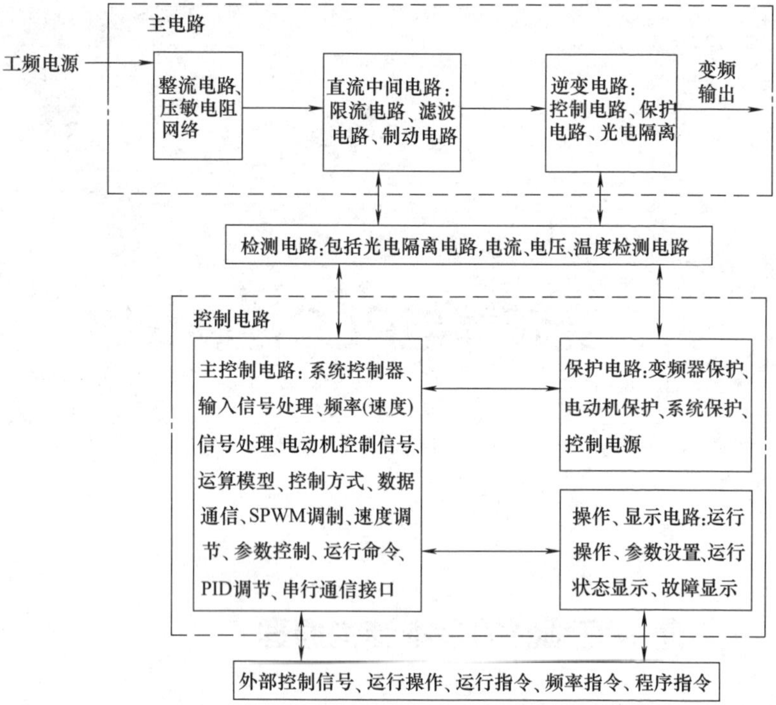

主电路

工频电源

整流电路、压敏电阻网络

直流中间电路：限流电路、滤波电路、制动电路

逆变电路：控制电路、保护电路、光电隔离

变频输出

检测电路：包括光电隔离电路，电流、电压、温度检测电路

控制电路

主控制电路：系统控制器、输入信号处理、频率(速度)信号处理、电动机控制信号、运算模型、控制方式、数据通信、SPWM调制、速度调节、参数控制、运行命令、PID调节、串行通信接口

保护电路：变频器保护、电动机保护、系统保护、控制电源

操作、显示电路：运行操作、参数设置、运行状态显示、故障显示

外部控制信号、运行操作、运行指令、频率指令、程序指令

图7-1　通用变频器的基本结构原理图

求连接，若转向不对可调换U、V、W中任意两相的接线。输出端不应接电容器和浪涌吸收器，变频器与电动机之间的连线不宜超过产品说明书的规定值。符号RO、TO是控制电源辅助输入端子。PI和P（+）是连接改善功率因数的直流电抗器连接端子，出厂时这两点连接有短路片，连接直机电抗器时应先将其拆除再连接。

P（+）和DB是外部制动电阻连接端。P（+）和N（–）是外接功率晶体管控制的制动单元。其他为控制信号输入端。虽然变频器的种类很多，共结构各有所长，但大多数通用变频器都具有图7-1和图7-2给出的基本结构，它们的主要区别是控制软件、控制电路和检测电路实现的方法及控制算法等的不同。

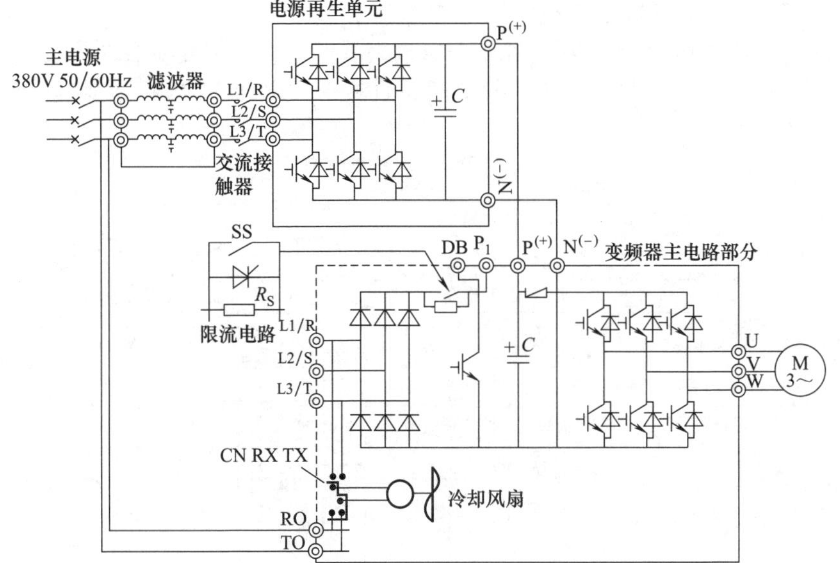

图7-2　通用变频器的主电路原理

7.1.2　通用变频器的控制原理及类型

（1）通用变频器的基本控制原理　众所周知，异步电动机定子磁场的旋转速度被称为异步电动机的同步转速。这是因为当转子的转速达到异步电动机的同步转速时其转子绕组将不再切割定子旋转磁场，因此转子绕组中不再产生感应电流，也不再产生转矩，所以异步电动机的转速总是小于其同步转速，而异步电动机也正是因此而得名。

电压型变频器的特点是将直流电压源转换为交流电源，在电压型变频器中，整流电路产生逆变器所需要的直流电压，并通过直流中间电路的电容进行滤波后输出。整流电路和直流中间电路起直流电压源的作用，而电压源输出的直流电压在逆变器中被转换为具有所需频率的交流电压。在电压型变频器中，由于能量回馈通路是直流中间电路的电容器，并使直流电压上升，因此需要设置专用直流单元控制电路，以利于能量回馈并防止换流元器件因电压过高而被破坏。有时还需要在电源侧设置交流电抗器抑制输入谐波电流的影响。从通用变频器主回路基本结构来看，大多数采用如图7-3（a）所示的结构，即由二极管整流器、直流中间电路与PWM逆变器三部分组成。

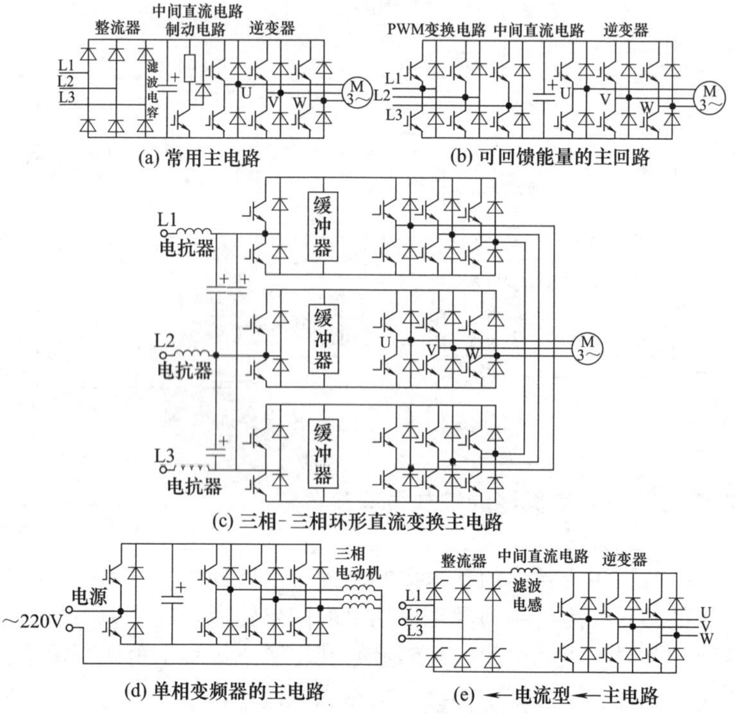

(a) 常用主电路

(b) 可回馈能量的主回路

(c) 三相-三相环形直流变换主电路

(d) 单相变频器的主电路

(e) ←电流型←主电路

图7-3 通用变频器主电路的基本结构型式

采用这种电路的通用变频器的成本较低，易于普及应用，但存在再生能量回馈和输入电源产生谐波电流的问题，如果需要将制动时的再生能量回馈给电源，并降低输入谐波电流，则采用如图7-3（b）所示的带PWM变换器的主电路，由于用IGBT代替二极管整流器组成三相桥式电路，因此，可让输入电流变成正弦波，同时，功率因数也可以保持为1。

这种PWM变换控制变频器不仅可降低谐波电流，而且还要将再生能量高效率地回馈给电源。富士公司最近采用的最新技术是一种称为三相-三相环形直流变换电路，如图7-3（c）所示。三相-三相环形直流变换电路采用了直流缓冲器（RCD）和C缓冲器，使输入电流与输出电压可分开控制，不仅可以解决再生能量回馈和输入电源产生谐波电流的问题，而且还可以提高输入电源的功率因数，减少直流部分的元件，实现轻量化。这种电路是以直流钳位式双向开关回路为基础的，因此可直接控制输入电源的电压、电流并可对输出电压进行控制。

另外，新型单相变频器的主电路如图7-3（d）所示，该电路与原来的全控桥式PWM逆变器的功能相同，电源电流呈现正弦波，并可以进行电源再生回馈，具有高功率因数变换的优点。该电路将单相电源的一端接在变换器上下电桥的中点上，另一端接在被变频器驱动的三相异步电动机定子绕组的中点上，因此，是将单相电源电流当做三相异步电动机的零线电流提供给直流回路；其特点是可利用三相异步电动机上的漏抗代替开关用的电抗器，使电路实现低成本与小型化，这种电路也广泛适用于家用电器的变频电路。

电流型变频器的特点是将直流电流源转换为交流电源。其中整流电路给出直流电源，并通过直流中间电路的电抗器进行电流滤波后输出，如图7-3（d）所示。整流电路和直流中间电路起电流源的作用，而电流源输出的直流电流在逆变器中被转换为具有所需频率的交流电源，并被分配给各输出相，然后提供给异步电动机。在电流型变频器中，异步电动机定子电压的控制是通过检测电压后对电流进行控制的方式实现的。对于电流型变频器来说，在异步电动机进行制动的过程中，可以通过将直流中间电路的电压反向的方式使整流电路变为逆变电路，并将负载的能量回馈给电源。由于在采用电流控制方式时可以将能量直接回馈给电源，而且在出现负载短路等情况时也容易处理，因此电流型控制方式多用于大容量变频器。

（2）通用变频器的类型　通用变频器根据其性能、控制方式和用途的不同，习惯上可分为通用型、矢量型、多功能高性能型和专用型等。通用型是通用变频器的基本类型，具有通用变频器的基本特征，可用于各种场合；专用型又分为风机、水泵、空调专用通用变频器（HVAC）、注塑机专用型、纺织机械专用机型等。随着通用变频器技术的发展，除专用型以外，其他类型间的差距会越来越小，专用型通用变频器会有较大发展。

① 风机、水泵、空调专用通用变频器　风机、水泵、空调专用通用变频器是一种以节能为主要目的的通用变频器，多采用U/f控制方式，与其他类型的通用变频器相比，主要在转矩控制性能方面是按降转矩负载特性设计的，零速时的启动转矩相比其他控制方式要小一些。几乎所有通用变频器生产厂商均生产这种机型。新型风机、水泵、空调专用通用变频器，除具备通用功能外，不同电梯品牌、不同机型中还增加了一些新功能，如内置PID调节器功能、多台电动机循环启停功能、节能自寻优功能、防水锤效应功能、管路泄漏检测功能、管路阻塞检测功能、压力给定与反馈功能、惯量反馈功能、低频预警功能及节电模式选择功能等。应用时可根据实际需要选择具有上述不同功能的电梯品牌、机型，在通用变频器中，这类变频器价格最低。特别需要说明的是，一些电梯品牌的新型风机、水泵、空调专用通用变频器中采用了一些新的节能控制策略使新型节电模式节电效率大幅度提高，如台湾普传P168F系列风机、水泵、空调专用通用变频器，比以前产品的节电更高，以380V/37kW风机为例，30Hz时的运行电流只有8.5A，而使用一般的通用变频器运行电流为25A，可见所称的新型节电模式的电流降低了不少，因而节电效率有大幅度提高。

② 高性能矢量控制型通用变频器　高性能矢量控制型通用变频器采用矢量控制方式或直接转矩控制方式，并充分考虑了通用变频器应用过程中可能出现的各种需要，特殊功能还可以选件的形式供选择，以满足应用需要，在系统软件和硬件方面都做了相应的功能设置，其中重要的一个功能特性是零速时的启动转矩和过载能力，通常启动转矩在150%～200%范围内，甚至更高，过载能力可达150%以上，一般持续时间为60s。这类通用变频器的特征是具有较硬的机械特性和动态性能，即通常说的挖土机性能。在使用通用变频器时，可以根据负载特性选择需要的功能，并对通用变频器的参数进行设定；有的电梯品牌的新机型根据实际需要，将不同应用场合所需要的常用功能组合起来，以应用宏编码形式提供。

③ 单相变频器　单相变频器主要用于输入为单相交流电源的

三相电流电动机的场合。所谓的单相通用变频器是单相进、三相出，是单相交流220V输入，三相交流220～230V输出，与三相通用变频器的工作原理相同，但电路结构不同，即单相交流电源→整流滤波变换成直流电源→经逆变器再变换为三相交流调压调频电源→驱动三相交流异步电动机。目前单相变频器大多是采用智能功率模块（IPM）结构，将整流电路、逆变电路、逻辑控制、驱动和保护或电源电路等集成在一个模块内，使整机的元器件数量和体积大幅度减小，使整机的智能化水平和可靠性进一步提高。

7.1.3 变频器的基本控制功能与电路

7.1.3.1 基本操作及控制电路

（1）键盘操作　通过面板上的键盘来进行启动、停止、正转、反转、点动、复位等操作。

如果变频器已经通过功能预置，选择了键盘操作方式，则变频器在接通电源后，可以通过操作键盘来控制变频器的运行。键盘及基本接线电路如图7-4所示。

（2）外接输入正转控制　如果变频器通过功能预置，选择了“外接端子控制”方式，则其正转控制如图7-5所示。

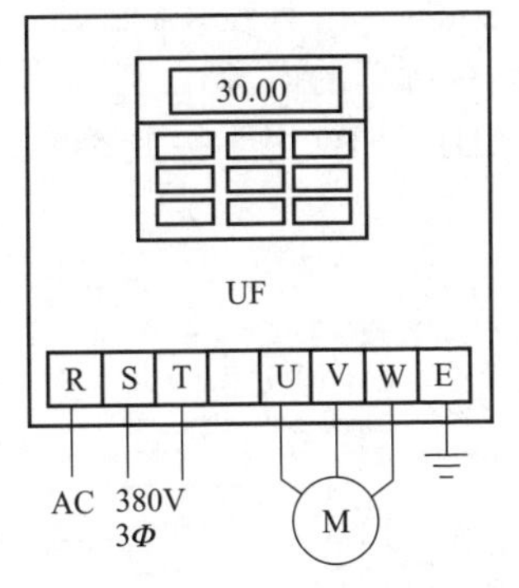

图7-4　键盘及基本接线电路

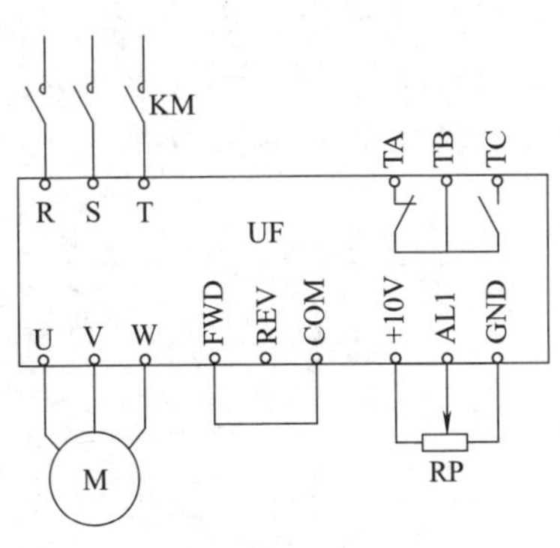

图7-5　外接正转控制电路

首先应把正转输入控制端“FWD”和公共端“COM”相连，当变频器通过接触器KM接通电源后，变频器便处于运行状态。如果这时电位器RP并不处于“0”位，则电动机将开始启动升速。

但一般来说，用这种方式来使电动机启动或停止是不适宜的。具体原因如下：

① 容易出现误动作。变频器内，主电路的时间常数较短，故直流电压上升至稳定值也较快。而控制电源的时间常数较长，控制电路在电源未充电至正常电压之前，工作状态有可能出现紊乱。所以，不少变频器在说明书中明确规定：禁止用这种方法来启动电动机。

② 电动机不能准确停机。变频器切断电源后，其逆变电路将立即“封锁”，输出电压为0。因此，电动机将处于自由制动状态，而不能按预置的降速时间进行降速。

③ 容易对电源形成干扰。变频器在刚接通电源的瞬间，有较大的充电电流。如果经常用这种方式来启动电动机，将使电网经常受到冲击而形成干扰。

正确的控制方法如下：

① 接触器KM只起变频器接通电源的作用。

② 电动机的启动和停止通过由继电器KA控制的“FWD”和“COM”之间的通、断进行控制。

③ KM和KA之间应该有互锁：一方面，只有在KM动作，使变频器接通电源后，KA才能动作；另一方面，只有在KA断开，电动机减速并停止后，KM才能断开，切断变频器的电源。

具体电路如图7-6所示，其按钮开关SB1、SB2用于控制接触

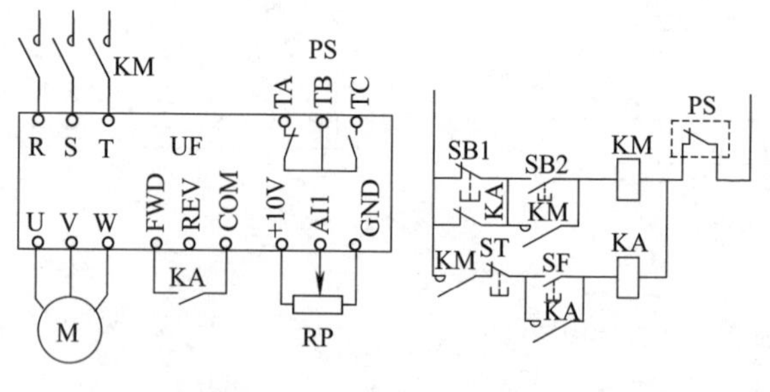

(a) 变频器控制　　(b) 变频器控制电路

图7-6　正确的外接正转控制

器KM，从而控制变频器的通电；按钮开关SF和ST用于控制继电器KA，从而控制电动机的启动和停止。

（3）外部控制时“STOP”键的功能　在进行外部控制时，键盘上的“STOP”键（停止键）是否有效，要根据用户的具体情况来决定。主要有以下几种情况：

①“STOP”键有效，有利于在紧急情况下的“紧急停机”。

② 有的机械在运行过程中不允许随意停机，只能由现场操作人员进行停机控制。对于这种情况，应预置“STOP”键无效。

③ 许多变频器的“STOP”键常常和“RESET”（复位）键合用，而变频器在键盘上进行“复位”操作是比较方便的。

7.1.3.2　电动机旋转方向的控制功能

（1）旋转方向的选择　在变频器中，通过外接端子可以改变电动机的旋转方向，如图7-7所示；继电器KA1接通时为正转，KA2接通时为反转。此外，通过功能预置，也可以改变电动机的旋转方向。

因此，当KA1闭合时，如果电动机的实际旋转方向反了，可以通过功能预置来更正旋转方向。

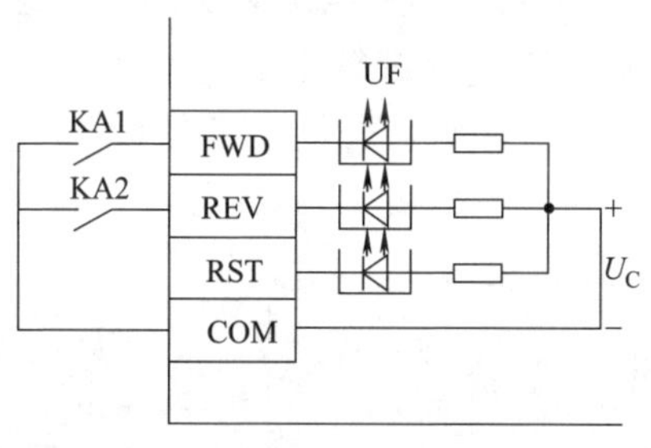

图7-7　电动机的正、反转控制

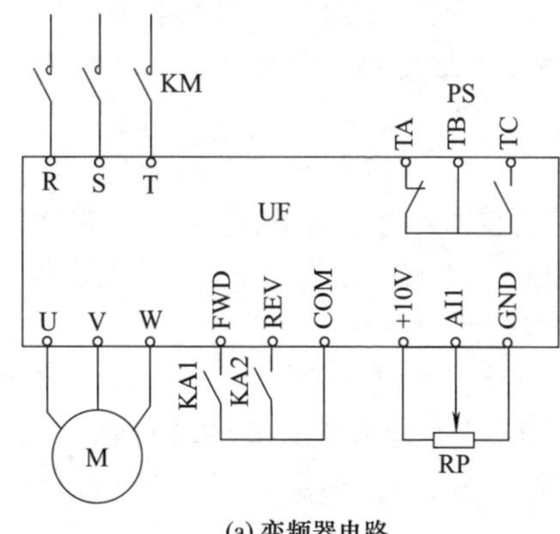

(a) 变频器电路

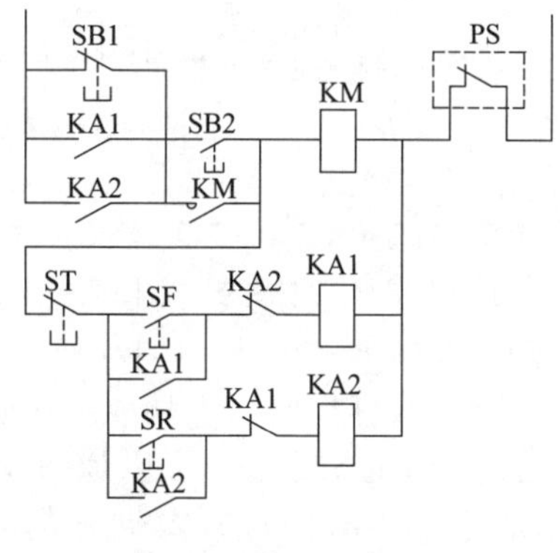

(b) 控制电路

图7-8　电动机正、反转控制电路

（2）控制电路示例　如图7-8所示。按钮开关SB1、SB2用于控制接触器KM，从而控制变频器接通或切断电源；按钮开关SF用于控制正转继电器KA1，从而控制电动机的正转运行；按钮开关SR用于控制反转继电器KA2，从而控制电动机的反转运行；按钮开关ST用于控制停机。

正转与反转运行只有在接触器KM已经动作、变频器已经通电的状态下才能进行。

与动断（常闭）按钮开关SB1并联的KA1、KA2触点用于防止电动机在运行状态下通过KM直接停机。

7.1.3.3　其他控制功能

（1）运行的自锁功能　和接触器控制电路类似，自锁控制电路如图7-9（a）所示，当按下动合（常开）按钮SF时，电动机正转启动，由于EF端子的保持（自锁）作用，松开SF后，电动机的运行状态将能继续下去；当按下动断按钮ST时，EF和COM之间的联系被切断，自锁解除，电动机将停止。

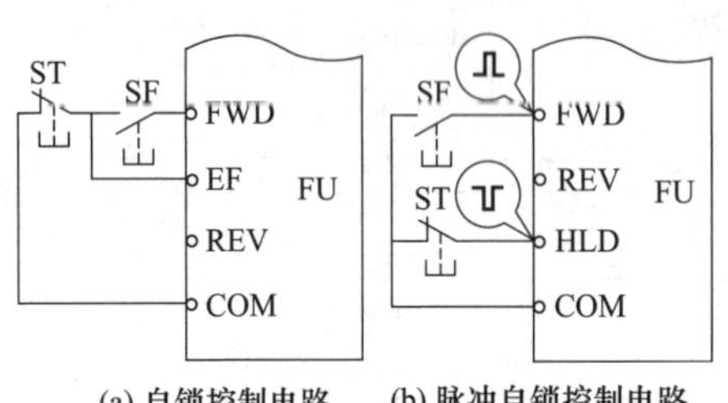

(a) 自锁控制电路　(b) 脉冲自锁控制电路

图7-9　运行的自锁控制电路

图7-9（b）所示脉冲自锁控制电路是自锁功能的另一种形式，其特点是可以接受脉冲信号进行控制。

由于自锁控制需要将控制线接到三个输入端子，故在变频器说明书中，常称为“三线控制”方式。

（2）紧急停机功能　在明电VT230S系列变频器（日本）的输入端子中，配置了专用的紧急停机端子“EMS”。由功能码C00-3预置其工作方式，各数据码的含义如下：1—闭合时动作；2—断开时动作。

（3）操作的切换功能　在安川G7系列变频器（日本）中，键盘操作和外接操作可以通过MENU键十分方便地进行切换。在功能码b1-07中，各数据码的含义如下：0—不能切换；1—可以切换。

7.2 TD3100系列电梯专用变频器

7.2.1 TD3100系列电梯专用变频器配线

TD3100系列电梯专用变频器配线如图7-10所示。

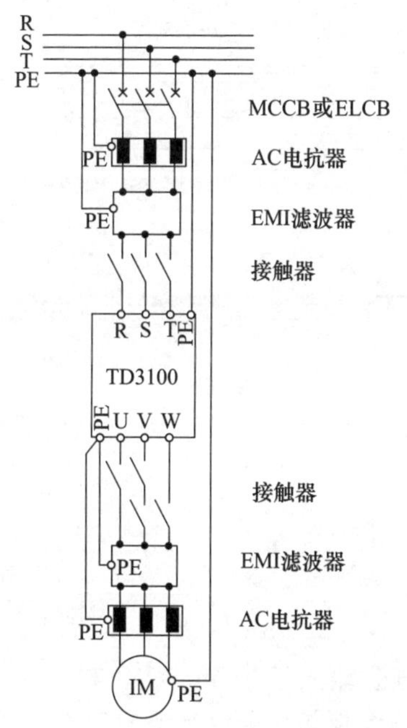

图7-10 TD3100系列电梯专用变频器配线

7.2.2 主回路输入输出和接地端子的连接

主回路输入输出和接地端子的连接，确认变频器接地端子PE已接，否则可能发生电击或火灾事故。交流电源不能连接到输出端子（U、V、W），否则可能发生事故。直流端子（+）、（−）不能直接连接制动电阻，否则可能发生火灾事故。如图7-11所示。端子名称及功能描述见表7-1。

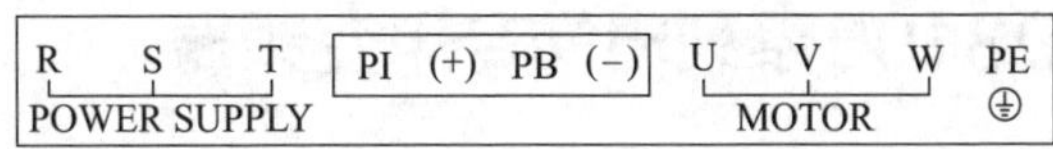

适用机型：TD3100−4T0185E、TD3100−4T0220E

R S T PI (+) PB (−) U V W PE
POWER SUPPLY MOTOR

适用机型：TD3100−4T0300E

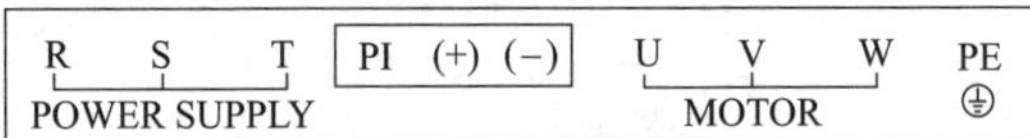

图7-11 主回路输入输出和接地端子的连接

表 7-1 端子名称及功能描述

端子名称	功能说明
R、S、T	三相交流电源输入端子380V/400V，50Hz/60Hz
PI、(+)	外接直流电抗器预留端子
(+)、PB	外接制动电阻预留端子
(+)、(−)	外接制动单元预留端子
(−)	直流负母线输出端子
U、V、W	三相交流输出端子
PE	接地端子

（1）主电路电源输入端子（R、S、T） 主电路电源输入端子（R、S、T）通过线路保护用断路器（MCCB）或熔断器连接至3相交流电源，不需考虑连接相序。

为使系统保护功能动作时能有效切除电源并防止故障扩大，建议在输入侧安装电磁接触器控制主回路电源的通断，以保证安全。

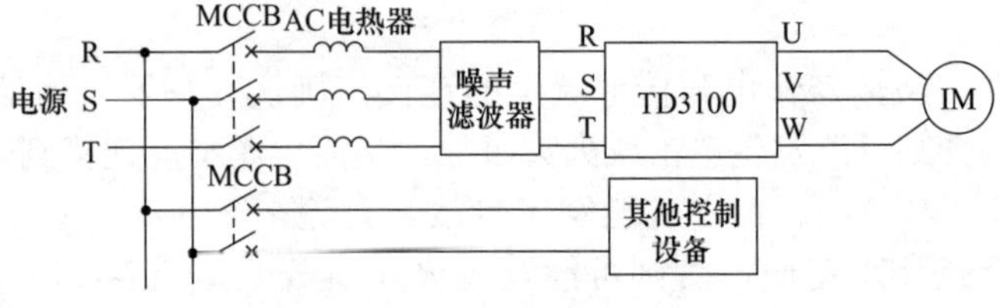

图7-12 电源侧安装噪声滤波器

不要连接单相电源，为降低变频器对电源产生的传导干扰，可以在电源侧安装噪声滤波器。接线如图7-12所示。

（2）变频器输出端子（U、V、W） 变频器输出端子U、V、W按正确相序连接至三相电动机的U、V、W端。如电动机旋转方向不对，则交换U、V、W中任意两相的接线即可。绝对禁止输入电源和输出端子U、V、W相连接。变频器输出侧不能连接电容器和浪涌吸收器。绝对禁止输出电路短路或接地。抑制输出侧干扰噪声。

① 在输出侧选配变频器专用噪声滤波器。如图7-13所示。

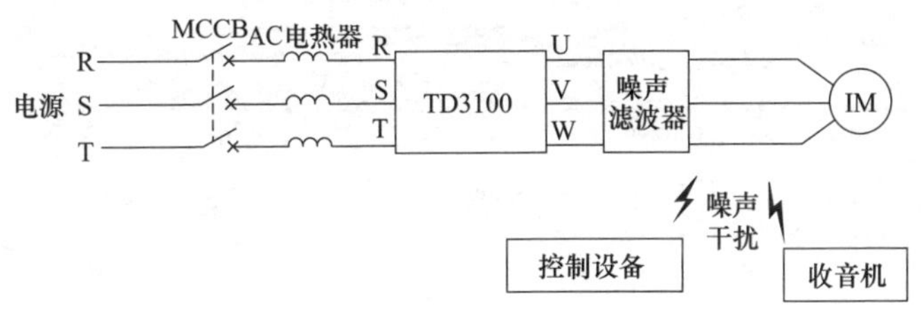

图7-13 变频器输出侧滤波器安装图一

② 把变频器输出线U、V、W穿入接地金属管并与信号线分开布置，如图7-14所示。

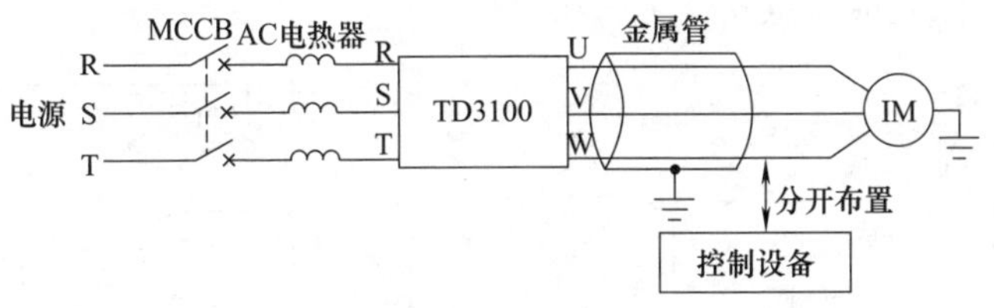

图7-14 变频器输出侧滤波器安装图二

（3）直流电抗器连接端子［PI、(+)］ 直流电抗器连接端子如图7-15所示。直流电抗器可改善功率因数。如需使用直流电抗器，则应先取下PI、(+) 之间的短路块（出厂配置）。

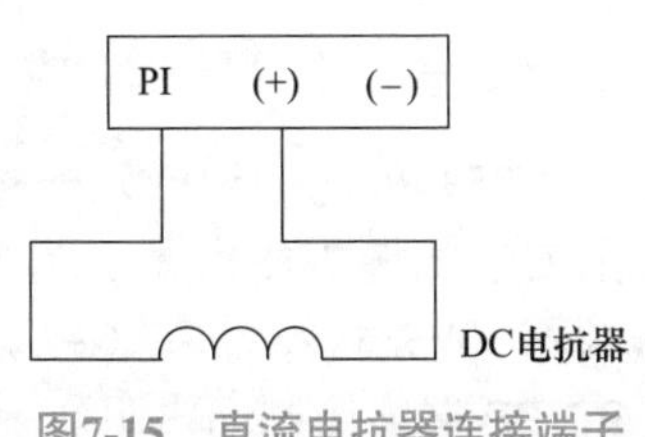

图7-15 直流电抗器连接端子

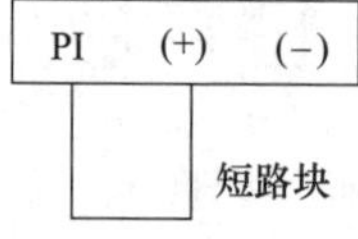

图7-16 有直流电抗器安装

若不接直流电抗器，不要取下PI、（+）之间的短路块，否则变频器不能正常工作。图7-16所示为有直流电抗器安装。

（4）外部制动电阻连接端子［(+)、PB］ TD3100变频器22kW以下（含22kW）机型内置有制动单元，为释放制动运行时回馈的能量，必须在（+）、PB端连接制动电阻，制动电阻的选择规格见表7-2，安装图如图7-17所示。

表7-2 制动电阻的选择规格

电机额定功率/kW	变频器型号 TD3100-□	制动电阻规格	制动转矩/%	制动单元型号
7.5	4T0075E	1600W/50Ω	200	内置
11	4T0110E	4800W/40Ω	200	内置
15	4T0150E	4800W/32Ω	180	内置
18.5	4T0185E	6000W/28Ω	190	内置
22	4T0220E	9600W/20Ω	200	内置
30	4T0300E	9600W/16Ω	180	TDB-4C01-0300

制动电阻的配线长度应小于5m。制动电阻温度因释放能量而升高，因此应注意安全防护和散热。

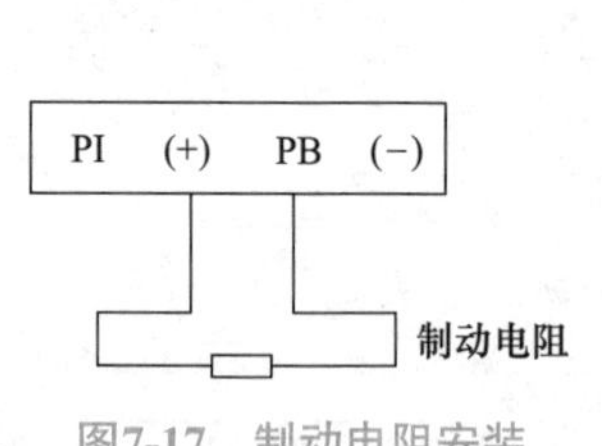

图7-17 制动电阻安装

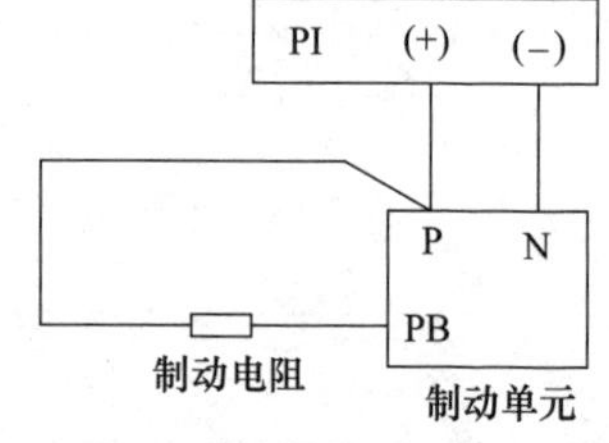

图7-18 制动单元与制动电阻安装图

（5）外部制动单元连接端子［(+)、(−)］ 制动单元与制动电阻安装如图7-18所示。为释放制动运行时回馈的能量，TD3100变频器30kW机型需在（+），(−) 端外配制动单元，在制动单元的P，PB端连接制动电阻。

变频器（+），（–）端与制动单元P，N端的连线长度应小于5m，制动单元P，PB与制动电阻P，PB端的配线长度应小于10m。

【提示】一定要注意（+），（–）端的极性；（+），（–）端不允许直接接制动电阻，否则有损坏变频器或发生火灾的危险。

（6）接地端子（PE） 为保证安全，防止电击和火警事故，变频器的接地端子PE必须良好接地，接地电阻小于10Ω。变频器最好有单独的接地端，接地线要粗而短，应使用3.5mm²以上的多股铜芯线，建议选用专用黄绿接地线。多个变频器接地时，建议尽量不要使用公共地线，避免接地线形成回路。

7.3 变频器保养及维护

7.3.1 日常保养及维护

（1）定期检查 变频器的安装、运行环境，必须符合用户手册中的规定。平常使用时，应作好日常保养工作，以保证运行环境良好；并记录日常运行数据、参数设置数据、参数更改记录等，建立、完善设备使用档案。通过日常保养和检查，可以及时发现各种异常情况，及时查明异常原因，并及早解决故障隐患，保证设备正常运行，延长变频器使用寿命。日常检查项目参照表7-3。

表7-3 日常检查项目

检查对象	检查要领			判别标准
	检查内容	周期	检查手段	
运行环境	（1）温度、湿度 （2）尘埃、水汽及滴漏 （3）气体	随时	（1）点温计、湿度计 （2）观察 （3）观察及鼻嗅	（1）环境温度低于40℃，否则降额运行。湿度符合环境要求 （2）无积尘、无水漏痕迹，无凝露 （3）无异常颜色，无异味
变频器	（1）振动 （2）散热及发热 （3）噪声	随时	（1）综合观察 （2）点温计综合观察 （3）耳听	（1）运行平稳、无振动 （2）风机运转正常，风速、风量正常、无异常发热 （3）无异常噪声

续表

检查对象	检查要领			判别标准
	检查内容	周期	检查手段	
电机	（1）振动 （2）发热 （3）噪声	随时	（1）综合观察耳听 （2）点温计 （3）耳听	（1）无异常振动，无异常声响 （2）无异常发热 （3）无异常噪声
运行状态参数	（1）电源输入电压 （2）变频器输出电压 （3）变频器输出电流 （4）内部温度	随时	（1）电压表 （2）整流式电压表 （3）电流表 （4）点温计	（1）符合规格要求 （2）符合规格要求 （3）符合规格要求 （4）温升小于40℃

（2）定期维护　用户根据使用环境，遵守注意事项，可以短期或3～6个月对变频器进行一次定期检查，防止变频器发生故障，确保其长时间高性能稳定运行。

说明：

① 只有经过培训并被授权的合格专业人员才可对变频器进行维护。

② 不要将螺钉、垫圈、导线、工具等金属物品遗留在变频器内部，否则有损坏变频器的危险。

③ 绝对不可擅自改造变频器内部，否则将会影响变频器正常工作。

④ 变频器内部的控制板上有静电敏感IC元件，切勿直接触摸控制板上的IC元件。

检查内容：

① 控制端子螺丝是否松动，用螺丝刀拧紧。

② 主回路端子是否有接触不良的情况，铜排连接处是否有过热痕迹。

③ 电力电缆控制电缆有无损伤，尤其是与金属表面接触的表皮是否有割伤的痕迹。

④ 电力电缆鼻子的绝缘包扎带是否已脱落。

⑤ 对印刷电路板、风道上的粉尘全面清扫，最好使用吸尘器清洁。

⑥ 对变频器进行绝缘测试前，必须首先拆除变频器与电源及变频器与电机之间的所有连线，并将所有的主回路输入、输出端子用导线可靠短接后，再对地进行测试。须使用合格的500V兆欧表（或绝缘测试仪的相应挡）；不能使用有故障的仪表。严禁仅连接单个主回路端子对地进行绝缘测试，否则将有损坏变频器的危险。切勿对控制端子进行绝缘测试，否则将会损坏变频器。测试完毕后，切记拆除所有短接主回路端子的导线。

⑦ 如果对电机进行绝缘测试，如图7-19所示。注意：必须在电机与变频器之间连接的导线完全断开后，再单独对电机进行测试，否则有损坏变频器的危险。

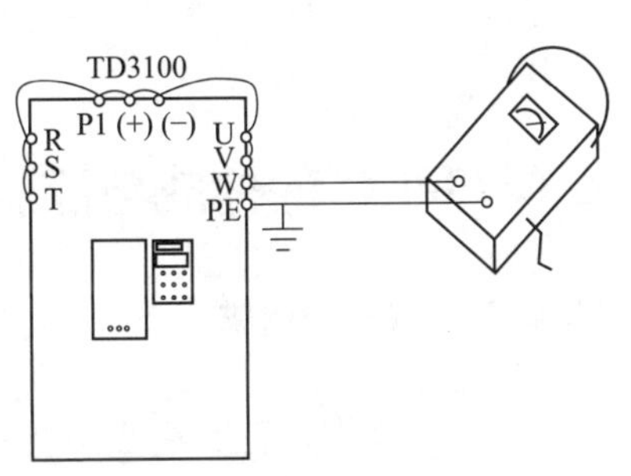

图7-19　变频器绝缘测试图

【说明】 变频器出厂前已经通过耐压实验，用户不必再进行耐压测试，否则可能会损坏内部器件。

7.3.2 变频器易损件

变频器易损件主要有冷却风扇和滤波用电解电容器，其寿命与使用的环境及保养状况密切相关。为保证变频器长期、安全、无故障运行，对易损器件要定期更换。更换易损器件时，应确保元件的型号、电气参数完全一致或非常接近。

【提示】 用型号、电气参数不同的元件更换变频器内原有的元件，可能导致变频器损坏！用户可以参照易损器件的使用寿命，再根据变频器的工作时间，确定正常更换年限。但如果检查时发现器件异常，则应立即更换。

（1）冷却风扇

可能损坏原因：轴承磨损、叶片老化。

判别标准：变频器断电时，查看风扇叶片及其他部分是否有裂缝等异常情况；变频器通电时，检查风扇运转的情况是否正常，是否有异常振动等。

（2）电解电容

可能损坏原因：环境温度较高，频繁的负载跳变造成脉动电流增大，电解质老化。

判别方法：变频器带载启动时是否经常出现过流、过压等故障；有无液体漏出，安全阀是否凸出；测定静电电容，测定绝缘电阻。

7.4 PLC的构成与控制原理

7.4.1 PLC的构成

PLC种类多，但其组成结构和工作原理基本一样，主要由中央处理器CPU、存储器（ROM、RAM）和专门设计的输入/输出单元（I/O）电路、电源等组成。PLC的内部框图如图7-20所示。

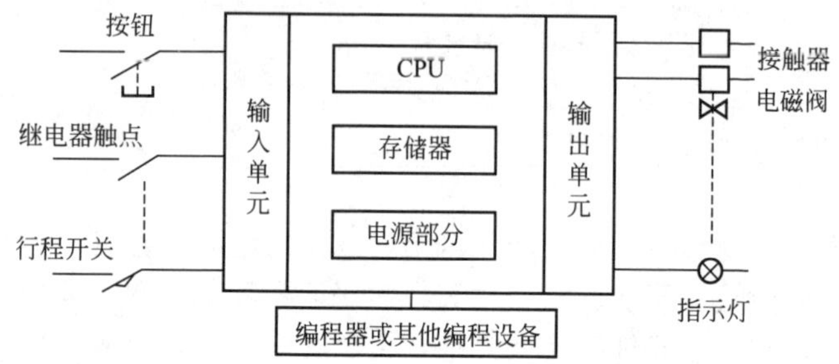

图7-20　PLC的内部结构框图

（1）中央处理单元（CPU）　中央处理单元（CPU）是具有运算和控制功能的大规模集成电路（IC），是控制其他部件操作的核心，相当于人的大脑，起指挥协调作用，由控制器、运算器和寄存器组成。CPU通过数据总线、地址总线和控制总线与存储单元、输入/输出接口电路相连接。

CPU的主要功能：控制用户程序和数据的接收与存储；诊断PLC内部电路的故障和编程中的语法错误等；扫描I/O口接收现场

信号的状态或数据，并存入输入映像寄存器或数据存储器中；PLC进入运行状态后，从存储器逐条读出用户指令，经编译后按指令的功能进行算术运算、逻辑或数据传送等，再根据运算结果，更新输出映像寄存器和有关标志位的状态，实现对输出的控制以及实现一些其他的功能。

CPU主要采用微处理器，又分为8位和16位微处理器。CPU的位数越多，运算处理速度越快，功能越强大，同时PLC的档次也越高，价格也越贵。

（2）存储器　存储器是由具有记忆功能的半导体集成电路构成的，用于存放系统程序、用户程序、逻辑变量和其他信息。

PLC的存储器分系统程序存储器和用户程序存储器两部分。

系统程序存储器用来存放厂家系统程序，并固化在ROM内，用户不能修改，是控制和完成PLC多种功能的程序，使PLC具有基本的功能，以完成PLC设计者的各项任务。系统程序内容包括以下三部分。

第一部分为系统管理程序。使PLC按部就班地工作。

第二部分为用户指令解释程序。通过用户指令解释程序，将PLC的编程语言变为机器语言指令。再由CPU执行这些指令。

第三部分为标准程序模块与系统调用。包括功能不同的子程序及调用管理程序。

用户程序存储器包括用户程序存储器（程序区）和数据存储器（数据区）两部分。程序存储器用来存放PLC编程语言编写的各种用户程序。用户程序存储器可以是RAM、EPROM或EEPROM存储器，其内容可以由用户任意修改或增删。用户数据存储器可以用来存放（记忆）用户程序中所使用器件的ON/OFF状态和数值、数据等。用户程序容量的大小，是反映PLC性能的重要标志之一。

PLC的存储器有三种。

① 随机存取存储器（RAM）　又称可读可写存储器，用户既可以读出RAM中的内容，也可以将用户程序写入RAM。它是易失性的存储器，断电后，储存的信息将会全部丢失。读出时其内容不变，写入时新的信息取代了原有的信息，因此RAM用来存放经常

修改的内容。

RAM的工作速度高，成本低，改写方便。在PLC断电后可用锂电池保存RAM中的用户程序和某些数据。锂电池可用2～5年。

② 只读存储器（ROM） ROM一般用来存放PLC的系统程序。系统程序关系到PLC的性能，由厂家编程并在出厂时已固化好了。ROM中的内容只能读出，不能写入。ROM是非易失的存储器，电源断电后，内容不丢失，能保存储存的内容。

③ 电可擦除可编程的只读存储器（EEPROM或E^2PROM） 具有RAM和ROM的优点，但是写入时所需的时间比RAM长。EEPROM用来存放用户程序和需长期保存的重要数据。

（3）输入/输出单元 实际生产中PLC的输入和输出的信号是多种多样的，可以是开关量、模拟量和数字量，信号的电平也是千差万别，但PLC能识别的只能是标准电平。PLC的输入和输出包含两部分：一部分是与被控设备相连接的接口电路；另一部分是输入和输出的映像寄存器。

输入单元连接用户设备的各种控制信号，可以是直流输入也可以是交流输入，如限位开关、操作按钮以及其他一些传感器的信号。通过接口电路将这些信号转换成CPU能够识别和处理的信号，并存到输入映像寄存器。运行时CPU从输入映像寄存器读取信息并处理，将结果送到输出映像寄存器。输出映像寄存器由输出点相对应的触发器组成，输出接口电路将其由弱电控制信号转换成现场需要的强电信号输出，以驱动电磁阀、接触器、指示灯等被控设备的执行元件。

下面简单介绍开关量输入/输出接口电路。

① 输入接口电路 输入接口是PLC与控制现场的接口界面的输入通道，为防止干扰信号和高电压信号进入PLC，影响可靠性或损坏设备，输入接口电路一般由光电耦合电路进行隔离。输入电路的电源可由外部提供，有的也可由PLC内部提供。

② 输出接口电路 输出接口电路接收主机的输出信息，并进行放大和隔离，经输出端子向输出部分输出相应的控制信号，一般有三种：继电器输出型、晶体管输出型和晶闸管输出型。输出电路均采用电气隔离，电源由外部提供，输出电流一般为0.5～2A，

电流的大小与负载有关。

为保护PLC因浪涌电流损坏，输出端是外部接线，必须采用保护措施：一是输入和输出公共端接熔断器；二是采用保护电路，对交流感性负载，一般用阻容吸收回路；对直流感性负载，可采用续流二极管。

因输入和输出端都有光电耦合电路，在电气上是完全隔离的，故PLC上有极强的可靠性和抗干扰能力。

（4）电源部分　电源单元用于将交流电压转换成微处理器、存储器及输入、输出部件正常工作必备的直流电压。PLC一般采用市电220V供电，内部开关电源可以为中央处理器、存储器等电路提供5V、±12V、24V电压，使PLC能正常工作。电源电压常见的等级有AC100V、AC200V、DC100V、DC48V、DC24V。

（5）扩展接口　扩展接口用于将扩展单元以及功能模块与基本单元相连，使PLC的配置更加灵活，以满足不同控制系统的需要。

（6）编程器　编程器是PLC最重要的外围设备，供用户进行程序的编制、编辑、调试和监视。

编程器有简易型和智能型两类。简易型的编程器只能联机编程，且往往需要将梯形图转化为机器语言助记符（语句表）后，才能输入。智能型的编程器又称图形编程器，它可以联机编程，也可脱机编程，具有PLC或CRT图形显示功能，可以直接输入梯形图和通过屏幕对话。

还可以利用PC作为编程器，PLC厂家配有相应的编程软件，使用编程软件可以在屏幕上直接生成和编辑梯形图、语句表、功能块图和顺序功能图程序，并可实现不同编程语言的相互转换。程序被编译后下载到PLC，也可以将PLC中的程序上传到计算机。程序可以存盘或打印，通过网络，还可以实现远程编程和传送。现在已有些PLC不再提供编程器，而只提供微机编程软件了，并且配有相应的通信连接电缆。

（7）通信接口　为了实现“人-机”或“机-机”之间的对话，PLC配有各种通信接口。PLC通过通信接口可以与监视器、打印机和其他的PLC或计算机相连。

（8）其他部件　有些PLC配有EPROM写入器、存储器卡等其他外部设备。

PLC在性能上比低压电器控制可靠性高、通用性强、设计施工周期短、调试修改方便，而且体积小、功耗低、使用维护方便。由于PLC有众多的优点是传统的低压电器所不具备的。所以在实现某一控制任务时PLC已取代低压电器电路，已成为一种必然的趋势。但在很小的系统中使用时，价格要高于继电器系统。

7.4.2 PLC的原理

众所周知，低压电器控制系统是一种“硬件逻辑系统”，如图7-21（a）所示，它的三条支路是并行工作的，当按下按钮SB_1时，中间继电器K得电，K的两个触点闭合，接触器KM_1、KM_2同时得电并产生动作，因此传统的低压电器控制系统采用的是并行工作方式。

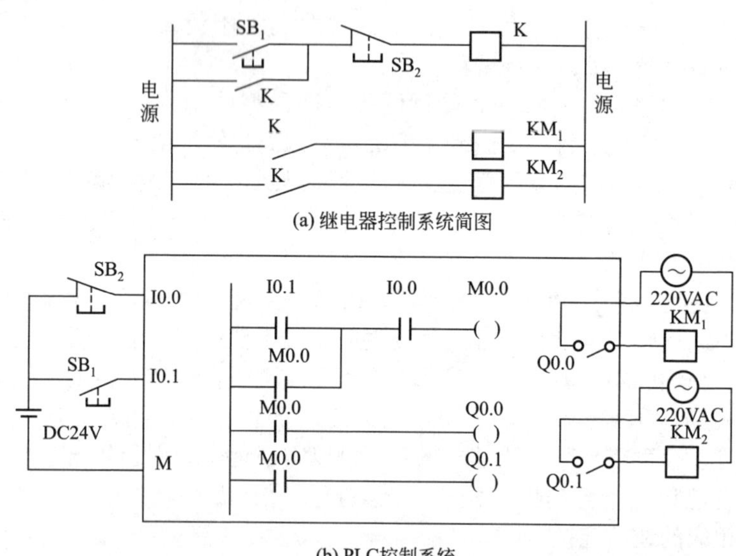

(a) 继电器控制系统简图

(b) PLC控制系统

图7-21 PLC控制系统与传统的低压电器控制系统的比较

因PLC是一种工业控制计算机，所以它的工作原理是建立在计算机工作原理基础之上的，即通过执行反映控制要求的用户程序来实现，如图7-21（b）所示，但CPU是以分时操作方式来处理各项任务的，计算机在每一瞬间只能做一件事，所以程序的执行是按程序顺序依次完成相应各电器的动作，因此它属于串行工作方式。

PLC是按周期性循环扫描的方式进行工作的，每扫描一次所用的时间称为扫描周期或工作周期。CPU从第一条指令开始执行，按顺序逐条地向下执行，最后返回首条指令重新扫描。

（1）PLC工作过程　扫描过程有“输入采样”“程序执行”和“输出刷新”三个阶段，是PLC的核心，掌握PLC工作过程的三个阶段是学好PLC的基础。现对这三个阶段进行详细的分析，PLC典型的扫描周期如图7-22所示（不考虑立即输入、立即输出的情况）。

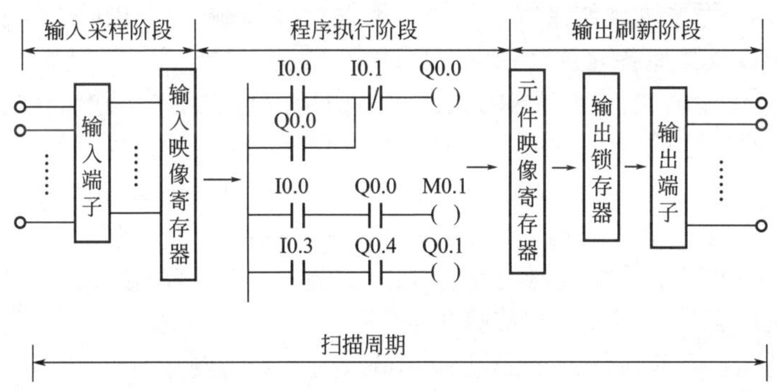

图7-22　PLC扫描工作过程

① 输入采样阶段　在这个阶段PLC首先按顺序对输入端子进行扫描，输入状态存入相对应的输入映像寄存器中，同时，输入映像寄存器被刷新。其次，进入执行阶段，在此阶段和输出刷新阶段，输入映像寄存器与外界隔离，无论输入信号如何变化，其内容保持不变，直到下一个扫描周期的输入采样阶段，才重新写入输入端的新内容。要求输入信号的时间要大于一个扫描周期，否则易造成信号的丢失。

② 程序执行阶段　此过程中PLC对梯形图程序进行扫描，按从左到右、从上到下的顺序执行。当指令中涉及输入、输出时，PLC就从输入映像寄存器中“读入”对应输入端子状态，从元件映

像寄存器“读入”对应元件（“软继电器”）的当前状态，并进行相应的运算，结果存入元件映像寄存器。元件映像寄存器中，每一个元件（“软继电器”）的状态会随着程序执行而出现不同。

③ 输出刷新阶段　在这个阶段中所有指令执行结束，元件映像寄存器中所有输出继电器的状态（接通/断开）在输出刷新阶段转存到输出锁存器中，最后经过输出端子驱动外部负载。

（2）PLC对输入/输出的处理　PLC对输入/输出处理时必须遵守的原则：

① 输入映像寄存器的数据，是在输入采样阶段扫描的输入信号的状态，取决于输入端子板上各输入点在上一刷新期间的接通和断开状态。在本扫描周期中，它不随外部输入信号的变化而变化。

② 程序执行结果取决于用户所编程序和输入/输出映像寄存器的内容及其他各元件映像寄存器的内容。

③ 输出映像寄存器的状态，是由用户程序中输出指令的执行结果来决定的。

④ 输出锁存器中的数据，由上一次输出刷新的数据决定。

⑤ 输出端子的输出状态，由输出锁存器的状态决定。

（3）PLC的编程语言介绍　PLC提供了多种的编程语言，以适应用户编程的需要。PLC提供的编程语言一般有梯形图、语句表、功能图和功能块图，下面以S7-200系列PLC为例加以介绍。

① 梯形图（LAD）　梯形图（Ladder）编程语言是从低压电器控制电路基础上发展起来的，具有直观易懂的优点，易被熟悉低压电器的电气工程人员所掌握。梯形图与低压电器控制系统图整体上是一致的，只是在使用符号和表达方式上有一定差别。梯形图由触点、线圈和用方框表示的功能块组成。触点表示输入条件，如外部的开关、按钮等。线圈代表输出，用来控制外部的指示灯、接触器等。功能块表示定时器、计数器或数学运算等其他指令。

图7-23所示为常见的梯形示意图，左右两侧垂直的导线称为母线，母线之间是触点的逻辑连接和线圈的输出。

梯形图的一个关键是“能流”（Power Flow），这是概念上的“能流”。图7-23中，把左侧的母线假设是电源“火线”，把右侧的母线（虚线）假设是电源“零线”。若“能流”从左向右流向线圈，那么线圈得电，若没有“能流”，那么线圈未得电。

“能流”可通过被得电（ON）的常开触点和未得电（OFF）的常闭触点自左至右流。“能流”在任何情况都不允许自右至左流。如图7-23所示，当A、B、C三点都得电后，线圈M才能接通，只要有一个接点不得电，线圈就不能接通；而D、E、F中任一个得电，线圈Q都会被激励。

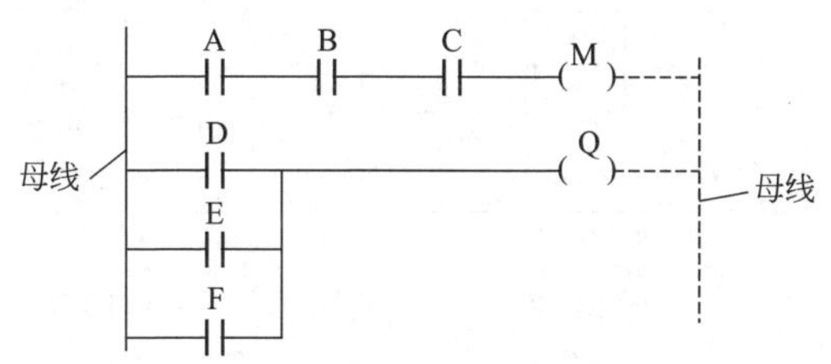

图7-23　梯形图

引入“能流”的概念，是为了和低压电器控制电路相比，形象地认识梯形图，其实“能流”在梯形图中是不存在的。

有的PLC的梯形图有两根母线，多数PLC只保留左边的母线。触点表示逻辑“输入”条件，如开关、按钮内部条件等；线圈表示逻辑“输出”结果，如灯、电机接触器、中间继电器等。对S7-200系列PLC来讲，还有一种输出——“盒”，表示附加的指令，如定时器、计数器和功能指令等。

梯形图语言简单明了，易于理解，是所有编程语言的首选。初学者入门时应先学梯形图，为更好地学习PLC打下基础。

② 语句表（STL）　语句表（Statements List）是指令表的集合，和计算机中的汇编语言助记符相似，是PLC最基础的编程语言。语句表编程，是用一个或几个容易记忆的字符来表示PLC的某种操作功能。语句表适合熟悉PLC和有经验的程序员使用，可以实现某些梯形图实现不了的功能。

图7-24所示为PLC程序示例，图（a）是梯形图，图（b）是对应的语句表。

③ 顺序功能流程图（SFC）　顺序功能流程图（Sequence Function Chart）编程是一种PLC图形化的编程方法，简称功能图。

这是一种位于其他编程语言之上的图形语言，可以对具有并发、选择等结构的工程编程，许多PLC都有SFC编程的指令。

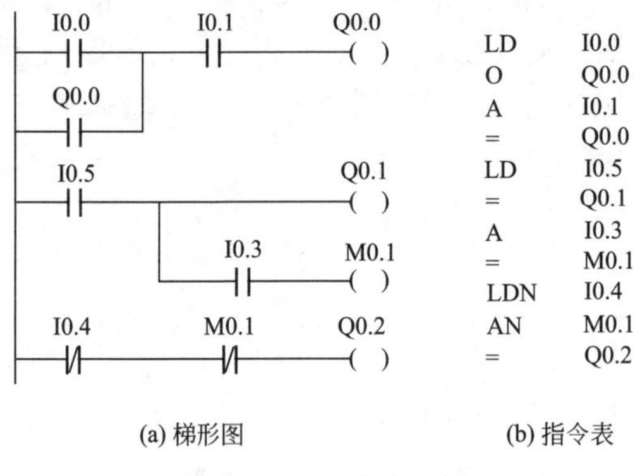

(a) 梯形图　　(b) 指令表

图7-24　PLC程序示例

④ 功能块图（FBD）　S7-200系列PLC专门提供了功能块图（Function Block Diagram）编程语言，FBD可查看到像逻辑门图形的逻辑盒指令。这是一种类似于数字逻辑门电路的编程语言，有数字电路基础的人很容易掌握。此编程语言用类似与门、或门的方框来表示逻辑运算关系，其左侧是逻辑运算的输入，右侧为输出，不带触点和线圈，但有与之相似的指令，这些指令是以盒指令出现的，程序逻辑由某些盒指令之间的连接决定。也就是说，一个指令（例如AND盒）的输出可以允许另一条指令（例如计数器），可以建立所需要的控制逻辑。FBD编程语言有利于程序流的跟踪，国内很少有人使用这种语言编程。图7-25所示为FBD的一个简单使用例子。

图7-25　FBD简单示例

（4）PLC的程序构成　实现某一工程是在RUN方式下，让主机循环扫描并连续执行程序来实现的，编程可以使用编程软件在计算机或其他专用编程设备中进行（如图形输入设备），也可使用手编器。

PLC程序由三部分构成：用户程序、数据块和参数块。

① 用户程序　用户程序是必备部分。用户程序在存储器空间中也称为组织块，它是最高层次，可管理其他块，是用不同语言（如STL、LAD或FBD等）编写的用户程序。用户程序的结构简单，一个完整的用户控制程序由一个主程序、若干子程序和若干中断程序三大部分构成。在计算机上用编程软件进行编程时只要分别打开主程序、子程序和中断程序的图标即可进入各程序块的窗口。编译时软件自动将各程序进行连接。

② 数据块　数据块为可选部分，它主要存放控制程序运行所需的数据，可以使用十进制、二进制或十六进制数，字母、数字、字符均可。

③ 参数块　参数块也是可选部分，它存放的是CPU组态数据，如果在编程软件或其他编程工具上未进行CPU的组态，则系统以默认值进行自动配置。

7.4.3　CPU的特点和技术规范

S7-200系列PLC的电源有20.4～28.8VDC和85～264 VAC两种，主机上还有24V直流电源，可直接连接传感器和执行机构。输出类型有晶体管（DC）、继电器（DC/AC）两种。可以用普通输入端子捕捉比CPU扫描周期更快的脉冲信号，实现高速计数。2路可达20kHz的高频脉冲输出，用以驱动步进电机和伺服电机。模块上的电位器用来改变特殊寄存器中的数值，可及时更改程序运行中的一些参数，如定时器/计数器的设定值、过程量的控制等。实时时钟可对信息加注时间标记，记录机器运行时间或对过程进行时间控制。

表7-4～表7-6中列出了S7-200系列PLC的主要技术规范，包括CPU规范、CPU输入规范和CPU输出规范。

表7-4 S7-200系列PLC的CPU规范

项目	CPU221	CPU222	CPU224	CPU226	CPU226XM
电源					
输入电压	20.4～28.8VDC/85～264VAC（47～63Hz）				
24VDC传感器 电源容量	180mA		280mA	400mA	
存储器					
用户程序空间	2048字		4096字		8192字
用户数据 （EEPROM）	1024字 （永久存储）		2560字 （永久存储）		5120字 （永久存储）
装备（超级电容） （可选电池）	50h/典型值 （40℃时最少8h） 200天/典型值		190h/典型值 （40℃时最少120h） 200天/典型值		
I/O					
本机数字 输入/输出	6输入/ 4输出	8输入/ 6输出	14输入/ 10输出	24输入/ 16输出	
数字I/O映像区	256（128入/128出）				
模拟I/O映像区	无	32（16入/ 16出）	64（32入/32出）		
允许量大的 扩展模块	无	2模块	7模块		
允许最大的 智能模块	无	2模块	7模块		
脉冲捕捉输入	6	8	14		
高速计数 单相 两相	4个计数器 4个30kHz 2个20kHz	6个计数器 6个30kHz 4个30kHz			
脉冲输出	2个20kHz（仅限于DC输出）				
常规					
定时器	256个定时器：4个定时器（1ms）；16个定时器（10ms）； 236个定时器（100ms）				
计数器	256（由超级电容器或电池备份）				
内部存储器位 掉电保护	256（由超级电容器或电池备份） 112（存储在EEPROM）				
时间中断	2个1ms的分辨率				

续表

项目	CPU221	CPU222	CPU224	CPU226	CPU226XM
边沿中断	4个上升沿和/或4个下降沿				
模拟电位器	1个8位分辨率		2个8位分辨率		
布尔量运算执行速度	每条指令0.7μs				
时钟	可选卡件		内置		
卡件选项	存储卡、电池卡和时钟卡		存储卡和电池卡		
集成的通信功能					
接口	一个RS-485口		两个RS-485口		
PPI，DP/T波特率	9.6、19.2、187.5KBaud				
自由口波特率	1.2K ～ 115.2KBaud				
每段最大电缆长度	使用隔离的中继器：187.5KBaud可达1000m，38.4KBaud可达1200m 未使用中继器：50m				
最大站点数	每段32个站，每个网络126个站				
最大主站数	32				
点到点（PPI主站模式）	是（NETR/NETW）				
MPI连接	共4个，2个保留（1个给PG，1个给OP）				

表7-5　S7-200系列PLC的CPU输入规范

常　规	24VDC输入
类型	漏型/源型（IEC类型1漏型）
额定电压	24VDC，4mA典型值
最大持续允许电压	30VDC
浪涌电压	35VDC，0.5s
逻辑1（最小）	15VDC，2.5mA
逻辑0（最大）	5VDC，1mA
输入延迟	可选（0.2 ～ 12.8ms） CPU226，CPU226XM：输入点I1.6 ～ I2.7具有固定延迟（4.5ms）
连接2线接近开关传感器（Bero）允许漏电电流	最大1mA

续表

常　　规	24VDC输入	
隔离（现场与逻辑） 光电隔离 隔离组	是 500VAC，1min	
高速输入速率（最大） 逻辑1=15～30VDC 逻辑1=15～26VDC	单相 20kHz 30kHz	两相 10kHz 20kHz
同时接通的输入	55℃时所有的输入	
电线长度（最大） 屏蔽 非屏蔽	普通输入500m，HSC输入50m 普通输入300m	

表7-6　S7-200系列PLC的CPU输出规范

常　　规	24VDC输出	继电器输出
类型	固态-MOSFET	干触点
额定电压	24VDC	24VDC或250VAC
电压范围	20.4～28.8VDC	5～30VDC或5～250VAC
浪涌电流（最大）	8A，100ms	7A触点闭合
逻辑1（最小）	20VDC，最大电流	—
逻辑0（最大）	0.1VDC，10kΩ负载	—
每点额定电流（最大）	0.75A	2.0A
每个公共端的额定电压（最大）	6A	10A
漏电流（最大）	10μA	—
灯负载（最大）	5W	30WDC，200WAC
感性钳位电压	L^{+}_{-} 48VDC，1W功耗	—
接通电阻（接点）	0.3Ω最大	0.2Ω（新的时候的最大值）
隔离 光电隔离（现场到逻辑） 逻辑到接点 接点到接点 电阻（逻辑到接点） 隔离组	500VAC，1min — — — —	— 1500VAC，1min 750VAC，1min 100MΩ —
延时 断开到接通到断开（最大） 切换（最大）	2/10μs（Q0.0和Q0.1） 15/100μs（其他） —	— — 10ms

续表

常　规	24VDC输出	继电器输出
脉冲频率（最大）Q0.0和Q0.1	20kHz	1Hz
机械寿命周期	—	10000000（无负载）
触点寿命	—	100000（额定负载）
同时接通的输出	55℃时，所有的输出	55℃时，所有的输出
两个输出并联	是	否
电缆长度（最大） 屏蔽 非屏蔽	 500m 150m	 500m 150m

S7-200系列PLC的存储系统由RAM和EEPROM构成，同时，CPU模块支持EEPROM存储器卡。用户数据可通过主机的超级电容存储若干天；电池模块可选，可使数据存储时间延长到200天，各CPU的存储容量见表7-7。

表7-7　S7-200系列PLC的CPU存储器范围和特性总汇

描　述	范　围				存储格式			
	CPU221	CPU222	CPU224	CPU226	位	字节	字	双字
用户程序区	2K字	2K字	4K字	8K字				
用户数据区	1K字	1K字	4K字	5K字				
输入映像寄存器	I0.0～I15.7	I0.0～I15.7	I0.0～I15.7	I0.0～I15.7	Ix.y	IBx	IWx	IDx
输出映像寄存器	Q0.0～Q15.7	Q0.0～Q15.7	Q0.0～Q15.7	Q0.0～Q15.7	Qx.y	QBx	QWx	QDx
模拟输入（只读）	—	AIW0～AIW30	AIW0～AIW62	AIW0～AIW62			AIWx	
模拟输出（只写）	—	AQW0～AQW30	AQW0～AQW62	AQW0～AQW62			AQWx	
变量存储器	VB0～VB2047	VB0～VB2047	VB0～VB8191	VB0～VB10239	Vx.y	VBx	VWx	VDx
局部存储器	LB0.0～LB63.7	LB0.0～LB63.7	LB0.0～LB63.7	LB0.0～LB63.7	Lx.y	LBx	LWx	LDx

续表

描述	范围				存储格式			
	CPU221	CPU222	CPU224	CPU226	位	字节	字	双字
位存储器	M0.0～M31.7	M0.0～M31.7	M0.0～M31.7	M0.0～M31.7	Mx.y	MBx	MWx	MDx
特殊存储器（只读）	SM0.0～SM179.7 SM0.0～SM29.7	SM0.0～SM199.7 SM0.0～SM29.7	SM0.0～SM179.7 SM0.0～SM29.7	SM0.0～SM179.7 SM0.0～SM29.7	SMx.y	SMBx	SMWx	SMDx
定时器	256（T0～T255）	256（T0～T255）	256（T0～T255）	256（T0～T255）	Tx		Tx	
保持接通延时1ms	T0，T64	T0，T64	T0，T64	T0，T64				
保持接通延时10ms	T1～T4 T65～T68	T1～T4 T65～T68	T1～T4 T65～T68	T1～T4 T65～T68				
保持接通延时100ms	T5～T31 T69～T95	T5～T31 T69～T95	T5～T31 T69～T95	T5～T31 T69～T95				
接通/断开时1ms	T32，T96	T32，T96	T32，T96	T32，T96				
接通/断开延时10ms	T33～T36，T97～T100	T33～T36，T97～T100	T33～T36，T97～T100	T33～T36，T97～T100				
接通/断开延时100ms	T37～T63 T101～T225	T37～T63 T101～T225	T37～T63 T101～T225	T37～T63 T101～T225				
计数器	C0～C255	C0～C255	C0～C255	C0～C255	Cx		Cx	
高速计数器	HC0，HC3～HC5	HC0，HC3～HC5	HC0～HC5	HC0～HC5				HCx
顺控继电器	S0.0～S31.7	S0.0～S31.7	S0.0～S31.7	S0.0～S31.7	Sx.y	SBx	SWx	SDx
累加器	AC0～AC3	AC0～AC3	AC0～AC3	AC0～AC3		ACx	Acx	ACx
跳转/标号	0～255	0～2550	0～255	0～255				
调用/子程序	0～63	0～63	0～63	0～63				

续表

描述	范围				存储格式			
	CPU221	CPU222	CPU224	CPU226	位	字节	字	双字
中断程序	0～127	0～127	0～127	0～127				
回路	0～7	0～7	0～7	0～7				
通信口	0	0	0	0，1				

注：1．LB60～LB63为STEP7-Micro/WIN32V3.0或更高版本保留。

2．若S7-200系列PLC的性能提高而使参数改变，作为教材，不能及时更正，请参考西门子的相关产品手册。

7.5 西门子S7-200系列PLC元件

PLC中的每个输入/输出、内部存储单元、定时器和计数器等称为软元件。各元件有不一样的功能，有固定的地址。软元件的数量决定了PLC的规模和性能，每一种PLC软元件的数量是有限的。

软元件是PLC内部的具有一定功能的器件，实际上由电子电路和寄存器及存储器单元等组成。如输入继电器由输入电路和输入映像寄存器构成；输出继电器由输出电路和输出映像寄存器构成；定时器和计数器由特定功能的寄存器构成。都具有继电器特性，无机械触点。为便于区别这类元件与低压电器中的元件，故称为软元件或软继电器，其最大特点是触点（包括常开触点和常闭触点）可无限次使用，且寿命长。

编程时，只记住软元件的地址即可。每个软元件都有一个地址与之相对应，地址编排用区域号加区域内编号的方式，即PLC根据软元件的功能不同，分成了不同区域，如输入/输出继电器区、定时器区、计数器区、特殊继电器区等，分别用I、Q、T、C、SM等来表示。

（1）输入继电器（I） 输入继电器一般都有一个PLC的输入端子与之对应，用于接收外部的开关信号。当外部的开关信号闭合时，输入继电器的线圈得电，常开触点闭合，常闭触点断开。触点可在编程时任意使用，不受次数限制。

扫描周期开始时，PLC对各输入点采样，并把采样值传到输入映像寄存器。接下来的本周期各阶段不再改变输入映像寄存器中的值，直到下一个扫描周期的输入采样阶段。

使用时输入点数不能超过这个数量，没有使用输入映像区可作其他编程元件使用，可作通用辅助继电器或数据寄存器，只能在寄存器的某个字节的8位都未被使用的情况下才可作他用，否则会出现错误的执行结果。

（2）输出继电器（Q） 输出继电器一般都有一个PLC上的输出端子与之对应。当输出继电器线圈得电时，输出端开关闭合，可控制外部负载的开关信号，同时常开触点闭合，常闭触点断开。触点可在编程时任意使用，不受次数限制。

扫描周期的输入采样、程序执行时，并不把输出结果直接送到输出映像寄存器，而是直接送到输出继电器，只有在每个扫描周期的末尾才将输出映像寄存器的结果同步送到输出锁存器并对输出点进行更新，未被占用的输出映像区的用法与输入继电器相同。

（3）通用辅助继电器（M） 通用辅助继电器与低压电器的中间继电器作用一样，在PLC中无输入/输出端与之对应，故触点不能直接负载。这是与输出继电器的显著区别，主要起逻辑控制作用。

（4）特殊继电器（SM） 某些辅助继电器具有特殊功能或用来存储系统的状态变量、有关的控制参数和信息，称为特殊继电器。如可读取程序运行时设备工作状态和运算结果信息，利用某些信息实现控制动作，也可通过直接设置某些特殊继电器位来使设备实现某种功能。如：

① SM0.1 首次扫描为1，以后为0，常用作初始化脉冲，属只读型。

② SM36.5 HSC0 当前计数方向控制，置位时，递增计数，属可写型。

③ SMB28和SMB29 分别存储模拟电位器0和1的输入值，CPU每次扫描时该值更新，属只读型。

常用特殊继电器的功能参见表7-8。

（5）变量存储器（V） 变量存储器存储变量。可存放程序执行时控制逻辑操作的结果，也可用变量存储器来保存与工程相关的

表7-8 常用特殊继电器SM0和SM1的位信息

特殊存储器位	
SM0.0	该位始终为ON
SM0.1	首次扫描时为ON，常用作初始化脉冲
SM0.2	保持数据丢失时为ON，一个扫描周期，可用作错误存储器位
SM0.3	开机进入RUN时为ON，一个扫描周期，可在不断电的情况下代替SM0.1功能
SM0.4	时钟脉冲：30s闭合/30s断开
SM0.5	时钟脉冲：0.5s闭合/0.5s断开
SM0.6	扫描时钟脉冲：闭合1个扫描周期/断开1个扫描周期
SM0.7	开关放置在RUN位置时为1，在TERM位置为0，常用在自由口通信处理中
SM1.0	执行某些指令，结果为0时置位
SM1.1	执行某些指令，结果溢出或非法数值时置位
SM1.2	执行运算指令，结果为负数时置位
SM1.3	试图除以零时置位
SM1.4	执行ATT指令，超出表范围时置位
SM1.5	从空表中读数时置位
SM1.6	非BCD数转换为二进制数时置位
SM1.7	ASCⅡ码到十六进制数转换出错时置位

某些数据。数据处理时，经常用到变量存储器。

（6）局部变量存储器（L） 局部变量存储器存放局部变量。局部变量存储器与变量存储器的相同点是存储的全局变量十分相似，不同点在于全局变量是全局有效的，而局部变量是局部有效的。全局有效是指同个变量可被任何程序（包括主程序、子程序和中断程序）访问；而局部有效是指变量只和特定的程序相关联。

S7-200系列PLC提供64个字节的局部存储器，有60个可作暂时存储器给予程序传递参数。主程序、子程序和中断程序都有64个字节的局部存储器可供使用。不同程序中局部存储器不能相互访问。根据需要动态地分配局部存储器，主程序执行时，分配给子程序或中断程序的局部变量存储区是不存在的，当调用子程序或中断程序时，需为之分配局部存储器，新的局部存储器可以是曾经分配给其他程序块的同一个局部存储器。

（7）顺序控制继电器（S） 顺序控制继电器也称为状态器，应用在顺序控制或步进控制中。

（8）定时器（T） 定时器是PLC中重要的元件，是累计时间增量的内部器件。大部分自动控制领域都用定时器进行时间控制，灵活方便。使用定时器可以编制出复杂动作的控制程序。

定时器的工作原理与时间继电器基本相同，只是缺少瞬动触点，要提前输入时间预设值。当定时器满足输入条件时便开始计时，当前值从0开始按一定的时间单位增加，当前值达到预设值时，定时器常开触点闭合，常闭触点断开，其触点便可得到控制所需的时间。

（9）计数器（C） 计数器用来累计输入脉冲的个数，通常对产品进行计数或进行特定功能的编程，应提前输入设定值（计数的个数）。当输入条件满足时，计数器开始累计它的输入端脉冲上升沿（正跳变）的个数；计数达到预定的设定值时，常开触点闭合，常闭触点断开。

（10）模拟量输入映像寄存器（AI）、模拟量输出映像寄存器（AQ） 模拟量输入电路可实现模拟量/数字量（A/D）之间的转换，而模拟量输出电路可实现数字量/模拟量（D/A）之间的转换。

在模拟量输入/输出映像寄存器中，数字量的长度为1个字长（16位），且从偶字节进行编址来存取转换过的模拟量值，如0、2、4、6、8等。编址内容包括元件名称、数据长度和起始字节的地址，如：AIW0、AQW2等。

这两种寄存器的存取方式的区别：模拟量输入寄存器只能进行读取操作，而对模拟量输出寄存器只能进行写入操作。

（11）高速计数器（HC） 高速计数器的工作原理与普通计数器没有太大区别，用来累计比主机扫描速率更快的高速脉冲。高速计数器的当前值是一个双字长（32）的整数，且为只读取。高速计数器的数量很少，编址时只用名称HC和编号，如HC0。

（12）累加器（AC） S7-200系列PLC提供4个32位累加器，分别为AC0、AC1、AC2、AC3。累加器（AC）用来暂时存放数据，如运算数据、中间数据和结果数据，也可用来向子程序传递参数，或从子程序返回参数。使用时只表示出累加器的地址编号，如

AC0。累加器可进行读、写两种操作。累加器的可用长度为32位，数据长度可为字节（8位）、字（16位）或双字（32位）。在使用时，数据长度取决于进出累加器的数据类型。

7.6 西门子S7-200系列PLC的基本指令及举例

7.6.1 基本指令及示例

讲解指令和示例时，主要使用LAD程序，编程时以独立的网络块（Network）为单位，用网络块组合在一起就是梯形图程序，这也是S7-200系列PLC的特点。

（1）逻辑取及线圈指令　逻辑取及线圈驱动指令为LD、LDN和=，如图7-26所示。

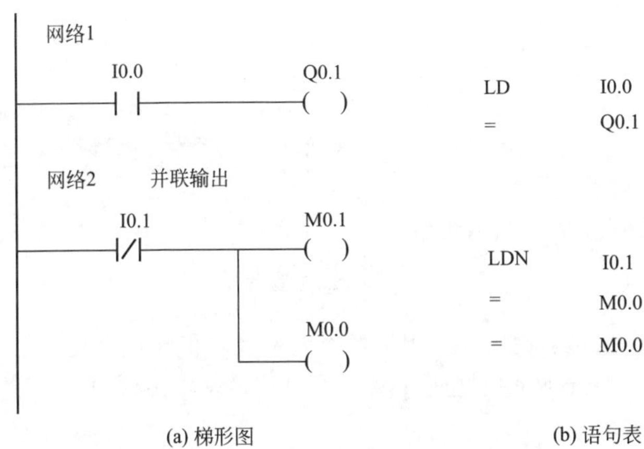

图7-26　LD、LDN、=指令使用示例

LD（Load）：取指令。用于网络块逻辑运算开始的常开触点与母线的连接。

LDN（Load Not）：取反指令。用于网络块逻辑运算开始的常闭触点与母线的连接。

=（Out）：线圈驱动指令。

说明：

① LD、LDN指令可用于网络块逻辑计算开始时与母线相连的常开和常闭触点，在分支电路块的开始也可使用LD、LDN指令，与后面要讲的ALD、OLD指令配合完成电路块的编程。

② 并联的“=”指令可连续使用任意次。

③ 在同一程序中不能使用双线圈输出，即同一个元器件在同一程序中只使用一次=指令。

④ LD、LDN、=指令的操作数为：I、Q、M、SM、T、C、V、S和L。T和C也作为输出线圈，但在S7-200系列PLC中输出时不是以使用=指令形式出现的（见定时器和计数器指令）。

（2）触点串联指令　触点串联指令为A、AN，如图7-27所示。

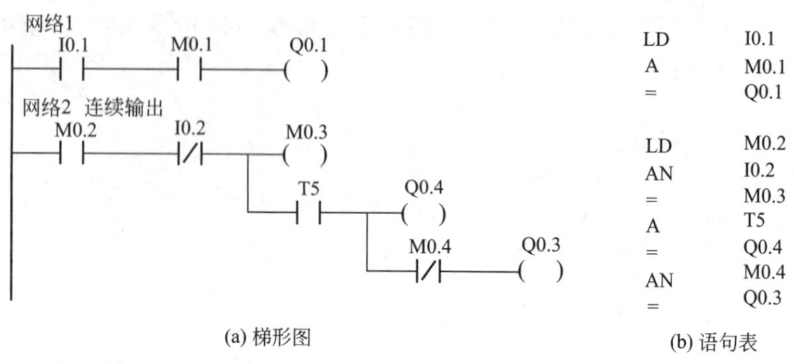

图7-27　A、AN指令使用示例

A（And）：与指令。用于单个常开触点的串联连接。

AN（And Not）：与反指令。用于单个常闭触点的串联连接。

说明：

① A、AN是单个触点串联连接指令，可连续使用，在用梯形图编程时会受到打印宽度和屏幕显示的限制。S7-200系列PLC的编程软件中规定的串联触点使用上限为11个。

② 图7-28中所示的连续输出电路，可以反复使用=指令，但次序必须正确，不然就不能连续使用=指令编程了。

③ A、AN指令的操作数为：I、Q、M、SM、T、C、V、S和L。

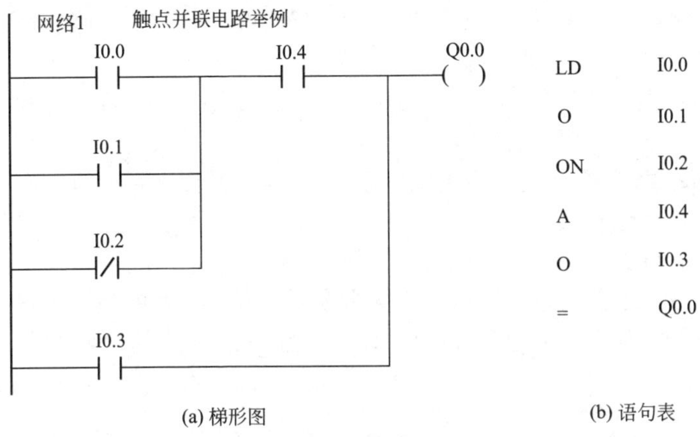

图7-28 O、ON指令使用示例

（3）触点并联指令 触点并联指令为O、ON，如图7-28所示。

O（OR）：或指令。用于单个常开触点的并联连接。

ON（Or Not）：或反指令。用于单个常闭触点的并联连接。

说明：

① 单个触点的O、ON指令可连续使用。

② ON指令的操作数为：I、Q、M、SM、T、C、V、S和L。

③ 两个以上触点的串联回路和其他回路并联时，须采用后面说明的OLD指令。

（4）串联电路块的并联连接指令 串联电路块的并联连接指令为OLD，如图7-29所示。两个以上触点串联形成的支路叫串联电路块。

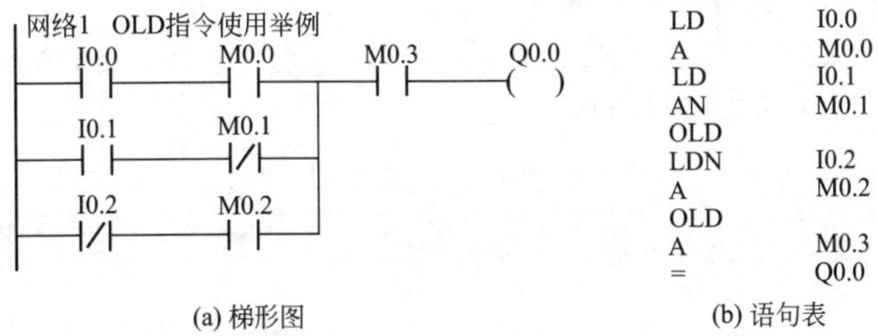

图7-29 OLD指令使用示例

OLD（Or Load）：或块指令。用于串联电路块的并联连接。

说明：

① 网络块逻辑运算的开始可以使用LD或LDN，在电路块的开始也可使用LD和LDN指令。

② 每完成一次电路块的并联时要写上OLD指令。对并联去路的个数没有限制。

③ OLD指令无操作数。

（5）并联电路块的串联连接指令　并联电路块的串联连接指令为ALD，如图7-30所示。两条以上支路并联形成的电路叫并联电路块。

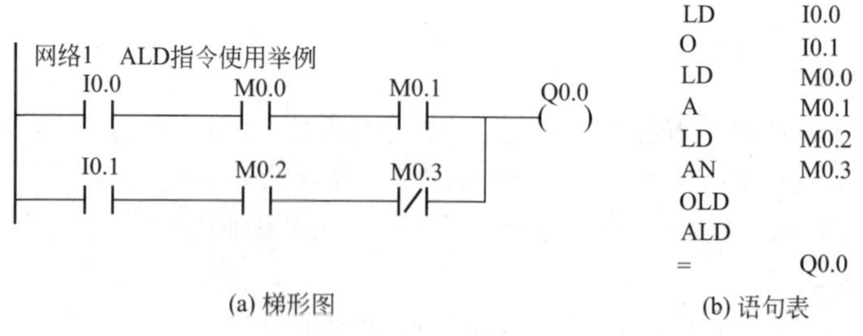

(a) 梯形图　(b) 语句表

图7-30　ALD指令使用示例

ALD（And Load）：与块指令。用于并联电路块的串联连接。

说明：

① 在电路块开始时要写LD或LDN指令。并联电路块结束后，用ALD指令与前面电路串联。

② 在完成一次块电路的串联连接后要写ALD指令。

③ ALD指令无操作数。

（6）置位、复位指令　置位（Set）/复位（Reset）指令的LAD和STL形式以及功能见表7-9。

表7-9　置位/复位指令的功能

项　目	LAD	STL	功　能
置位指令	bit ——（S） *N*	S bit，*N*	从bit开始的*N*个元件置1并保持

续表

项　目	LAD	STL	功　能
复位指令	bit ——（R） N	R bit，N	从bit开始的N个元件清零并保持

图7-31所示为S/R指令的用法。

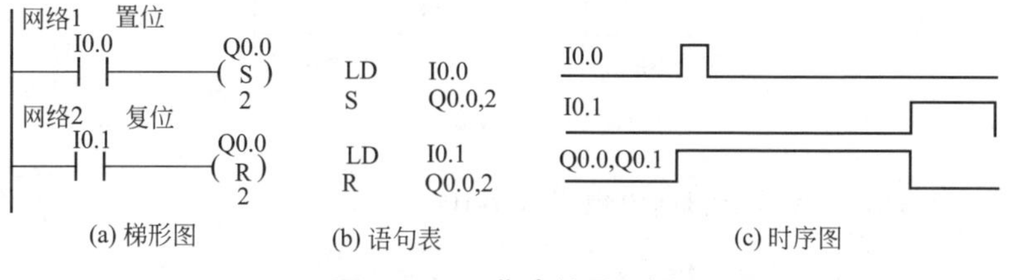

(a) 梯形图　(b) 语句表　(c) 时序图

图7-31　S/R指令使用示例

说明：

① 位元件置位后，就保持在通电状态，可对其复位；而位元件复位后就保持在断电状态，除非再对其置位。

② S/R指令可以互换次序使用，由于PLC采用扫描工作方式进行工作，故写在后面的指令具有优先权。图7-31中，假如I0.0和I0.1同时为1，则Q0.0、Q0.1处于复位状态而为0。

③ 若对计数器和定时器复位，则当前值为0。定时器和计数器的复位有其特殊性，详情参考计数器和定时器部分。

④ N的常数范围为1～255，N也可为：VB、IB、QB、MB、SMB、SB、LB、AC、常数、*VD、*AC和*LD。使用常数时最多。

⑤ S/R指令的操作数为：I、Q、M、SM、T、C、V、S和L。

（7）RS触发器指令　RS触发器指令在Micro/WIN32V3.2编程软件版本中才有。有两条指令：

① SR（Set Dominant Bistable）：置位优先触发器指令。当置位信号（S1）和复位信号（R）都为真时，输出为真。

② RS（Reset Dominant Bistable）：复位优先触发器指令。当置位信号（S）和复位信号（R1）都为真时，输出为假。

RS触发器指令的LAD形式如图7-32所示，图（a）为SR指令，图（b）为RS指令。bit参数用于指定被置位或者被复位的

BOOL参数。RS触发器指令无STL形式，但可通过编程软件把LAD形式转换成STL形式，但很难读懂，故建议使用RS触发器指令最好使用LAD形式。

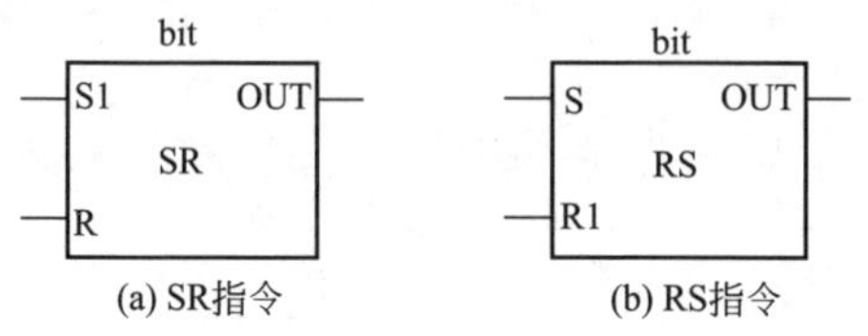

(a) SR指令　　(b) RS指令

图7-32　RS触发器指令

RS触发器指令的真值表见表7-10。

表7-10　RS触发器指令的真值

指　　令	S1	R	输出（bit）
置位优先触发器指令（SR）	0	0	保持前一状态
	0	1	0
	1	0	1
	1	1	1
指令	S	R1	输出（bit）
复位优先触发器指令（RS）	0	0	保持前一状态
	0	1	0
	1	0	1
	1	1	0

RS触发器指令的输入/输出操作数为：I、Q、V、M、SM、S、T、C。bit的操作数为：I、Q、V、M和S。操作数的数据类型均为BOOL型。

图7-33（a）所示为指令的用法，图7-33（b）所示为在给定的输入信号波形下产生的输出波形。

（8）立即指令　立即指令可提高PLC对输入/输出的响应速度，不受PLC循环扫描工作方式的影响，可对输入和输出点进行快速直接存取。当用立即指令读取输入点的状态时，对I进行操作，相应的输入映像寄存器中的值并未更新；当用立即指令访问输

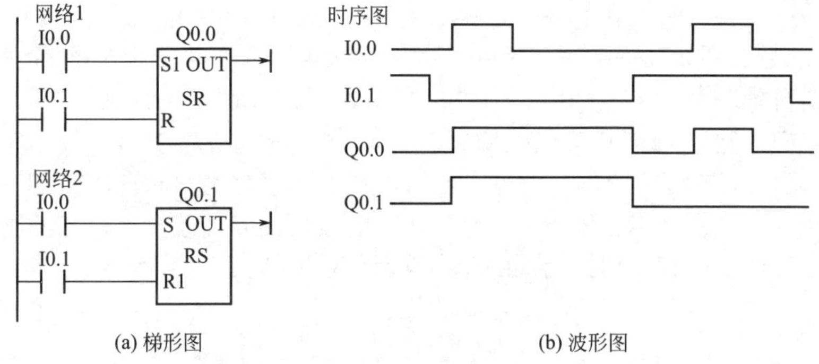

(a) 梯形图　　(b) 波形图

图7-33　RS触发器指令使用示例

出点时，对Q进行操作，新值同时写到PLC的物理输出点和相应的输出映像寄存器。立即指令的名称和使用说明见表7-11。

表7-11　立即指令的名称和使用说明

指令名称	STL	LAD	使用说明
立即取	LDI　bit	bit ——|I|—— bit ——|/I|——	bit只能为I
立即取反	LDNI　bit		
立即或	OI　bit		
立即或反	ONI　bit		
立即与	AI　bit	—	
立即与反	ANI　bit		
立即输出	=I　bit	bit——（I）	bit只能为Q
立即置位	SI　bit，*N*	bit ——（SI） *N*	1.bit只能为Q 2.*N*的范围：1～128 3.*N*的操作数同S/R指令
立即复位	RI　bit，*N*	bit ——（RI） *N*	

图7-34所示为立即指令的用法。一定要注意哪些地方使用了立即指令，哪些地方没有使用立即指令。要理解输出物理触点和相应的输出映像寄存器是不同的概念，要结合PLC工作原理来看时序图。图中，*t*为执行到输出点处程序所用的时间，Q0.0、Q0.1、Q0.2的输入逻辑是I0.0的普通常开触点。Q0.0为普通输出，在程

序执行到它时，它的映像寄存器的状态会随着本扫描周期采集到的I0.0状态的改变而改变，而它的物理触点要等到本扫描周期的输出刷新阶段才改变；Q0.1、Q0.2为立即输出，在程序执行到它们时，它们的物理触点和输出映像寄存器同时改变；而对Q0.3来说，它的输入逻辑是I0.0的立即触点，所以在程序执行到它时，Q0.3的映像寄存器的状态会随着I0.0即时状态的改变而立即改变，而它的物理触点要等到本扫描周期的输出刷新阶段才改变。

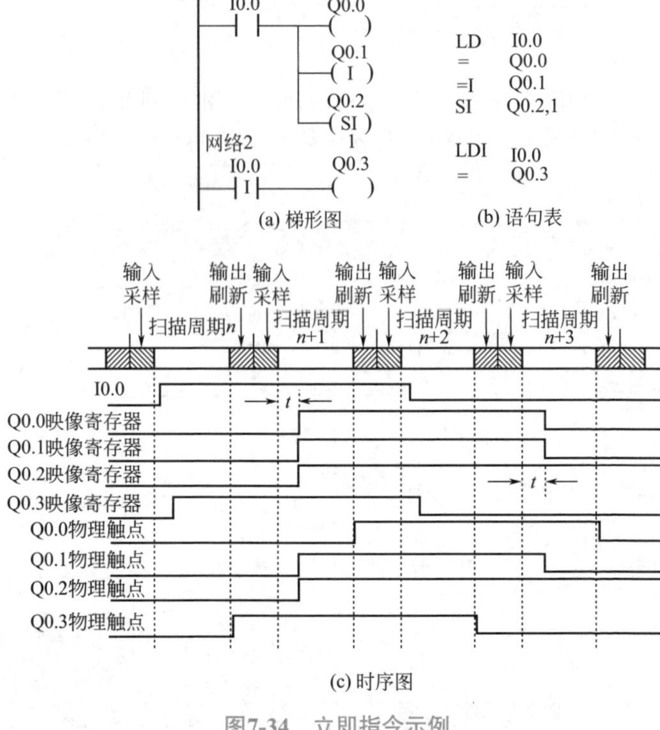

图7-34 立即指令示例

（9）边沿指令 边沿脉冲指令为EU（Edge Up）、ED（Edge Down）。边沿脉冲指令的功能及说明见表7-12。

边沿脉冲指令EU/ED用法如图7-35所示。EU指令对其之前的逻辑运算结果的上升沿产生一个宽度为一个扫描周期的脉冲，如图

表7-12　边沿脉冲指令的功能及说明

指令名称	LAD	STL	功　能	说　明
上升沿脉冲	┤P├	EU	在上升沿产生脉冲	无操作数
下降沿脉冲	┤N├	ED	在下降沿产生脉冲	

7-35中的M0.0。ED指令对逻辑运算结果的下降沿产生一个宽度为一个扫描周期的脉冲，如图7-35中的M0.1。脉冲指令常用于启动及关断条件的判定以及配合功能指令完成一些逻辑控制任务。这两个指令不能直接连在左侧的母线上。

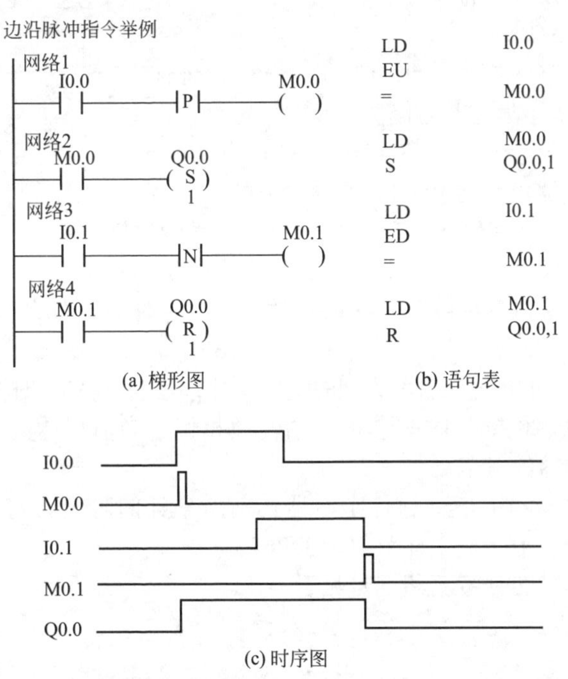

图7-35　边沿脉冲指令EU/ED使用示例

7.6.2　定时器

定时器是PLC中一种使用最多的元件。熟练用好定时器对PLC编程十分重要。使用定时器先要预置定时值，执行时当定时器的输入条件满足时，当前值从0开始按一定的单位增加；达到设定值时，定时器发生动作，以满足各种不同定时控制的需要。

（1）定时器的种类　S7-200系列PLC提供了三种类型的定时器：接通延时定时器（TON）、断开延时定时器（TOF）和有记忆接通延时定时器（TONR）。

（2）定时器的分辨率与定时时间　单位时间的时间增量称为定时器的分辨率。S7-200系列PLC定时器有3个分辨率等级：1ms、10ms和100ms。

定时时间T的计算：T=PT×S。其中T为实际定时时间；PT为设定值；S为分辨率。

如：TON指令使用T33分辨率为10ms的定时器，设定值为100，那么实际定时时间为

$$T=100\times 10\text{ms}=1000\text{ms}$$

定时器的设定值PT，数据类型为INT型。操作数可为：VW、IW、QW、MW、SW、SMW、LW、AIW、T、C、AC、*VD、*AC、*LD和常数，其中使用最多的操作数是常数。

（3）定时器的编号　定时器的编号用定时器的名称和常数（最大数为255）来表示，即T***，如：T37。

定时器的编号包含两方面的变量信息：定时器位和定时器当前值。

定时器位：与时间继电器的性质相似。当前值达到设定值PT时，定时器的触点动作。

定时器当前值：存储定时器当前所累计的时间，它用16位符号整数来表示，最大计数值为32767。

定时器的分辨率和编号见表7-13。

表7-13　定时器的分辨率和编号

定时器类型	分辨率/ms	最大当前值/s	定时器编号
TONR	1	32.767	T0，T64
	10	327.67	T1～T4，T65～T68
	100	3276.7	T5～T31，T69～T95
TON，TOF	1	32.767	T32，T96
	10	327.67	T33～T36，T97～T100
	100	3276.7	T37～T63，T101～T255

TON和TOF使用相同范围的定时器编号。值得注意的是，在同一个PLC程序中不允许把同一个定时器号同时用作TON和TOF。如在编程时，不能既有接通延时（TON）定时器T96，又有断开延时（TOF）定时器T96。

（4）定时器指令使用说明　三种定时器指令的LAD和STL格式如表7-14所示。

表7-14　定时器指令的LAD和STL形式

格式	名称		
	接通延时定时器	有记忆接通延时定时器	断开延时定时器
LAD	—	—	—
STL	TON　T***，PT	TONR　T***，PT	TOF　T***，PT

① 接通延时定时器TON（On-Delay Timer）　接通延时定时器用于单一时间间隔的定时，上电周期内或首次扫描时，定时器位为OFF，当前值为0。当输入端有效，定时器位为OFF，当前值从0开始计时，当前值达到设定值时，定时器位为ON，当前值仍继续计数到32767。输入端断开，定时器自动复位，即定时器位为OFF，当前值为0。

② 记忆接通延时定时器TONR（Tetentive On-Delay Timer）具有记忆功能，用于对许多间隔的累计定时。上电周期内或首次扫描时，定时器位为OFF，当前值保持掉电前的值。当输入端有效时，当前值从上次的保持值继续计时，当前值达到设定值时，定时器位为ON，当前值可继续计数到32767。应注意，只能用复位指令R对其进行复位操作。TONR复位后，定时器位为OFF，当前值为0。

③ 断开延时定时器TOF（Off-Delay Timer）　断开延时定时器用于断电后的单一间隔时间计时，上电周期内或首次扫描时，定时器位为OFF，当前值为0。输入端有效时，定时器位为ON，当前值为0。当输入端由接通到断开时，定时器开始计时。达到设定值时定时器位为OFF，当前值等于设定值，停止计时。输入端再次由OFF→ON时，TOF复位，这时TOF的位为ON，当前值为0。如果输入端再从ON→OFF，则TOF可实现再次启动。

（5）应用示例　图7-36所示为三种类型定时器的基本使用示例，其中T33为TON，T1为TONR，T34为TOF。

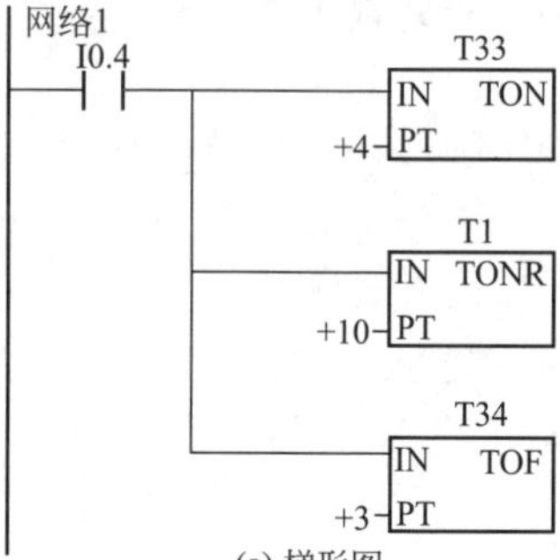

(a) 梯形图

```
LD      I0.4
TON     T33,+4   //接通延时定时器
TONR    T1,+10   //有记忆接通延时定时器
TOF     T34,+3   //断电延时定时器
```

(b) 语句表

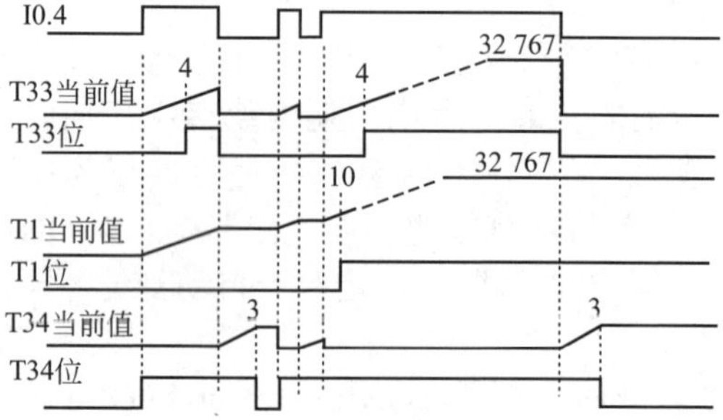

(c) 时序图

图7-36　定时器基本使用示例

7.6.3 计数器

计数器用来累计输入脉冲的个数，在实际中用来对产品进行计数或完成复杂的逻辑控制任务。计数器的使用和定时器基本相似，编程时输入计数设定值，计数器累计脉冲输入信号上升沿的个数。达到设定值时，计数器发生动作，以便完成计数控制任务。

（1）计数器的种类　S7-200系列PLC的计数器有3种：增计数器CTU、增减计数器CTUD和减计数器CTD。

（2）计数器的编号　计数器的编号用计数器名称和数字（0～255）组成，即C***，如C5。

计数器的编号包含两方面的信息：计数器的位和计数器当前值。

计数器位：计数器位和继电器一样是一个开关量，表示计数器是否发生动作的状态。当前值达到设定值时，该位被置位为ON。

计数器当前值：一个存储单元，它用来存储计数器当前所累计的脉冲个数，用16位有符号整数来表示，最大为32767。

（3）计数器的输入端和操作数　设定值输入：数据类型为INT型。寻址范围：VW、IW、QW、MW、SW、SMW、LW、AIW、T、C、AC、*VD、*AC、*LD和常数，计数器的设定值使用最多的是常数。

（4）计数器指令使用说明　计数器指令的LAD和STL格式见表7-15。

表7-15　计数器的指令格式

格式	名称		
	增计数器	增减计数器	减计数器
LAD	???? CU CTU R ???? PV	???? CU CTUD CD R ???? PV	???? CD CTD LD ???? PV
STL	CTU　C***，PV	CTUD　C***，PV	CTD　C***，PV

① 增计数器CTU（Count Up）　首次扫描时，计数器位为OFF，当前值为0。输入端CU的每个上升沿，计数器计数1次，当前值增加一个单位。达到设定值时，计数器位为ON，当前值继续计数到32767后停止计数。复位输入端有效或对计数器执行复位指令，计数器自动复位，即计数器位为OFF，当前值为0。图7-37所示为增计数器的用法。

【注意】 在语句表中，CU、R的编程顺序不能错误。

② 增减计数器CTUD（Count Up/Down）　有两个脉冲输入端：CU输入端用于递增计数，CD输入端用于递减计数。首次扫描时，计数器位为OFF，当前值为0。CU每个上升沿，计数器当前值增加1个单位；CD输入上升沿，都使计数器当前值减小1个单位，达到设定值时，计数器位为ON。

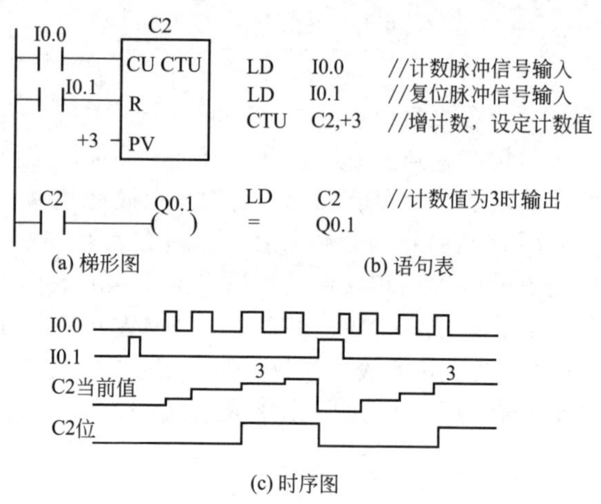

图7-37 增计数器用法示例

增减计数器当前值计数到32767（最大值）后，下一个CU输入的上升沿将使当前值跳变为最小值（–32767）；当前值达到最小值后，下一个CD输入的上升沿将使当前值跳变为最大值32767。

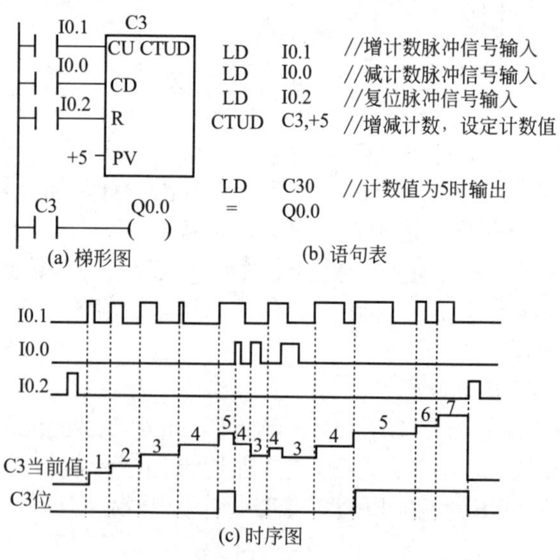

图7-38 增减计数器用法示例

复位输入端有效或复位指令对计数器执行复位操作后，计数器自动复位，即计数器位为OFF，当前值为0。图7-38为增减计数器的用法。

【注意】在语句表中，CU、CD、R的顺序不能错误。

③ 减计数器CTD（Count Down） 首次扫描时，计数器位为OFF，当前值为预设定值PV。CD每个上升沿计数器计数1次，当前值减少一个单位，当前值减小到0时，计数器位置为ON。当复位输入端有效或对计数器执行复位指令时，计数器自动复位，即计数器位为OFF，当前值复位为设定值。图7-39所示为减计数器的用法。

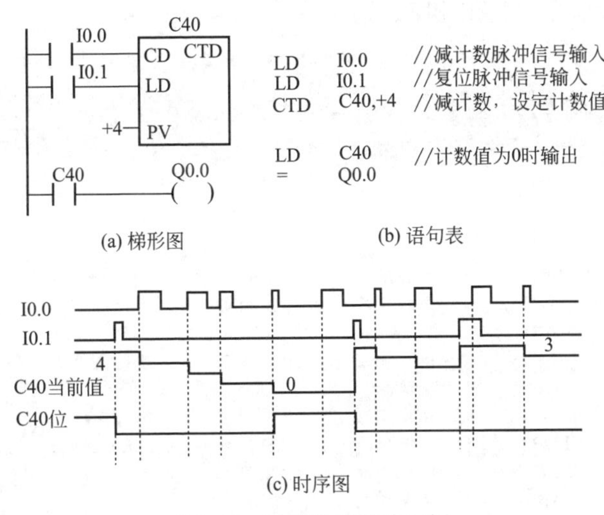

图7-39 减计数器用法示例

【注意】减计数器的复位端是LD，而不是R。在语句表中，CD、LD的顺序不能错误。

7.6.4 比较指令

将两个数值或字符按指定条件进行比较，条件成立时，触点就闭合，否则就断开。操作数可是整数也可是实数，故也是一种位指令，可以串并联使用。比较指令为上、下限控制以及为数值条件判断提供了方便。

（1）比较指令的分类　比较指令有：

- 字节比较B（无符号整数）。
- 整数比较I（有符号整数）。
- 双字整数比较DW（有符号整数）。
- 实数比较R（有符号双字浮点数）。
- 字符串比较。

数值比较指令的运算符有：=、>=、<、<=、>和<>等6种，而字符串比较指令只有=和<>两种。

比较指令的LAD和STL形式见表7-16。

表7-16　比较指令的LAD和STL形式

形式	方　式				
	字节比较	整数比较	双字整数比较	实数比较	字符串比较
LAD （以==为例）	IN1 ┤ ==B ├ IN2	IN1 ┤ ==I ├ IN2	IN1 ┤ ==D ├ IN2	IN1 ┤ ==R ├ IN2	IN1 ┤ ==S ├ IN2
STL	LDB= IN1，IN2 AB= IN1，IN2 OB= IN1，IN2 LDB<> IN1，IN2 AB<> IN1，IN2 OB<> IN1，IN2 LDB< IN1，IN2 AB< IN1，IN2 OB< IN1，IN2 LDB<= IN1，IN2 AB<=	LDW= IN1，IN2 AW= IN1，IN2 OW= IN1，IN2 LDW<> IN1，IN2 AW<> IN1，IN2 OW<> IN1，IN2 LDW< IN1，IN2 AW< IN1，IN2 OW< IN1，IN2 LDW<= IN1，IN2 AW<=	LDD= IN1，IN2 AD= IN1，IN2 OD= IN1，IN2 LDD<> IN1，IN2 AD<> IN1，IN2 OD<> IN1，IN2 LDD< IN1，IN2 AD< IN1，IN2 OD< IN1，IN2 LDD<= IN1，IN2 AD<=	LDR= IN1，IN2 AR= IN1，IN2 OR= IN1，IN2 LDR<> IN1，IN2 AR<> IN1，IN2 OR<> IN1，IN2 LDR< IN1，IN2 AR< IN1，IN2 OR< IN1，IN2 LDR<= IN1，IN2 AR<=	LDS= IN1，IN2 AS= IN1，IN2 OS= IN1，IN2 LDS<> IN1，IN2 AS<> IN1，IN2 OS<> IN1，IN2

续表

形式	方式				
	字节比较	整数比较	双字整数比较	实数比较	字符串比较
STL	IN1，IN2 OB<= IN1，IN2 LDB> IN1，IN2 AB> IN1，IN2 OB> IN1，IN2 LDB>= IN1，IN2 AB>= IN1，IN2 OB>= IN1，IN2	IN1，IN2 OW<= IN1，IN2 LDW> IN1，IN2 AW> IN1，IN2 OW> IN1，IN2 LDW>= IN1，IN2 AW>= IN1，IN2 OW>= IN1，IN2	IN1，IN2 OD<= IN1，IN2 LDD> IN1，IN2 AD> IN1，IN2 OD> IN1，IN2 LDD>= IN1，IN2 AD>= IN1，IN2 OD>= IN1，IN2	IN1，IN2 OR<= IN1，IN2 LDR> IN1，IN2 AR> IN1，IN2 OR> IN1，IN2 LDR>= IN1，IN2 AR>= IN1，IN2 OR>= IN1，IN2	
IN1和IN2寻址范围	IV，QB，MB，SMB，VB，SB，LB，AC，*VD，*AC，*LD，常数	IW，QW，MW，SMW，VW，SW，LW，AC，*VD，*AC，*LD，常数	ID，QD，MD，SMD，VD，SD，LD，AC，*VD，*AC，*LD，常数	ID，QD，MD，SMD，VD，SD，LD，AC，*VD，*AC，*LD，常数	（字符）VB、LB、*VD、*LD、*AC

【说明】 字符串比较指令在PLC　CPU1.21和Micro/WIN32V3.2以上版本中才有。

字节比较用于比较两个无符号字节型8位整数值IN1和IN2的大小，整数比较用于比较两个有符号的一个字长16位的整数值IN1和IN2的大小，范围16#800 ～ 16#7FFF。

双字整数比较用于比较两个有符号双字长整数值IN1和IN2的大小。范围16#80000000 ～ 16#7FFFFFF。

实数比较用于比较两个有符号双字长实数值IN1和IN2的大小，负实数范围为−1.175495E−38 ～ −3.402823E+38，正实数范围是+1.175495E-38 ～ +3.402823E+38。

字符串比较用于比较两个字符串数据是否相同，长度应小于254个字符。

（2）比较指令的用法　由图7-40可以看出，计数器C30中的当前值大于30时，Q0.1为ON；VD1中的实数小于90.8且I0.1为ON时，Q0.0为ON；VB1中的值大于VB2的值或I0.1为ON时，Q0.2为ON。

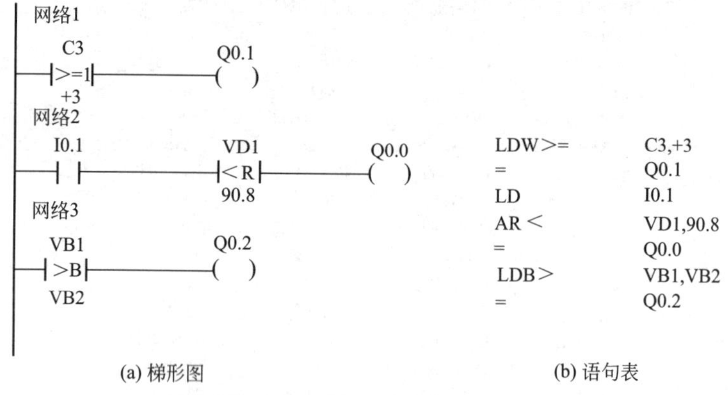

图7-40　比较指令使用示例

7.7 西门子S7-200系列PLC指令简介及指令表

7.7.1 数据处理指令

主要包括传送、移位、字节交换、循环移位和填充等指令。

（1）数据传送类指令　该类指令用来实现各存储单元之间数据的传送。可分为单个传送指令和块传送指令。

① 单个传送（Move）。

指令格式：LAD和STL格式如图7-41（a）所示，指令中“？”处为B、W、DW（LAD中）、D（STL中）或R。

指令功能：使能EN输入有效时，将一个字节（字、双字或实数）数据由IN传送到OUT所指的存储单元。

数据类型：输入输出均为字节（字、双字或实数）。

② 块传送（Block Move）。

指令格式：LAD和STL格式如图7-41（b）所示，指令中“？”处可为B、W、DW（LAD中）、D（STL中）或R。

指令功能：将从IN开始的N个字节（字或双字）型数据传送到从OUT开始的N个字节（字或双字）存储单元。

数据类型：IN和OUT端均为字节（字或双字），N为字节型数据。

③ 字节立即传送（Move Byte Immediate）。字节立即传送和指令中的立即指令一样。

a．字节立即读指令。

指令格式：LAD及STL格式如图7-41（c）所示。

指令功能：将字节物理区数据立即读出，并传送到OUT所指的字节存储单元。对IN信号立即响应不受扫描周期影响。

操作数：IN端为IB，OUT为字节。

b．字节立即写指令

指令格式：LAD及STL格式如图7-41（d）所示。

指令功能：立即将IN单元的字节数据写到OUT所指的字节存储单元的物理区及映像区，把计算出的Q结果立即输出到负载，不受扫描周期影响。

数据类型：IN端为字节，OUT端为QB。

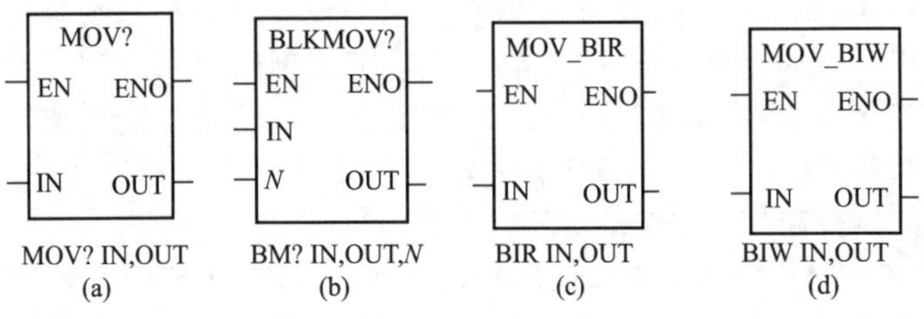

图7-41　传送指令格式

④ 传送指令应用示例。

```
LD      I0.0                  //I0.0有效时执行下面操作
MOVB    VB10，    VB20        //字节VB10中的数据送到字节VB20中
MOVW    VW210，   VW220       //字节VW210中的数据送到字VW220中
MOVD    VD120，   VD220       //双字VD120中的数据送到双安VD220中
```

BMB　　VB230，　VB130，4

//双节VB230开始的4个连续字节中的数据送到VB130开始的4个连续字节存储单元中

BMW　　VW240，　VW140，4

//字VW240开始的4个连续字中的数据送到字VW140开始的4个连续字存储单元中

BMD　　VD250，　VD150，4

//双字VD250开始的4个连续双字中的数据送到VD150开始的4个连续双字存储单元中

BIR　　IB1，　　VB220

//I0.0到I0.7的物理输入状态立即送到VB220中，不受扫描周期的影响

BIW　　VB200，　QB0

//VB200中的数据立即从Q0.0到Q0.7端子输出，不受扫描周期的影响

（2）移位与循环指令　分为左移和右移、左循环和右循环。LAD与STL指令格式中的缩写表示略有不同。

① 移位指令（Shift）　有左移和右移两种。分为字节型、字型和双字型。移位数据存储单元的移出端与SM1.1（溢出）相连，最后被移出的位被移至SM1.1位存储单元。移出位进入SM1.1，另一端自动补0。例如，右移时，移位数据最右端的位移入SM1.1，则左端补0。SM1.1存放最后一次被移出的位，移位次数与移位数据的长度有关，所需要移位次数大于移位数据的位数，超出次数无效。如字节左移时，若移位次数设定为10，则指令实际执行结果只能移位8次，而超出的2次无效。若移位操作使数据变为0，则零存储器标志位（SM1.0）自动置位。

【注意】 移位指令在使用LAD编程时，OUT可以是和IN不同的存储单元，但在使用STL编程时，因为只写一个操作数，所以实际上OUT就是移位后的IN。

a．右移指令。

指令格式：LAD及STL格式如图7-42（a）所示，指令中“？”处可为B、W、DW（LAD中）或D（STL中）。

指令功能：将字节型（字型或双字型）输入数据IN右移*N*位后，再将结果输出到OUT所指的字节（字或双字）存储单元。

数据类型：IN和OUT均为字节（字或双字），N为字节型数据，可为8、16、32。

b. 左移指令。

指令格式：LAD及STL格式如图7-42（b）所示，指令中“？”处可为B、W、DW（LAD中）或D（STL中）。

指令功能：将字节型（字节或双字型）输入数据IN左移N位，后将结果输出到OUT所指的字节（字或双字）存储单元。最大实际可移位次数为8位（16位或32位）。

数据类型：输入输出均为字节（字或双字），N为字节型数据。

c. 移位指令示例。

```
LD          I0.0                 //I0.0有效时执行下面操作
MOVB        2#00110101, VB0      //将字节2#00110101送到VB0中
SLB         VB0, 4               //字节左移指令，则VB0内容为
                                   2#01010000
MOVW        16#3535, VW10        //将字16#3535送到VW10中
SRW         VW10, 3              //字左移指令，则VW10内容为
                                   16#06A6
```

② 循环移位指令（Rotate） 有循环左移和循环右移，分为字节、字或双字。循环数据存储单元的移出端与另一端相连，同时又与SM1.1（溢出）相连，最后被移出的位移到另一端，同时移到SM1.1位。如循环右移时，移位数据最右端位移入最左端，同时又进入SM1.1。SM1.1存放最后一次被移出的位。移位次数与移位数据的长度有关，移位次数设定值大于移位数据的位数，则在进行循环移位之前，系统先进入的设定值取以数据长度为底的模，用小于数据长度的结果作为实际循环移位的次数。

a. 循环右移指令。

指令格式：LAD及STL格式如图7-42（c）所示，指令中“？”处可为B、W、DW（LAD中）或D（STL中）。

指令功能：将字节型（字型或双字型）输入数据IN循环右移N位后，再将结果输出到OUT所指的字节（字或双字）存储单元。实际移位次数为系统设定值取以8（16或32）为底的模所得结果。

数据类型：IN、OUT端均为字节（字或双字），N为字节型

数据。

b．循环左移指令。

指令格式：LAD及STL格式如图7-42（d）所示，指令中“？”处可为B、W、DW（LAD中）或D（STL中）。

指令功能：将字型（字型或双字型）输入数据IN循环左移N位后，再将结果输出到OUT所指的字节（字或双字）存储单元。实际移位次数与循环右移相同。

数据类型：与循环右移指令相同。

c．循环移位指令示例。

```
LD       I0.0              //I0.0有效地执行下面操作
MOVB     16#FE，VB100      //将16#FE送到VB100中
RLB      VB100，1          //循环左移，则VB100中为16#FD
```

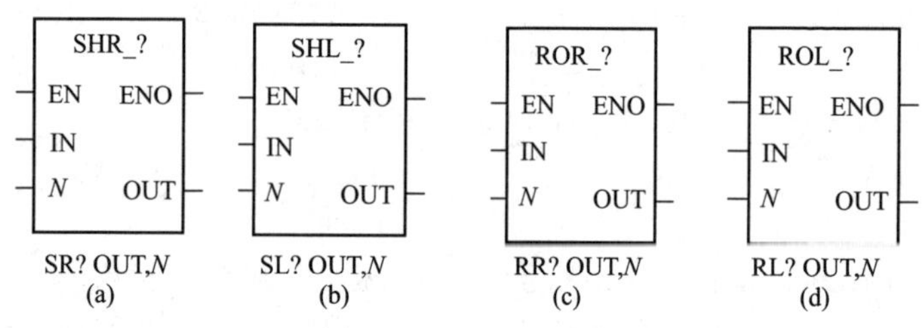

图7-42　循环移位指令格式

（3）字节交换及填充指令

① 字节交换指令（Swap Bytes）。

指令格式：LAD及STL格式如图7-43（a）所示。

指令功能：将字型输入数据IN的高字节和低字节进行交换。

数据类型：输入为字。

② 字节交换指令示例。

```
LD       I0.0              //I0.0有效时执行下面操作
EU                         //在I0.0的上升沿执行
MOVW     16#C510，VW100    //将16#C510送到VW100中
SWAP     VW100             //字节交换，则VW100中为16#10C5
```

③ 填充指令（Memory Fiu）。

指令格式：LAD及STL格式如图7-43（b）所示。

指令功能：将字型输入数据IN填充到从输出OUT所指的单元开始的*N*个字存储单元。

数据类型：IN和OUT为字型，*N*为字节型数据，可取值范围为1～255的整数。

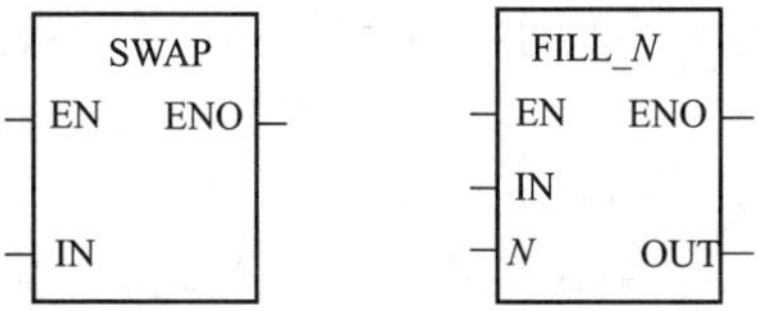

SWAP IN
(a)

FILL IN,OUT,*N*
(b)

图7-43 字节交换及填充指令格式

④ 填充指令示例。

```
LD      SM0.1               //初始化操作
FILL    0,  VW100，12       //填充指令，将0填充到从VW100开始的
                              12个存储单元
```

7.7.2 算术运算指令

算术运算指令由加、减、乘、除等组成，均是对有符号数进行操作，每类指令又包括整数、双整、实数的算术运算指令。

（1）加法指令（Add）

① 指令格式：LAD及STL格式如图7-44（a）所示，指令中“？”处可为I、DI（LAD中）、D（STL中）或R。

② 指令功能：LAD中，IN1+IN2=OUT；STL中，IN1+OUT=OUT。

③ 数据类型：整数加法时，输入输出均为INT；双整数加法时，输入输出均为DINT；实数加法时，输入输出均为REAL。

（2）减法指令（Subtract）

① 指令格式：LAD及STL格式如图7-44（b）所示，指令中“？”处可为I、DI（LAD中）、D（STL中）或R。

② 指令功能：LAD中，IN1−IN2=OUT；STL中，OUT−IN1=OUT。

③ 数据类型：整数减法时，输入输出均为INT；双整数减法时，输入输出均为DINT；实数减法时，输入输出均为REAL。

（3）乘法指令

① 一般乘法指令（Multiply）。

指令格式：LAD及STL格式如图7-44（c）所示，指令中“？”

处可为I、DI（LAD中）、D（STL中）或R。

指令功能：在LAD中，IN1×IN2=OUT；在STL中，IN1×OUT=OUT。

数据类型：整数乘法时，输入输出均为INT；双整数乘法时，输入输出均为DINT；实数乘法时，输入输出均为REAL。

② 完全整数乘法（Multiply Integer to Double Integer）。

将两个单字长（16位）的符号整数IN1和IN2相乘，产生一个32位双整数结果OUT。

指令格式：LAD及STL格式如图7-44（d）所示。

指令功能：LAD中，IN1×IN2=OUT；STL中，IN1×OUT=OUT。32位运算结果存储单元的低16位运算前用于存放被乘数。

数据类型：输入为INT，输出为DINT。

（4）除法指令

① 一般除法指令（Divide）。

指令格式：LAD及STL格式如图7-44（e）所示，指令中“？”处可为I、DI（LAD中）、D（STL中）或R。

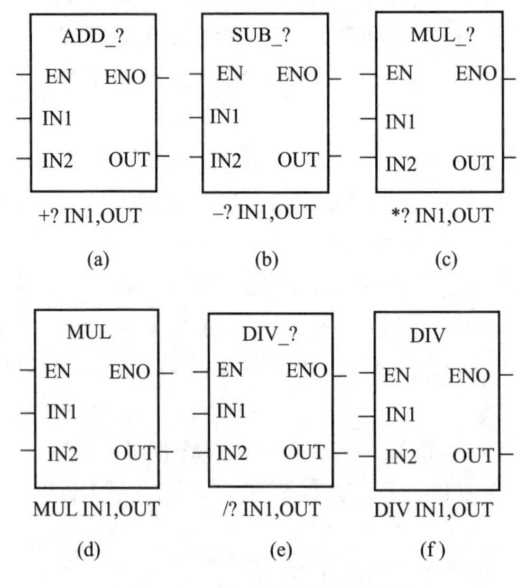

图7-44　算术运算指令格式

算术运算先使用LAD设计，再转换成STL

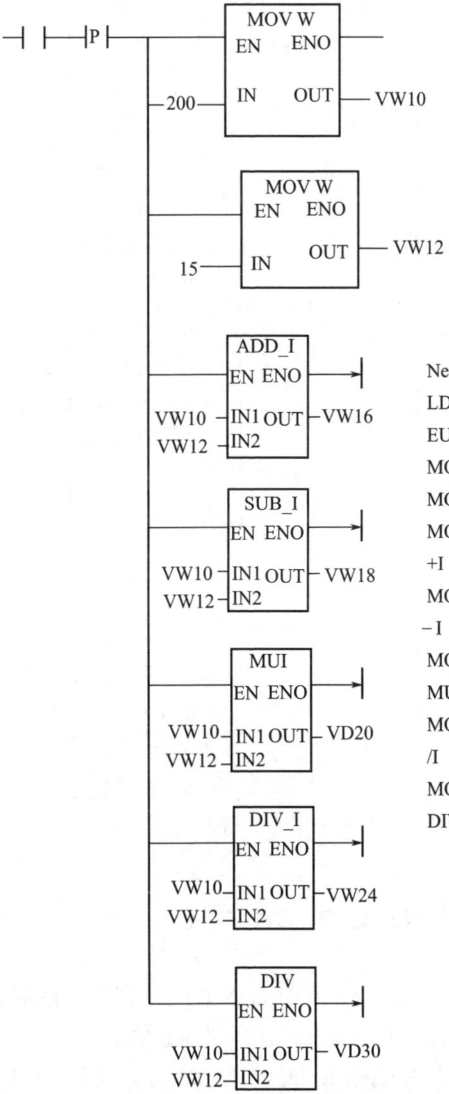

(a) 梯形图

```
Network1
LD     I0.0
EU
MOVW     200, VW10       //VW10=200
MOVW     15,  VW12       //VW12=15
MOVW     VW10,VW16
+I       VW12,VW16       //VW16=215
MOVW     VW10,VW18
-I       VW12,VW18       //VW18=185
MOVW     VW10,VW22
MUL      VW12,VD20       //VD20=3000
MOVW     VW10,VW24
/I       VW12,VW24       //VW24=13
MOVW     VW10,VW32
DIV      VW12,VD30       //VW30=5
                         //VW32=13
```

(b) 语句表

图7-45 算术运算指令综合示例1

算术运算先用STL设计，再转换成梯形图

```
Network1
LD     I0.0
       EU
MOVW   200,VW10
MOVW   15,VW12
+I     VW10,VW12
-I     VW10,VW14
MUL    VW10,VD20
/I     VW10,VW24
DIV    VW10,VD30
```

(a) 语句表

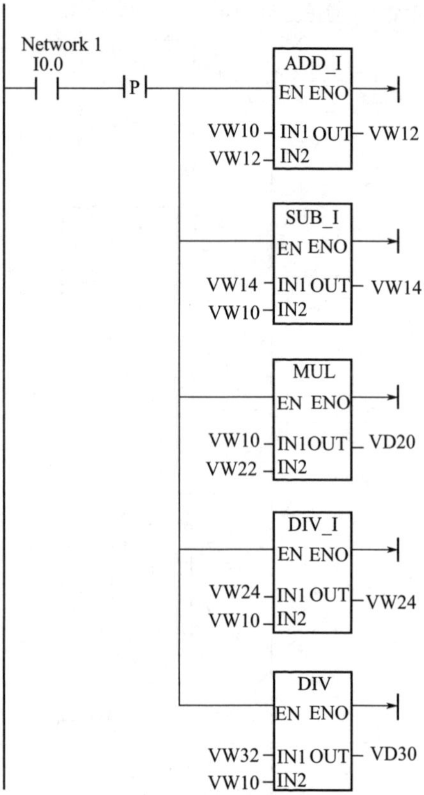

Network 1
I0.0
P
ADD_I
EN ENO
VW10 - IN1 OUT - VW12
VW12 - IN2
SUB_I
EN ENO
VW14 - IN1 OUT - VW14
VW10 - IN2
MUL
EN ENO
VW10 - IN1 OUT - VD20
VW22 - IN2
DIV_I
EN ENO
VW24 - IN1 OUT - VW24
VW10 - IN2
DIV
EN ENO
VW32 - IN1 OUT - VD30
VW10 - IN2

(b) 梯形图

图7-46　算术运算指令综合示例2

指令功能：LAD中，IN1÷IN2=OUT；STL中，OUT÷IN1= OUT。不保留余数。

数据类型：整数除法时，输入输出均为INT；双整数除法时，输入输出均为DINT；实数除法时，输入输出均为REAL。

② 完全整数除法（Divide Integer to Double Integer）。将两个16位的符号整数相除，产生一个32位结果，其中，低16位为商，高16位为余数。

指令格式：LAD及STL格式如图7-44（f）所示。

指令功能：LAD中，IN1/IN2=OUT；STL中，OUT/IN1=OUT。32位结果存储单元的低16位运算前被兼用存放被除数。除法运算结果，商放在OUT的低16位字中，余数放在OUT的高16位字中。

数据类型：输入为INT，输出为DINT。

③ 如图7-45所示为算术运算指令综合示例1。

④ 如图7-46所示为算术运算指令综合示例2。

7.7.3 逻辑运算指令

逻辑运算对无符号数进行处理，分逻辑与、逻辑或、逻辑异或和取反等，每一种指令都包括字节、字、双字的逻辑运算。参与运算的操作数可以是字节、字或双字，但应注意输入和输出的数据类型应一致，如输入为字，则输出也为字。

（1）逻辑与运算指令（Logic And）

① 指令格式：LAD及STL格式如图7-47（a）所示，指令中“？”处可为B、W、DW（LAD中）或D（STL中）。

② 指令功能：把两个一个字节（字或双字）长的输入逻辑数按位相与，得到一个字节（字或双字）的逻辑数并输出到OUT。

在STL中OUT和IN2使用同一个存储单元，可理解为和“1”与值不变，和“0”与值为0。

（2）逻辑或运算指令（Logic Or）

① 指令格式：LAD及STL格式如图7-47（b）所示，指令中“？”处可为B、W、DW（LAD中）或D（STL中）。

② 指令功能：把两个一个字节（字或双字）长的输入逻辑数按位相或，得到一个字节（字或双字）的逻辑数并输出到OUT。在STL中OUT和IN2使用同一个存储单元，可理解为和“1”或值为“1”，和“0”或值不变。

（3）逻辑异或运算指令（Logic Exclusive Or）

① 指令格式：LAD及STL格式如图7-47（c）所示，指令中“？”处可为B、W、DW（LAD中）或D（STL中）。

② 指令功能：把两个一个字节（字或双字）长的输入逻辑数按位相异或，得到一个字节（字或双字）的逻辑数并输出到OUT。

在STL中OUT和IN2使用同一个存储单元，可理解为和“0”异或值不变，和“1”异或值取反，也可这样说，相同为“0”，相异为“1”。

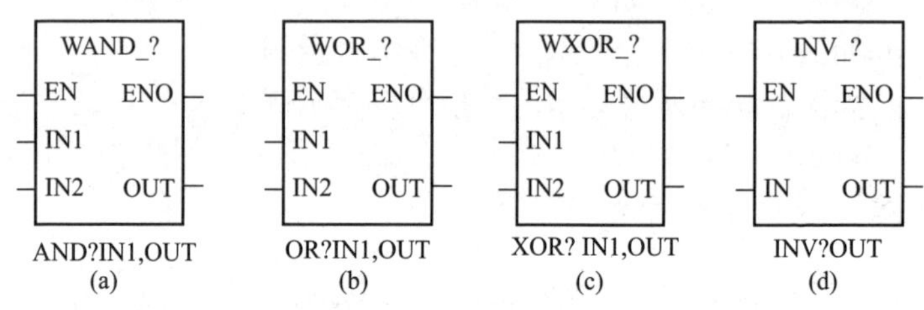

图7-47　逻辑与运算指令格式

（4）取反指令（Logic Invert）

① 指令格式：LAD及STL格式如图7-47（d）所示，指令中“?”处可为B、W、DW（LAD中）或D（STL中）。

② 指令功能：把两个一个字节（字或双字）长的输入逻辑数按位取反，得到一个字节（字或双字）的逻辑数并输出到OUT。在STL中OUT和IN使用同 个存储单元。

（5）逻辑与运算指令使用示例

```
LD     I0.0
EU                              //I0.0上升沿时执行下面操作
MOVB   2#01010011，VB0          //2#01010011送到VB0中
MOVB   2#11110001，AC1          //2#11110001送到AC1中
ANDB   VB0，AC1                 //字节逻辑与，结果2#01010001送到
                                  AC1中
ORB    VB0，AC0                 //字节逻辑或，结果2#01110111送到
                                  AC0中
XORB   VB0，AC2                 //字节逻辑异或结果2#10001001送到
                                  AC2中
MOVB   2#01010011，VB1011       //将2#01010011送到VB10中
INVB   VB10                     //字节逻辑取反，结果2#10101100送到
                                  VB10中
```

7.7.4 数据类型转换指令

PLC对操作类型的要求是不同的，这样在使用某些指令时要进行相应类型的转换，以此来满足指令的要求，这就需要转换指令。转换指令是指对操作数的类型进行转换，并送到OUT的目标地址，包括数据的类型转换、码的类型转换以及数据和码之间的类型转换。

PLC的主要数据类型包括字节、整数、双整数和实数，主要的码制有BCD码、ASCII码、十进制和十六进制数等。

（1）字节与整数　当EN有效时，将IN的数据类型转换为相应的数据类型并由OUT输出。

① 字节到整数（Byte to Integer）。

指令格式：LAD及STL格式如图7-48（a）所示。

指令功能：当EN有效时，将字节型输入数据IN转换成整数类型，并将结果送到OUT输出。

数据类型：IN为字节，OUT为INT。

② 整数到字节（Integer to Byte）。

指令格式：LAD及STL格式如图7-48（b）所示。

指令功能：当EN有效时，将整数输入数据IN转换成字节类型，并将结果送到OUT输出。输入数据超出字节范围（0 ～ 255）时产生溢出。

数据类型：IN为INT，OUT为字节。

（2）整数与双整数

① 双整数到整数（Double Integer to Integer）。

指令格式：LAD及STL格式如图7-48（c）所示。

指令功能：将双整数输入数据IN转换成整数类型，并将结果送到OUT输出。输出数据超出整数范围则产生溢出。

数据类型：IN为DINT，OUT为INT。

② 整数到双整数（Integer to Double Integer）。

指令格式：LAD及STL格式如图7-48（d）所示。

指令功能：将整数输入数据IN转换成双整数类型（符号进行扩展），并将结果送到OUT输出。

数据类型：IN为INT，OUT为DINT。

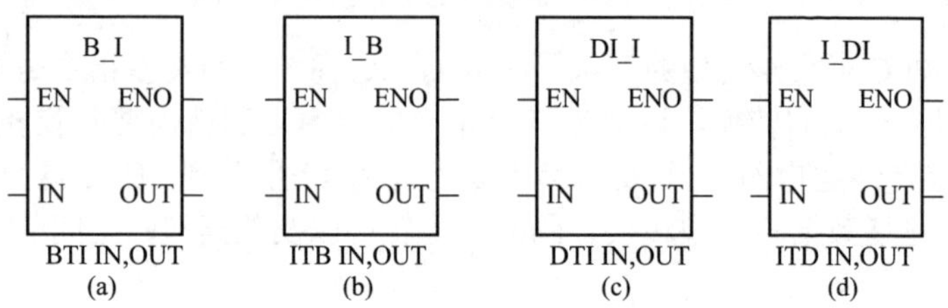

图7-48 数据类型转换指令格式1

（3）双整数与实数

① 实数到双整数（Real to Double Integer）。

实数转换为双整数，其指令有两条：ROUND和TRUNC。

指令格式：LAD及STL格式如图7-49（a）和（b）所示。

指令功能：将实数输入数据IN转换成双整数类型，并将结果送到OUT输出。两条指令的区别是：前者小数部分四舍五入，如9.9cm执行ROUND后为10cm，后者小数部分直舍不入，如9.9cm执行TRUNC后为9cm，即精度不同。

数据类型：IN为REAL，OUT为DINT。

② 双整数到实数（Double Integer to Real）。

指令格式：LAD及STL格式如图7-49（c）所示。

指令功能：将双整数输入数据IN转换成实数，并将结果送到OUT输出。

数据类型：IN为DINT，OUT为REAL。

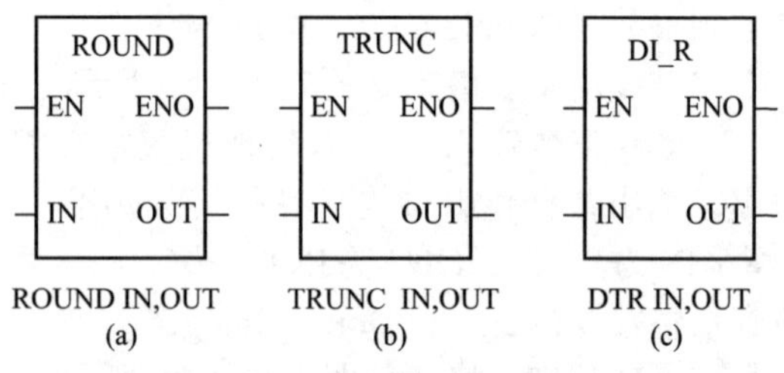

图7-49 数据类型转换指令格式2

③ 整数到实数（Integer to Real）。没有直接的整数到实数转换

指令。转换时，先使用I-TD（整数到双整数）指令，然后再使用DTR（双整数到实数）指令即可。

（4）段码指令（Segment）

① 指令格式：LAD及STL格式如图7-50所示。

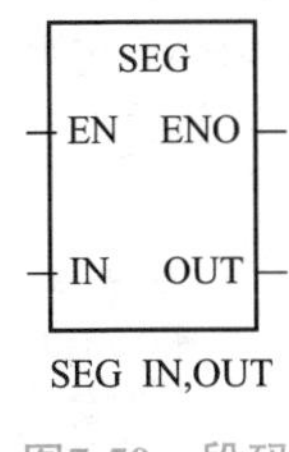

图7-50 段码指令格式

② 指令功能：将字节型输入数据IN的低4位有效数字产生相应的七段码，并将其输出到OUT所指定的字节单元。七段码编码见表7-17，为“1”时发光，为“0”时灭。

③ 数据类型：输入输出均为字节。

（5）执行程序

```
MOVB   06，VB0      //将06送到VB0中
SEG   VB0，QB0      //段码指令QB0=01111101
```

若设VB10=05，则执行上述指令后，在Q0.0 ～ Q0.7上可以输出01101101。

表7-17 七段码编码表

段显示	-gfedcba	段显示	-gfedcba
0	00111111	8	01111111
1	00000110	9	01100111
2	01011011	a	01110111
3	01001111	b	01111100
4	01100110	c	00111001
5	01101101	d	01011110
6	01111101	e	01111001
7	00000111	f	01110001

7.7.5 CPU224外围典型接线图

了解PLC的外围接线图非常重要，它可以让初学者知道PLC和外界是如何联系的。这里选取的是CPU224的外围接线图，其他CPU的接线图可参考S7-200系统手册。CPU224外围典型接线图如图7-51所示。

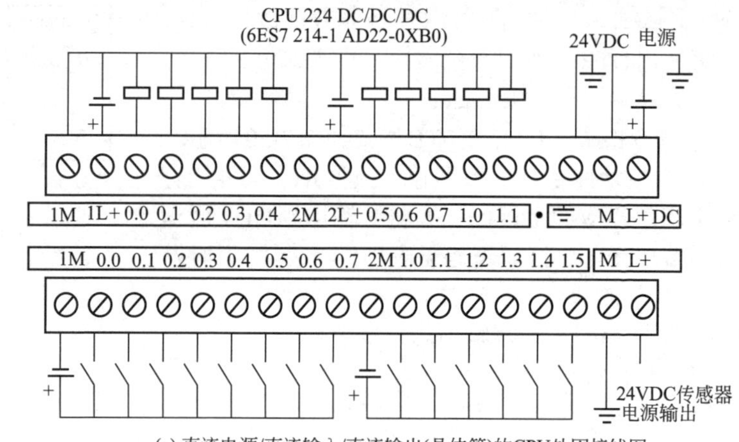

(a) 直流电源/直流输入/直流输出(晶体管)的CPU外围接线图

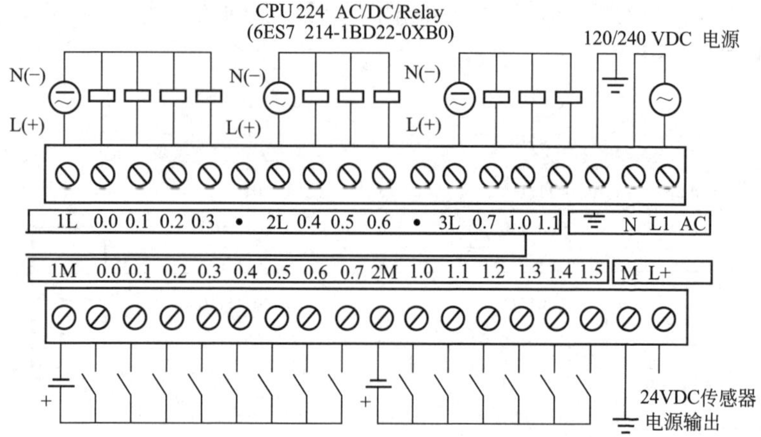

(b) 交流电源/直流输入/交直流输出(继电器)的CPU外围接线图

图7-51　CPU224外围典型接线图

7.8 PLC常用控制线路与梯形图

7.8.1 启动、自锁和停止控制线路与梯形图

用驱动指令实现启动、自锁和停止控制的PLC线路和梯形图

如图7-52所示。

线路与梯形图说明如下：

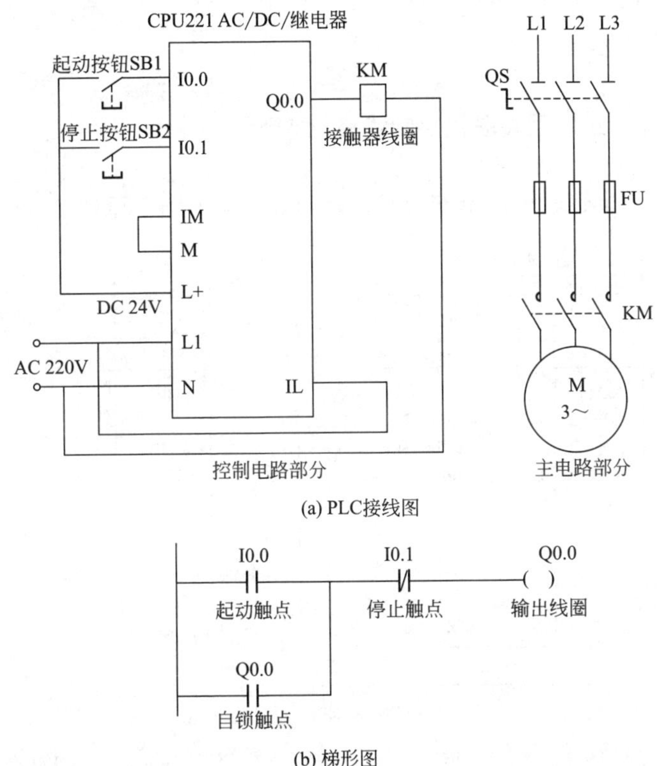

(a) PLC接线图

(b) 梯形图

图7-52 采用驱动指令实现启动、自锁和停止控制的PLC线路和梯形图

当按下启动按钮SB1时，PLC内部梯形图程序中的启动触点I0.0闭合，输出线圈Q0.0得电，PLC输出端子Q0.0内部的硬触点闭合，Q0.0端子与1L端子之间内部硬触点闭合，接触器线圈KM得电，主电路中的KM主触点闭合，电动机得电启动。

输出线圈Q0.0得电后，除了会使Q0.0、1L端子之间的硬触点闭合外，还会自锁触点Q0.0闭合，在启动触点I0.0断开后，依靠自锁触点闭合可使线圈Q0.0继续得电，电动机就会继续运转，从而实现自锁控制功能。

当按下停止按钮SB2时，PLC内部梯形图程序中的停止触点I0.1断开，输出线圈Q0.0失电，Q0.0、1L端子之间的内部硬触点断开，接触器线圈KM失电，主电路中的KM主触点断开，电动机失电停转。

7.8.2 正、反转联锁控制线路与梯形图

正、反转联锁控制的PLC线路与梯形图如图7-53所示。

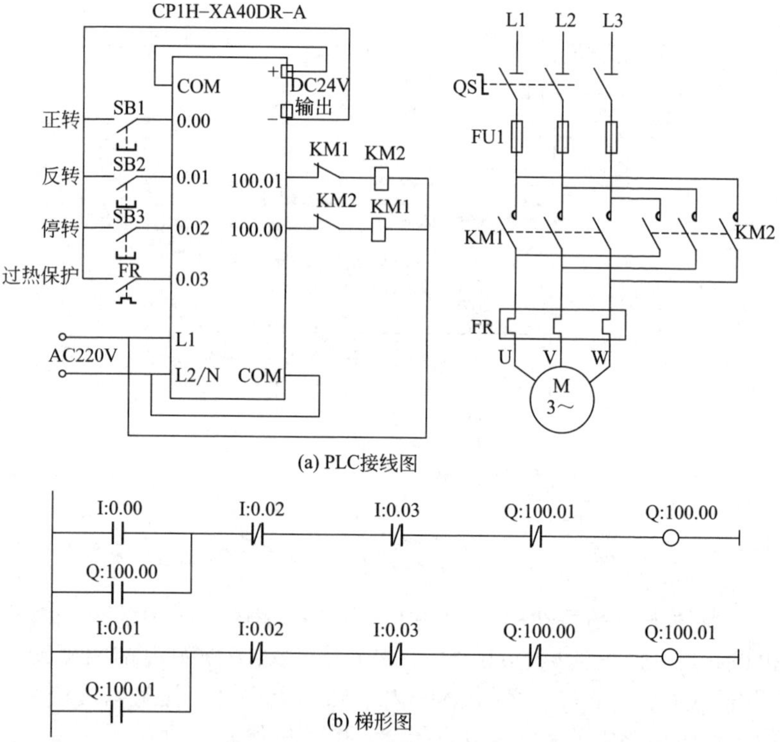

(a) PLC接线图

(b) 梯形图

图7-53 正、反转联锁控制的PLC线路与梯形图

线路与梯形图说明如下：

（1）正转联锁控制 按下正转按钮SB1→梯形图程序中的正转

触点0.00闭合→线圈100.00得电→100.00自锁触点闭合，100.00联锁触点断开，100.00端子与COM端子间的内硬触点闭合→100.00自锁触点闭合，使线圈100.00在0.00常开触点断开后仍可得电；100.00联锁触点断开，使线圈100.01即使在0.01触点闭合（误操作SB2引起）时也无法得电，实现联锁控制；100.00端子与COM端子间的内硬触点闭合，接触器KM1线圈得电，主电路中的KM1主触点闭合，电动机得电正转。

（2）反转联锁控制　按下反转按钮SB2→梯形图程序中的反转触点0.01闭合→线圈100.01得电→100.01自锁触点闭合，100.01联锁触点断开，100.01端子与COM端子间的内硬触点闭合→100.01自锁触点闭合，使线圈100.01在0.01常开触点断开后继续得电；100.01联锁触点断开，使线圈100.00即使在0.00触点闭合（误操作SB1引起）时也无法得电，实现联锁控制；100.01端子与COM端子间的内硬触点闭合，接触器KM2线圈得电，主电路中的KM2主触点闭合，电动机得电反转。

（3）停转控制　按下停止按钮SB3→梯形图程序中的两个停止触点0.02均断开→线圈100.00、100.01均失电→接触器KM1、KM2线圈均失电→主电路中的KM1、KM2主触点均断开，电动机失电停转。

（4）过热保护　如果电动机长时间过载运行，热继电器FR会因长时间过流发热而动作，FR触点闭合，PLC的0.03端子有输入→梯形图程序中的两个热保护常闭触点0.03均断开→线圈100.00、100.01均失电→接触器KM1、KM2线圈均失电→主电路中的KM1、KM2主触点均断开，电动机失电停转，从而防止电动机长时间过流运行而烧坏。

7.8.3 闪烁控制电路与梯形图

闪烁控制电路与梯形图如图7-54所示。

电路与梯形图说明：将开关QS闭合→I0.0常开触点闭合→定时器T50开始3s计时→3s后，定时器T50动作，T50常开触点闭合→定时器T51开始3s计时，同时Q0.0得电，Q0.0端子内硬触点闭合，灯HL点亮→3s后，定时器T51动作，T51常闭触点断开→定

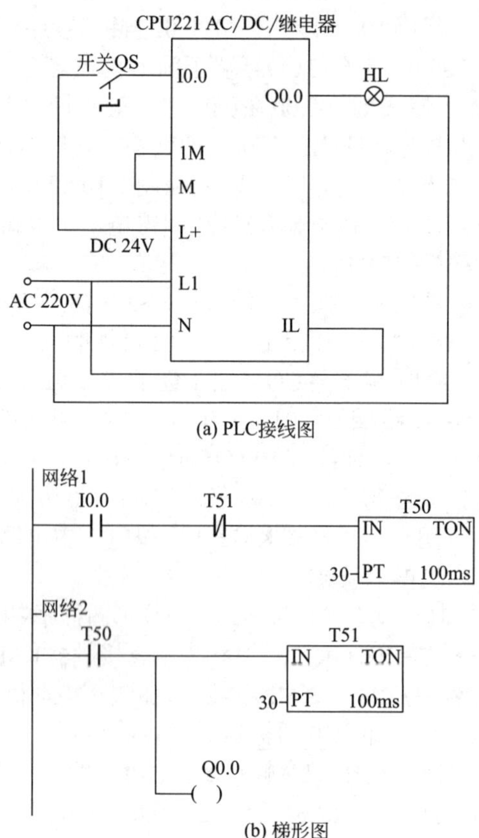

图7-54　闪烁控制电路与梯形图

时器T50复位，T50常开触点断开→Q0.0线圈失电，同时定时器T51复位→Q0.0线圈失电使灯HL熄灭；定时器T51复位使T51闭合，由于开关QS仍处于闭合，I0.0常开触点也处于闭合，定时器T50又重新开始3s计时（此期间T50触点断开，灯处于熄灭状态）。

以后重复上述过程，灯HL保持3s亮、3s灭的频率闪烁发光。

7.8.4　PLC控制的正、反转电路

如图7-55所示，按钮SB_1和SB_2用于控制变频器接通与切断电

源，三位旋钮开关SA_2用于决定电动机的正、反转运行或停止、X4接收变频器的跳闸信号。

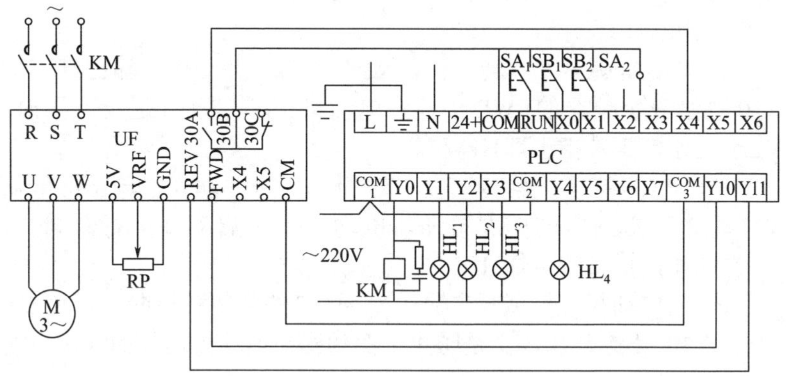

图7-55 应用PLC的正、反转控制电路

在输出侧，Y0与接触器KM相接，其动作接受X0（SB_1）和X1（SB_2）的控制，Y1、Y2、Y3、Y4与指示灯HL_1、HL_2、HL_3、HL_4相接，分别指示变频器的通电、正转运行、反转运行及故障，Y10与变频器的正转端FWD相接，Y11与变频器的反转端REV相接。

输入信号与输出信号之间的逻辑关系的梯形图如图7-56所示。

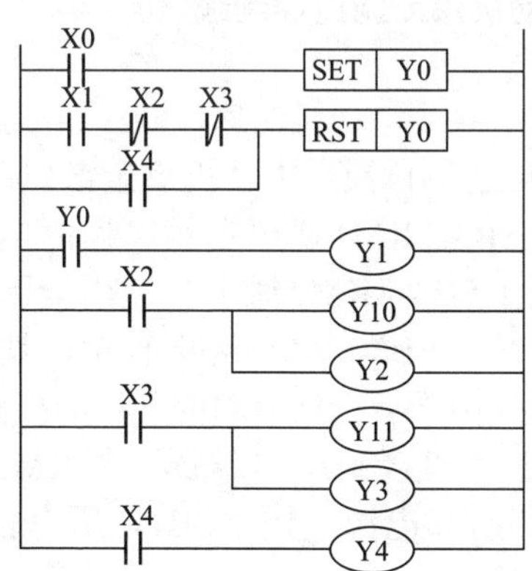

图7-56 正、反转控制梯形图

其工作过程如下：

① 按下SB_1，输入继电器X0得到信号并动作，输出继电器Y0动作并保持，接触器KM动作，变频器接通电源。Y0动作后，Y1动作，指示灯HL_1亮。

② 将SA_2旋至“正转”位，X2得到信号并动作，输出继电器Y10动作，变频器的FWD接通，电动机正转启动并运行。同时，Y2也动作，正转指示灯HL_2亮。

③ 如SA_2旋至“反转”位，X3得到信号并动作，输出继电器Y11动作，变频器的REV接通，电动机反转启动并运行。同时，Y3也动作，反转指示灯HL_3亮。

④ 当电动机正转或反转时，X2或X3的常闭触点断开，使SB_2（从而X1）不起作用，于是防止了变频器在电动机运行的情况下切断电源。

⑤ 将SA_2旋至中间位，则电动机停机，X2、X3的常闭触点均闭合。如再按SB_2，则X1得到信号，使Y0复位，KM断电并复位，变频器脱离电源。

⑥ 电动机在运行时，如变频器因发生故障而跳闸，则X4得到信号，一方面使Y0复位，变频器切断电源，同时，Y4动作，指示灯HL4亮。

7.8.5 绕线电动机PLC调速控制线路

（1）控制原理　绕线电动机调速控制线路如图7-57所示。

按下SB2，KM通电自锁，电动机串全部电阻启动，以最低速度1挡运行。按下SB3，KM1通电自锁，切除电阻R1，电动机运行在中速2挡。按下SB4，KM2通电自锁，切除电阻R2，电动机运行在高速3挡。按下SB5，KM3通电自锁，切除电阻R3，电动机以最高速度运行。由于后一挡启动前一挡的接触器可以断电，所以将KM2的常闭触点串接到KM1线圈，将KM3的常闭触点串接到KM2线圈，以切断其电源。按下SB1，所有接触器断电，电动机停止。

（2）PLC接线图　绕线电动机调速控制的PLC硬件接线如图

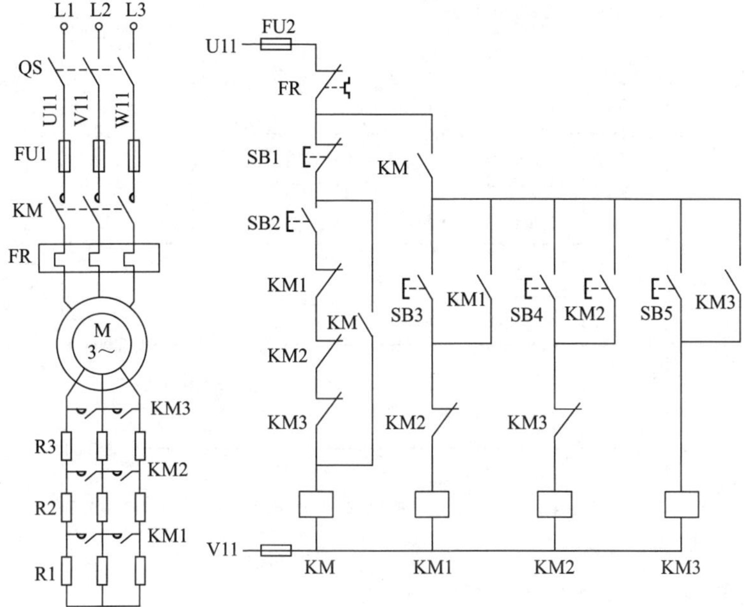

图7-57　绕线电动机调速控制线路

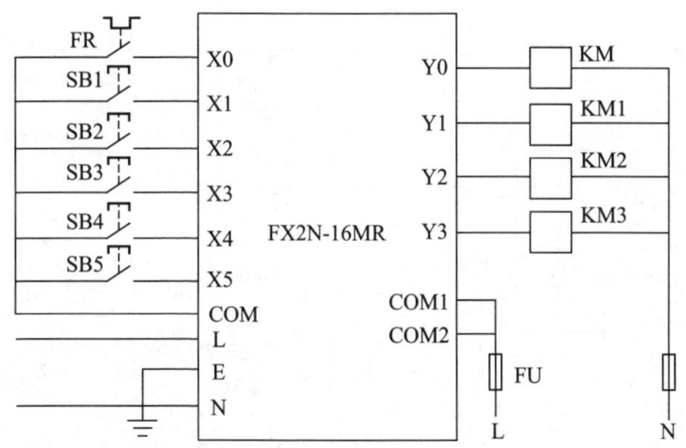

图7-58　绕线电动机串电阻启动控制I/O接线图

7-58所示。

（3）梯形图　编写控制程序如图7-59所示。

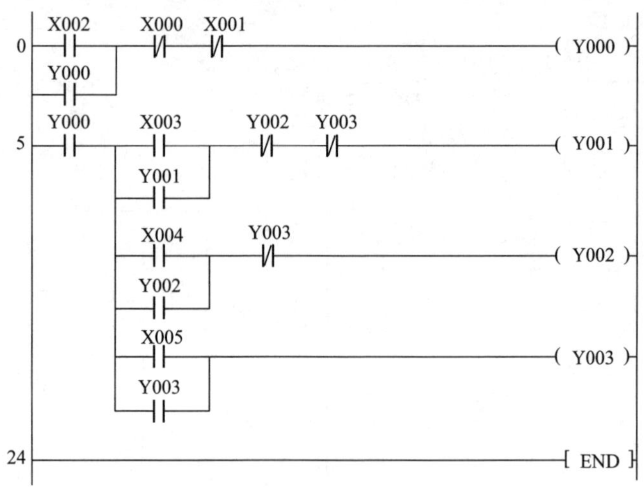

图7-59 绕线电动机调速控制梯形图

7.8.6 电动机PLC反接制动控制线路

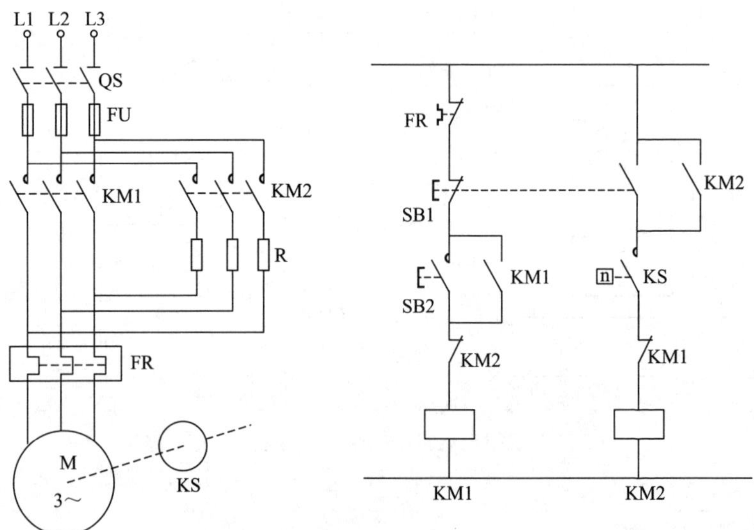

图7-60 电动机反接制动控制线路

（1）控制原理　按下SB2电动机运行，速度继电器的常开触点KS闭合。当需要停车制动时，按下SB1，KM1先断电，电动机依惯性继续运转；接着KM2通电，电动机通入反向电源而制动。待制动结束，利用KS 常开触点的断开而切除制动电源。电动机反接制动控制线路如图7-60所示。

（2）PLC接线图　电动机反接制动控制的PLC硬件接线如图7-61所示。

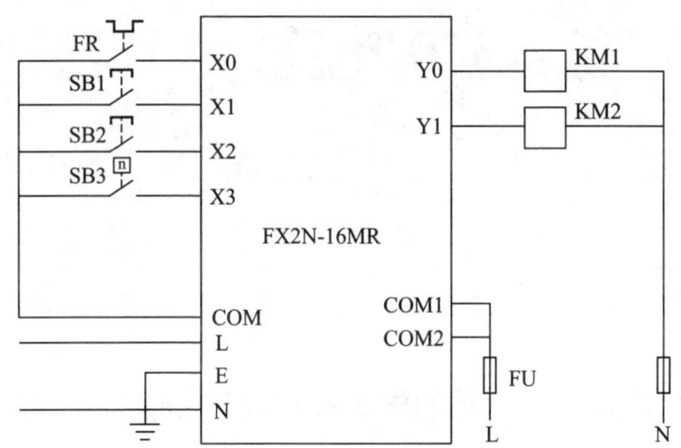

图7-61　电动机反接制动控制I/O接线图

（3）梯形图　编写控制程序如图7-62所示。

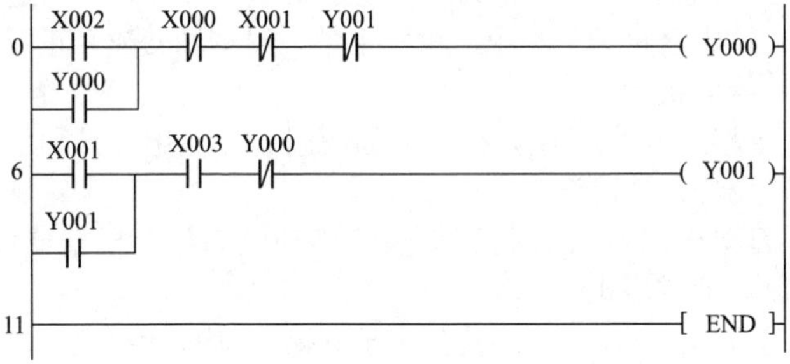

0 X002 X000 X001 Y001 (Y000)
Y000
6 X001 X003 Y000 (Y001)
Y001
11 [END]

图7-62　电动机反接制动控制梯形图

chapter 8

综合应用电路

8.1 CA6140型普通车床的电气控制电路

CA6140型普通车床电气控制电路如图8-1所示。

（1）主回路　主回路中有3台控制电动机。

① 主轴电动机M_1，完成主轴主运动和刀具的纵横向进给运动的驱动。该电动机为三相电动机。主轴采用机械变速，正反向运行采用机械换向机构。

② 冷却泵电动机M_2，提供冷却液用。为防止刀具和工件的温升过高，用冷却液降温。

③ 刀架电动机M_3，为刀架快速移动电动机。根据使用需要，手动控制启动或停止。

电动机M_1、M_2、M_3容量都小于10kW，均采用全压直接启动。三相交流电源通过转换开关QS引入，接触器KM_1控制M_1的启动和停止。接触器KM_2控制M_2的启动和停止。接触器KM_3控制M_3的启动和停止。KM_1由按钮SB_1、SB_2控制，KM_3由SB_3进行点动控制，KM_2由开关SA_1控制。主轴正反向运行由机械离合器实现。

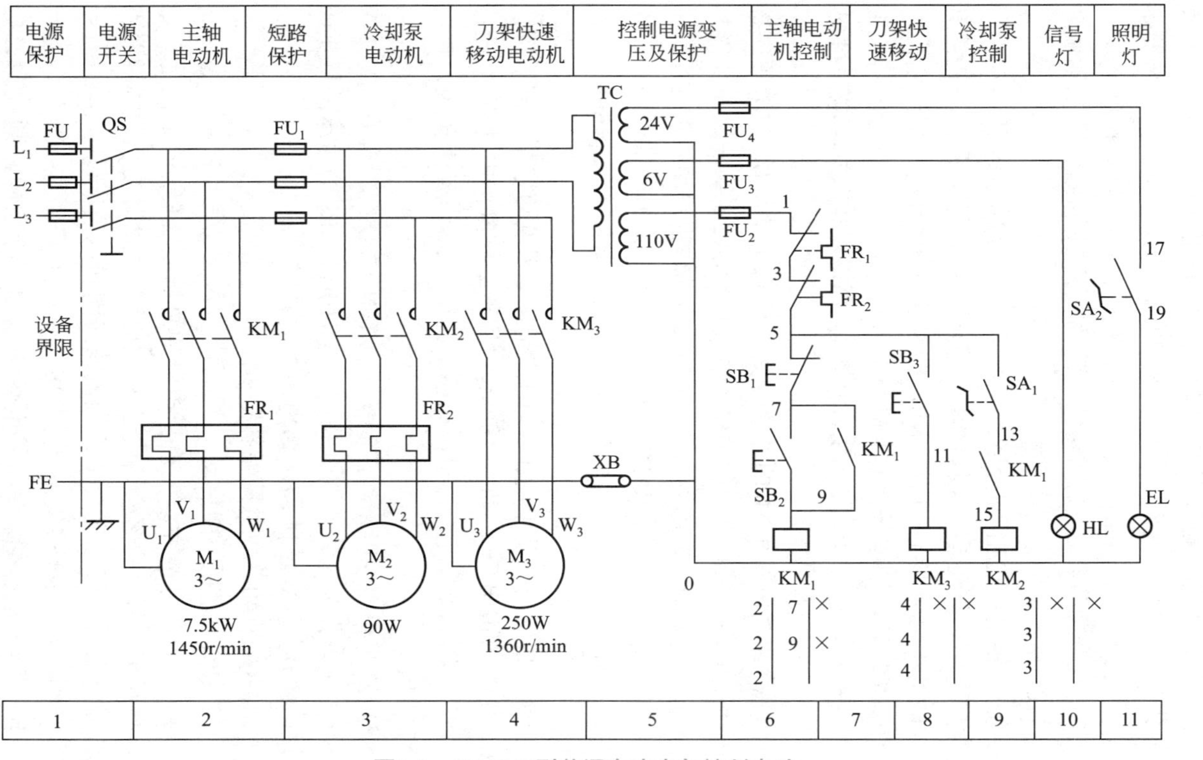

图8-1　CA6140型普通车床电气控制电咱

M_1、M_2为连续运动的电动机，分别利用热继电器FR_1、FR_2作过载保护；M_3为短期工作电动机，因此未设过载保护。熔断器FU_1～FU_4分别对主回路、控制回路和辅助回路实行短路保护。

（2）控制回路　控制回路的电源为由控制变压器TC二次侧输出的110V电压。

① 主轴电动机M_1的控制。采用了具有过载保护全压启动控制的典型电路。按下启动按钮SB_2，接触器KM_1得电吸合，其常开触点KM_1（7-9）闭合自锁，KM_1的主触点闭合，主轴电动机M_1启动；同时其辅助常开触点KM_1（13-15）闭合，作为KM_2得电的先决条件。按下停止按钮SB_1，接触器KM_1失电释放，电动机M_1停转。

② 冷却泵电动机M_2的控制。采用两台电动机M_1、M_2顺序控制的典型电路，以满足当主轴电动机启动后，冷却泵电动机才能启动；当主轴电动机停止运行时，冷却泵电动机也自动停止运行。主轴电动机M_1启动后，接触器KM_1得电吸合，其辅助常开触点KM_1（13-15）闭合，因此合上开关SA_1，使接触器KM_2线圈得电吸合，冷却泵电动机M_2才能启动。

③ 刀架快速移动电动机M_3的控制。采用点动控制。按下按钮SB_3，KM_3得电吸合，对电动机M_3实施点动控制。电动机M_3经传动系统，驱动溜板带动刀架快速移动。松开SB_3，KM_3失电，电动机M_3停转。

④ 照明和信号电路。控制变压器TC的二次绕组分别输出24V和6V电压，作为机床照明灯和信号灯的电源。EL为机床的低压照明灯，由开关SA_2控制；HL为电源的信号灯。

（3）CA6140常见故障及排除方法

① 主轴电动机不能启动。

a. 电源部分故障。先检查电源的总熔断器FU_1的熔体是否熔断，接线头是否有脱落松动或过热（因为这类故障易引起接触器不吸合或时吸时不吸，还会使接触器的线圈和电动机过热等）。若无异常，则用万用表检查电源开关QS是否良好。

b. 控制回路故障。如果电源和主回路无故障，则故障必定在控制回路中。可依次检查熔断器FU_2以及热继电器FR_1、FR_2的常闭触点，停止按钮SB_1、启动按钮SB_2和接触器FM_1的线圈是否断路。

② 主轴电动机不能停车。这类故障的原因多数是接触器FM_1的主触点发生熔焊或停止按钮SB_1被击穿。

③ 冷却泵不能启动。冷却泵不能启动故障在笔者实际维修过程中多数为SA_1接触不良导致，用万用表进行检查。同时电动机M_2因与冷却液接触，绕组容易烧毁，用万用表或兆欧表测量绕组电阻即可判断。

8.2 卧式车床的电气控制电路

8.2.1 CW6163B型万能卧式车床的电气控制电路

图8-2为CW6163B型万能卧式车床的电气控制电路，床身最大工件的回转半径为630mm，工件的最大长度可根据床身的不同分为1500mm或3000mm两种。

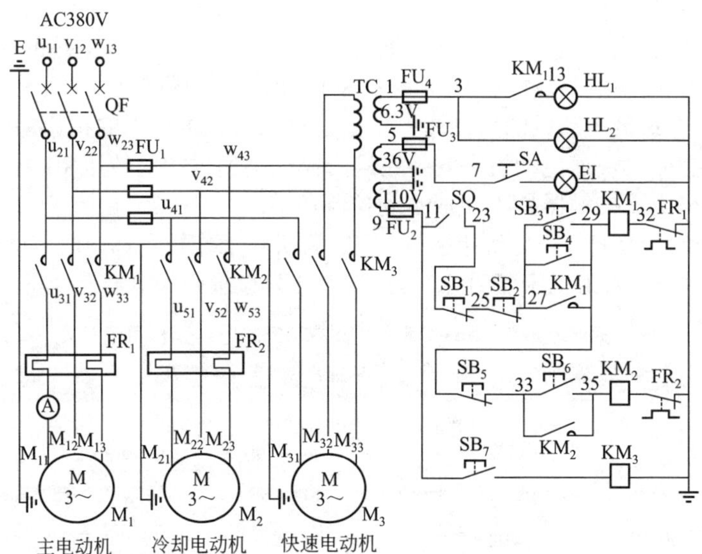

图8-2 CW6163B型万能卧式车床的电气控制电路

（1）主回路　整机的电气系统由三台电动机组成，M_1为主运动和进给运动电动机，M_2为冷却泵电动机，M_3为刀架快速移动电动机。三台电动机均为直接启动，主轴制动采用液压制动器。

三相交流电通过自动开关QF将电源引入，交流接触器KM_1为主电动机M_1的启动用接触器，热继电器FR_1为主电动机M_1的过载保护电器，M_1的短路保护由自动开关中的电磁脱扣来实现。电流表A监视主电动机的电流。机床工作时，可调整切削用量，使电流表的电流等于主电动机的额定电流来提高功率因数的生产效率，以便充分地利用电动机。

熔断器FU_1为电动机M_2、M_3的短路保护。电动机M_2的启动由交流接触器KM_2来完成，FR_2为M_2的过载保护；同样KM_3为电动机M_3的启动用接触器，因快速电动机M_3短期工作可不设过载保护。

（2）控制、照明及显示电路　控制变压器TC二次侧110V电压作为控制回路的电源。为便于操作和事故状态下紧急停车，主电动机M_1采用双点控制，即M_1的启动和停止分别由装在床头操纵板上的按钮SB_2和SB_1及装在刀架拖板上的SB_4和SB_3进行控制。当主电动机过载时FR_1的常断触点断开，切断了交流接触器KM_1的通电回路，电动机M_1停止，行程开关SQ为机床的限位保护。

冷却泵电动机的启动和停止由装在床头操纵板上的按钮SB_6和SB_5控制。快速电动机由安装在进给操纵手柄顶端的按钮SB_7控制，SB_7与交流接触器KM_8组成点动控制环节。

信号灯HL_2为电源指示灯，HL_1为机床工作指示灯，EL为机床照明灯，SA为机床照明灯开关。表8-1为该机床的电器元件目录。

表8-1　CW6163B型万能卧式车床的电器元件目录

符　　号	名称及用途	符　　号	名称及用途
QF	自动开关（作电源引入及短路保护用）	M_3	快速电动机
		SB_1～SB_4	主电动机启停按钮
FU_1～FU_4	熔断器（作短路保护）	SB_5、SB_6	冷却泵电动机启停按钮
M_1	主电动机	HL_1	主电动机启停指示灯
M_2	冷却泵电动机	HL_2	电源接通指示灯

续表

符　　号	名称及用途	符　　号	名称及用途
KR_1	热继电器（作主电动机过载保护用）	KM_3	接触器（快速电动机启动、停止用）
KR_2	热继电器（作冷却泵电动机过载保护用）	SB_7	快速电动机点动按钮
		TC	控制与照明变压器
KM_1	接触器（作主电动机启动、停止用）	SQ	行程开关（作进给限位保护用）
KM_2	接触器（作冷却泵电动机启动、停止用）		

8.2.2 C616型卧式车床的电气控制电路

图8-3是C616型卧式车床的电气控制电路。C616型卧式车床属于小型车床，床身最大工件回转半径为160mm，工件的最大长

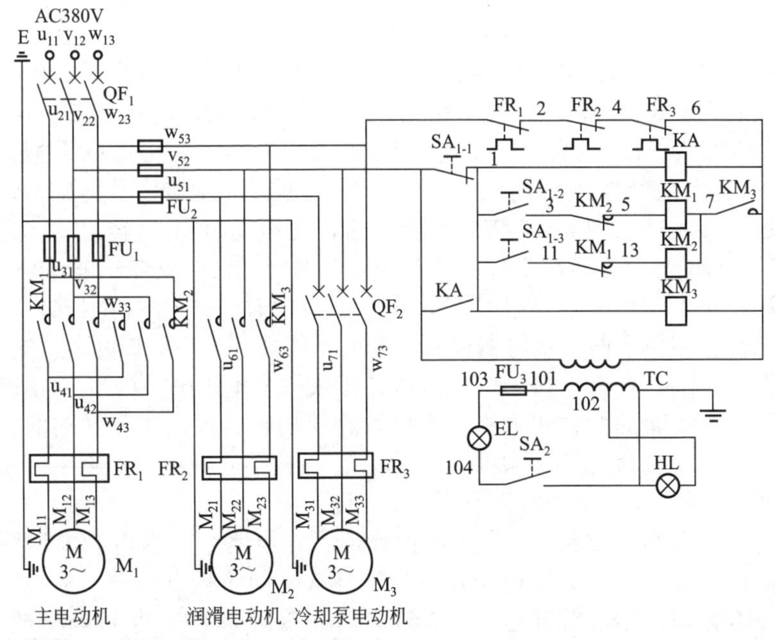

图8-3　C616型卧式车床的电气控制电路

度为500mm。

（1）主回路　该机床有三台电动机，M_1为主电动机，M_2为润滑泵电动机，M_3为冷却泵电动机。

三相交流电源通过组合开关QF_1引入，FU_1、FR_1分别为主电动机的短路保护和过载保护。KM_1、KM_2为主电动机M_1的正转接触器和反转接触器。KM_4为电动机M_1和M_2的启动、停止用接触器。组合开关QF_2作电动机M_2的接通和断开用，FR_2、FR_3为电动机M_2和M_3的过载保护用热继电器。

（2）控制回路、照明回路和显示回路　该控制回路没有控制变压器，控制电路直接由交流380V供电。

合上组合开关QF_1后三相交流电源被引入。当操纵手柄处于零位时，接触器KM_2通电吸合，润滑泵电动机M_2启动，KM_3的常开触点（6-7）闭合为主电动机启动做好准备。

当操纵手柄控制的开关SA_1可以控制主电动机的正转与反转。开关SA_1有一对常闭触点和两对常开触点。当开关SA_1在零位时，SA_{1-1}触点接通，SA_{1-1}、SA_{1-2}断开，这时中间继电器KA通电吸合，KA的触点（V52-1）闭合将KA线圈自锁。当操纵手柄扳到向下位置时，SA_{1-1}断开，SA_{1-2}闭合，正转接触器KM_1通过V52-1-3-5-7-6-4-2-W53通电吸合，主电动机M_1正转启动。当将操纵手柄扳到向上位置时，SA_{1-3}接通，SA_{1-1}、SA_{1-2}断开，反转接触器KM_2通过V52-1-11-13-7-6-5-2-W53通电吸合，主电动机M_1反转启动。开关SA_1的触点在机械上保证了两个接触器同时只能吸合一个。KM_1和KM_2的常断触点在电气上也保证了同时只能有一个接触器吸合，这样就避免了两个接触器同时吸合的可能性。当手柄扳回零位时，SA_{1-2}、SA_{1-3}断开，接触器KM_1或KM_2线圈失电，电动机M_1自由停车。有经验的操作工人在停车时，将手柄瞬时扳向相反转向的位置，电动机M_1进入反接制动状态。待主轴接近停止时，将手柄迅速扳回零位，可以大大缩短停车时间。

中间继电器KA起零压保护作用。在电路中，当电源电压降低或消失时，中间继电器KA释放，KA的动断触点断开，接触器KM_2释放，KM_3常开触点（7-6）断开，KM_1或KM_2也断电释放。电网电压恢复后，因为这时SA_1开关不在零位，接触器KM_3不会得电吸合，所以KM_1或KM_2也不会得电吸合。即使这时手柄在SA_{1-2}、SA_{1-3}触点断开，KM_1或KM_2不会得电造成电动机的自启动，这就是中间继电器的零压保护作用。

大多数机床工作时的启动或工作结束时的停止都不采用开关操纵，而用按钮控制。通过按钮的自动复位和接触器的自锁作用来实现零压保护作用。

照明电路的电源由照明变压器二次侧36V电压供电，SA_2为照明灯接通或断开的按钮开关。HL为电源指示灯，由二次侧输出6.3V供电。

8.3 M7130型卧轴矩台平面磨床的电气控制电路

磨床根据用途不同可分为内圆磨床、外圆磨床、平面磨床、专用磨床等。本节以常用M7130型磨床的电气控制线路为例进行讲解。

M7130型磨床适应于加工各种机械零件的平面，且操作方便，磨削精度及表面粗糙度较高。M7130型卧轴矩台平面磨床电气控制电路如图8-4所示。

8.3.1 M7130型卧轴矩台平面磨床的主回路

（1）M7130型卧轴矩台平面磨床主回路的划分　从图8-4中容易看出，1～5区为M7130型卧轴矩台平面磨床的主电路部分。其中1～2区为电源开关和保护部分，3区为砂轮电动机M_1主电路，4区为冷却泵电动机M_2主电路，5区为液压泵电动机M_3主电路。

（2）M7130型卧轴矩台平面磨床主回路的识图

① 砂轮电动机M_1主回路。砂轮电动机M_1主回路位处3区，它是一个典型的“单向运转单元主回路”，由接触器KM_1主触点控制砂轮电动机M_1电源的通断，热继电器FR_1为M_1的过载保护。

② 冷却泵电动机M_2主回路。冷却泵电动机M_2主电路位处4

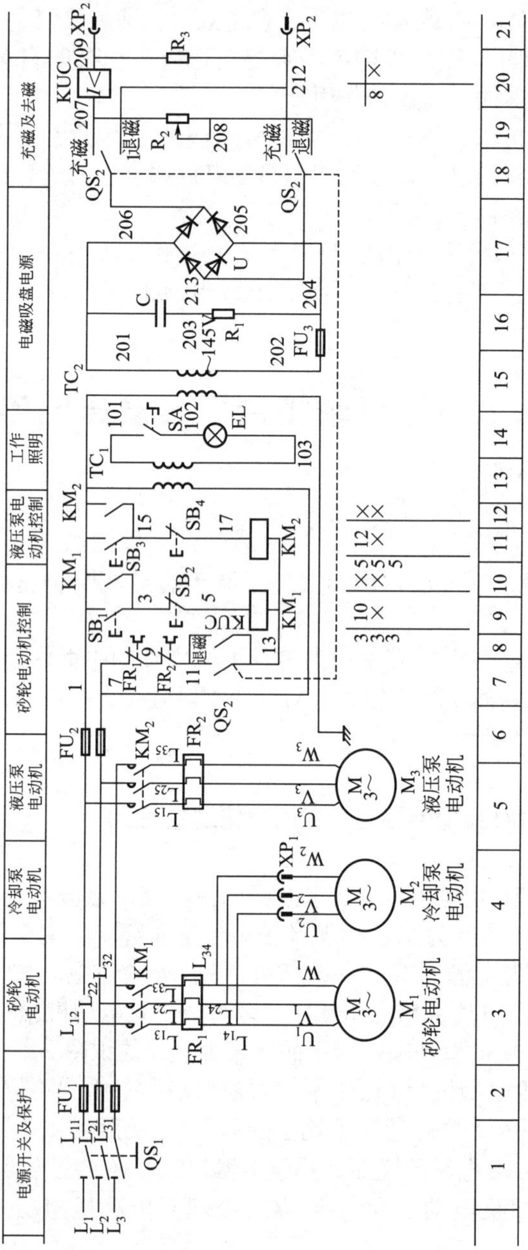

图8-4 M7130型卧轴矩台平面磨床电气控制电路

区，实际上它是受控于接触器KM_1的主触点，所以只有当接触器KM_1吸合，砂轮电动机M_1启动运转后，冷却泵电动机M_2才能启动运转。XP_1为冷却泵电动机M_2的接插件，当砂轮电动机M_1启动运转后，将接插件XP_1接通，冷却泵电动机M_2即可运转。拔掉XP_1，冷却泵电动机M_2即可停止。

③ 液压泵电动机M_3控制主回路。液压泵电动机M_3的控制主回路位处5区，由接触器KM_2主触点控制液压泵电动机M_3电源的通断，热继电FR_2为M_3的过载保护。

8.3.2 M7130型卧轴矩台平面磨床的控制回路

合上电源总开关QS_1，380V交流电源经过熔断器FU_1、FU_2加在控制回路的控制元件上。其中8区中电流继电器KUC在11号线与13号线间的常开触点在合上电源总开关QS_1时即闭合。

（1）砂轮电动机M_1的控制回路

① 砂轮电动机M_1控制回路的划分。砂轮电动机M_1电源的通断由接触器KM_1的主触点控制，故其控制回路包括由9区和10区中各电器元件组成的电路及7区和8区中各元件组成的电路。其中7区和8区中各元件组成的电路为砂轮电动机M_1控制回路和液压泵电动机M_2控制回路的公共部分。

② 砂轮电动机M_1控制回路识图。从9区和10区的电路来看，砂轮电动机M_1控制回路是一个典型的“单向运转单元控制回路”。其中按钮SB_1为砂轮电动机M_1的启动按钮，按钮SB_2为砂轮电动机M_1的停止按钮。合上电源总开关QS_1，21区中电磁吸盘YH充磁，20区欠电流继电器KUC在8区中11号线与13号线间的常开触点吸合。当需要砂轮电动机M_1启动运转时，按下启动按钮SB_1，接触器KM_1线圈通过以下方式得电：熔断器FU_2→1号线→按钮SB_1常开触点→3号线→按钮SB_2常闭触点→5号线→接触器KM_1线圈→13号线→欠电流继电器KUC常开触点→11号线→热电器KR_2常闭触点→9号线→热继电器KR_1常闭触点→7号线→熔断器FU_2。接触器KM_1通电闭合，其在3区中的主触点闭合，接通M_1的电源，砂轮电动机M_1启动运转。此时，如果想要冷却泵电动机M_2启动运

转，只需将接插件XP_1插好即可。拔下接插件XP_1，冷却泵电动机M_2停止运转；按下砂轮电动机M_1的停止按钮SB_2，砂轮电动机M_1和冷却泵电动机M_2均停止。

在砂轮电动机M_1的控制回路中，如果出现砂轮电动机M_1不能启动，则应重点考虑9区中按钮SB_2在3号线与5号线间常闭触点是否接触不良，热继电器FR_1、FR_2在7号线与9号线间及9号线与11号线间的常闭触点是否接触不良及欠电流继电KUC在11号线与13号线间的常开触点闭合时是否接触不良；如果砂轮电动机M_1只能点动，则重点考虑接触器KM_1在1号线与3号线间的常开触点闭合是否接触不良等。

（2）液压泵电动机M_3控制回路

① 液压泵电动机M_3控制回路的划分。同理，液压泵电动机M_3的控制回路包括由11区和12区电路中元件组成的电路及7区和8区中电路元件组成的电路。

② 液压泵电动机M_3控制回路的识图。在11区和12区的电路中，液压泵电动机M_3的控制回路也是一个典型的“单向运转单元控制回路”。其中按钮SB_3为液压泵电动机M_3的启动按钮，按钮SB_4为液压泵电动机M_3的停止按钮。其他的分析与砂轮电动机M_1的控制回路相同。

8.3.3 M7130型卧轴矩台平面磨床的其他控制回路

M7130型卧轴矩台平面磨床其他控制回路包括电磁吸盘充退磁回路、机床工作照明回路。

（1）电磁吸盘充、退磁回路

① 电磁吸盘充、退磁回路的划分。在图8-4中，电磁吸盘充、退磁回路位处15～21区。

② 电磁吸盘充、退磁回路识图。在电磁吸盘的充、退磁回路中，15区变压器TC_2为电磁吸盘充、退磁电路的电源变压器。17区中的整流器U为供给电磁吸盘直流电源的整流器。18区中的转换开关QS_2为电磁吸盘的充、退磁状态转换开关（当QS_2扳到“充磁”位置时，电磁吸盘YH线圈正向充磁；当QS_2扳到“退磁”位置时，

电磁吸盘YH线圈则反向充磁）。20区欠电流继电器KU_C线圈为机床运行时电磁吸盘欠电流的保护元件（只要合上电源总开关QS_1它就会通电闭合，使得8区中的常开触点吸合，接通机床拖动电动机控制回路的电源通路，机床才能启动运行；机床在运行过程中是依靠电磁吸盘将工件吸住的，否则在加工过程中出现砂轮离心力将工件抛出而造成人身伤害或设备事故。在加工过程中，若17区中整流器U损坏或有断臂现象及电磁吸盘YH线圈有断路故障等，流过20区欠电流继电器KUC线圈中的电流减少，欠电流继电器KUC由于欠电流不能吸合，8区中的常开触点要断开，所以机床不能启动运行，或正在运行的也会因8区中欠电流继电器KUC常开触点的断开而停止下来，从而起到电磁吸盘YH欠电流的保护作用）。21区中YH为电磁吸盘，它的作用是在机床加工过程中将工件牢固吸合。16区中的电容器C和电阻R_1为整流器U的过电压保护元件（当合上或断开电源总开关QS_1的瞬间，变压器TC_2会在二次绕组两端产生一个很高的自感电动势，电容器C和电阻R_1吸收自感电动势，以保证整流器U不受自感电动势的冲击而损坏）。19区和20区中的电阻R_2和R_3为电磁吸盘YH充、退磁时电磁吸盘线圈自感感应电动势的吸收元件，以保护电磁吸盘线圈YH不受自感电动势的冲击而损坏。

机床正常工作时，220V交流电压经过熔断器FU_2加在变压器TC_1一次绕组的两端，经过降压变压器TC_2降压后在TC_2二次绕组中输出约145V的交流电压，经过整流器U整流输出约130V的直流电压作为电磁吸盘YH线圈的电源。当需要对加工工件进行磨削加工时，将充、退磁转换开关QS_2扳至“充磁”位置，电磁吸盘YH线圈通过以下途径通电将工件牢牢吸合：整流器U→206号线→充、退磁转换开关QS_2→207号线→欠电流继电器KUC线圈→209号线→接插件XP_2→210号线→电磁吸盘YH线圈→211号线→接插件XP_2→212号线→充、退磁转换开关QS_2→213号线→回到整流器U，电磁吸盘正向充磁，此时机床可进行工件的磨削加工。当工件加工完毕需将工件取下时，将电磁吸盘充、退磁转换开关QS_2扳至“退磁”位置，此时电磁吸盘反向充磁，经过一定时间后即可将工件取下。

在电磁吸盘充、退磁回路中，如果电磁吸盘吸力不足，则应考虑15区中变压器TC_2是否损坏、17区中整流器U是否有断臂现象（即有一个整流二极管断路）、21区中接插件XP_2是否插接松动、电磁吸盘YH线圈是否短路等。如果电磁吸盘出现无吸力，则应考虑16区中熔断器FU_3是否断路、电磁吸盘YH线圈是否断路等。

（2）机床工作照明回路　机床工作照明回路位处13区和14区，由变压器TC_1、工作照明灯EL及照明灯开关SA组成。其中变压器TC_1一次电压为380V，二次电压为36V。

8.4　家用电冰箱的控制电路

（1）直冷式家用电冰箱的控制电路　最简单的电冰箱的控制电路如图8-5所示，由温控器、启动器、热保护器和照明灯开关等组成。图（a）和图（b）的区别只是采用重力式启动器和半导体启动器（PTC）。冰箱运行时，由温控器按冰箱温度自动地接通或断开电路，来控制压缩机的开或停。如出现反常情况（运行电流过高、电源电压过高或过低等），热保护器就断开电路，起到安全保护作用。

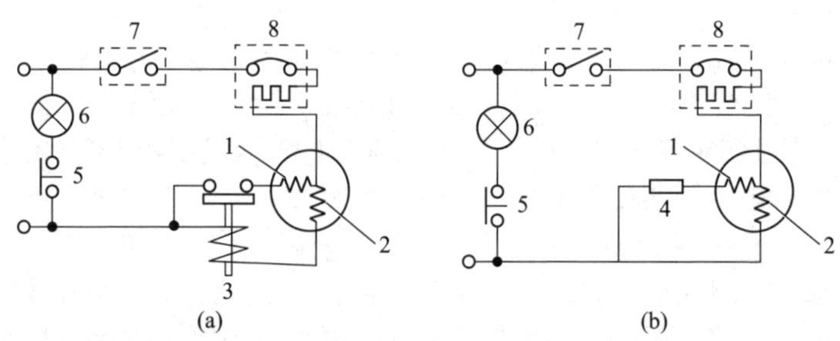

图8-5　电阻分相启动控制电路

1—启动绕组；2—运行绕组；3—重力式启动器；4—PTC启动器；5—灯开关；6—照明灯；7—温控器；8—热保护器

（2）间冷式家用电冰箱的控制电路　间冷式家用电冰箱是箱内空气强制对流进行冷却。间冷式冰箱控制电路在直冷式电冰箱控制电路的基础上，还必须设置风扇的控制和融霜电热及融霜的控制等电路，典型的间冷式家用电冰箱控制电路如图8-6所示。风扇电机与压缩机电机并联，同时开停。为避免打开冰箱门时损失冷气，冷藏室采用双向触点的门触开关，冷冻室仍用普通门触开关，只控制风扇的开停。当冷藏室开门时，风扇电机停转，同时照明灯亮，关门后灯灭，风扇运转。当冷冻室开门时，风扇电机停止运转，关门后接通风扇电机电路。

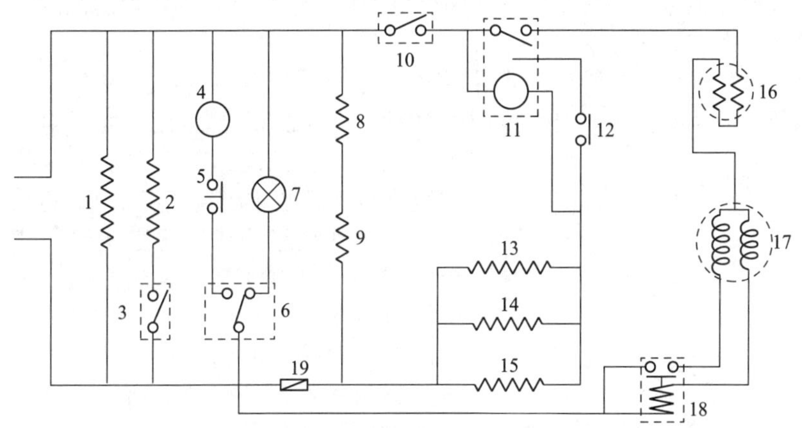

图8-6　间冷式双门冰箱控制电路

1—中梁电热；2—门框电热；3—节能开关；4—风扇电机；5—小门风扇开关；6—大门双向开关；7—照明灯；8—风门电热；9—排水管电热；10—温控器；11—时间继电器；12—热继电器；13—蒸发器电热；14—接水盘电热；15—门口圈电热；16—热保护器；17—压缩机；18—启动器；19—热保险器

融霜控制电路由时间继电器、电热元件、热继电器等组成，当融霜时，时间继电器将制冷压缩机的电动机电路断开，压缩机停车，同时将除霜电热元件的电路接通，开始融霜。当达到融霜时间后，断开融霜电路，同时接通制冷剂电路，又恢复制冷过程。如果融霜时的温度过高，将会损坏箱体的塑料构件和隔热层。为此，在融霜控制电路中设有热继电器。热继电器置于蒸发器上，当蒸发器温度高于10℃时，热继电器的触点即跳开，切断电热器回路。为防止热继电器失灵，在融霜控制电路中还设有熔断型保险器（或保险丝），当故障使保险器熔断时，则不能自动复位，必须将故障排除后更换保险器。

8.5 商用大中型电冰箱、冰柜的控制电路

小型商用电冰箱多采用单相电动机，其控制电路与家用电冰箱基本相同，大中型商用电冰箱多采用三相电机，与一般三相电机的控制电路相似，但在控制系统中设有压力继电器和热保护器，其中热保护只应用于全封闭式压缩机组的过热保护。温控器多采用温包式温度继电器，它具有差动温度范围较大的特点，一般可调范围为30℃左右。

（1）单相电阻启动式异步电动机　单相电阻启动式异步电动机新型号为BQ、JZ，定子线槽绕组嵌有主绕组和副绕组，此类电动机一般采用正弦绕组，则主绕组占的槽数略多，甚至主副绕组各占1/3的槽数，不过副绕组的线径比主绕组的线径细得多，以增大副绕组的电阻，主绕组和副绕组的轴线在空间相差90°电角度。电阻略大的副绕组经离心开关将副绕组接通电源，当电动机启动后达到75%～80%的转速时通过离心开关将副绕组切离电源，由主绕组单独工作，如图8-7所示为单相电阻启动式异步电动机接线原理。

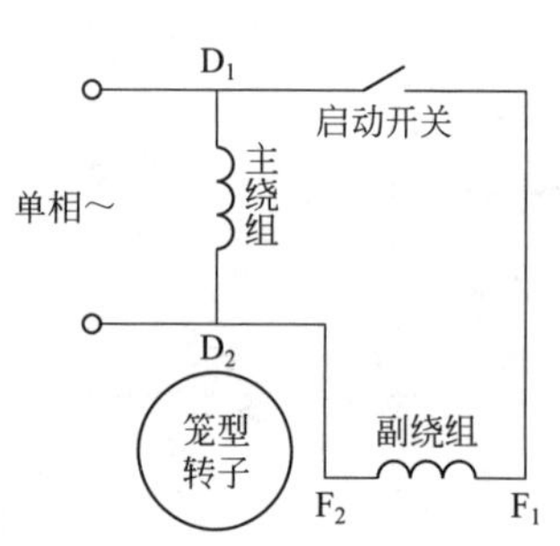

图8-7　单相电阻启动式异步电动机接线原理

单相电阻启动式异步电动机具有中等启动转矩和过载能力，功率为40～370W，适用于水泵、鼓风机、医疗器械等。

（2）电容启动式单相异步电动机　电容启动式单相异步电动机新型号为CO_2，老型号为CO、JY，定子线槽主绕组、副绕组分布与电阻启动式电动机相同，但副绕组线径较粗，电阻小，主、副绕组为并联电路。副绕组和一个容量较大的启动电容串联，再串联离心开关。副绕组只参与启动，不参与运行。当电动机启动后达到75%～80%的转速时通过离心开关将副绕组和启动电容切离电源，由主绕组单独工作，如图8-8所示为单相电容启动式异步电动机接线原理。

单相电容启动式异步电动机启动性能较好，具有较高的启

动转矩，最初的启动电流倍数为4.5～6.5，因此适用于启动转矩要求较高的场合，功率为120～750W，如小型空压机、磨粉机、电冰箱等满载启动机械。

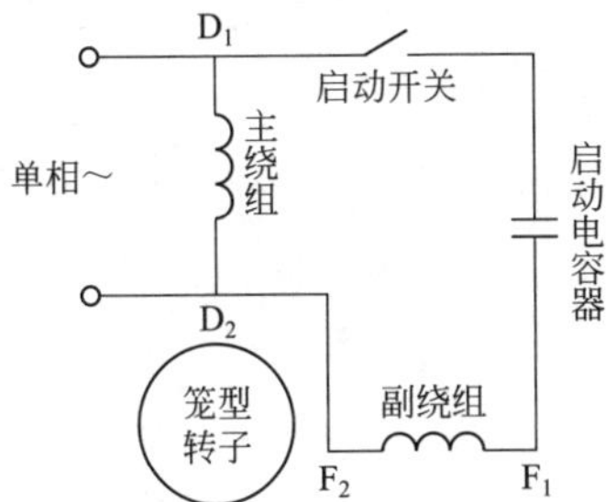

图8-8 单相电容启动式异步电动机接线原理

（3）电容运行式异步电动机 电容运行式异步电动机新型号为DO_2，老型号为DO、JX，定子线槽主绕组、副绕组分布各占1/2，主绕组和副绕组的轴线在空间相差90°电角度，主、副绕组为并联电路。副绕组串接一个电容后与主绕组并联接入电源，副绕组和电容不仅参与启动，还长期参与运行，如图8-9所示为单相电容运行式异步电动机接线原理。单相电容运行式异步电动机的电容长期接入电源工作，因此不能采用电解电容，通常采用纸介质或油浸纸介质电容。电容的容量主要是根据电动机运行性能来选取，一般比电容启动式的电动机要小一些。

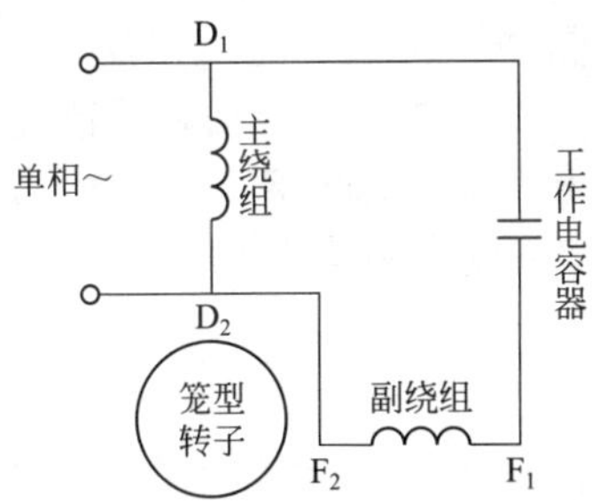

图8-9 单相电容运行式异步电动机接线原理

电容运行式异步电动机，启动转矩较低，一般为额定转矩的零点几倍，但效率因数和效率较高、体积小、重量轻，功率为8～180W，适用于轻载启动要求长期运行的场合，如电风扇、录音机、洗衣机、空调器、家用风机、电吹风及电影机械等。

（4）单相电容启动和运转式异步电动机 单相电容启动和运转式异步电动机型号为F，又称为双值电容电动机。定子线槽主绕组、副绕组分布各占1/2，但副绕组与两个电容并联（启动电容、运转电容），其中启动电容串接离心开关并接于主绕组端。当电动机启动后，达到75%～80%的转速时通过离心开关将启动电容切离电源，而副绕组和工作电容继续参与运行（工作电容容量要比启动电容容量小），如图8-10所示为单相电容启动和运转式电动机

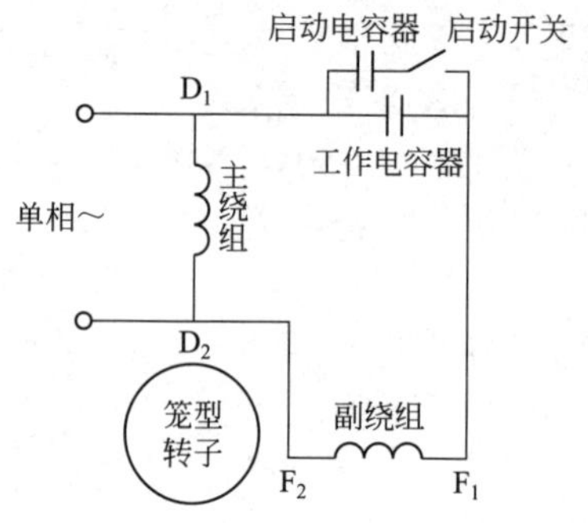

图8-10　单相电容启动和运转式电动机接线

接线。

单相电容启动和运转式电动机具有较高的启动性能、过载能力和效率，功率8～750W，适用于性能要求较高的日用电器、特殊压缩泵、小型机床等。

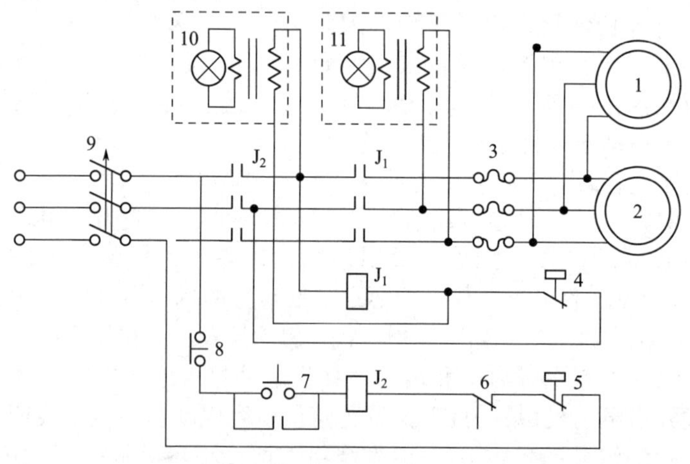

图8-11　商用冰箱控制电路

1—风扇电机；2—压缩机电机；3—热保护器；4—温控器；5—压力继电器；6—热保护器；7—按钮；8—停机按钮；9—电源开关；10—运行指示灯；11—电源指示灯

（5）三相电动机启动电路　在控制电路中把两个中间继电器跨接在不同相的三相电源上，从而保证在缺相情况下电动机不能启动和运转时不致发生烧毁电机的事故。常见的控制电路如图8-11所示。

8.6 电冰箱中的除霜控制

电冰箱运行中，食品蒸发的水分和空气中的水分要逐渐凝集在蒸发器表面，当冰霜较厚时会使蒸发器的传热效率降低。对于无霜电冰箱，一般是采用翅片管式蒸发器，当冰霜较厚时，不但影响传热效率，而且阻塞冷气对流通道，严重时会使电冰箱不能降温，因此必须及时进行除霜。

融霜方式分为自然融霜和快速融霜，快速融霜的热源大都采用电热，也有的采用热气融霜。自然融霜构造简单、节电，但融霜时间长、箱内温度波动较大，一般单门电冰箱大都采用此方式。快速融霜耗费一定电能，但融霜时间短，温度波动小，自动除霜的电冰箱都是采用此方式。

（1）半自动除霜　半自动除霜（又称按钮除霜）是靠按动一除霜按钮，使电冰箱停车进行自然融霜或快速融霜，当融化完后冰箱自动恢复运行。自然融霜的按钮一般是设在温度控制器上，它是借助温控器的机械机构来完成融霜控制程序，普通单门电冰箱都采用这种方式。半自动快速除霜的按钮也有的设在便于操作的部位，借助一个微型继电器来控制融霜电热器，直冷式双门电冰箱的半自动快速融霜电路如图8-12所示。

（2）全自动除霜

① 定时启动除霜由一时间继电器控制融霜电热元件和制冷压缩机，每24h融霜一次，融霜启动时间可任意调定，一般调在每天的后半夜，这种控制方式的缺点是，不论什么季节，不管霜层厚薄，都要按固定程序和时间进行除霜，耗电量较大，优点是每天可在选定的时间进行除霜。

② 按压缩机运行的积累时间自动除霜（积算式除霜）除霜时间继电器与压缩机的运行电路并联，与温控器串联，如图8-13所示。

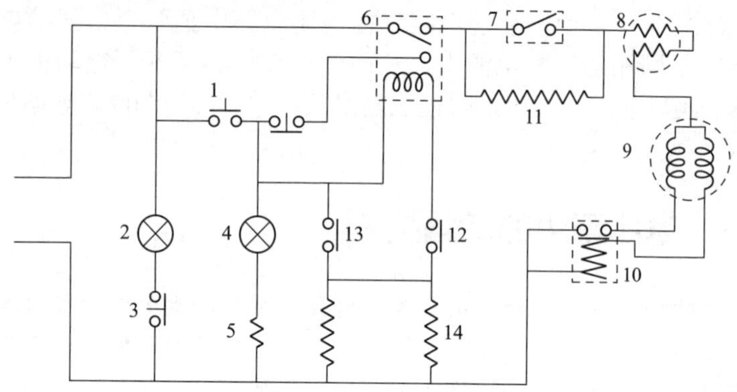

图8-12　直冷式双门电冰箱的半自动快速融霜电路

1—按钮；2—照明灯；3—灯开关；4—指示灯；5—电阻；6—继电器；7—温控器；8—热保护器；9—压缩机；10—启动器；11—冷藏室除霜电热；12—热继电器；13—热保险器；14—冷冻室除霜电热

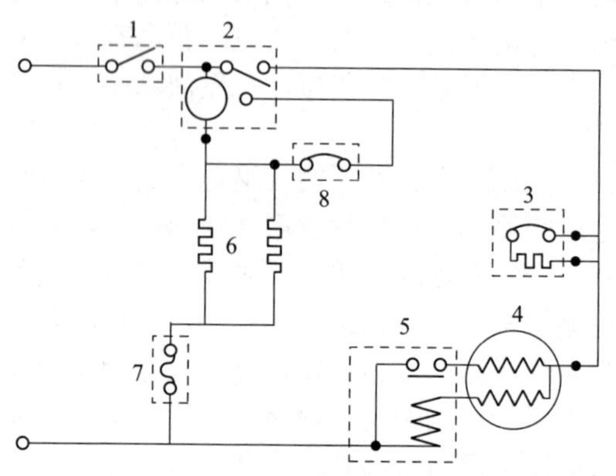

图8-13　积算式除霜电路

1—温控器；2—时间继电器；3—热保护器；4—压缩机；5—启动器；6—除霜电热；7—保险器；8—热继电器

这种电路克服了定时除霜的缺点，其优点是：压缩机停车时，时间继电器也停止运行，因此，除霜启动时间是根据压缩机运行的积累时间而定，一般是压缩机累计运行8～12h除霜一次。当湿热季节或开门频繁时，压缩机运转率增大，从而缩短除霜周期，反之，则延长除霜周期。另外，电路中设有一热继电器，可根据结霜多少控制融霜时间。其原理是将热继电器贴附于蒸发器表面，当冰霜融化完，蒸发器温度达到0℃以上时，热继电器切断电热电路，这时，时间继电器能通过电热丝形成通路开始运行，按调定的时间恢复制冷过程。因融霜电热功率是固定的，所以，冰霜很少时，融霜时间就可大大缩短。这种控制电路，既照顾到季节和使用条件，又考虑到结霜量，因此，可以获得节电的效果。

③ 按开门累计次数自动除霜。电冰箱正常使用中，开门的累计次数可近似地表示运行时间。另外，开门时外界湿空气侵入箱内，是蒸发器结霜的主要水分来源之一。因此根据开门积累次数进行除霜，也是一种较好的自动除霜方式（图8-14）。其构造是利用一个棘轮机构代替时间继电器，棘轮推进机构与箱内照明灯的“门触开关”共用一个触头，每开一次门，棘轮转动一齿。棘轮齿数一般为40 ～ 50齿，棘轮每旋转一周即触发继电器，将除霜电热器接通，进行除霜，亦即每开门40 ～ 50次除霜一次，融霜时间是根据霜层厚度由一热继电器来控制。这种控制方式的特点是：以一个简单的棘轮机构取代了时间继电器，成本较低，可靠性较好。

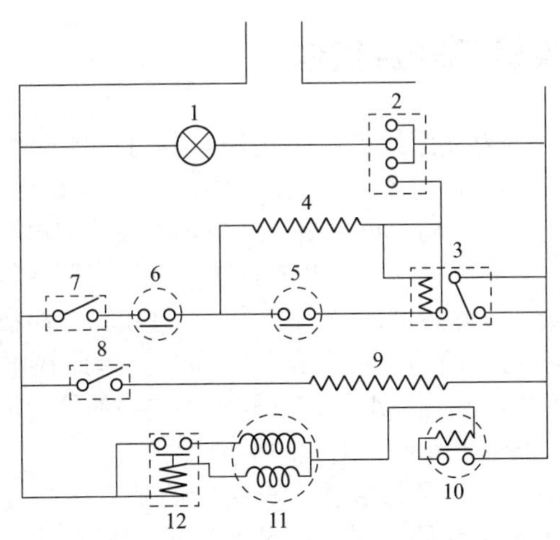

图8-14　按开门累计次数除霜电路

1—照明灯；2—门触积算器；3—电源继电器；4—除霜电热；
5—热继电器；6—热保险器；7—手动开关；8—节能开关；
9—门框除霜电热；10—热保护器；11—压缩机；12—启动器

④ 开停周期自动除霜（又称周期除霜）这种控制方式多用于直冷式双门电冰箱的冷藏室蒸发器除霜，是一种最简单的自动除霜控制电路，温度控制器采用“定温复位”型，即不论停车温度高低，总是当冷藏室蒸发器温度达到+5℃左右时，才复位开车。这种控制电路既不要时间继电器，也不需中间继电器，只是将融霜电热器跨接在温度控制器两端与压缩机串联。

工作原理：当温度控制器闭合，由于电热器的电阻较大，电流即通过温度控制器与压缩机电动机形成回路，开始制冷过程，当温度控制器断开，电流即通过电热器-压缩机电动机形成回路进行除霜。电热器功率一般为10～15W。

电冰箱在低室温中运行时，电热器同时对冷藏室起温度补偿作用，防止出现冷藏室温度太低或停车时间过长，致使冷冻室温度升高等现象。

这种控制电路，电冰箱的每一开停周期除霜一次，使冷藏室蒸发器常处于无霜状态，且构造简单，不易发生故障。直冷式双门电冰箱大都采用这种电路。

8.7 豆浆机电路及检修

图8-15所示为九阳经典机型电路，具有广泛的代表性。一般豆浆机的预热、打浆、煮浆等全自动化过程，都是通过MCU有关脚控制相应三极管驱动，再由多个继电器组成的继电器组实施电路转换来完成。只要掌握这一条基本规律，就可对所有机型的豆浆机进行电路检查，排除各类故障。但是，有些机型电路板的制作有点问题，它是将元件的编号压在元件下面的，因此在电路板上只能看到元件，而看不到元件编号，这样对于电路的检测极不方便。图8-16所示为电路板上元件与编号的对应示意图。

（1）电阻、电容及二极管、三极管的基本检测方法　这几种元件的检测大都可在路测量，必要时可取下来单独测试，方法很简单。

（2）MCU芯片的基本检测方法　由于电路板安装在机头内，检测十分不便，即使想法可检测，然而在机头内带电测试风险较

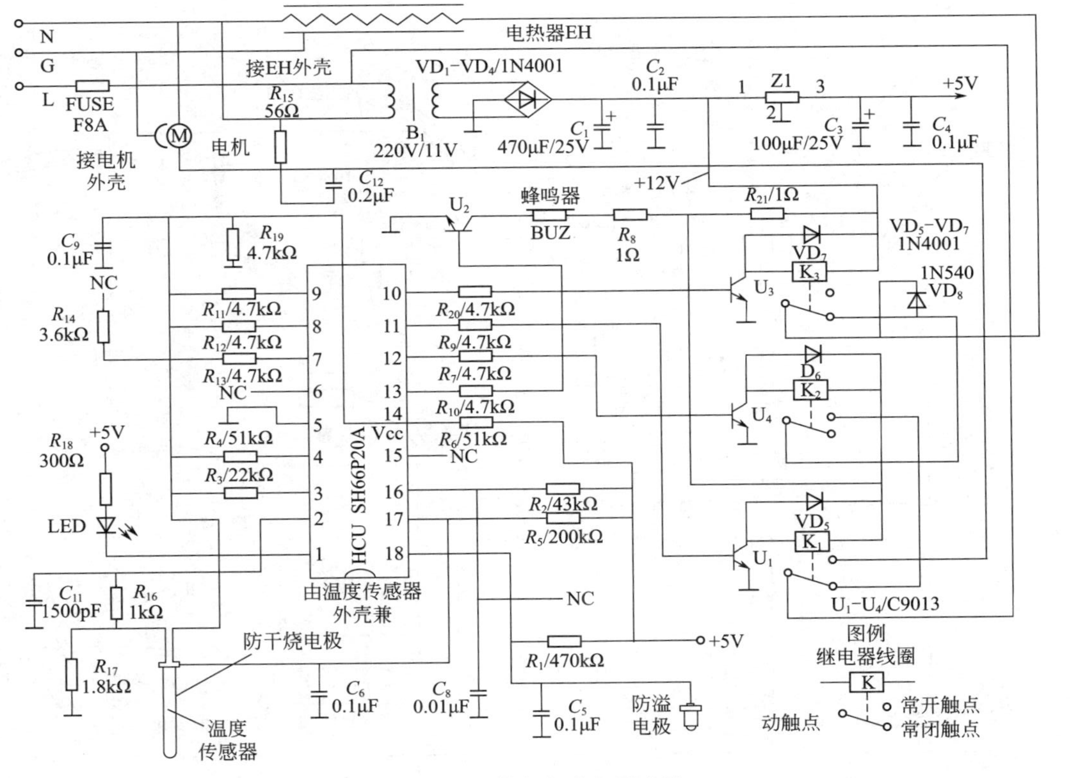

图8-15 豆浆机经典机型电路

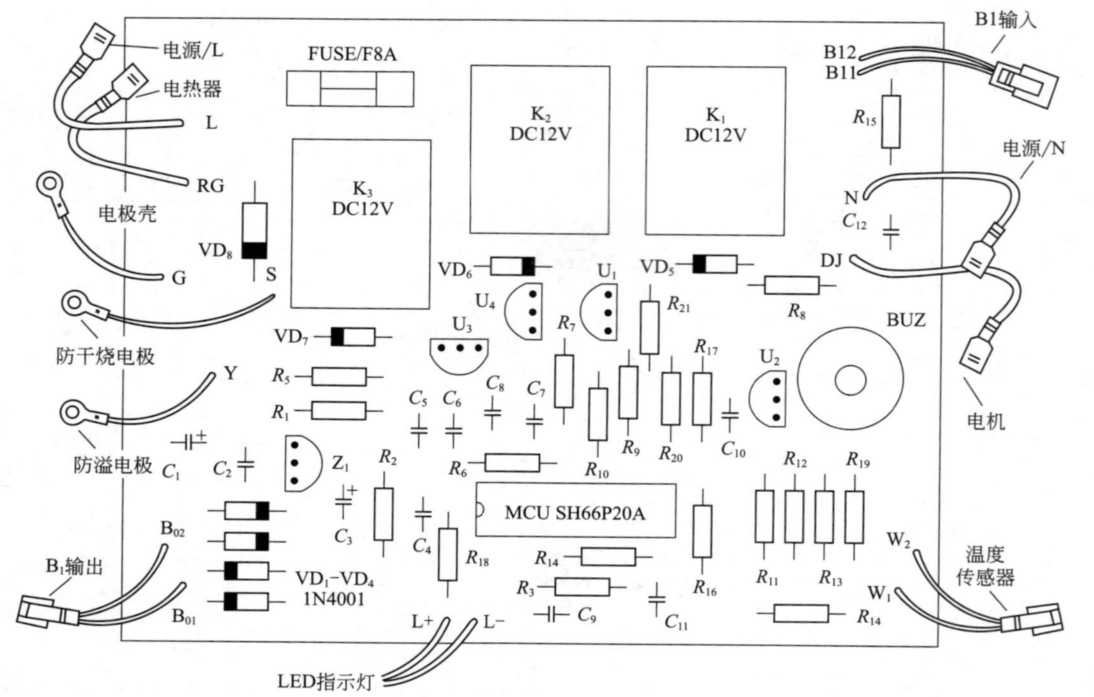

图8-16 电路板上元件与编号的对应

大，为此笔者利用检测MCU各脚对地阻值来判断。MCU引脚对地阻值有明显的规律性，4个控制引脚和2个检测引脚，红笔测皆为4.5kΩ，黑笔测控制脚皆为8.2kΩ，检测脚皆为8.6kΩ。如果所测阻值偏离数据，表明所测引脚不是内部击穿或开路，就是外围元件有问题。

（3）打浆电机基本检测方法　笔者发现，有相当一部分豆浆机电机功率余量太小，因功率不足，温升过高，再加上进水、受潮等客观因素而烧坏电机，几乎是各机型的一种通病。对电机应首先直观检查，看电机各绕组是否有烧焦、短路和断路等现象，换向片和炭刷是否损坏，电机上及其周围是否有黑色粉末，用手转动电机是否灵活。电机工作不正常或不转，而直观检查未见异常，那么就要对电机绕组进行检测。

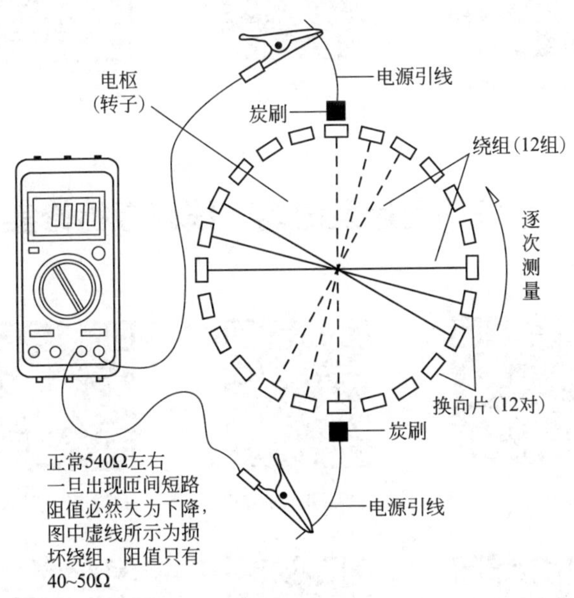

图8-17　电枢绕组检测简化示意图

对电机绕组检测可用多种手段。下面介绍一种最简单、最方便的检测方法。断开电机与外部连线，将表笔夹分别夹在炭刷后面的引线上，用手转动电机轴，逐次测出每对换向片之间电阻值，正常阻值为540Ω左右，如果阻值降为50Ω以下，说明连接在这一对换向片之间的绕组已被烧毁或已被击穿，出现匝间短路。图8-17所示为简化的示意图，将换向片间相对应的绕组用一条圆的直径表示（用虚线直径表示被烧毁的绕组）。用此法检测，不需要拆开电机，就能够迅速判断电机是否损坏。

8.8 空调器电气线路及检修

空调器整机工作原理、电气构成及检修可扫二维码学习。

空调器整机工作原理

空调器电气构成

主电气供电电路检修

附录 万用表的使用及电器、线路板检修实战

指针万用表的使用

数字万用表的使用

检测相线与零线

线材绝缘与设备漏电的检测

空调器温度传感器判别

空调遥控器与红外线接收头的判别

万用表检测
NE555集成电路

万用表检测多
开关定时器

万用表检测集成
运算放大器

万用表检测
数码管

洗涤电机检测

洗衣机单开关
定时器检测

洗衣机脱水
电机的检测

认识开关电源
线路板

充电器控制
电路检修

参考文献

[1] 王延才．变频器原理及应用．北京：机械工业出版社，2011.
[2] 徐海等．变频器原理及应用．北京：清华大学出版社，2010.
[3] 李方圆．变频器控制技术．北京：电子工业出版社，2010.
[4] 徐第等．安装电工基本技术．北京：金盾出版社，2001.
[5] 白公，苏秀龙．电工入门．北京：机械工业出版社，2005.
[6] 王勇．家装预算我知道．北京：机械工业出版社，2008.
[7] 张伯龙．从零开始学低压电工技术．北京：国防工业出版社，2010.
[8] 王兰君，张景皓．看图学电工技能．北京：人民邮电出版社，2004.
[9] 祝慧芳．脉冲与数字电路．成都：电子科技大学出版社，1995.
[10] 蒋新华．维修电工．沈阳：辽宁科学技术出版社，2000.
[11] 曹振华．实用电工技术基础教程．北京：国防工业出版社，2008.
[12] 曹祥．工业维修电工通用教材．北京：中国电力出版社，2008.
[13] 孙华山等．电工作业，北京：中国三峡出版社，2005.
[14] 曹祥．智能楼宇弱电工通用培训教材．北京：中国电力出版社，2008.
[15] 孙艳．电子测量技术实用教程，北京：国防工业出版社，2010.
[16] 张冰．电子线路．北京：中华工商联合出版社，2006.
[17] 杜虎林．用万用表检测电子元器件．沈阳：辽宁科学技术出版社，1998.
[18] 王永军．数字逻辑与数字系统．北京：电子工业出版社，2000.